普通高等教育"十一五"国家级规划教材

大 学 物 理

（第 3 版）

（下）

主　编　罗益民　余　燕
副主编　曾卫东　成　运
主　审　叶善专

北京邮电大学出版社
·北京·

内 容 简 介

本书依据教育部颁布的《理工科非物理类专业大学物理课程教学基本要求》,并结合编者多年的教学经验编写而成.本书为普通高等教育"十一五"国家级规划教材.

全书分上、下两册.上册内容有质点运动学、质点动力学、刚体的转动、静电场、静电场中的导体和电介质、稳恒磁场、电磁感应和电磁场;下册内容包括振动、波动、光学、气体动理论、热力学基础、狭义相对论、量子力学基础、原子核物理和粒子物理简介.此外,为开阔学生的视野,书中选编了若干篇阅读材料,内容涉及物理学研究前沿、物理学最新研究成果及物理学应用等方面的知识.考虑到非物理专业的实际情况,全书着重于物理学基本概念、基本知识及思维方式介绍,尽量避免一些繁琐的数学运算,力求使用通俗化的语言.书中插图由专业人员利用最新计算机软件绘制而成,表达准确、图像精美,因而可读性强.

本书可作为高等学校各专业大学物理课程教材.

图书在版编目(CIP)数据

大学物理.下/罗益民,余燕主编.—3版.——北京:北京邮电大学出版社,2015.1(2017.11重印)
ISBN 978-7-5635-4278-9

Ⅰ.大… Ⅱ.①罗… ②余… Ⅲ.物理学—高等学校—教材 Ⅳ.O4

中国版本图书馆 CIP 数据核字(2014)第 304418 号

书　　名	大学物理(第3版)(下)
主　　编	罗益民　余　燕
责任编辑	唐咸荣
出版发行	北京邮电大学出版社
社　　址	北京市海淀区西土城路10号(100876)
电话传真	010-82333010　62282185(发行部)　010-82333009　62283578(传真)
网　　址	www3.buptpress.com
电子信箱	ctrd@buptpress.com
经　　销	各地新华书店
印　　刷	北京泽宇印刷有限公司
开　　本	787 mm×1 092 mm　1/16
印　　张	23
字　　数	584千字
版　　次	2015年1月第3版　2017年11月第6次印刷

ISBN 978-7-5635-4278-9　　　　　　　　　　　　　　　　定价:49.00元

如有质量问题请与发行部联系

版权所有　侵权必究

本书使用说明

本书为"互联网+"立体化教材,使用前,请先使用装有扫一扫功能的智能手机扫描本书图标中的二维码,下载安装免费的"广益课堂"APP。

安装成功之后,点击"广益课堂"APP进入界面,点击图标,弹出扫描窗口,对准本书封底的"验证二维码"扫描,即可成功下载本书的学习资源。下载成功后,点击进入对应的学习界面,即可结合纸质图书进行学习了。

立体化教材内容包括纸质图书、手机APP学习软件和学习资源包。其中,通过扫码纸质图书中的右上方带有扫描图标的图片,即可与手机APP学习资源相关联,同时在智能手机上弹出相对应的辅助学习内容。也可以不用扫描,而直接在手机APP学习软件上浏览相关内容。另外,本书配套的学习资源包仅提供给任课老师,老师们可以凭教师身份向出版社发行单位索取。

本书的手机APP学习软件包括虚拟学习、智能习题、知识总结、拓展阅读和科学巨匠五个模块。

学习资源包包括物理题库系统、详细的习题解答(仅提供给老师)、PPT、电子教案、微课视频等。

如果需要更多的学习帮助,请登录 www.guangyiedu.com。

在使用过程中,如有疑问,请使用下列联系方式与我们沟通!

手机:13811568712
QQ:2181743958
电子邮箱:buptpress3@163.com

第3版前言

随着近年来教学改革的不断深入,大学基础物理课程的重要性更加突出,很多文科类专业都开设了大学物理课程,这不仅体现了大学物理课程是学习相关专业知识的基础,更是培养学生树立科学世界观、增强分析和解决问题的能力、建立探索和创新意识的一门素质教育课程,而且还是现代信息化社会背景下应该掌握的基本知识.为适应"高等教育面向21世纪教学内容和课程体系改革计划"的需要,根据教育部颁布的《理工科非物理类专业大学物理课程教学基本要求》,编者结合自己多年的教学实践经验,并融合了国家工科物理教学基地、国家精品课程以及国家级精品资源共享课建设的成果编写成了这套教材.至今,本书已改版了三次,力求精益求精,与时俱进.

本书融合了国内外众多优秀教材的优点,以现代教育理念和现代物理思想为指导,以基础教育和素质教育为双重目标构建教材的结构体系.整套教材既继承了传统教学内容的框架,又增加了反映现代科技发展方向的前沿内容,除介绍物理学基本内容外,还适当穿插了物理学发展历史及研究方法的介绍,内容由浅入深,重点、难点突出.既能满足大学物理教学的需要,又能为素质教育作出一定的贡献是编写本书的出发点;语言通俗易懂、读起来生动有趣是编者追求的目标.

教材第1版自2004年出版以来,受到了任课教师和学生的普遍好评,本书为普通高等教育"十一五"国家级规划教材.根据多年来各高校使用情况的反馈意见和教学改革的需要,编者对第2版教材进行了适当的修改,并作为第3版推出,具体修改内容如下:

1.为了适应各使用学校教学内容和教学课时变化的实际情况,对第2版的体系结构进行了调整,使之更加符合教学规律,框架更加紧凑,结构更加简单.尤其是狭义相对论部分,考虑到学生学习时应该遵循物理学发展历程的认识,把这部分内容结合广义相对论一起放到了第五篇近代物理基础中.

2.随着当代社会科学技术的飞速发展,人们对高科技领域的关注越来越多,为了激发学生强烈的求知欲和好奇心,满足不同学校对近代物理知识的需求,教材对近代物理的介绍增加了大量的篇幅,以便让学生对整个近代物理知识框架有一个完整的了解.这是本书的一大特色.

3.根据使用该书的兄弟院校的反馈,重点对一些表述不够严谨,讲述不够清楚或者不恰当的地方进行了改进.同时考虑到当前中学物理课程改革的情况和高校教学情况的变化,教材借鉴了国内外教材改革的成果,博采众长,使之更加通俗易懂、更利于教师讲授,更便于学生阅读和自学.

4.对本书中的习题进行了改进,并增加了大量习题,主要是填空题和选择题.新的题型满足当下教学实际的需要,更加适合学生通过练习掌握物理知识.

5.对原书中所有的插图进行了重新绘制,大部分采用实物体现,更加直观、贴近生活.而且,在篇和章的开头增加了科学插图,这些插图经过了仔细挑选,与后面讲述的内容密切相关.整体上,本书第3版更加美观实用、赏心悦目,更能激发学生的学习兴趣,也更能使学生从生活的角度加深学生对物理知识的理解和运用.

6.对书的版式进行了精心设计,使整个版面看起来一目了然,层次分明,分类清晰,便于教学.同时,全书采用双色印刷,不但突出重点,而且美观大方.

全书分上、下两册.上册内容有质点运动学、质点动力学、刚体的转动、静电场、静电场中的导体和电介质、稳恒磁场、电磁感应和电磁场;下册内容包括振动、波动、光学、气体动理论、热力学基础、狭义相对论、量子力学基础、原子核物理和粒子物理简介.此外,为开阔学生的视野,书中选编了若干篇阅读材料,内容涉及物理学研究前沿、物理学最新研究成果及物理学应用等方面的知识.考虑到非物理专业的实际情况,全书着重于物理学基本概念、基本知识及思维方式介绍,尽量避免一些繁琐的数学运算,力求使用通俗化的语言.

本书由罗益民、余燕任主编,曾卫东、成运任副主编.参与编写和讨论的有罗益民、余燕、蔡建国、廖红、唐英、周一平、胡义嘎、雷杰、吴烨、曾卫东、成运、郑文礼、杨瑞、曹丰慧、谌雄文、张鑫、王松伟、姚青荣、成丽春、马双武、范军怀、唐咸荣、韩霞、苏文刚、赵梅、苏国强等.全书最后由罗益民、余燕负责统稿和定稿.东南大学叶善专教授认真审查了全书,提出了宝贵的指导性意见;上海交通大学钱列加教授审查了本书并为本书作序;中南大学的郑小娟老师制作了本书的电子教案并提供了全部习题答案;北京邮电大学出版社为本书的出版、发行和推广做了大量的工作.在此一并致谢.

由于编者水平有限,加之时间仓促,疏漏和不妥之处在所难免,恳请广大读者批评指正.

编　者

2014年11月

目　录

第三篇　振动和波动　波动光学

第8章　振动　2

§8.1　简谐振动 …………………………… 3
8.1.1　简谐振动的方程、速度和加速度 …… 3
8.1.2　描述简谐振动的特征量 …………… 4
8.1.3　旋转矢量法 ………………………… 7
8.1.4　简谐振动的实例 …………………… 11
8.1.5　简谐振动的能量 …………………… 13

§8.2　简谐振动的合成 …………………… 14
8.2.1　两个同方向同频率简谐振动的合成
　　　　………………………………………… 14
8.2.2　两个同方向不同频率简谐振动的合成
　　　　………………………………………… 16
8.2.3　相互垂直的简谐振动的合成 ……… 17

§8.3　阻尼振动　受迫振动　共振 ……… 19
8.3.1　阻尼振动 …………………………… 19
8.3.2　受迫振动　共振 …………………… 20

*§8.4　振动的分解 ………………………… 22
*§8.5　非线性振动简介 …………………… 22
本章提要 ……………………………………… 24
阅读材料(八)　原子钟 …………………… 25
思考题 ………………………………………… 31
习题 …………………………………………… 31

第9章　波动　34

§9.1　机械波的产生和传播 ……………… 35
9.1.1　机械波的形成 ……………………… 35
9.1.2　描述波动的物理量 ………………… 36

§9.2　平面简谐波的波函数 ……………… 39

§9.3　波的能量 …………………………… 44
9.3.1　波的能量和能量密度 ……………… 44
9.3.2　波的能流和能流密度 ……………… 45
9.3.3　球面波　波的吸收 ………………… 46
*9.3.4　声波 ………………………………… 47

§9.4　波的衍射　干涉 …………………… 50
9.4.1　惠更斯原理　波的衍射 …………… 50

9.4.2 波的干涉 …………………… 51

§9.5 驻波 …………………………… 54
9.5.1 驻波的形成 ………………… 54
9.5.2 驻波方程 …………………… 56
9.5.3 半波损失 …………………… 58
*9.5.4 弦线振动的简正模式 ……… 59

§9.6 多普勒效应 ……………………… 60

§9.7 电磁波 …………………………… 63
*9.7.1 电磁波的波动方程 ………… 63
9.7.2 电磁波的辐射 ……………… 65
9.7.3 平面电磁波的传播 ………… 68
9.7.4 电磁波的能量和能流 ……… 69
9.7.5 电磁波的动量 ……………… 70
9.7.6 电磁波谱 …………………… 71

*§9.8 非线性波简介 …………………… 72
本章提要 …………………………………… 73
阅读材料（九） 超声、次声和噪声 …… 75
思考题 ……………………………………… 82
习题 ………………………………………… 83

第10章 光学   86

§10.1 光的相干性 …………………… 87
10.1.1 光源 ………………………… 87
10.1.2 光的相干性 ………………… 87
10.1.3 光程 光程差 ……………… 88

§10.2 分波面干涉 …………………… 89
10.2.1 杨氏双缝干涉 ……………… 89
10.2.2 菲涅耳双面镜 劳埃德镜 … 91

§10.3 分振幅干涉 …………………… 93
10.3.1 薄膜干涉 …………………… 93
10.3.2 薄膜的等厚干涉 …………… 95
10.3.3 薄膜的等倾干涉 …………… 98
10.3.4 迈克耳孙干涉仪 …………… 100
10.3.5 相干长度 …………………… 101

§10.4 光的衍射 ……………………… 102
10.4.1 光的衍射现象及其分类 …… 102
10.4.2 惠更斯—菲涅耳原理 ……… 103
10.4.3 单缝衍射 …………………… 103
10.4.4 圆孔夫琅禾费衍射 ………… 107
10.4.5 光学仪器的分辨能力 ……… 107

§10.5 光栅 …………………………… 109
10.5.1 光栅衍射现象 ……………… 110
10.5.2 光栅衍射规律 ……………… 110
10.5.3 光栅光谱 …………………… 113

§10.6 X射线衍射 …………………… 114

§10.7 光的偏振 ……………………… 115
10.7.1 自然光 偏振光 …………… 115
10.7.2 偏振片的起偏与检偏 ……… 116
10.7.3 马吕斯定律 ………………… 117
10.7.4 反射和折射光的偏振 ……… 118
10.7.5 晶体的双折射 ……………… 119

§10.8 偏振光的干涉 人为双折射 旋光现象 ……………………… 120
10.8.1 偏振光的干涉 ……………… 120
10.8.2 人为双折射 ………………… 122
10.8.3 旋光现象 …………………… 122

*§10.9 现代光学简介 ………………… 123

10.9.1 全息技术 ………………………… 123
10.9.2 非线性光学简介 …………………… 125
10.9.3 光纤技术 …………………………… 127
本章提要 ………………………………… 130
阅读材料(十) 红外线与紫外线 ……… 131
思考题 …………………………………… 136
习题 ……………………………………… 138

第四篇 热物理学

第 11 章 气体动理论　142

§11.1 平衡态　温度　理想气体状态方程
　　　…………………………………… 143
11.1.1 平衡态 ……………………………… 143
11.1.2 温度 ………………………………… 144
11.1.3 理想气体状态方程 ………………… 144
11.1.4 统计规律的基本概念 ……………… 145

§11.2 理想气体的压强 ………………… 146
11.2.1 理想气体的微观模型　平衡状态气体的统计假设 …………………………… 147
11.2.2 理想气体压强公式及其统计意义
　　　…………………………………… 147

§11.3 温度的微观本质 ………………… 149
11.3.1 温度的微观解释 …………………… 149
11.3.2 方均根速率 ………………………… 150

§11.4 能量均分定理　理想气体的内能
　　　…………………………………… 151

11.4.1 分子的自由度 ……………………… 151
11.4.2 能量均分定理 ……………………… 152
11.4.3 理想气体的内能 …………………… 153

§11.5 麦克斯韦速率分布 ……………… 153
11.5.1 麦克斯韦速率分布律 ……………… 154
11.5.2 三个统计速率 ……………………… 155

§11.6 玻耳兹曼分布 …………………… 159

§11.7 气体分子的平均碰撞频率和平均自由程 ……………………………………… 161

*§11.8 范德瓦尔斯方程 ………………… 163

*§11.9 气体内的输运过程 ……………… 165
11.9.1 内摩擦现象(黏滞现象) …………… 165
11.9.2 热传导现象 ………………………… 166
11.9.3 扩散现象 …………………………… 167
本章提要 ………………………………… 167
阅读材料(十一) 真空 ………………… 169
思考题 …………………………………… 171
习题 ……………………………………… 171

第 12 章 热力学基础　173

§12.1 准静态过程 ……………………… 174
12.1.1 准静态过程 ………………………… 174
12.1.2 内能、功和热量 …………………… 174
12.1.3 准静态过程的功和热量 …………… 175

§ 12.2 热力学第一定律 …………… 176
12.2.1 热力学第一定律 …………… 176
12.2.2 热力学第一定律对理想气体平衡过程的应用 ………… 177

§ 12.3 循环过程和卡诺循环 ………… 184
12.3.1 循环过程 …………………… 184
12.3.2 卡诺循环 …………………… 185

§ 12.4 热力学第二定律 …………… 188
12.4.1 热力学第二定律 …………… 188
12.4.2 热力学第二定律两种表述的等效性 ………………… 190
12.4.3 可逆与不可逆过程 ………… 190
12.4.4 卡诺定理 …………………… 192

§ 12.5 热力学第二定律的统计意义 熵 ……………………………… 194
12.5.1 热力学第二定律的统计意义 … 194
12.5.2 熵 熵增原理 ……………… 196
12.5.3 熵的热力学表示 …………… 197
*12.5.4 熵与能量退化 开放系统熵变 ……………………… 202
*12.5.5 信息熵 ……………………… 204
本章提要 ……………………………… 206
阅读材料（十二） 麦克斯韦妖与信息…… 207
            能量的"品质"宇宙热寂论 ………………………… 208
            耗散结构简介 ………… 209
思考题 ………………………………… 214
习题 …………………………………… 215

第五篇 近代物理基础

第13章 狭义相对论 218

§ 13.1 爱因斯坦基本假设 ………… 219
13.1.1 力学相对性原理和伽俐略变换 … 219
13.1.2 狭义相对论产生的实验基础和历史背景 ……………………… 221
13.1.3 爱因斯坦基本假设（狭义相对论基本原理） ……………… 224

§ 13.2 洛伦兹变换 ………………… 225
13.2.1 洛伦兹坐标变换 …………… 225
13.2.2 洛伦兹速度变换 …………… 229

§ 13.3 狭义相对论时空观 ………… 231
13.3.1 "同时性"的相对性 ………… 231
13.3.2 时间膨胀 …………………… 232
13.3.3 长度收缩 …………………… 234
13.3.4 因果关系的绝对性 ………… 236

§ 13.4 相对论动力学基础 ………… 238
13.4.1 相对论质速关系 …………… 238
13.4.2 相对论动力学的基本方程 … 240
13.4.3 相对论动能 ………………… 240
13.4.4 静能、总能和质能关系 …… 241
13.4.5 能量和动量的关系 ………… 243

*§ 13.5 广义相对论简介 …………… 244
本章提要 ……………………………… 249
阅读材料（十三） 宇宙与大爆炸 …… 250
思考题 ………………………………… 254
习题 …………………………………… 254

第14章 量子力学基础 256

§ 14.1 黑体辐射和普朗克量子假设 ……………………………… 257

14.1.1　黑体辐射 …………………………… 257
14.1.2　普朗克量子假设和普朗克公式 … 259

§ 14.2　光的量子性 ……………………………… 262
　14.2.1　光电效应 …………………………… 262
　14.2.2　康普顿效应 ………………………… 266

§ 14.3　玻尔的氢原子理论 ……………………… 268
　14.3.1　氢原子光谱 ………………………… 268
　14.3.2　玻尔氢原子理论 …………………… 269
　14.3.3　玻尔氢原子理论 …………………… 269

§ 14.4　实物粒子的波粒二象性 ………………… 272
　14.4.1　德布罗意波 ………………………… 272
　14.4.2　德布罗意波的实验证明 …………… 273
　14.4.3　德布罗意波的应用 ………………… 274
　14.4.4　德布罗意波的统计解释 …………… 275

§ 14.5　不确定关系 ……………………………… 275

§ 14.6　薛定谔方程 ……………………………… 279
　14.6.1　波函数　概率密度 ………………… 279
　14.6.2　薛定谔方程 ………………………… 281
　14.6.3　一维无限深方势阱 ………………… 283
　14.6.4　一维方势垒　隧道效应 …………… 284
　14.6.5　一维线性谐振子　*宇称 ………… 286

§ 14.7　算符与平均值 …………………………… 287
　14.7.1　算符的本征值和本征函数 ………… 287
　14.7.2　力学量的算符表示 ………………… 288
　14.7.3　态叠加原理 ………………………… 290

14.7.4　力学量测量结果概率,平均值 …… 291
14.7.5　算符的对易和不确定关系 ……… 292

§ 14.8　氢原子的量子理论 ……………………… 294
　14.8.1　氢原子的薛定谔方程 ……………… 294
　14.8.2　$\hat{L}_z$ 及 $\hat{L}^2$ 的本征值及本征函数 …… 295
　14.8.3　径向波函数的求解 ………………… 297
　14.8.4　三个量子数 ………………………… 298
　14.8.5　氢原子的波函数 …………………… 299
　14.8.6　电子云 ……………………………… 301

§ 14.9　多电子原子中的电子分布 ……………… 303
　14.9.1　电子自旋,自旋量子数 …………… 303
　14.9.2　多电子原子中的电子分布 ………… 304

§ 14.10　激光原理 ………………………………… 308
　14.10.1　激光的特性 ………………………… 308
　14.10.2　原子的激发、辐射与吸收 ………… 309
　14.10.3　粒子数反转分布 …………………… 310
　14.10.4　光学谐振腔 ………………………… 312
　14.10.5　激光器 ……………………………… 313

*§ 14.11　半导体 …………………………………… 314
　14.11.1　固体的能带 ………………………… 314
　14.11.2　导体、绝缘体及半导体的能带结构
　　　　　………………………………………… 315
　14.11.3　本征半导体和杂质半导体 ………… 315
　14.11.4　pn 结 ……………………………… 317
　14.11.5　光生伏特效应 ……………………… 317

§ 14.12　超导 ……………………………………… 318
　14.12.1　超导的基本现象和性质 …………… 318
　14.12.2　两类超导体 ………………………… 319
　14.12.3　超导现象的微观机理 ……………… 320
　14.12.4　超导的应用前景 …………………… 321
本章提要 ……………………………………………… 322
阅读材料(十四)　扫描隧穿显微镜 ……………… 324
思考题 ………………………………………………… 328

习题 ……………………………………… 329

第 15 章 原子核物理和粒子物理简介   332

§15.1 原子核的基本性质 ……………… 333
15.1.1 原子核的组成 …………………… 333
15.1.2 原子核的大小 …………………… 333
15.1.3 核力 ……………………………… 334
15.1.4 核的自旋与磁矩 ………………… 334

§15.2 原子核的结合能   裂变和聚变 ……………………………… 335
15.2.1 原子核的结合能 ………………… 335
*15.2.2 重核的裂变 ……………………… 337
*15.2.3 轻核的聚变 ……………………… 337

§15.3 原子核的放射性衰变 …………… 338
15.3.1 放射性衰变 ……………………… 339
15.3.2 放射性衰变规律 ………………… 340
*15.3.3 放射性强度 ……………………… 341

*§15.4 粒子物理简介 …………………… 342
15.4.1 粒子的基本特征 ………………… 342
15.4.2 粒子的相互作用及其统一模型 … 342
15.4.3 粒子的分类 ……………………… 343
15.4.4 夸克模型 ………………………… 345

本章提要 ………………………………… 346
阅读材料（十五）　磁共振成像技术 …… 347
思考题 …………………………………… 350
习题 ……………………………………… 351

习题答案   352

第三篇　振动和波动　波动光学

活塞的往复运动伴随着机器的轰鸣,心脏的跳动伴随着血液的循环,投石于静水之中,一石会激起千层浪,颤动的琴弦会发出悦耳动听的音乐.自然界中,振动和波动现象无处不在.亘古至今,人们通过光来观察和认识周围的世界,通过声来传递信息和交流感情,光和声都是波,物理学中通常称为光波和声波.近代电磁波技术的发展和应用,彻底更新了传统的信息传递和交流模式,不仅将人类居住的地球缩小成了一个"村",而且使得太阳系、银河系,甚至整个宇宙也不再遥不可及.

光(主要指可见光)是人类乃至各种生物观察和感受外部世界的主要媒介,但对它的本性的认识却经历了漫长的过程.最早、也最容易观察到的性质是光的直线传播,这和粒子的运动路径类似,因而,人们自然认为光是由一些微粒组成的,这就是光的粒子学说.牛顿被认为是粒子学说的代表人物.和牛顿同时代的惠更斯有不同的观点,他认为光是一种波动,但惠更斯没能建立起系统的、有说服力的理论.直到进入19世纪,才由托马斯·杨和菲涅耳等人在光的干涉和衍射等实验事实的基础上,建立了光的波动理论,使人们有理由相信光是一种波动,而光的直线传播现象只不过是光在传播过程中的一种极限情形.其后马吕斯等人对光的偏振现象进行了研究,进一步确定光是横波.光波和声波虽然都是波,但两者显然是有区别的,因为声波不能在真空中传播,表明声波是机械波,需要实物为传播媒介;但光波可在真空中传播,说明光波的传播不需要实物,因而光波不是机械波.1865年,麦克斯韦预言了电磁波的存在,1888年,赫兹实验证实了电磁波理论,由于光的传播速度与电磁波的传播速度相同,因而人们逐渐认识到,光实际上是某一波长(频率)范围内的电磁波.

19世纪末20世纪初,光电效应、康普顿效应等一系列新的实验事实的出现,是光的波动学说所无法解释的.这导致人们对光的本性的认识进一步深化,光不仅具有波动性,而且具有粒子性,也即具有波粒二象性.关于光的波粒二象性,本书将在第五篇中详细介绍.

本篇主要内容有:简谐振动的描述,简谐振动的合成,机械波的产生和传播,平面简谐波波函数,波的干涉和衍射,多普勒效应,光的干涉(分波面干涉、分振幅干涉),光的衍射(单缝衍射、圆孔衍射、光栅衍射、X射线衍射),以及光的偏振.

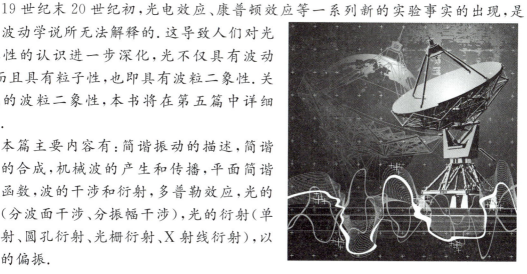

第 8 章
振 动

物体在其平衡位置附近作来回往复的运动，称为**机械振动**（mechanical oscillation）. 振动是常见的自然现象，如钟摆的振动、乐器的弦振动以及因风力、地震及机器设备等原因引起的振动等. 除了机械振动外，还有电磁振动，如交流电路中电流或电压的振动（又称振荡），无线电波中电场和磁场的振荡等.

一般说来，任何一个物理量随时间作周期性变化，都可称为振动. 振动现象多种多样，但遵从的基本规律却是相同的. 在振动中，最简单最基本的振动是简谐振动（又称自由振动），其他任何复杂的振动都可以分解为若干简谐振动的叠加. 而波是振动在空间的传播，所以振动学是波动学的基础.

本章主要讨论简谐振动和振动的合成，并简要介绍阻尼振动、受迫振动和共振现象以及非线性振动.

§8.1 简 谐 振 动

一个作往复运动的物体,如果在其平衡位置附近的位移按余弦函数(或正弦函数)的规律随时间变化,这种运动称为**简谐振动**(simple harmonic motion).简谐振动是振动中最简单最基本的振动形式,任何一个复杂的振动都可以看成是若干个简谐振动的叠加.

8.1.1 简谐振动的方程、速度和加速度

我们以弹簧振子为例来研究简谐振动的运动规律.如图 8-1 所示,将一根轻弹簧一端固定,另一端系一质量为 m 的物体组成系统,一旦受到扰动,物体将在弹性力作用下往复运动.为了简化问题,假设物体所受的阻力可忽略不计,并可将物体作质点处理,这样构成的质点-弹簧系统称之为**弹簧振子**(spring oscillator)或**谐振子**.显然,这是一个理想模型,它在研究振动问题中具有普遍的代表性.

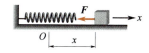

图 8-1 弹簧振子

设弹簧长度为原长时,物体处于平衡状态,此时物体所在位置为系统平衡位置,而此时物体质心所在位置为坐标原点 O;当物体离开平衡位置位移 x 时,受到弹簧的弹性力 F 作用,根据胡克定律,有

$$F = -kx \tag{8-1}$$

其中 k 为弹簧的**劲度系数**(coefficient of stiffness),它由弹簧本身的性质(材料、形状、长短等)所决定,负号表示力的方向与位移方向相反,即始终指向平衡位置,这种有使物体回到平衡位置的趋势的力称为**回复力**(restoring force).由牛顿第二定律,有

$$-kx = m\frac{d^2 x}{dt^2}$$

将上式两边除以 m,由于 k 和 m 都是正常量,可令 $\omega^2 = k/m$,则

$$\frac{d^2 x}{dt^2} = -\omega^2 x$$

即

$$\frac{d^2 x}{dt^2} + \omega^2 x = 0 \tag{8-2}$$

(8-2)式就是物体的振动方程,它说明作**简谐振动的物体,其加速度和位移成正比而方向相反**,它描述了物体作简谐振动的普遍规律.

由微分方程理论知,(8-2)式的通解具有如下几种表述形式:

$$x = A\cos(\omega t + \varphi) \text{ 或 } x = A\sin(\omega t + \varphi')$$

也可用指数形式表述为

$$x = A_1 \mathrm{e}^{\mathrm{i}\omega t} + A_2 \mathrm{e}^{-\mathrm{i}\omega t}$$

需要指出的是,上述 x 的几种表述方式仅仅是形式上不同,本质上是一样的. 如令 $\varphi' = \varphi + \dfrac{\pi}{2}$,则正弦函数就可变为余弦函数,而无论正弦函数或余弦函数均可用指数形式表示. 按照惯例,本文统一采用余弦函数作为方程(8-2)式的解,即

$$x = A\cos(\omega t + \varphi) \tag{8-3}$$

其中 A、φ 为由初始条件决定的积分常量. 其物理意义将在下面讨论.

(8-3)式表明:当物体作简谐振动时,其位移是时间的余弦函数,这是简谐振动的运动学特征,通常将其作为判定一个系统是否作简谐振动的**运动学判据**.

从动力学角度分析,如果物体离开平衡位置后,受到一个方向总是指向平衡位置的回复力作用,则物体将作机械振动. 如果回复力的大小始终与位移成正比(称为线性回复力),那么该物体将作简谐振动. 这是简谐振动的动力学特征,因而(8-1)式可作为简谐振动的**动力学判据**.

将(8-3)式对时间求导数,得物体的速度表达式为

$$v = -A\omega\sin(\omega t + \varphi) \tag{8-4}$$

当 $t = 0$ 时,$x = x_0$,$v = v_0$,代入(8-3)式和(8-4)式,得

$$x_0 = A\cos\varphi, \quad v_0 = -A\omega\sin\varphi$$

由此解得

$$\begin{cases} A = \sqrt{x_0^2 + \dfrac{v_0^2}{\omega^2}} \\ \varphi = \arctan\left(-\dfrac{v_0}{\omega x_0}\right) \end{cases} \tag{8-5}$$

可见 A 和 φ 由初始位移和初始速度决定.

将(8-4)式对时间求导数,得物体的加速度为

$$a = -\omega^2 A\cos(\omega t + \varphi) \tag{8-6}$$

比较(8-3)式和(8-6)式可得

$$\frac{\mathrm{d}^2 x}{\mathrm{d}t^2} = -\omega^2 x$$

这正是(8-2)式,这也验证了余弦函数确是方程(8-2)式的解.

8.1.2 描述简谐振动的特征量

一、振幅 A

由(8-3)式可知,物体的最大位移不能超过 A,物体偏离平衡

位置的最大位移的绝对值叫作**振幅**(amplitude).振幅是描述物体振动强弱的物理量,它不仅给出了物体的运动范围,还决定了物体振动的最大速度、最大加速度和振动能量.由(8-5)式知振幅 A 是由初始条件决定的.

二、周期 T、频率 ν 和角频率 ω

作简谐振动的物体,其振动状态发生周而复始的一次变化称为一次全振动,完成一次全振动所需的时间称为振动的**周期**(period),用 T 表示.因为

$$A\cos[\omega(t+T)+\varphi]=A\cos(\omega t+\varphi)$$

所以

$$\omega=\frac{2\pi}{T} \tag{8-7}$$

周期 T 的倒数 $\nu=1/T$ 代表物体在单位时间内发生全振动的次数,称为振动的**频率**(frequency).因为

$$\omega=2\pi\nu \tag{8-8}$$

故称 ω 为振动的**角频率**(angular frequency),也称圆频率.

T、ν 和 ω 完全由简谐振动物体自身的性质决定,即由振动物体的质量和回复力系数决定,与运动的初始条件无关.对于弹簧振子,有

$$\omega=\sqrt{\frac{k}{m}}, \quad \nu=\frac{1}{2\pi}\sqrt{\frac{k}{m}}, \quad T=2\pi\sqrt{\frac{m}{k}} \tag{8-9}$$

因此,T、ν 和 ω 分别称为简谐振动物体的固有周期、固有频率和固有角频率.在国际单位制中,ν 的单位是 Hz(赫兹),ω 的单位是 rad·s^{-1}(弧度·秒$^{-1}$).T、ν 和 ω 都反映了简谐振动的周期性.

三、相位

频率或周期描述振动的快慢,振幅描述振动的范围.此外还有一个重要的物理量$(\omega t+\varphi)$,称为**相位**(phase)或位相.

力学中,物体在某一时刻的运动状态,可用位矢和速度来描述.同理,对振幅和角频率都已给定的简谐运动,它的运动状态可用"相位"这一物理量来描述.由(8-3)式和(8-4)式可看出,当振幅 A 和角频率 ω 一定时,振动物体在任一时刻相对平衡位置的位移和速度都决定于相位$(\omega t+\varphi)$.例如,图 8-1 中的弹簧振子,当相位$(\omega t_1+\varphi)=\pi/2$ 时,$x=0$,$v=-\omega A$,即在 t_1 时刻物体处于平衡位置,并以最大速率 ωA 向左运动;而当相位$(\omega t_2+\varphi)=3\pi/2$ 时,$x=0$,$v=\omega A$,即在 t_2 时刻物体也处于平衡位置,但以速率 ωA 向右运动.可见,在 t_1 和 t_2 两时刻,由于振动的相位不同,物体的运动状态也不相同.此外,当振动物体的相位经历了 2π 的变化,亦即相位由$(\omega t+\varphi)$变为$[\omega(t+T)+\varphi]$,振动经历了一个周期时,物体恢复到原来的

运动状态.由此可见,用相位描述物体的运动状态,能充分体现出简谐运动的周期性,因而相位的取值范围规定为 $0\sim 2\pi$ 或 $-\pi\sim\pi$.

当 $t=0$ 时,相位 $(\omega t+\varphi)=\varphi$,故 φ 叫作**初相位**,简称初相.由 (8-5) 式可见,和振幅 A 一样,φ 也由初始条件决定.

例 8-1

一轻弹簧,原长 l_0,上端固定,下端悬挂一质量 $m=2\times 10^{-2}$ kg 的重物后伸长了 $\Delta l=9.8$ cm,Δl 称为静止形变.若手托重物使弹簧缩回原长,然后放手,则物体上下振动.(1)求证该系统的振动是简谐振动,并写出振动表达式(取开始振动时为计时零点);(2)若取物体经平衡位置向下运动时刻开始计时,写出简谐振动的运动学方程,并计算振动频率.

解 (1)如图 8-2 所示,设弹簧劲度系数为 k,重物质量为 m,物体未开始振动时处于 O 位置,此时物体所受重力和弹力平衡,可见 O 位置为其平衡位置.取平衡位置为坐标原点,向下为 x 轴正方向,则有

$$mg=k\Delta l$$

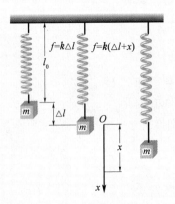

图 8-2 例 8-1 图

当物体运动至某一位置 x 时,弹簧的总伸长量为 $\Delta l+x$,故物体位移为 x 时所受的合外力为

$$F=mg-k(\Delta l+x)=-kx$$

根据牛顿第二定律,有

$$m\frac{d^2 x}{dt^2}=mg-k\Delta l-kx=-kx$$

于是

$$\frac{d^2 x}{dt^2}+\frac{k}{m}x=0$$

若令

$$\omega^2=\frac{k}{m}$$

则上式可改写为

$$\frac{d^2 x}{dt^2}+\omega^2 x=0$$

此为简谐振动的微分方程,故可判断物体的振动是简谐振动,其振动的角频率为

$$\omega=\sqrt{\frac{k}{m}}=\sqrt{\frac{g}{\Delta l}}=\sqrt{\frac{9.8}{0.098}}\text{ rad}\cdot\text{s}^{-1}$$
$$=10\text{ rad}\cdot\text{s}^{-1}$$

按题意给出的初始条件:$t=0$ 时,$x_0=-\Delta l$,$v_0=0$,可求出振幅为

$$A=\sqrt{x_0^2+\frac{v_0^2}{\omega^2}}=0.098\text{ m}$$

$$\varphi=\arctan\left(-\frac{v_0}{\omega x_0}\right)=0,\pi$$

利用 $x_0=A\cos\varphi<0$,故取 $\varphi=\pi$,所以物体振动的运动学方程为

$$x=9.8\times 10^{-2}\cos(10t+\pi)\text{ (m)}$$

(2)按题意 $t=0$ 时,$x_0=0$,$v_0>0$,可求得

$$\varphi=\arctan\left(-\frac{v_0}{\omega x_0}\right)=\frac{\pi}{2},\frac{3\pi}{2}$$

根据 $t=0$ 时,$v_0>0$ 条件,故取 $\varphi=\frac{3\pi}{2}$,或 $-\frac{\pi}{2}$,因此,物体振动方程为

$$x=9.8\times 10^{-2}\cos\left(10t+\frac{3\pi}{2}\right)\text{ (m)}$$

通过上述分析可知,同一简谐振动,若取不同的计时起点,则有不同的初相位,但简谐振动的角频率和振幅不变. 若取向上为 x 轴的正方向,则振动方程为

$$x = 9.8 \times 10^{-2} \cos\left(10t + \frac{\pi}{2}\right) (\text{m})$$

弹簧振子的固有频率为

$$\nu = \frac{\omega}{2\pi} = 1.6 \text{ Hz}$$

例 8-2

证明水面上浮沉的木块的运动为简谐振动,并求其振动周期.

解 如图 8-3 所示,一质量为 m 的木块,底面积为 S,高为 l,当它静止浮在水中时,底面与水面的距离为 b. 在水面上取一点 O 作为坐标原点,作 Ox 轴竖直向下. 在木块上取一点 C,木块静止时 C 点恰与 O 点重合,因此,木块的运动可用 C 点的上下运动来表示. 平衡时,木块所受的重力和浮力大小相等,故有

$$mg = \rho_{水} S b g$$

其中 $\rho_{水}$ 是水的密度. 当 C 点离开平衡位置 x 距离时,重力和浮力不再相等,如果忽略空气阻力和水的黏滞力,则重力和浮力的合力 F 正是木块上下振动的原因,由图 8-3 可见

$$F = mg - (x+b)\rho_{水} S g = -\rho_{水} S g x$$

显然,这也是一个线性回复力. 木块受到的是一个相当于劲度系数为 $k = \rho_{水} S g$ 的准弹性力,它的运动是简谐振动,其周期为

$$T = 2\pi \sqrt{\frac{m}{\rho_{水} S g}}$$

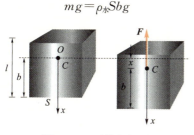

图 8-3 浮体的振动

8.1.3 旋转矢量法

在研究简谐振动问题时,常采用被称为旋转矢量(rotational vector)法的方法来描述简谐振动,这是一种振幅矢量旋转投影的几何方法,直观简捷. 现介绍如下.

从坐标原点 O(平衡位置)画一矢量 A,其长度等于振幅 A,并以 A 为半径,画一参考圆. 在 $t=0$ 时, A 与 x 轴夹角等于初相位 φ,然后使 A 以角频率 ω 为角速度作逆时针匀速旋转,如图 8-4 所示. 显见,在任一时刻 t,旋转矢量 A 与 x 轴的夹角 $\omega t + \varphi$ 就是简谐振动的相位,此时矢量 A 在 x 轴上的投影坐标为

$$x = A\cos(\omega t + \varphi)$$

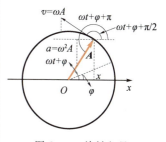

图 8-4 旋转矢量

这正是简谐振动的运动学方程(8-3)式.

注意:用旋转矢量法描述简谐振动,并非旋转矢量本身作简谐振动,而是其端点压在 x 轴上的投影点作简谐振动. 旋转矢量 $\boldsymbol{A}$ 转动的角速度 ω 就是物体振动的圆频率,初相位 φ 就是 $t=0$ 时刻旋转矢量 $\boldsymbol{A}$ 与 Ox 轴的夹角,而相位 $\omega t+\varphi$ 是 t 时刻 $\boldsymbol{A}$ 与 Ox 轴的夹角. 矢量 $\boldsymbol{A}$ 以角速度 ω 旋转一周,它的端点在 x 轴上的投影点就完成一个周期的简谐振动. 这就是简谐振动的**旋转矢量表示法**. 旋转矢量法为分析简谐振动提供了直观、简洁的方法. 尤其在确定振动的初相位和研究振动的合成时更能显示其优越性.

为了进一步理解初相位和相位的概念,我们可以利用旋转矢量来比较两个同频率简谐振动的"步调". 设有下列两个简谐振动:
$$x_1 = A_1 \cos(\omega t + \varphi_1)$$
$$x_2 = A_2 \cos(\omega t + \varphi_2)$$
它们的相位之差称为相位差(phase difference),用 $\Delta\varphi$ 表示,则
$$\Delta\varphi = (\omega t + \varphi_2) - (\omega t + \varphi_1) = \varphi_2 - \varphi_1$$
即两个同频率的简谐振动在任意时刻的相位差,都等于其初相位差. 如果 $\Delta\varphi = \varphi_2 - \varphi_1 > 0$,就称 x_2 的振动相位超前 x_1 的振动相位 $\Delta\varphi$,或者说 x_1 的振动相位落后于 x_2 的振动相位 $\Delta\varphi$,用旋转矢量表示如图 8-5(a)所示. 为简单起见,我们常取 $\Delta\varphi$ 的值小于 π. 例如,当 $\Delta\varphi = 3\pi/2$ 时[见图 8-5(b)],我们通常不说 x_2 的振动相位超前 x_1 的振动相位 $3\pi/2$,而说成 x_2 的振动相位落后于 x_1 的振动相位 $\pi/2$,或说 x_1 的振动相位超前 x_2 的振动相位 $\pi/2$.

如果 $\Delta\varphi = 0$(或 2π 的整数倍),表示两个振动的步调一致,即它们将同时到达正最大位移处,同时到达平衡位置,又同时到达负最大位移处,我们称这两个振动**同相**或**同步**,如图 8-6(a)所示. 如果 $\Delta\varphi = \pi$(或者 π 的奇数倍),就说两个振动是**反相**的[见图 8-6(b)].

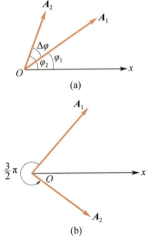

图 8-5 两个简谐振动的相位差

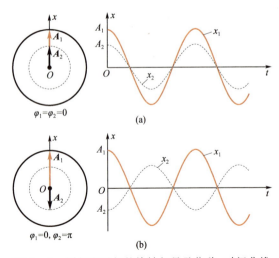

图 8-6 同相和反相的旋转矢量及位移-时间曲线

简谐振动的速度和加速度也可借助于旋转矢量来描述,如图 8-4 所示. 矢量端点沿圆周运动的速度大小等于 ωA,其方向与 x 轴的夹角等于 $\left(\omega t+\varphi+\dfrac{\pi}{2}\right)$,在 x 轴上的投影为

$$v=\omega A\cos\left(\omega t+\varphi+\dfrac{\pi}{2}\right)=-\omega A\sin(\omega t+\varphi)$$

这就是简谐振动的速度表达式(8-4)式;矢量端点沿圆周运动的向心加速度大小等于 $\omega^2 A$,其方向与 x 轴的夹角为 $\omega t+\varphi+\pi$,所以加速度在 x 轴上的投影为

$$a=\omega^2 A\cos(\omega t+\varphi+\pi)=-\omega^2 A\cos(\omega t+\varphi)$$

这就是简谐振动的加速度表达式(8-6)式.

以上讨论表明,简谐振动速度的相位比位移的相位超前 $\pi/2$,加速度的相位比速度的相位超前 $\pi/2$,比位移的相位超前 π. 图 8-7 是 $\varphi=0$ 情况下的 $x-t$,$v-t$,$a-t$ 曲线,其中表示 $x-t$ 关系的一条曲线称为简谐振动的振动曲线.

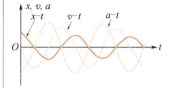

图 8-7 简谐振动位移、速度、加速度与时间关系

例 8-3

一物体沿 x 轴作简谐振动,振幅为 $0.12\ \text{m}$,周期为 $2\ \text{s}$. 当 $t=0$ 时,物体的位移为 $0.06\ \text{m}$,且向 x 轴正方向运动. 求:

(1) 简谐振动的初相位;
(2) $t=0.5\ \text{s}$ 时,物体的位置、速度及加速度;
(3) 在 $x=-0.06\ \text{m}$ 处,且向 x 轴负方向运动时物体的速度和加速度,以及从这一位置回到平衡位置时所需的最短时间.

解 (1) 由题意知 $A=0.12\ \text{m}$,$\omega=2\pi/T=\pi$,故物体的简谐振动方程及初始位移为

$$x=0.12\cos(\pi t+\varphi)$$
$$x_0=0.12\cos\varphi=0.06$$

解得 $\varphi=\pm\dfrac{\pi}{3}$

因为此时物体向 x 轴正方向运动,$v_0=\left.\dfrac{\mathrm{d}x}{\mathrm{d}t}\right|_{t=0}=-A\omega\sin\varphi>0$,故 φ 必在第四象限,$\varphi=-\dfrac{\pi}{3}$.

(2) 由(1)知,物体的位移、速度及加速度分别为

$$x=0.12\cos\left(\pi t-\dfrac{\pi}{3}\right)$$
$$v=\dfrac{\mathrm{d}x}{\mathrm{d}t}=-0.12\pi\sin\left(\pi t-\dfrac{\pi}{3}\right)$$
$$a=\dfrac{\mathrm{d}^2 x}{\mathrm{d}t^2}=-0.12\pi^2\cos\left(\pi t-\dfrac{\pi}{3}\right)$$

将 $t=0.5\ \text{s}$ 代入上述三式,得

$$x_{0.5}=0.12\cos\left(\dfrac{\pi}{2}-\dfrac{\pi}{3}\right)=0.104\ \text{m}$$
$$v_{0.5}=-0.12\pi\sin\left(\dfrac{\pi}{2}-\dfrac{\pi}{3}\right)=-0.19\ \text{m}\cdot\text{s}^{-1}$$
$$a_{0.5}=-0.12\pi^2\cos\left(\dfrac{\pi}{2}-\dfrac{\pi}{3}\right)=-1.03\ \text{m}\cdot\text{s}^{-2}$$

(3) 设对应于 $x=-0.06\ \text{m}$ 的时间为 t_1,则有

$$-0.06=0.12\cos\left(\pi t_1-\dfrac{\pi}{3}\right)$$

即

$$\cos\left(\pi t_1-\dfrac{\pi}{3}\right)=-\dfrac{1}{2}$$
$$\pi t_1-\dfrac{\pi}{3}=\pm\dfrac{2\pi}{3}$$

但此时物体向 x 轴负方向运动，$v=-0.12\pi\sin\left(\pi t_1-\dfrac{\pi}{3}\right)<0$，所以相位必位于第二象限，即

$$\varphi = \pi t_1 - \dfrac{\pi}{3} = \dfrac{2\pi}{3}$$

解得

$$t_1 = 1 \text{ s}$$

此时的速度和加速度分别为

$$v = -0.12\pi\sin\left(\pi - \dfrac{\pi}{3}\right) = -0.33 \text{ m} \cdot \text{s}^{-1}$$

$$a = -0.12\pi^2\cos\left(\pi - \dfrac{\pi}{3}\right) = 0.59 \text{ m} \cdot \text{s}^{-2}$$

从 $x=-0.06$ m 处回到平衡位置，意味着回到相位 $3\pi/2$ 处，设相应时刻为 t_2，则有

$$\pi t_2 - \dfrac{\pi}{3} = \dfrac{3\pi}{2}$$

解得

$$t_2 = \dfrac{11}{6} \text{ s}$$

故从 $x=-0.06$ m 处回到平衡位置所需的最短时间为

$$\Delta t = t_2 - t_1 = \dfrac{11}{6} - 1 = \dfrac{5}{6} = 0.83 \text{ s}$$

此题也可用旋转矢量法求解，请读者自己完成．

例 8-4

以余弦函数表示的简谐振动的位移时间曲线如图 8-8(a)所示，试写出它的振动方程．

解 设该简谐振动的振动方程为 $x = A\cos(\omega t + \varphi)$，则由图 8-8(a) 可知，$A = 2$ cm. 当 $t=0$ 时，

$$x_0 = 2\cos\varphi = -1 \text{ cm}$$

则

$$\cos\varphi = -\dfrac{1}{2}$$

所以有

$$\varphi = \pm\dfrac{2}{3}\pi$$

再由图 8-8(a)可知，当 $t=1$ s 时，位移达到最大值，即

$$A\cos(\omega \times 1 + \varphi) = A$$

所以

$$\omega + \varphi = 2\pi$$

故

$$\omega = 2\pi - \varphi = \dfrac{4}{3}\pi$$

或由图 8-8(b)可看出，$t=1$ s 时，$\omega\times 1 = \dfrac{4}{3}\pi$，所以 $\omega = \dfrac{4}{3}\pi$. 将 A, ω 和 φ 的值代入振动方程，可得

$$x = 2\cos\left(\dfrac{4}{3}\pi t + \dfrac{2}{3}\pi\right) \text{ (cm)}$$

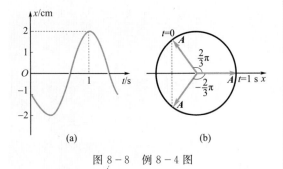

图 8-8 例 8-4 图

又因 $v_0<0$，故取 $\varphi=\dfrac{2}{3}\pi$. 或由图 8-8(b) 所示的旋转矢量可知，$\varphi=\dfrac{2}{3}\pi$ 时，满足 $x_0=-1$ cm 和 $v_0<0$，所以 φ 应取 $\dfrac{2}{3}\pi$.

8.1.4 简谐振动的实例

我们研究了弹簧振子的简谐振动,其结论是否适用于其他类型的振动系统?下面通过建立单摆和扭摆的运动方程来回答这一问题.

一、单摆

图 8-9 所示是一单摆,摆锤质量为 m,摆长 l(不计质量),当单摆偏离平衡位置的角度为 θ 时,其对 A 点的力矩为

$$M = -mgl\sin\theta$$

负号表示力矩方向与角位移 θ 方向相反.

在 θ 很小时($\theta < 5°$)时,$\sin\theta \approx \theta$,有

$$M = -mgl\theta$$

若以平衡位置 Ax 为界,θ 在右边为正、左边为负,则

$$\theta > 0 \text{ 时}, M < 0$$
$$\theta < 0 \text{ 时}, M > 0$$

所以力矩 M 总是使摆恢复到平衡位置,称回复力矩.

图 8-9 单摆

不考虑阻力时,根据转动定律 $M = J\dfrac{d^2\theta}{dt^2}$,有

$$\frac{d^2\theta}{dt^2} + \frac{mgl}{J}\theta = 0$$

若令 $\omega^2 = \dfrac{mgl}{J}$,则上式可改写为

$$\frac{d^2\theta}{dt^2} + \omega^2\theta = 0$$

这就是单摆的振动方程,与简谐振动的微分方程(8-2)式具有完全相同的形式,所以单摆的微振动也是简谐振动.因为单摆绕 A 点的转动惯量 $J = ml^2$,所以它的角频率为

$$\omega = \sqrt{\frac{mgl}{J}} = \sqrt{\frac{g}{l}}$$

单摆振动的周期

$$T = \frac{2\pi}{\omega} = 2\pi\sqrt{\frac{l}{g}} \tag{8-10}$$

二、扭摆

图 8-10 所示为一扭摆振动系统,简称扭摆,它由一弹簧杆和一圆盘组成.如把圆盘扭转一微小角度,然后松开,圆盘将绕轴线作来回往复扭转运动,这一运动也是简谐振动,分析如下.

在任一瞬时,设圆盘扭转角为 φ(见图 8-10),则作用在圆盘上的外力对弹性杆轴线力矩就是该杆对圆盘作用的弹性力矩,表示为

$$M = -k_l\varphi$$

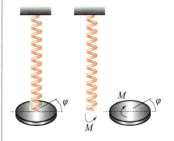

图 8-10 扭摆

其中 k_l 为扭转劲度系数,它是使杆扭转一单位角度时所需的力矩,单位为 N·m·rad^{-1},负号表示弹性力矩与扭角的符号相反. 这个力矩有使圆盘回到平衡位置的趋势,亦为回复力矩. 设圆盘对轴线的转动惯量为 J,杆的质量不计,则由转动定律有

$$-k_l\varphi = J\frac{\mathrm{d}^2\varphi}{\mathrm{d}t^2}$$

即

$$\frac{\mathrm{d}^2\varphi}{\mathrm{d}t^2} + \frac{k_l}{J}\varphi = 0$$

这就是扭摆的振动方程,与简谐振动的微分方程(8-2)式也具有完全相同的形式,所以扭摆微振动也是简谐振动. 其角频率为

$$\omega = \sqrt{\frac{k_l}{J}}$$

从以上例子可见,许多单自由度系统(指系统的位置可用一个独立坐标完全决定)的振动问题,都可应用解决弹簧振子的方法来求解. 通常将发生简谐振动的系统称为谐振动系统或谐振子.

三、复摆

如图 8-11 所示,长为 l,质量为 m 的均质细杆一端悬挂在水平轴 O 上,杆可在竖直面内自由摆动,当摆幅很小时,杆的运动也为简谐振动.

以铅直线 OO' 为参考线,当杆在某一时刻处于角坐标 θ(θ 很小)处时,重力 mg 对 O 轴的力矩为

$$M = -mg\frac{l}{2}\sin\theta \approx -\frac{1}{2}mgl\theta$$

式中负号表示力矩与角坐标反向.

根据转动定律,$M = J\frac{\mathrm{d}^2\theta}{\mathrm{d}t^2}$,有

$$\frac{\mathrm{d}^2\theta}{\mathrm{d}t^2} = -\frac{mgl}{2J}\theta$$

若令 $\omega^2 = \frac{mgl}{2J}$,则上式可改写为

$$\frac{\mathrm{d}^2\theta}{\mathrm{d}t^2} + \omega^2\theta = 0$$

因此,当杆在竖直面内作小角度摆动时,杆的运动是简谐振动,其周期为

$$T = \frac{2\pi}{\omega} = 2\pi\sqrt{\frac{2J}{mgl}}$$

因为杆绕一端的转动惯量 $J = \frac{1}{3}ml^2$,所以其振动的周期为

$$T = \frac{2\pi}{\omega} = 2\pi\sqrt{\frac{2l}{3g}}$$

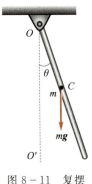

图 8-11 复摆

8.1.5 简谐振动的能量

系统作简谐振动时，每一时刻都具有一定的能量。以水平方向振动的弹簧振子为例，设 t 时刻振子所在位置坐标为 x，速度为 v，则系统的动能为

$$E_k = \frac{1}{2}mv^2 = \frac{1}{2}m\omega^2 A^2 \sin^2(\omega t + \varphi)$$

若以坐标原点 $x=0$ 处为势能零点，则系统的弹性势能为

$$E_p = \frac{1}{2}kx^2 = \frac{1}{2}kA^2 \cos^2(\omega t + \varphi)$$

系统的机械能为

$$E = E_k + E_p = \frac{1}{2}m\omega^2 A^2 \sin^2(\omega t + \varphi) + \frac{1}{2}kA^2 \cos^2(\omega t + \varphi)$$

因为 $\omega^2 = k/m$，所以

$$E = E_k + E_p = \frac{1}{2}m\omega^2 A^2 = \frac{1}{2}kA^2 \qquad (8-11)$$

由 E_k 及 E_p 的表达式可以看出，系统的动能和势能都随时间而变化，动能达到最大值时，势能为零；势能达到最大值时，动能为零，在整个振动过程中，动能和势能互相转换，但系统的总机械能守恒（见图 8-12）。

(8-11)式还表明，振动系统的能量与振动频率的平方及振幅的平方成正比。

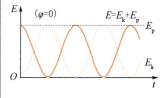

图 8-12 振动系统能量

例 8-5

从能量观点求解复摆的摆动，参见图 8-11。

解 设 t 时刻杆的角坐标为 θ，则杆的动能为

$$E_k = \frac{1}{2}J\left(\frac{d\theta}{dt}\right)^2 = \frac{1}{2}\left(\frac{1}{3}ml^2\right)\left(\frac{d\theta}{dt}\right)^2$$

式中 $J = \frac{1}{3}ml^2$ 是杆对悬挂轴的转动惯量。选取杆处于平衡位置时其质心（质量中心）C 所在处为重力势能零点，则当杆处于角坐标 θ（θ 很小）处时的重力势能为

$$E_p = mgl\frac{1}{2}(1 - \cos\theta)$$
$$= mgl\frac{1}{2}[1 - (1-\theta^2)^{1/2}]$$
$$\approx \frac{1}{4}mgl\theta^2$$

由于系统的机械能守恒，所以 $E = E_k + E_p$ 不随时间变化。将上两式相加后等号两边分别对时间 t 求导，得

$$\frac{1}{3}ml^2 \frac{d\theta}{dt} \cdot \frac{d^2\theta}{dt^2} + \frac{1}{2}mgl\theta\frac{d\theta}{dt} = 0$$

即

$$\frac{d^2\theta}{dt^2} + \frac{3g}{2l}\theta = 0$$

令 $\omega^2 = \frac{3g}{2l}$，得

$$\frac{d^2\theta}{dt^2} + \omega^2\theta = 0$$

此即简谐振动的微分方程，其振动周期为

$$T = \frac{2\pi}{\omega} = 2\pi\sqrt{\frac{2l}{3g}}$$

§8.2 简谐振动的合成

在实际问题中经常会遇到一个物体同时参与两个或两个以上的简谐振动的情况,如两列声波同时传播到空间某处,该处的空气质元将同时参与两个振动,根据运动叠加原理,质点的运动就是两个振动的合成. 一般的振动合成问题比较复杂,本节只讨论几种简单情况.

8.2.1 两个同方向同频率简谐振动的合成

设一质点同时参与两个同方向同频率的简谐振动,设振动方向为 x 轴,质点的平衡位置为坐标原点 O,对两个振动同时开始计时描述,则两简谐振动的振动方程分别为

$$x_1 = A_1 \cos(\omega t + \varphi_1)$$
$$x_2 = A_2 \cos(\omega t + \varphi_2)$$

故合成运动的位置坐标为

$$x = x_1 + x_2$$

研究两个同方向同频率简谐振动的合成既可用三角函数法(即将 x_1, x_2 按两个角之和的三角函数展开后合并),也可用旋转矢量法. 相比之下,后一种方法要简便一些. 故多用旋转矢量法来讨论简谐振动的合成.

如图 8-13 所示,令 $\boldsymbol{A}_1$, $\boldsymbol{A}_2$ 同以角速度 ω 绕 O 点逆时针旋转,设 $t=0$ 时, $\boldsymbol{A}_1$, $\boldsymbol{A}_2$ 与 x 轴的夹角分别为 φ_1, φ_2,则 $\boldsymbol{A}_1$, $\boldsymbol{A}_2$ 即为代表两简谐振动的旋转矢量. 当 $\boldsymbol{A}_1$, $\boldsymbol{A}_2$ 以相同的角速度转动时,以 $\boldsymbol{A}_1$, $\boldsymbol{A}_2$ 为邻边的平行四边形的对角线 OM,即 $\boldsymbol{A}_1$, $\boldsymbol{A}_2$ 的合矢量 $\boldsymbol{A}$ 也以同一角速度绕 O 点旋转,而保持大小不变,设 $t=0$ 时 $\boldsymbol{A}$ 与 x 轴的夹角为 φ,则 t 时刻 $\boldsymbol{A}$ 的末端在 x 轴上的投影为

$$x = A\cos(\omega t + \varphi) = x_1 + x_2$$

可见,合矢量 $\boldsymbol{A}$ 的末端在 x 轴上的投影代表了两个同方向同频率简谐振动的合成. 由上式可以看出,两个同方向同频率简谐振动的合成仍为一同频率的简谐振动,其合振幅的大小可由平行四边形法则求得,即

$$A = \sqrt{A_1^2 + A_2^2 + 2A_1 A_2 \cos(\varphi_2 - \varphi_1)} \tag{8-12}$$

合振动的初相位由下式决定

$$\tan \varphi = \frac{A_1 \sin \varphi_1 + A_2 \sin \varphi_2}{A_1 \cos \varphi_1 + A_2 \cos \varphi_2} \tag{8-13}$$

对于同方向同频率的两个简谐振动来说,无论何时 $(\varphi_2 - \varphi_1)$ 均

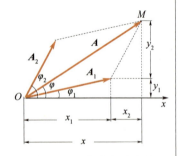

图 8-13 简谐振动合成

不变.因此,合振动的振幅与计时起始时刻无关,由(8-13)式可见,合振动的初相位 φ 则与计时起始时刻有关.对于两个同方向同频率简谐振动的合成,重要的是判定合成后的振动是加强了还是减弱了,这主要取决于合振幅 A 的情况.下面讨论两种特殊情况.

一、两分振动同相位(同相)

当两分振动的初相差 $\varphi_2-\varphi_1=\pm 2k\pi$ $(k=0,1,2,\cdots)$ 时,有 $\cos(\varphi_2-\varphi_1)=1$,合振幅为

$$A=\sqrt{A_1^2+A_2^2+2A_1A_2}=A_1+A_2$$

即合振动的振幅为两个分振动的振幅之和,这表明合振幅达到最大值.

二、两分振动相位相反(反相)

当两分振动的初相差 $\varphi_2-\varphi_1=\pm(2k+1)\pi$ $(k=0,1,2,\cdots)$ 时,有

$$\cos(\varphi_2-\varphi_1)=-1$$

合振幅为 $A=\sqrt{A_1^2+A_2^2-2A_1A_2}=|A_1-A_2|$

即合振动的振幅为两个分振动振幅之差的绝对值(A 恒为正),表明合振幅达到最小值.如果 $A_1=A_2$,则合振幅 $A=0$,这表明两个分振动相互抵消,物体处于静止状态.

如果 $\varphi_2-\varphi_1$ 为其他数值,由(8-12)式可知,合振幅 A 的值在 (A_1+A_2) 与 $|A_1-A_2|$ 之间. 以上讨论的两种特殊情况十分重要,在以后研究机械波和光波的干涉、衍射时都要用到.

例 8-6

已知两个同方向同频率简谐振动的振动方程分别为

$$x_1=0.05\cos\left(10t+\frac{3}{5}\pi\right)(\mathrm{m})$$

$$x_2=0.06\cos\left(10t+\frac{1}{5}\pi\right)(\mathrm{m})$$

(1) 求其合振动的振幅及初相位;

(2) 设另一同方向同频率简谐振动的振动方程为 $x_3=0.07\cos(10t+\varphi_3)(\mathrm{m})$,问 φ_3 为何值时 x_1+x_3 的振幅最大?φ_3 为何值时 x_2+x_3 的振幅最小?

解 (1) 由题意知 $A_1=0.05$ m,$\varphi_1=\dfrac{3}{5}\pi$,$A_2=0.06$ m,$\varphi_2=\dfrac{1}{5}\pi$,将上述各值代入(8-12)式,得合振动的振幅

$$A=\sqrt{A_1^2+A_2^2+2A_1A_2\cos(\varphi_2-\varphi_1)}$$
$$=\sqrt{0.05^2+0.06^2+2\times0.05\times0.06\cos\left(-\frac{2}{5}\pi\right)}$$
$$=8.92\times10^{-2}\ \mathrm{m}$$

由(8-13)式,得合振动的初相位为

$$\varphi = \arctan\frac{A_1\sin\varphi_1+A_2\sin\varphi_2}{A_1\cos\varphi_1+A_2\cos\varphi_2}$$

$$= \arctan\frac{0.05\sin\frac{3}{5}\pi+0.06\sin\frac{\pi}{5}}{0.05\cos\frac{3}{5}\pi+0.06\cos\frac{\pi}{5}}$$

$$= 68°12' \text{ 或 } 248°12'$$

由于 φ_1,φ_2 分别位于第二及第一象限,而 $248°12'$ 位于第三象限不合题意,故知合振动的初相位 $\varphi = 68°12'$.

(2) 由(8-12)式可知,当 $\varphi_3-\varphi_1=\varphi_3-\frac{3}{5}\pi=\pm2k\pi$ 时,(x_1+x_3) 的振幅最大,得

$$\varphi_3=\frac{3}{5}\pi\pm2k\pi \quad (k=0,1,2,\cdots)$$

当 $\varphi_3-\varphi_2=\varphi_3-\frac{1}{5}\pi=\pm(2k+1)\pi$ 时,(x_2+x_3) 的振幅最小,得

$$\varphi_3=\frac{\pi}{5}\pm(2k+1)\pi \quad (k=0,1,2,\cdots)$$

8.2.2　两个同方向不同频率简谐振动的合成

如果一个质点同时参与两个同方向不同频率(设 $\omega_2>\omega_1$)的简谐振动,则其合振动较为复杂.下面仅讨论两个谐振动的频率之差不大(即 $\omega_1+\omega_2\gg\omega_2-\omega_1$)且振幅相等(即 $A_1=A_2=A$)的特殊情况.若在两个分振动都达到正向最大位置时开始计时(如图 8-14 中的 t_0 时刻),则两个谐振动的振动方程分别为

$$x_1=A\cos\omega_1 t=A\cos 2\pi\nu_1 t$$
$$x_2=A\cos\omega_2 t=A\cos 2\pi\nu_2 t$$

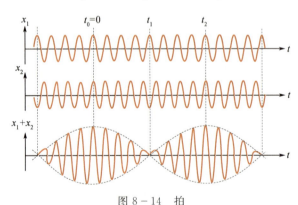

图 8-14　拍

合振动表达式为

$$x=x_1+x_2=A\cos 2\pi\nu_1 t+A\cos 2\pi\nu_2 t$$
$$=2A\cos 2\pi\frac{\nu_2+\nu_1}{2}t\cos 2\pi\frac{\nu_2-\nu_1}{2}t$$

即

$$x=\left[2A\cos 2\pi\frac{\nu_2-\nu_1}{2}t\right]\cos 2\pi\frac{\nu_2+\nu_1}{2}t \quad (8-14)$$

由于 $\nu_2+\nu_1\gg\nu_2-\nu_1$,所以式中括号内的量随时间变化很慢,可看作缓慢变化的振幅.(8-14)式仍然具有振动的特征,但已不是简

谐振动.其中 $\dfrac{\nu_2+\nu_1}{2}$ 为合振动的频率 ν,它表明合振动的频率为两个分振动频率的平均值,合振动的振幅 $\left[2A\cos 2\pi \dfrac{\nu_2-\nu_1}{2}t\right]$ 是时间 t 的周期函数,如以 T' 代表合振幅变化的周期,由于振幅只取正值,所以一个周期内的振幅变化相当于相位增加 π,即

$$\cos 2\pi \frac{\nu_2-\nu_1}{2}(t+T')=\cos\left[2\pi \frac{\nu_2-\nu_1}{2}t+\pi\right]$$

故有

$$2\pi \frac{\nu_2-\nu_1}{2}T'=\pi$$

即

$$T'=\frac{1}{\nu_2-\nu_1}$$

振幅变化的频率

$$\nu'=\frac{1}{T'}=\nu_2-\nu_1$$

上述结果也可用旋转矢量合成法求得. 在图 8-15 中,因为 $\boldsymbol{A}_1$ 和 $\boldsymbol{A}_2$ 的角速度不同,所以在旋转过程中,$\boldsymbol{A}_1$ 和 $\boldsymbol{A}_2$ 的方向有时一致,合振幅最大;有时相反,合振幅最小;设 $\omega_2>\omega_1$,则 $\boldsymbol{A}_2$ 相对于 $\boldsymbol{A}_1$ 的旋转角速度为 $\omega_2-\omega_1$,那么,$\boldsymbol{A}_2$ 前后相邻两次与 $\boldsymbol{A}_1$ 方向一致时所需的时间 $T'=\dfrac{2\pi}{\omega_2-\omega_1}=\dfrac{1}{\nu_2-\nu_1}$,$T'$ 为相邻两次振动最强之间的时间,亦即拍的周期. 所以,拍频 $\nu'=\dfrac{1}{T'}=\nu_2-\nu_1$.

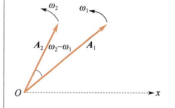

图 8-15 两个同方向不同频率简谐运动的合成

合振幅作周期变化的现象称为拍(beat),ν' 称为拍频(beat frequency),其值为两个分振动的频率之差. 在图 8-14 中,设 $t_2-t_0=1$ s,则第二个分振动的频率 $\nu_2=9$ Hz,第一个分振动的频率 $\nu_1=8$ Hz,而拍频 $\nu'=\nu_2-\nu_1=1$ Hz,即合振动每秒钟作一次周期性变化,这种变化从图中也可清楚地看出. 拍频现象在科学技术及日常生活中应用广泛. 例如,可以利用拍现象来校准乐器,乐师常用标准音叉校准钢琴的频率,因为音调稍有差别就会出现拍音,调整到拍音消失,一个琴键就被校准了. 超外差式收音机就是运用了外来信号和本机振荡频率的拍差现象. 对于两个频率相接近的振动,若其中一个频率为已知,那么通过拍频的测量就可以知道另一个待测振动的频率,因而拍现象还可用来测定超声波及无线电波的频率.

8.2.3 相互垂直的简谐振动的合成

当一个质点同时参与两个不同方向的振动时,一般情况下质点将作平面曲线运动,其运动轨迹的形状将由两个分振动的周期、振幅和它们的相位差决定.

一、同频率相互垂直的简谐振动的合成

沿两个振动的方向分别建立 x,y 轴,并以质点的平衡位置作为坐标原点,则这两个分振动可分别表示为

$$x = A_1 \cos(\omega t + \varphi_1)$$
$$y = A_2 \cos(\omega t + \varphi_2)$$

在 t 时刻,质点的位置可由坐标 x,y 确定.上述方程是以时间 t 为参变量的运动轨迹的参数方程,从中消去 t,便得轨迹方程

$$\frac{x^2}{A_1^2} + \frac{y^2}{A_2^2} - 2\frac{xy}{A_1 A_2}\cos(\varphi_2 - \varphi_1) = \sin^2(\varphi_2 - \varphi_1) \quad (8-15)$$

(8-15)式是椭圆方程,它表明两个相互垂直且同频率的简谐振动合成的轨迹为一椭圆.下面讨论几种特殊情况.

(1) $\varphi_2 - \varphi_1 = 0$ 或 $\pm 2k\pi(k=1,2,\cdots)$,即两个振动同相位,$\varphi_2 = \varphi_1 = \varphi$,由(8-15)式可得

$$y = \frac{A_2}{A_1}x$$

这表明质点的运动轨迹是一条直线,其斜率为两个分振动的振幅之比,如图8-16(a)所示.

在某一时刻 t,质点的位矢 r 的大小为

$$r = \sqrt{x^2 + y^2} = \sqrt{A_1^2 \cos^2(\omega t + \varphi) + A_2^2 \cos^2(\omega t + \varphi)}$$
$$= \sqrt{A_1^2 + A_2^2} \cos(\omega t + \varphi)$$

这表明质点仍作简谐振动,角频率为 ω,振幅为 $\sqrt{A_1^2 + A_2^2}$.

(2) $\varphi_2 - \varphi_1 = \pi$ 或 $\pm(2k+1)\pi(k=1,2,\cdots)$,即两个分振动反相.由(8-15)式可得

$$y = -\frac{A_2}{A_1}x$$

这表明质点仍在直线上作简谐振动,其斜率为 $-\frac{A_2}{A_1}$,其角频率、振幅与情况(1)相同,如图8-16(b)所示.

(3) $\varphi_2 - \varphi_1 = \frac{\pi}{2}$,由(8-15)式可得

$$\frac{x^2}{A_1^2} + \frac{y^2}{A_2^2} = 1$$

即质点的运动轨迹为以坐标轴为主轴,半长轴为 A_1,半短轴为 A_2 的椭圆,如图8-16(c)所示,椭圆上的箭头表示质点运动的方向.

若 $\varphi_2 - \varphi_1 = -\frac{\pi}{2}$(或 $\frac{3}{2}\pi$),则质点的轨迹仍如上述椭圆,只是运动方向与前者相反,如图8-16(d)所示.

如果两个振动的振幅相等,即 $A_1 = A_2 = A$,则质点的运动轨迹为圆.

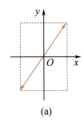

(a)

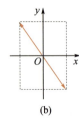

(b)

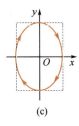

(c)

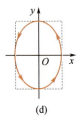

(d)

图 8-16 同频率相互垂直的简谐振动的合成

二、不同频率相互垂直的简谐振动的合成

如果两振动的频率只有微小差别,则可近似看作同频率简谐振动的合成,但相位差会随时间变化,合振动的运动轨迹将不断地由直线变成椭圆,再由椭圆变成直线.

如果两振动的频率相差较大,但恰成简单的整数比,则合振动的运动轨迹总能构成封闭曲线形的稳定轨道,这些曲线称为李萨如图.

图 8-17 分别表示周期为(1∶2)、(2∶3)、(3∶4)时的李萨如图.

如果已知一个振动的周期,就可以根据李萨如图求出另一个振动的周期.这是一种比较方便也是比较常用的测定频率的方法.

图 8-17 李萨如图形

§8.3 阻尼振动 受迫振动 共振

8.3.1 阻尼振动

以上讨论的简谐振动是在不计阻力的理想情况下的一种等幅振动,这种振动又称为无阻尼自由振动.实际上,任何振动系统都要受到阻力作用,这种振动称为**阻尼振动**(damped oscillation).在阻尼振动过程中,系统在振动中要克服阻力做功并消耗系统的能量,系统的振幅将随能量的不断消耗而逐渐减小,直至停止振动,故阻尼振动又称为减幅振动.形成阻尼振动的原因有两个:一是系统在振动时要克服摩擦阻力做功,使机械能转化为热能;二是振动系统通过与周围介质互相作用,将振动能量向四周传播出去.两种原因都使得振动系统的能量减少,从而振幅也相应减小,我们主要讨论第一种原因所引起的阻尼振动.

作阻尼振动的物体,除受弹性力或准弹性力外,还受到摩擦阻力作用.在振动速度不太大时,摩擦力的大小与速度成正比,即

$$F = -\gamma v = -\gamma \frac{dx}{dt}$$

式中 γ 为阻力系数,负号表示阻力与速度反向.以弹簧振子为例,此时振子受力为 $-kx - \gamma \frac{dx}{dt}$,其动力学方程为

$$m \frac{d^2 x}{dt^2} = -kx - \gamma \frac{dx}{dt}$$

即

$$\frac{d^2x}{dt^2} = -\frac{k}{m}x - \frac{\gamma}{m}\frac{dx}{dt}$$

令 $\dfrac{k}{m} = \omega_0^2$，$\dfrac{\gamma}{m} = 2\beta$，得

$$\frac{d^2x}{dt^2} + 2\beta\frac{dx}{dt} + \omega_0^2 x = 0$$

式中 ω_0 为振动系统的固有角频率，β 称为阻尼系数，如果 β 较小，即 $\beta^2 < \omega_0^2$，则上述微分方程的解为

$$x = A_0 e^{-\beta t}\cos(\omega t + \varphi) \tag{8-16}$$

式中 A_0 和 φ 为积分常量，其值取决于初始状态；ω 为振动的角频率，它与系统的固有角频率 ω_0 的关系为 $\omega = \sqrt{\omega_0^2 - \beta^2}$；$A_0 e^{-\beta t}$ 为阻尼振动的振幅，其值随时间的增大而减小，当 β 很小时，振幅衰减很慢，(8-16)式表示的振动可视为简谐振动，根据(8-16)式可绘出阻尼振动的曲线如图 8-18 所示.

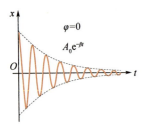

图 8-18　小阻尼振动

(8-16)式表明，阻尼振动不同于简谐振动，但在阻尼很小的情况下，可近似地看作简谐振动，如图 8-19 中的曲线 a 所示. 如果阻尼过大，以致 $\beta^2 > \omega_0^2$，则(8-16)式不再是阻尼振动微分方程的解. 此时，振子从开始的最大位置缓慢地回到平衡位置，完全不可能再作往复运动，这种情况称为过阻尼，如图 8-19 中的曲线 c 所示. 如果阻尼的大小恰好使振子不能作往复运动，这种情况称为临界阻尼（此时 $\beta^2 = \omega_0^2$，$\omega = 0$），如图 8-19 中的曲线 b 所示，从图中可以看出，当振动处于临界阻尼状态时，系统从开始振动到静止（$x = 0$）所经过的时间最短.

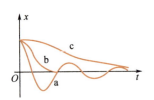

图 8-19　三种阻尼振动比较

阻尼在工程技术中有着重要的应用. 例如，在某些精密仪器（如陀螺经纬仪、灵敏电流计、精密天平等）中常常附有阻尼装置，如果我们使仪器的偏转系统处在临界阻尼状态下工作，便可扼制仪器的振动，减少操作时间，以便尽快进行读数.

8.3.2　受迫振动　共振

在实际振动中，阻尼是不可避免的，要维持系统作等幅振动，则必须对系统施加周期性的驱动力，使系统的振幅不随时间衰减. 系统在周期性外力的作用下所作的等幅振动称为**受迫振动**（forced oscillation）.

如果一个振动系统在弹性力 $-kx$，阻力 $-\gamma v$ 和周期性外力 $H\cos pt$ 的作用下作受迫振动，(其中 H 是驱动力的幅值，p 是驱动力的角频率)，则其动力学方程为

$$m\frac{d^2x}{dt^2} = -kx - \gamma\frac{dx}{dt} + H\cos pt$$

令 $\omega_0^2 = \dfrac{k}{m}, 2\beta = \dfrac{\gamma}{m}, h = \dfrac{H}{m}$，代入上式，整理后得

$$\frac{\mathrm{d}^2 x}{\mathrm{d}t^2} + 2\beta \frac{\mathrm{d}x}{\mathrm{d}t} + \omega_0^2 x = h\cos pt$$

此式即为受迫振动的微分方程. 其解为

$$x = A_0 \mathrm{e}^{-\beta t} \cos(\omega t + \delta) + A\cos(pt + \varphi) \quad (8-17)$$

(8-17)式说明，受迫振动是由阻尼振动与简谐振动两部分组合而成. 开始振动时，系统的运动情况很复杂，经过一段时间，阻尼振动部分衰减到可以忽略不计时，振动便达到稳定状态（即只剩下(8-17)式的第二项）. 此时受迫振动的振动方程为

$$x = A\cos(pt + \varphi)$$

因而可视为简谐振动，其频率为周期性外力的频率，将其代入受迫振动微分方程，得振幅 A 和初相位 φ 分别为

$$A = \frac{h}{\sqrt{(\omega_0^2 - p^2)^2 + 4\beta^2 p^2}}$$

$$\varphi = \arctan \frac{-2\beta p}{\omega_0^2 - p^2} \quad (8-18)$$

在受迫振动时，振幅 A 的大小与周期性外力的角频率 p、阻尼系数 β 及振动系统的固有角频率 ω_0 有关. 图 8-20 是根据(8-18)式作出的 A-p 曲线，图中 β 值较大者对应的 A 值较小. 由图可见，如果系统的阻尼已定，则当外力的角频率与系统的固有角频率相差很大（即 $p \gg \omega_0$，或 $p \ll \omega_0$）时，受迫振动的振幅较小；当外力的角频率 p 接近系统的固有角频率 ω_0 时，受迫振动振幅变大. 为了求出受迫振动振幅的极大值，可以令(8-18)式对 p 的导数等于零，即

$$\frac{\mathrm{d}A}{\mathrm{d}p} = \frac{2ph}{[(\omega_0^2 - p^2)^2 + 4\beta^2 p^2]^{3/2}} (\omega_0^2 - 2\beta^2 - p^2) = 0$$

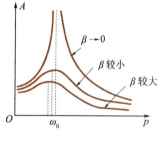

图 8-20 共振

由此解得，当 $p = \sqrt{\omega_0^2 - 2\beta^2}$ 时，受迫振动的振幅有极大值. 受拍振动的振幅出现极大的现象称为**共振**(resonance)，$p = \sqrt{\omega_0^2 - 2\beta^2}$ 称为共振角频率. 将此值代入(8-18)式，得共振时的振幅为

$$A = \frac{h}{2\beta \sqrt{\omega_0^2 - \beta^2}}$$

由此可见，阻尼系数 β 越小，共振时的振幅越大，共振越强烈. 从理论上讲，如果阻尼系数为零（或 $\beta^2 \ll \omega_0^2$），则共振频率 $p = \omega_0$，即周期性外力的频率与系统的固有频率如果相同，则将引起共振，而振幅 A 趋于无限大. 但实际上，β 不可能为零，共振振幅也不会是无限大.

共振现象在声学、光学、无线电以及工程技术中都经常遇到. 利用共振原理来制造乐器是共振利用历史最久、最成功的例子之一；收音机利用电磁谐振进行选台；原子核内的核磁共振被用来进行物质结构的研究以及诊断治疗等. 共振也有其不利的一面，由于共振时振幅过大，常常使机器设备引起损害. 据说拿破仑率军经过一座

铁索悬桥时，跨着整齐的步伐迈向对岸，突然一声巨响，大桥坍塌，官兵纷纷落水。在圣彼得堡，一支部队过桥时也发生了同样的悲剧，事后分析才知是共振的原因。以后部队过桥不再齐步走已是不成文的规定了。作为工程技术人员，在设计机器、桥梁、高层建筑等工程时要充分考虑到共振的不利影响。

*§8.4 振动的分解

在前面的学习中我们知道两个同方向的简谐振动可以合成为一个简谐振动(当 $\omega_1 = \omega_2$ 时)，也可以合成为一个较复杂的一般振动(当 $\omega_1 \neq \omega_2$ 时)，就是说一个复杂的振动可由两个频率不同的简谐振动组成。实践和理论分析表明，任何一个复杂的周期性振动，都可看作由频率不同、振幅不同的若干个简谐振动组成。把一个较复杂的周期性振动分解成若干个简谐振动的叠加的方法称为振动的分解(也称为谐振分析)。

根据实际振动曲线的形状或其位移函数关系，求出它所包含的各种简谐振动的频率和振幅的数学方法称为傅里叶分析。它指出，一个周期为 T 的周期性函数 $f(t)$ 可以表示为傅里叶级数：

$$f(t) = \frac{a_0}{2} + \sum_{n=1}^{\infty} A_n [\cos(n\omega t + \varphi_n)]$$

式中单个分振动振幅 A_n 与初相位 φ_n 可用数学公式根据 $f(t)$ 求出。这些分振动中频率最低的称为基频振动，该频率称为基频。其他分振动中频率都是基频的整数倍，依次称为二次、三次……谐频。

不仅周期性振动可以分解为一系列频率为最低频率整数倍的简谐振动，而且任一非周期性振动也可以分解为许多简谐振动，这种情况下振动的分解要用傅里叶积分处理。

*§8.5 非线性振动简介

我们知道，当单摆的摆角 θ 很小时，其运动学方程 $\frac{d^2\theta}{dt^2} + \omega_0^2 \sin\theta = 0$ 可近似地写成

$$\frac{d^2\theta}{dt^2} + \omega_0^2 \theta = 0 \qquad (8-19)$$

这是一个线性微分方程，其解

$$\theta = \theta_0 \cos(\omega_0 t + \varphi)$$

表示一个线性振动。如果摆角较大，则单摆的运动方程可近似写为

$$\frac{d^2\theta}{dt^2} + \omega_0^2 \left(\theta - \frac{\theta^3}{3!} + \frac{\theta^5}{5!} - \cdots\right) = 0 \qquad (8-20)$$

这是一个非线性微分方程，它的解不再代表线性振动，而是一种非线性振动。

一般地说，自然界的实际振动都是非线性振动，仅仅在一定的条件下可近

似地认为是线性振动(例如,上述单摆的振动就是这样).非线性振动与线性振动的主要区别在于线性振动系统服从叠加原理,其方程是线性的,任意两个解的线性叠加仍为方程的解(例如,若 θ_1,θ_2 是方程(8-19)的解,则 $c_1\theta_1+c_2\theta_2$ 也是该方程的解),但对非线性方程(8-20)来说,则叠加原理不适用.事实上,对于单摆的微小振动,其振动周期(或频率)与振幅无关,但当摆幅增大时,单摆的振动周期却随振幅的加大而增大,且不再作简谐振动.

对于在非线性的弹性回复力 $F=-k_1x-k_3x^3$ 作用下的弹簧振子来说,仅当 $k_3=0$ 时(胡克定律成立),方程

$$m\frac{d^2x}{dt^2}+k_1x+k_3x^3=0$$

才成为线性微分方程,这时弹簧振子的角频率为

$$\omega_0=\sqrt{k_1/m}$$

但对于"硬弹簧"($k_3>0$),弹性回复力比胡克定律所预期的大,振动周期变小,对于"软弹簧"($k_3<0$),弹性回复力比胡克定律所预期的小,振动周期变大,弹簧的振动都不是简谐振动.当振动加强时,会出现种种复杂现象.

以在周期性外力(简称驱动力)作用下,弹簧的受迫振动为例,来说明非线性振动的某些特性.

当弹簧振子为角频率 ω_0 的线性振子,阻尼力与速度成正比时,在角频率为 ω 的余弦策动力作用下,其运动方程

$$m\left(\frac{d^2x}{dt^2}+\nu\frac{dx}{dt}+\omega_0^2x\right)=F_0\cos\omega t$$

是线性的,这时,在稳定状态下,质点的位移 x 作余弦式的振动,其振动频率与驱动力频率相等,而振幅则与驱动力的振幅 F_0 成正比.这时,振动系统对驱动力的响应是线性的,其数学表示可写成

$$x(t)=kF(t)$$

其中 k 为常数,即"输出" $x(t)$ 和"输入" $F(t)$ 呈线性关系.但在非线性振动系统情况下,$x(t)$ 和 $F(t)$ 呈非线性关系,这种"非线性响应"可以写成

$$x(t)=k[F(t)+\varepsilon F^2(t)] \tag{8-21}$$

式中 ε 是一个小参数.

设驱动力 $F(t)=A\cos\omega t$,将之代入(8-21)式,得

$$x(t)=kA(\cos\omega t+\varepsilon A\cos^2\omega t)$$
$$=kA\left(\frac{1}{2}\varepsilon A+\cos\omega t+\frac{1}{2}\varepsilon A\cos 2\omega t\right)$$

于是"输出"项 $x(t)$ 中除基频 ω 的简谐振动外还出现常数项(整流项)和倍频 2ω 的简谐振动(倍频项).

如果驱动力是角频率分别为 ω_1 与 ω_2 的两种驱动力的叠加,即设 $F(t)=A\cos\omega_1t+B\cos\omega_2t$,将之代入(8-21)式,则可得到 $x(t)$ 中除了包括常数项,基频各为 ω_1,ω_2 的基频项,角频率各为 $2\omega_1$,$2\omega_2$ 的倍频项外,还出现一个交叉项 $2k\varepsilon AB\cos\omega_1t\cos\omega_2t$,当 $\omega_1\gg\omega_2$ 时,它可以看成振幅为 $2k\varepsilon AB\cos\omega_2t$ 的调幅振动(振幅值以角频率 ω_2 缓慢地作周期性变化).也可以将交叉项改写成 $k\varepsilon AB[\cos(\omega_1+\omega_2)t+\cos(\omega_1-\omega_2)t]$.这表明,在响应项 $x(t)$ 中还出现角频率为 $\omega_1+\omega_2$ 的和频项和角频率为 $|\omega_1-\omega_2|$ 的差频项.

综上所述,非线性系统在外来策动力的作用下,可以产生整流、倍频、和频、差频(或调幅振动)等等效应,且非线性效应越强,这些效应就越显著.

非线性效应有弊也有利,须按情况设法避免或者加以利用.例如:音响设

备中,为避免"失真",要减弱非线性效应;在外差式发送和收音中,可用调幅器将音频信号(频率约为千赫兹量级)与载波频率(频率约为兆赫量级)在非线性电路中合在一起发送,而在接收时,则用非线性电路产生和频、差频,以复现音频信号.

对于光强很强的激光,因为场强振幅很大,可以在介质中产生倍频效应,使介质受激而产生频率为入射光两倍的出射光,结果,很强的红色(或近红外)激光通过玻璃后便出现蓝色的光.

本章提要

1. 振动

(1) 机械振动:物体在其平衡位置附近作来回反复的运动,称为机械振动.

(2) 简谐振动:一个作往复运动的物体,如果在其平衡位置附近的位移按余弦函数(或正弦函数)的规律随时间变化,这种运动称为简谐振动.

2. 简谐振动的特征

(1) 简谐振动的动力学特征:

$$F=-kx \quad \text{或} \quad \frac{\mathrm{d}^2 x}{\mathrm{d}t^2}+\omega^2 x=0$$

(2) 简谐振动的运动学特征:

$$x=A\cos(\omega t+\varphi)$$

振动速度为

$$v=-A\omega\sin(\omega t+\varphi)$$

振动加速度为

$$a=-\omega^2 A\cos(\omega t+\varphi)$$

3. 简谐振动的特征物理量

(1) 振幅 A:

$$A=\sqrt{x_0^2+\frac{v_0^2}{\omega^2}}$$

(2) 周期 T、频率 ν 和角频率 ω:

$$\omega=\frac{2\pi}{T}=2\pi\nu$$

(3) 相位 $(\omega t+\varphi)$ 及初相位 φ:

$$\varphi=\arctan\left(-\frac{v_0}{\omega x_0}\right)$$

4. 简谐振动的旋转矢量法

将简谐振动与一旋转矢量对应,使矢量作逆时针匀速转动,其长度等于简谐振动的振幅 A,其角速度等于简谐振动的角频率 ω,且 $t=0$ 时,它与参考坐标轴的夹角为简谐振动的初相位 φ,t 时刻它与参考坐标轴的夹角为简谐振动的相位 $(\omega t+\varphi)$,旋转矢量 A 的末端在参考坐标轴上的投影点的运动即代表质点的简谐振动.

5. 简谐振动的能量

动能:$E_k=\frac{1}{2}mv^2=\frac{1}{2}m\omega^2 A^2\sin^2(\omega t+\varphi)$

势能:$E_p=\frac{1}{2}kx^2=\frac{1}{2}kA^2\cos^2(\omega t+\varphi)$

机械能:$E=E_k+E_p=\frac{1}{2}m\omega^2 A^2=\frac{1}{2}kA^2$

6. 简谐振动的合成

(1) 同方向、同频率简谐振动的合成:

振幅:

$$A=\sqrt{A_1^2+A_2^2+2A_1 A_2\cos(\varphi_2-\varphi_1)}$$

初相位:$\varphi=\arctan\dfrac{A_1\sin\varphi_1+A_2\sin\varphi_2}{A_1\cos\varphi_1+A_2\cos\varphi_2}$

当两个简谐振动的初相差为

$$\varphi_2-\varphi_1=\pm 2k\pi \quad (k=0,1,2,\cdots)\text{时},$$

合振动振幅最大,即 $A=A_1+A_2$.

当两个简谐振动的初相差为

$$\varphi_2-\varphi_1=\pm(2k+1)\pi \quad (k=0,1,2,\cdots)\text{时},$$

合振动振幅最小,即 $A=|A_1-A_2|$.

(2) 同方向、不同频率的简谐振动的合成:两振动频率差与它们的频率相比很小时,合成后产生拍的现象,拍频 ν' 等于两振动的频率差,即

$$\nu'=|\nu_2-\nu_1|$$

(3) 相互垂直的两个同频率简谐振动的合成:合运动的轨迹通常为椭圆,其具体形状决定于两分振动的相位差和振幅.

(4) 相互垂直的两个不同频率简谐振动的合成:两个分振动的频率为简单整数比时,合运动轨迹为李萨如图形.

7. 阻尼振动

当振动系统受到各种阻尼作用时,系统的机械能将不断减少,振幅也随时间增加而不断减小.这种系统能量(或振幅)随时间增大而减小的振动称为阻尼振动.

8. 受迫振动

振动系统在周期性外力的持续作用下的振动称为受迫振动.这种周期性外力称为驱动力.稳态时,振动频率等于强迫力的频率.当驱动力的频率等于振动系统的固有频率时将发生共振现象.

阅读材料(八)　　原 子 钟

人类的日常生活、科研、导航及测绘等工作都离不开时间.任何具有周期性变化的自然现象都可以用来测量时间.我们要想对原子钟有一个较全面的认识,就先来看看人类如何从以地球自转为基准发展到机械钟、石英钟、乃至原子钟这3 500年计时仪器发展变化的历史进程.

一、人类计时仪器的发展史

在公元前1500年,出现的日晷是人类最古老的计时工具,埃及人首先开始使用这项技术,然后在整个地中海地区普及开来.日晷是以太阳投向刻度盘的阴影为基础的.通常由铜制的指针(晷针)和石制的圆盘(晷面)组成.当太阳光照在日晷上时,晷针的影子就会投向晷面,太阳由东向西移动时,投向晷面的晷针影子也会慢慢地由西向东移动.于是,移动着的晷针影子好像是现代钟表的指针,晷面则是钟表的表面,以此来显示时间.

在公元前1400年,出现的漏壶(沙漏或者滴漏)是第一个摆脱天文现象的计时仪器.它是根据流沙从一个容器滴漏到另一个容器的数量来计量时间的.古代人设计的"五轮沙漏"通过流沙从漏斗形的沙池流到初轮边上的沙斗里,以此来驱动初轮,从而带动各级机械齿轮的依次旋转.最后一级齿轮带动在水平面上旋转的中轮,中轮的轴心上有一根指针,指针则在一个有刻线的仪器圆盘上转动,以此来显示时间,这种古老的显示方法几乎与现代时钟的表面结构完全相同.

在公元1088年,中国宋朝的机械师苏颂发明的"水运仪象台"(水钟)被认为是第一架真正的机械钟,它是集观测天象的浑仪、演示天象的浑象、计量时间的漏刻和报告时间的机械装置于一体的综合性观测仪器,它实际上就是一座小型的天文台.这台仪器的制造水平堪称一绝,充分体现了我国古代人民的聪明才智和富于创造的精神.

1400年,第一批机械钟开始在欧洲流行,其始祖由意大利人乔瓦尼·唐迪于1364年制成,他首次在机械钟里引入了轮式钟摆.

1511年,荷兰人彼得·亨莱茵制成了第一块怀表,但它只有时针而没有分针和秒针.怀表和钟的结构其实是完全一样的,所不同的是它利用螺旋弹簧制成的发条驱动,从而摆脱了传统的钟摆,它靠小巧的"体形",轻松进入人们的口袋.

1656年,有摆的挂钟(或座钟)产生于荷兰天文学家、数学家克里斯蒂安·惠更斯的实验室内.它是以伽利略发现的摆的摆动具有规则性这个原理为基础而发明的.自此以后人类掌握了比较精确的测量时间的方法.

1969年,由瑞士人创意、日本精工企业制作的第一块石英手表——Seiko Astron 诞生,其价格在当时相当于一部汽车.石英手表的发明是基于科学家们发现处于电路之中的石英晶体能产生频率稳定的振动以及可以通过特殊的切割方式来控制石英晶体振动的频率.

二、人类原子钟的发现史

直到20世纪20年代,最精确的时钟还是依赖于钟摆的有规则摆动.取代它们的更为精确的时钟是基于石英晶体有规则振动而制造的,这种时钟的误差每天不大于千分之一秒.即使如此精确,但它仍不能满足科学家们研究爱因斯坦引力论的需要.根据爱因斯坦的理论,在引力场内,空间和时间都会弯曲.因此,在珠穆朗玛峰顶部的一个时钟,比海平面处完全相同的一个时钟平均每天快三千万分之一秒.所以精确测定时间的唯一办法只能是通过原子本身的微小振动来控制计时钟.

20世纪30年代,美国哥伦比亚大学实验室的拉比和他的学生在研究原子及其原子核的基本性质时所获得的成果,使基于上述原子计时器的时钟研制取得了实质性进展.在拉比设想的时钟里,处于某一特定的超精细态的一束原子穿过一个振动电磁场,场的振动频率与原子超精细跃迁频率越接近,原子从电磁场吸收的能量就会越多,并因此而经历从原先的超精细态到另一态的跃迁.反馈回路可调节振动场的频率,直到所有原子均能跃迁.原子钟就是利用振动场的频率作为节拍器来产生时间脉冲.目前,振动场频率与原子共振频率已达到完全同步的水平.1949年,拉比的学生拉姆齐提出,使原子两次穿过振动电磁场,其结果可使时钟更加精确.1989年,拉姆齐因此而获得了诺贝尔奖.

  第二次世界大战后,美国国家标准局和英国国家物理实验室都宣布,要以原子共振研究为基础来确定原子时间的标准.世界上第一个原子钟是由美国国家物理实验室的埃森和帕里合作建造完成的,但这个钟需要一个房间的设备,所以实用性不强.另一名科学家扎卡来亚斯使得原子钟成为一个更为实用的仪器.扎卡来亚斯计划建造一个被他称为原子喷泉的、充满了幻想的原子钟,这种原子钟非常精确,足以研究爱因斯坦预言的引力对于时间的作用.研制过程中,扎卡来亚斯推出了一种小型的原子钟,可以从一个实验室方便地转移到另一个实验室.1954年,他与麻省的摩尔登公司一起建造了以他的便携式仪器为基础的商用原子钟.两年后该公司生产出了第一个原子钟,并在四年内售出50个,如今用于GPS的铯原子钟都是这种原子钟的后代.

  到了1967年,关于原子钟的研究如此富有成效,以至于人们依据铯原子的振动而对秒做出了重新定义.如今的原子钟极其精确,其误差为10万年内不大于1 s.历经数年的努力,三种原子钟——铯原子钟、氢微波激射器和铷原子钟(它们的基本原理相同,区别在于元素的使用及能量变化的观测手段),都已成功的应用于太空、卫星以及地面控制.现今为止,在这三类中最精确的原子钟是铯原子钟,GPS卫星系统最终采用的就是铯原子钟. 今天,名为NIST F-1的原子钟是世界上最精确的钟表,但它并不能直接显示钟点,它的任务是提供"秒"这个时间单位的准确计量.这一计时装置安放在美国科罗拉多州博尔德的国家标准和技术研究所(NIST)物理实验室的时间和频率部内.1999年才建成的这座钟价值约为65万美元,可谓身价不菲.在2000万年内,它既不会少1 s也不会多1 s,其精度之高由此可见一斑.这架昂贵的时钟既没有指针也没有齿轮,只有激光束、镜子和铯原子气.

三、原子钟的工作原理

  每一个原子都有自己的特征振动频率.人们最熟悉的振动频率现象就是当食盐被喷洒到火焰上时食盐中的元素钠所发出的橘红色的光.一个原子具有多种振动频率,一些位于无线电波波段,一些位于可见光波段,而另一些则处在两者之间.铯133则被普遍地选用作原子钟.

  将铯原子共振子置于原子钟内,需要测量其中一种的跃迁频率.通常是采用锁定晶体振荡器到铯原子的主要微波谐振来实现.这一信号处于无线电的微波频谱范围内,并恰巧与广播卫星的发射频率相似,因此工程师们对制造这一频谱的仪器十分在行.

为了制造原子钟,铯原子会被加热至汽化,并通过一个真空管.在这一过程中,首先铯原子气要通过一个用来选择合适的能量状态原子的磁场,然后通过一个强烈的微波场.微波能量的频率在一个很窄的频率范围内震荡,以使得在每一个循环中一些频率点可以达到 9 192 631 770 Hz.精确的晶体振荡器所产生的微波的频率范围已经接近于这一精确频率.当一个铯原子接收到正确频率的微波能量时,能量状态将会发生相应改变.

在更远的真空管的尽头,另一个磁场将那些由于微波场在正确的频率上而已经改变能量状态的铯原子分离出来.在真空管尽头的探测器将打击在其上的铯原子呈比例的显示出,并在处于正确频率的微波场处呈现峰值.这一峰值被用来对产生的晶体振荡器作微小的修正,并使得微波场正好处在正确的频率.这一锁定的频率被 9 192 631 770 除,得到常见的现实世界需要的每秒一个脉冲.

四、铯原子钟的工作过程

铯原子钟又被人们形象的称作"喷泉钟",因为铯原子钟的工作过程是铯原子像喷泉一样的"升降".这一运动使得频率的计算更加精确.图 Y8-1 详细的描绘了铯原子钟工作的整个过程.这个过程可以分割为四个阶段:

第一阶段:由铯原子组成的气体,被引入到时钟的真空室中,用 6 束相互垂直的红外线激光(黄线)照射铯原子气,使之相互靠近而呈球状,同时激光减慢了原子的运动速度并将其冷却到接近绝对零度.如图 Y8-2 所示.

第二阶段:两束垂直的激光轻轻地将这个铯原子气球向上举起,形成"喷泉"式的运动,然后关闭所有的激光器.这个很小的推力将使铯原子气球向上举起约 1 m 高,穿过一个充满微波的微波腔,这时铯原子从微波中吸收了足够能量.如图 Y8-3 所示.

第三阶段:在地心引力的作用下,铯原子气球开始向下落,再次穿过微波腔,并将所吸收的能量全部释放出来.如图 Y8-4 所示.

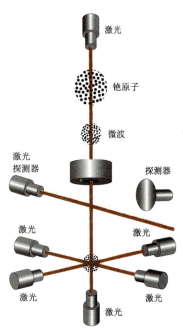

图 Y8-1 铯原子钟的工作过程

第 8 章 振　动

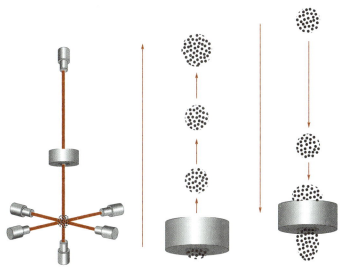

图 Y8-2　　　　　图 Y8-3　　　　　图 Y8-4

图 Y8-2　铯原子气被引入到真空室中后,气体的温度降低,接近于绝对零度,并且呈现圆球状气体云

图 Y8-3　2 束激光将"气球"推向上方

图 Y8-4　在重力的作用下,气球开始向下坠落,并再次穿过微波腔.同时微波部分地改变了铯原子的原子状态

第四阶段:在微波腔的出口处,另一束激光射向铯原子气,探测器将对辐射出的荧光的强度进行测量.如图 Y8-5 所示.上述过程将多次重复进行,而每一次微波腔中的频率都不相同.由此可以得到一个确定频率的微波,使大部分铯原子的能量状态发生相应改变.这个频率就是铯原子的天然共振频率,或确定秒长的频率.

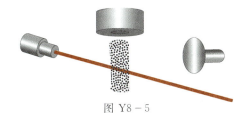

图 Y8-5

当在微波腔中发生状态改变的铯原子与激光束再次发生作用时就会放射出光能.同时,一个探测器(右)对这一荧光柱进行测量.整个过程被多次重复,直到达到出现最大数目的铯原子荧光柱.这一点定义了用来确定秒的铯原子的天然共振频率.

五、精确的全光学原子钟

美国《科学》杂志于 2001 年 7 月 12 日公布的一项研究结果表明,美国政府科学家已经将先进的激光技术和单一的汞原子相结合而研制出了世界上最精确的时钟.位于美国科罗拉多州博尔德城的美国国家标准与技术研究所的科学家研制出了这种新型的以高频不可见光波和非微波辐射为基础的原子钟.由于这种时钟的研制主要是依靠激光技术,因而它被命名为"全光学原子钟".

我们知道原子时钟的"滴答"来自于原子的转变.在当前的原子钟中,铯原子是在微波频率范围内转变的,而光学转变发生在比微波转变高得多的频率范围,因此它能够提供一个更精细的时间尺度,也就可以更精确地计时.这种新研制出来的全光学原子时钟的指针在1 s内走动时发出的"滴嗒"声为1 000的5次幂(在1后加15个零所得的数),是现在最高级的时钟——微波铯原子钟的10万倍.所以,用它来测量时间将精确得多.

所有时钟的构造都包括两大部分:即能够按照固定周期走动的装置,如钟摆;还有一些计算、累加和显示时间流失的装置,如驱动时钟指针的齿轮.在大约60年前首次研制出的原子钟增加了第三部分,即以特定的频率对光和电磁辐射作出反应的原子,这些原子用来控制"钟摆".目前最高级的原子钟,就是利用100万个液态金属铯原子对微波辐射做出反应来控制时钟指针的走动.这样的时钟指针每秒钟大约走动100亿次,时钟指针走动得越快,时钟计算的时间也就越精确.但是铯原子钟使用的高速电子学技术并不能计算更多的时钟指针走动次数.因而,美国科学家在研究新型的全光学原子钟时使用的不是铯原子,而是单个冷却的液态汞离子(即失去一个电子的汞原子),并把它与功能相当于钟摆的飞秒(一千万亿分之一秒)激光振荡器相连,时钟内部配备了光纤,光纤可将光学频率分解成计数器可以记录的微波频率脉冲.

要制造出这种原子钟需要有能够捕捉相应离子,并将捕捉到的离子足够静止来保证准确的读取数据的技术,同时要能保证在如此高的频率下来准确的计算"滴答"的次数.这种时钟的质量依赖于它的稳定性和准确性,也就是说,这个时钟要提供一个持续不变的输出频率,并使它的测量频率与原子的共振频率相一致.

领导这一研究的美国物理学家斯科特·迪达姆斯(S. A. Diddams)说:"我们首次展示了这种新一代原子钟的原理,这种时钟可能比目前的微波铯原子钟精确100到1 000倍."它可以计算有史以来最短的时间间隔.科学家们预言这种时钟可以提高航空技术、通信技术,如移动电话和光纤通信技术等的应用水平,同时可用于调节卫星的精确轨道、外层空间的航空和连接太空船等.

思考题

8-1 试判断下列几种运动是否为简谐振动:
(1)拍皮球时皮球的运动;(2)一小球在半径很大的光滑凹球面底部作小幅度摆动;(3)锥摆的运动。

8-2 把单摆的摆球从平衡位置拉开一些,使摆线与竖直方向成 θ_0 角,然后放手任其摆动,那么单摆作简谐振动的初相位是否就是 θ_0 呢? 单摆摆动的角速度是否就是角频率?

8-3 一弹簧振子,先后把它拉到离开平衡位置 2 cm 和 4 cm 处放手,任其自由振动,两次振动的振幅、周期、初相位是否相同? 为什么?

8-4 能量公式 $E=\dfrac{1}{2}kA^2$ 是否只适用于弹簧振子? 对单摆而言, k 等于什么?

8-5 一个弹簧振子的振幅增大到两倍时,它的振动周期、最大速度和振动能量将如何改变?

8-6 A,B 两摆摆长相同,振幅相同(θ_0),试分别就思考题 8-6 图中四种情况,写出 A、B 两摆的相位差。

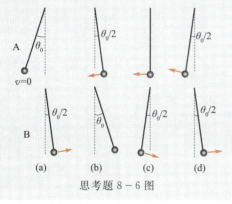

思考题 8-6 图

8-7 在简谐振动方程 $x=A\cos(\omega t+\varphi)$ 中,相应于初相位 $\varphi=0,\dfrac{\pi}{2}$ 和 $\dfrac{3\pi}{2}$ 时,对水平放置的弹簧振子来说,其物体的初位置分别在哪? 初速度如何?

8-8 一弹簧的劲度系数为 k,一质量为 m 的物体挂在它的下面,若把弹簧分割成两半,物体挂在分割后的一根弹簧上,问在弹簧分割前后的振动频率是否一样,它们的关系怎样?

8-9 两个简谐振动的合运动是圆周运动,这两个简谐振动必须具备什么条件?

8-10 阻尼振动的特征是什么? 受迫振动在什么条件下也是简谐振动,其频率决定于什么? 共振产生的条件是什么?

8-11 何谓拍? 形成拍的条件如何? 拍的振幅最大值是多少? 拍的频率如何确定?

习 题

8-1 下列几种运动中属于简谐振动的是( )。
(A)小球在地面上作完全弹性的上下跳动
(B)细线悬一小球在水平面内作匀速圆周运动
(C)小球在半径很大的光滑凹球面底部作小角度滚动
(D)光滑水平直线轨道上的小车在前后两个弹性挡板间来回运动

8-2 将两个振动方向、振幅、周期均相同的简谐振动合成后,若合振幅和分振动的振幅相等,则这两个分振动的相位差为( )。
(A)$\dfrac{\pi}{6}$ (B)$\dfrac{\pi}{3}$ (C)$\dfrac{\pi}{2}$ (D)$\dfrac{2\pi}{3}$

8-3 为了测定音叉 c 的振动频率,可另选两个和 c 频率相近的音叉 a 和 b,已知 $\nu_a=500$ Hz,$\nu_b=495$ Hz. 先使音叉 a 和 c 同时振动,测得每秒声响加强 2 次,然后使音叉 b 和 c 同时振动,测得每秒声响加强 3 次,则音叉 c 的频率为( )。
(A)502 Hz (B)492 Hz
(C)498 Hz (D)497 Hz

8-4 作简谐振动的物体,振幅为 A,其动能和势能相等的位置为_____;弹性力在半个周期内所做的功为_____.

8-5 一物体放在水平木板上,物体与板面间的静摩擦系数 $\mu_s=0.5$,当此板沿水平方向以频率 $\nu=2$ Hz 作简谐振动时,要使物体在板上不发生滑动,则振幅的最大值 $A_{\max}=$_____ m.

8-6 已知铁路上每根铁轨长 12 m,支撑车厢的弹簧振动的固有周期为 0.4 s,当列车以_____ m/s 的速度运行时,车厢振动得最厉害.

8-7 一远洋货轮,质量为 $M=2\times10^4$ t,浮在水面时其水平截面积为 $S=2\times10^3$ m². 设在水面附近货轮的截面积与货轮高度无关,试证明此货轮在水中的铅直自由运动是简谐振动,并求其自由振动的周期.

8-8 重物 A 的质量 $M=1$ kg,放在倾角 $\theta=30°$ 的光滑斜面上,并用绳跨过定滑轮与劲度系数 $k=49$ N·m⁻¹ 的轻弹簧连接,如习题 8-8 图所示.将物体由弹簧未形变时的位置静止释放,并开始计时,试求:
(1) 不计滑轮质量,物体 A 的运动方程;
(2) 滑轮为质量 M,半径 r 的均质圆盘,物体 A 的运动方程.

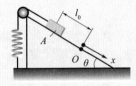
习题 8-8 图

8-9 质点作简谐振动的振动曲线如习题 8-9 图所示,试根据此图求出该质点的振动表达式.

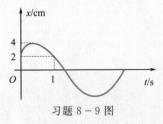
习题 8-9 图

8-10 在一个电量为 Q,半径为 R 的均匀带电球中,沿某一直径挖一条隧道,另一质量为 m,电量为 -q 的微粒在这个隧道中运动.试求证该微粒的运动是简谐振动,并求出振动周期(设带电球体介电常数为 ε_0).

8-11 如习题 8-11 图所示,有一轻质弹簧,其劲度系数 $k=500$ N·m⁻¹,上端固定,下端悬挂一质量 $M=4.0$ kg 的物体 A,在物体 A 的正下方 $h=0.6$ m 处,以初速度 $v_{01}=4.0$ m·s⁻¹ 的速度向上抛出一质量 $m=1.0$ kg 的油灰团 B,击中 A 并附着于 A 上.
(1) 证明 A 与 B 作简谐振动;

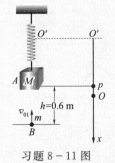
习题 8-11 图

(2) 写出它们共同作简谐振动的振动表达式;
(3) 弹簧所受的最大拉力是多少?(取 $g=10$ m·s⁻²,弹簧未挂重物时,其下端端点位于 O' 点)

8-12 一物体竖直悬挂在劲度系数为 k 的弹簧上简谐振动,设振幅 $A=0.24$ m,周期 $T=4.0$ s,开始时在平衡位置下方 0.12 m 处向上运动.求:
(1) 物体作简谐振动的振动表达式;
(2) 物体由初始位置运动到平衡位置上方 0.12 m 处所需的最短时间;
(3) 物体在平衡位置上方 0.12 m 处所受的合外力的大小及方向(设物体的质量为 1.0 kg).

8-13 如习题 8-13 图所示,质量 $m=10$ g 的子弹,以 $v=1\,000$ m·s⁻¹ 的速度射入一在光滑平面上与弹簧相连的木块,并嵌入其中,致使弹簧压缩而作简谐振动,若木块质量 $M=4.99$ kg,弹簧的劲度系数 $k=8\times10^3$ N·m⁻¹,求简谐振动的振动表达式.

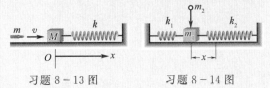
习题 8-13 图　　　习题 8-14 图

8-14 如习题 8-14 图所示,质量为 m_1 的光滑物块和弹簧构成振动系统,已知两弹簧的劲度系数分别为 $k_1=3.0$ N·m⁻¹,$k_2=1.0$ N·m⁻¹,此系统沿弹簧的长度方向振动,周期 $T_1=1.0$ s,振幅 $A_1=0.05$ m,当物块经过平衡位置时有质量为 $m_2=0.10$ kg 的油泥块竖直落到物体上并立即粘住,求新的振动周期 T_2 和振幅 A.

8-15 质量为 0.2 kg 的质点作简谐振动,其振动方程为 $x=0.60\sin\left(5t-\dfrac{\pi}{2}\right)$,式中 x 的单位为 m,t 的单位为 s,求:
(1) 振动周期;
(2) 质点初始位置,初始速度;
(3) 质点在经过 $\dfrac{A}{2}$ 且向正向运动时的速度和加速度以及此时质点所受的力;
(4) 质点在何位置时其动能、势能相等?

8-16 手持一块平板,平板上放一质量 $m=0.5$ kg 的砝码,现使平板在竖直方向上振动,设这振动为简谐振动,频率 $\nu=2$ Hz,振幅 $A=0.04$ m,问:
(1) 位移最大时,砝码对平板的正压力多大?
(2) 以多大振幅振动时,会使砝码脱离平板?

(3) 如果振动频率加快一倍,则砝码随板保持一起振动的振幅上限如何?

8-17 有一在光滑水平面上作简谐振动的弹簧振子,劲度系数为 k,物体质量为 m,振幅为 A. 当物体通过平衡位置时,有一质量为 m' 的泥团竖直落在物体上,并与之粘结在一起. 求:

(1) 系统的振动周期和振幅;

(2) 振动总能量损失了多少?

(3) 如果当物体达到振幅 A 时,泥团竖直落在物体上,则系统的周期和振幅又是多少? 振动的总能量是否改变? 物体系统通过平衡位置的速度又是多少?

8-18 一水平放置的简谐振子,如习题 8-18(a) 图所示,当其从 $\frac{A}{2}$ 运动到 $-\frac{A}{2}$ 的位置处(A 是振幅)需要的最短时间为 $\Delta t = 1.0$ s,现将振子竖直悬挂,如习题 8-18(b)图所示,现由平衡位置向下拉 0.1 m,然后放手,让其作简谐振动,已知 $m = 5.0$ kg,以向上方向为 x 轴正方向,$t=0$ 时,m 处于平衡位置下方且向 x 轴负方向运动,其势能为总能量的 0.25 倍,试求:

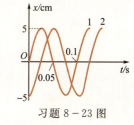

习题 8-18 图

(1) 振动的周期、圆频率、振幅;

(2) $t=0$ 时,振子的位置、速度和加速度;

(3) $t=0$ 时,振子系统的势能、动能和总能量;

(4) 振动的位移表达式.

8-19 作简谐振动的 P、Q 两质点,它们的振幅分别为 $A_P = 5.0 \times 10^{-2}$ m,$A_Q = 2.0 \times 10^{-2}$ m,圆频率都为 π rad·s^{-1},初相位分别为 $\varphi_P = \frac{\pi}{3}$,$\varphi_Q = -\frac{\pi}{3}$,求:

(1) 它们各自的振动位移表达式;

(2) 当 $t=1$ s 时,它们的 x、v、a 各是多少?

(3) 判断哪一个质点振动超前?

8-20 一质量 $m = 1.00 \times 10^{-2}$ kg 的质点作振幅为 $A = 5.00 \times 10^{-2}$ m 的简谐振动,初始位置在位移 $\frac{1}{2}A$ 处并向着平衡位置运动,每当它通过平衡位置时的动能 E_k 为 3.08×10^{-5} J.

(1) 写出质点的振动表达式;

(2) 求出初始位置的势能.

8-21 质量 $m=10$ g 的小球作简谐振动,其 $A = 0.24$ m,$\nu = 0.25$ Hz,当 $t = 0$ 时,初位移为 1.2×10^{-1} m,并向着平衡位置运动,求:

(1) $t = 0.5$ s 时,小球的位置;

(2) $t = 0.5$ s 时,小球所受力的大小与方向;

(3) 从起始位置到 $x = -12$ cm 处所需的最短时间;

(4) 在 $x = -12$ cm 处小球的速度与加速度;

(5) $t = 4$ s 时,E_k,E_p 以及系统的总能量.

8-22 两质点沿同一直线作同频率、同振幅的简谐振动,在振动过程中,每当它们经过振幅一半时相遇,而运动方向相反,求它们的相位差,并作旋转矢量图表示.

8-23 已知两个简谐振动的 $x-t$ 曲线如习题 8-23 图所示,它们的频率相同,求它们的合振动的振动表达式.

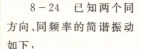

习题 8-23 图

8-24 已知两个同方向、同频率的简谐振动如下:

$x_1 = 0.05\cos\left(10t + \frac{3}{5}\pi\right)$; $x_2 = 0.06\cos\left(10t + \frac{\pi}{5}\right)$

式中 x 单位为 m,t 单位为 s.

(1) 求它们合振动的振幅与初相位;

(2) 另有一同方向简谐振动 $x_3 = 0.07\cos(10t + \varphi)$,问 φ 为何值时,$x_1 + x_3$ 的振幅最大? φ 为何值时,$x_2 + x_3$ 的振幅最小?

(3) 用旋转矢量法表示(1)、(2)的结果.

8-25 两个同方向同频率的简谐振动,其合振动的振幅 $A = 0.20$ m,合振动的相位与第一个振动的相位差为 $30°$,若第一个振动的振幅 $A_1 = 0.173$ m,求第二个振动的振幅及第一、第二两个振动的相位差为多少?

第 9 章
波　动

振动的传播过程称为波动,简称波.波动是物理学最重要、最普遍的概念之一,是一种常见的物质运动形式.机械振动在媒质中的传播过程称为**机械波**(mechanical wave),如声波、水波等;变化的电场和变化的磁场在空间的传播称为**电磁波**(electromagnetic wave),如无线电波、光波等.机械波和电磁波服从同样的相位及能量传播规律,区别在于机械波的传播媒介为实物,而电磁波的传播媒介为电磁场;近代物理中还有表示概率的波,它们在量子力学中被用来描述电子、原子或更复杂的物质运动形式.这些不同本质的波动过程,有着类似的波动方程和波函数,都能产生干涉和衍射等物理现象,它们有着一些共同的特征及规律.

§9.1 机械波的产生和传播

9.1.1 机械波的形成

一、简谐波

机械波是机械振动在媒质中的传播.机械波的形成依赖于两个条件,首先要有作机械振动的波源,其次要有能够传播这种机械振动的媒质.通常,在媒质内部机械波的传播是靠物体中各个质点间的弹性力,这些媒质统称为弹性媒质.

一般来说媒质中各质点的振动情况是很复杂的,由此产生的波也很复杂.当波源作简谐振动,且在各向同性、均匀、无限大、无吸收的连续弹性媒质中传播时,媒质中各质点的振动都是简谐振动,这种波称为**简谐波**(simple harmonic wave).简谐波是最简单、最基本的波动,任何复杂的波都可以看成由若干个简谐波叠加而成,因此研究简谐波具有特别重要的意义.

二、横波和纵波

按介质中质点的振动方向与波的传播方向之间的关系,可将波分成横波和纵波.如图 9-1(a)所示,拉紧一根绳子,使一端作垂直于绳子的振动,绳子上各质点就依次上下振动起来,这种质点的振动方向与波的传播方向相互垂直的波称为**横波**(transversal waves).在绳子上我们看到交替出现凸起的波峰和凹下的波谷以一定的速度沿绳传播.若将一根水平放置的长弹簧一端固定,用手去拍打另一端,各部分弹簧就依次左右振动起来,如图 9-1(b)所示.这种质点的振动方向与波的传播方向相互平行的波,称为**纵波**(longitudinal waves),弹簧中出现交替的"稀疏"和"稠密"区域,并以一定的速度传播出去.无论是横波还是纵波,媒质中各质点并不随波前进,只在其自身平衡位置附近作振动.沿着波的传播方向各质点的振动相位依次落后.

三、机械波的形成和传播

下面,我们以横波为例,具体讨论机械波的形成和传播.设想将图 9-1 中传播横波的细绳分割成许多小段,把每一小段看作一个质点,每个质点彼此间以弹性力联系着,在图 9-2 中画出 1~16 个质点.设 $t=0$ 时,各质点都在各自的平衡位置上,但质点 1(波源)受

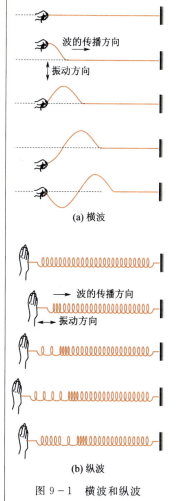

图 9-1 横波和纵波

到向上外力作用,正要离开平衡位置向上运动,如图 9-2(a)所示. $\frac{1}{4}$ 周期(T)后,即 $t=\frac{T}{4}$ 时,质点 1 已达到向上的最大位移,质点 2,3 由于受力作用已先后投入振动,但相位依次较为落后,振动已经传到质点 4,它处于 $t=0$ 时质点 1 的振动状态(指位置和速度——速度方向用小箭头表示),如图 9-2(b)所示;此后每隔 $\frac{T}{4}$ 时间的传播情况如图 9-2(c)和图 9-2(d)所示;$t=T$ 时,质点 1 已完成一次全振动,回到 $t=0$ 时的振动状态,这时振动已传到质点 13,在 1 和 13 之间的所有质点位于一条曲线上,形成一段有波峰(正向最大位移)、波谷(负向最大位移)的完整波形曲线,如图 9-2(e)所示. 此后振动继续向右传播,质点 1 每作一次完全振动,即经过一个周期时间,就向右传播出一个完整的波形,这就是横波的形成和传播. 用类似的方法也可以讨论纵波的形成和传播,读者可自己完成.

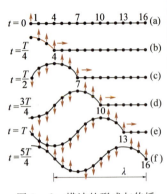

图 9-2 横波的形成与传播

由以上讨论可见,无论是横波还是纵波,媒质中各质点并不"随波逐流",而是在其自身平衡位置附近振动,在同一时刻,沿着波的传播方向,各质点的相位依次落后. 显然,横波是由切变弹性所引起的,而纵波是由长度弹性或容变弹性所引起的. 由于气体和液体没有切变弹性,所以在气体和液体中仅能传播纵波,而固体中既能传播纵波也能传播横波.

四、机械波的几何描述

为了形象地描述波在空间的传播,通常引入**波面**(wave surface)、**波前**(wave front)和**波线**(wave line)的概念. 在三维空间中,从波源发出的波一般均向各个方向传播. 在传播过程中,所有振动相位相同的点连成的面称为波面,最前面的波面称为**波前**,也叫波阵面. 显然,任一时刻一列波中波面有无限多个,而波前则只有一个. 波面是平面的波叫**平面波**(plane wave);波面为球面的波叫**球面波**(spherical wave). 在远离发射中心的球面波波面上任何一个小部分均可视为平面波. 波的传播方向称为波射线,简称**波线**. 在各向同性的媒质中,波线总是与波面垂直. 不难理解,平面波的波线为一系列垂直于波面的平行直线,球面波的波线为一系列沿半径方向的射线,如图 9-3 所示.

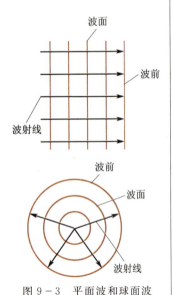

图 9-3 平面波和球面波

9.1.2 描述波动的物理量

波动与振动不同,振动状态仅与时间有关,而波动状态既与时间有关,也与空间有关,因而波动的描述较振动复杂,需引入相关的物理量进行描述.

一、波速 u

波动是振动状态(即相位)的传播,振动状态在单位时间内传播的距离称为**波速**(wave speed),也称相速,用 u 表示. 对于机械波,波速的大小由媒质的性质决定.

简谐波在固体媒质中传播的横波和纵波的波速分别由以下两式确定:

$$u_\perp = \sqrt{\frac{G}{\rho}} \qquad (9-1)$$

$$u_{/\!/} = \sqrt{\frac{Y}{\rho}} \qquad (9-2)$$

式中 G 和 Y 分别是媒质的切变弹性模量和杨氏弹性模量,ρ 为媒质的密度. 对于同一种固体媒质,一般有 $G<Y$,所以 $u_\perp < u_{/\!/}$. 顺便指出,只有纵波在均匀细长棒中传播时,(9-2)式才能准确成立,在非细长棒中,纵向长变过程中引起的横向形变不能忽略,因此容变不能简化成长变,(9-2)式只能近似成立.

在弦中传播的横波波速为

$$u_\perp = \sqrt{\frac{T}{\mu}} \qquad (9-3)$$

式中 T 是弦中张力,μ 为弦的线密度.

在液体或气体中只能传播纵波,其波速为

$$u_{/\!/} = \sqrt{\frac{B}{\rho}} \qquad (9-4)$$

式中 B 为媒质的容变弹性模量.

对于理想气体,若将波的传播过程视为绝热过程,则由分子动理论及热力学方程可导出理想气体中的声波波速公式为

$$u = \sqrt{\frac{\gamma p}{\rho}} = \sqrt{\frac{\gamma R T}{M}} \qquad (9-5)$$

式中 γ 为气体的摩尔热容比,p 为气体的压强,ρ 为气体的密度,T 是气体的热力学温度,R 是普适气体常量,M 是气体的摩尔质量.

注意区分波速与媒质中质点的振动速度这两个不同的概念,在同一种媒质中,波速是常量,而质点振动速度随时间和坐标而变化.

二、波动的周期 T 和频率 ν

由于波源振动具有时间周期性,因而波动过程也具有时间上的周期性. 波动的周期是指一个完整波形通过媒质中某一固定点所需的时间,用 T 表示. 周期的倒数称为频率,波动的频率是指单位时

间内通过媒质中某固定点的完整波的数目,用 ν 表示.由于波源每完成一次全振动,就有一个完整的波形传播出去,所以,当波源相对于媒质静止时,波动的周期即为波源振动的周期,波动的频率即为波源振动的频率,因此波动的周期和频率由波源决定.波动的周期和频率之间也满足如下关系

$$T = \frac{2\pi}{\omega} = \frac{1}{\nu} \tag{9-6}$$

三、波长 λ

同一时刻沿波线上各质点的振动相位是依次落后的,则同一波线上相邻的相位差为 2π 的两质点之间的距离称为**波长**(wavelength),用 λ 表示.当波源完成一次全振动,波在媒质中传播的距离就为一个波长,因此波长反映了波在空间上的周期性.显然,波动传播方向上任意相距为 λ 的两点,其振动状态完全相同.例如,横波上相邻两个波峰或相邻两个波谷之间的距离,纵波上相邻两个密部或相邻两个疏部之间的距离,均为一个波长.

波长、波速与波动的周期、频率的关系为

$$\lambda = uT = \frac{u}{\nu} \tag{9-7}$$

由于波速由媒质决定,波动的周期和频率由波源决定,因而波长由媒质和波源共同决定.不同频率的波在同一媒质中传播时具有相同的波速,而同一频率的波在不同媒质中传播时其波长不同.

例 9 - 1

频率为 3 000 Hz 的声波,以 1 560 m·s^{-1} 的传播速度沿一波线传播,经过波线上的 A 点后再经 $\Delta x = 0.13$ m 而传至 B 点.求 B 点的振动比 A 点落后的时间?声波在 A,B 两点振动时的相位差是多少?又设质点振动的振幅为 1 mm,问质元的振动速度是否等于波的传播速度?

解 由波的周期 $T = \dfrac{1}{\nu} = \dfrac{1}{3\,000}$ s 可以求出其波长为

$$\lambda = \frac{u}{\nu} = \frac{1.56 \times 10^3}{3\,000} \text{ m} = 0.52 \text{ m}$$

B 点处振动比 A 点处振动落后的时间为

$$\frac{\Delta x}{u} = \frac{0.13}{1.56 \times 10^3} \text{ s} = \frac{1}{12\,000} \text{ s}$$

即 $\dfrac{T}{4}$.B 点比 A 点落后的相位差为

$$\Delta \varphi = (\text{落后的周期数}) \times 2\pi$$
$$= \frac{\dfrac{\Delta x}{u}}{T} 2\pi = \frac{2\pi \Delta x}{\lambda}$$
$$= \frac{2\pi \times 0.13}{0.52} = \frac{\pi}{2}$$

当振幅 $A = 10^{-3}$ m 时,振动速度的幅值为

$$v_m = A\omega = 2\pi A\nu = 6\pi \text{ m·s}^{-1}$$

由此可见,振动速度远小于波动的传播速度.

§9.2 平面简谐波的波函数

一、平面简谐波的波函数

前面介绍了简谐波的概念,若简谐波的波面是平面,这样的简谐波称为**平面简谐波**(plane simple harmonic waves).用数学函数式来描述媒质中各质点位移随空间和时间变化的关系式称为**波函数**.下面来讨论平面简谐波的波函数.

如图 9-4 所示,设有一平面余弦波在无吸收的均匀无限大媒质中沿 x 轴正方向传播,波速为 u.设 O 为波线上任选的一点,并取 O 为坐标原点.为了清楚地描述波线上各点的振动,用 x 表示各个质点在波线上的平衡位置,用 y 表示它们的振动位移,每一质点的振动位移都是对自身的平衡位置而言的.假定 O 点处($x=0$)质点的振动方程为

$$y_0 = A\cos(\omega t + \varphi)$$

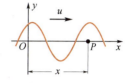

图 9-4 平面简谐波

式中 A 是振幅,ω 是角频率,y_0 是 O 点处质点在 t 时刻离开其平衡位置的位移(横波的位移方向与 Ox 轴垂直;纵波的位移方向与 Ox 轴平行).设 P 为波线上任一点,距 O 点的距离为 x.现在要确定 P 点处质点在 t 时刻的位移.因为波沿 x 轴正向传播,所以 P 点处质点的振动将落后于 O 点处的质点.落后的时间就是振动从 O 点传到 P 点所需的时间 x/u,故 P 点处质点在 t 时刻的位移等于 O 点处质点在 $(t-x/u)$ 时刻的位移.由于讨论的是平面简谐波,所以沿 x 轴上各点振幅相等,则由 O 点处质点的振动方程相应地得出 P 点处质点的振动方程为

$$y = A\cos\left[\omega\left(t - \frac{x}{u}\right) + \varphi\right] \quad (9-8)$$

因为 P 点是任意的,所以(9-8)式给出了波线上任一点(距原点 x)处的质点在任一瞬时的位移,这就是沿 x 轴正方向传播的平面简谐波的波函数.它表明了在波线上距坐标原点 x 处的质点在 t 时刻的位移.若将(9-8)式两边分别对时间 t 求偏导,可得出 x 处质点的振动速度关系.所以(9-8)式可以确定波线上任一 x 处质点在 t 时刻的振动状态.如果平面简谐波沿 x 轴负方向传播,则 P 点处质点在 t 时刻的位移等于 O 点处质点在 $(t+x/u)$ 时刻的位移,相应的波函数为

$$y = A\cos\left[\omega\left(t + \frac{x}{u}\right) + \varphi\right] \quad (9-9)$$

上式为沿 x 轴负方向传播的平面简谐波的波函数.综合(9-8)、

(9-9)两式,沿 x 轴方向传播的平面简谐波的波函数为

$$y = A\cos\left[\omega\left(t \mp \frac{x}{u}\right) + \varphi\right] \quad (9-10)$$

因为 $\omega = \dfrac{2\pi}{T} = 2\pi\nu$,$uT = \lambda$,所以(9-10)式也可写为

$$y = A\cos\left[2\pi\left(\frac{t}{T} \mp \frac{x}{\lambda}\right) + \varphi\right]$$

$$= A\cos\left(2\pi\nu t \mp \frac{2\pi x}{\lambda} + \varphi\right)$$

$$= A\cos\left[\frac{2\pi}{\lambda}(ut \mp x) + \varphi\right]$$

$$= A\cos[k(ut \mp x) + \varphi]$$

式中 $k = \dfrac{2\pi}{\lambda}$,称为波矢,它表示在 2π 长度内所具有的完整波的数目.

二、波函数的物理意义

下面分三种情况来讨论波函数的物理意义.

(1) 当 $x = x_0$,即 x 为给定值时,位移 y 仅是时间 t 的函数,这时波函数为距离坐标原点 x_0 处给定质点的振动方程,即

$$y = A\cos\left[\omega\left(t - \frac{x_0}{u}\right) + \varphi\right] = A\cos\left[\omega t + \left(\varphi - \frac{2\pi x_0}{\lambda}\right)\right] \quad (9-11)$$

式中 $\left(\varphi - \dfrac{2\pi x_0}{\lambda}\right)$ 为该点振动的初相位.显然 x_0 处质点的振动相位比原点 O 处质点的振动相位始终落后 $\dfrac{2\pi x_0}{\lambda}$. x_0 越大,相位落后越多,$x_0 = \lambda$,相位落后 2π,说明波线上各质点的振动相位依次落后,波长 λ 确实表征了波的空间周期性.

x_0 处质点在两不同时刻 t_1,t_2 振动的相位差为

$$\Delta\varphi = \omega(t_2 - t_1) = \omega\Delta t = \frac{2\pi}{T}\Delta t \quad (9-12)$$

(2) 当 $t = t_0$,即 t 为给定值时,位移 y 仅是坐标 x 的函数,即 $y = y(x)$,这时波函数变为

$$y = A\cos\left[\omega\left(t_0 - \frac{x}{u}\right) + \varphi\right] \quad (9-13)$$

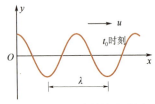

图 9-5 t_0 时刻的波形图

波函数给出了在 t_0 时刻波线上各质点离开各自平衡位置的位移分布情况.对横波而言,t_0 时刻的波函数对应的曲线就是该时刻的波形,如图 9-5 所示;对纵波而言,则只是表示该时刻所有质点的位移分布.t_0 时刻波线上两质点之间的相位差为

$$\Delta\varphi = -\frac{2\pi}{\lambda}(x_2 - x_1)$$

若 $x_2 > x_1$,$\Delta\varphi < 0$,说明 x_2 处的相位落后于 x_1 处的相位,在不需要明确何处相位超前或滞后时,上式可简写为

$$\Delta\varphi = \frac{2\pi}{\lambda}\Delta x \qquad (9-14)$$

Δx 称为波程差,利用(9-14)式,可将波程差换算成相位差.

(3) 当 x、t 都变化时,则波函数 $y = y(x,t)$ 给出了波线上各个不同质点在不同时刻的位移,即体现了各个不同时刻的波形,反映了波形不断向前推进的波动传播的全过程. 由波函数可知,t 时刻的波形方程为

$$y(x) = A\cos\left[\omega\left(t - \frac{x}{u}\right) + \varphi\right]$$

而 $t + \Delta t$ 时刻的波形方程为

$$y(x) = A\cos\left[\omega\left(t + \Delta t - \frac{x}{u}\right) + \varphi\right]$$

图 9-6 中实线和虚线分别表示 t 时刻和 $t + \Delta t$ 时刻的波形曲线,很形象地呈现出波形的传播,波形向前传播的速度就等于波速.

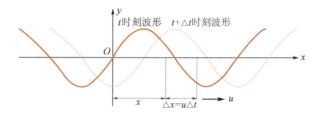

图 9-6 简谐波的波形曲线及其随时间的平移

若 t 时刻,x 处质点的振动状态经过 Δt 的时间间隔传播了 $\Delta x = u\Delta t$ 的距离,用波函数表示为

$$A\cos\left[\omega\left(t + \Delta t - \frac{x + u\Delta t}{u}\right) + \varphi\right] = A\cos\left[\omega\left(t - \frac{x}{u}\right) + \varphi\right]$$

即 $y(x + \Delta x, t + \Delta t) = y(x,t)$,表明:$t$ 时刻、x 处质点的振动相位等于 $t + \Delta t$ 时刻、$x + \Delta x$ 处质点的振动相位. 即质点的振动相位在 Δt 时间内向前传播(行走)了 Δx 的距离. 因此,要获得 $t + \Delta t$ 时刻的波形,只要将 t 时刻的波形沿波的传播方向移动 $\Delta x (= u\Delta t)$ 距离即可. 故波动是振动状态(相位)的传播,波函数反映了波形的传播,它所描述的波称为**行波**(travelling wave).

应特别注意波的传播速度和质点振动速度的区别,波的传播速度反映了波传播的快慢,在各向同性的均匀介质中是一个常量;而质点的振动速度描述质点振动的快慢,它是时间的函数. 由波函数可求得各质点的振动速度为

$$v = \frac{\partial y}{\partial t} = -A\omega\sin\left[\omega\left(t - \frac{x}{u}\right) + \varphi\right]$$

质点的加速度为

$$a = \frac{\partial^2 y}{\partial t^2} = -A\omega^2\cos\left[\omega\left(t - \frac{x}{u}\right) + \varphi\right]$$

例 9-2

一平面谐波，波函数为 $y=0.03\cos(4\pi t-0.05x)$ m，t 的单位是 s，试问该列波向哪个方向传播？其波长、频率、振幅、传播速度各为多少？

解 因为 x 前的符号为"−"，所以此波向 x 轴正方向传播，将此列波的波函数与标准形式进行比较，即可求出相应的物理量

$$y=A\cos\left[\omega\left(t-\frac{x}{u}\right)+\varphi\right]$$

$$=0.03\cos\left[4\pi\left(t-\frac{x}{80\pi}\right)\right]\text{(m)}$$

比较等式两边可知

振幅： $A=0.03$ m

频率： $\nu=\dfrac{\omega}{2\pi}=\dfrac{4\pi}{2\pi}=2$ Hz

波速： $u=80\pi=251.2$ m·s^{-1}

波长： $\lambda=\dfrac{u}{\nu}=125.6$ m

例 9-3

如图 9-7 所示为一平面简谐波在 $t=0.5$ s 时的波形，此时 P 点振动速度 $v_P=4\pi$ m·s^{-1}，求该波的波函数。

解 由图 9-7 可知，$A=1$ m，$\lambda=4$ m，由 $|v_P|=v_{\max}=\omega A=4\pi$ m·s^{-1}，求得

$$\omega=4\pi\text{ rad·s}^{-1},\ u=\lambda\nu=\lambda\frac{\omega}{2\pi}=8\text{ m·s}^{-1}$$

设波函数为 $y=A\cos\left[\omega\left(t-\dfrac{x}{u}\right)+\varphi\right]$

在图 9-7 中 O 点：$x=0$，$y=0$，$t=0.5$ s，求得 $\varphi=\pm\dfrac{\pi}{2}$，由传播方向可知，下一时刻

O 点处质点将向 y 轴正方向运动，即 $v>0$，故 $\varphi=-\dfrac{\pi}{2}$，故该波的波函数为

$$y=\cos\left[4\pi\left(t-\frac{x}{8}\right)-\frac{\pi}{2}\right]$$

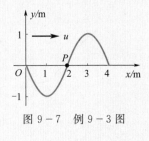

图 9-7　例 9-3 图

例 9-4

一平面简谐横波以 400 m/s 的波速在均匀介质中沿 x 轴正向传播。位于坐标原点的质点的振动周期为 0.01 s，振幅为 0.01 m，取当原点处质点经过平衡位置且向正方向运动时作为计时起点。(1)写出波函数；(2)写出距原点为 2 m 处的质点 P 的振动方程；(3)画出 $t=0.005$ s 和 0.007 5 s 时的波形图；(4)若以距原点 2 m 处为坐标原点，写出波函数。

解 (1)依题意，原点 O 处质点振动的初始条件为 $t=0$，$x_0=0$，$v_0>0$，则可由此求出振动初相位 $\varphi=\dfrac{3}{2}\pi$，故原点的振动方程为

$$y_0=0.01\cos\left(200\pi t+\frac{3}{2}\pi\right)$$

波函数为

$$y=0.01\cos\left[200\pi\left(t-\frac{x}{400}\right)+\frac{3}{2}\pi\right]\text{(m)}$$

(2)将 $x=2$ m 代入上式，则得距原点 2 m 处质点 P 的振动方程为

$$y_P=0.01\cos\left[200\pi\left(t-\frac{2}{400}\right)+\frac{3}{2}\pi\right]$$

$$=0.01\cos\left(200\pi t+\frac{\pi}{2}\right)\text{(m)}$$

(3)将 $t=0.005$ s 代入波函数的表达式，则得 $t=0.005$ s 时刻的波形方程

$$y = 0.01\cos\left[200\pi\left(0.005 - \frac{x}{400}\right) + \frac{3}{2}\pi\right]$$
$$= 0.01\cos\left(\frac{\pi}{2} - \frac{\pi}{2}x\right) \text{ (m)}$$

对应该波形方程的波形曲线如图 9-8 中实线所示.

按题设条件可求得波长 $\lambda = uT = 400 \times 0.01$ m $= 4$ m, 从 0.005 s 到 0.0075 s 经历了 $\frac{1}{4}$ 周期, 波沿波线方向推进 $\frac{\lambda}{4}$ 的距离, 故 $t = 0.0075$ s 时刻的波形图只需把 0.005 s 时的波形图向右平移 $\frac{1}{4}$ 波长, 即向右平移 1 m, 如图 9-8 中虚线所示.

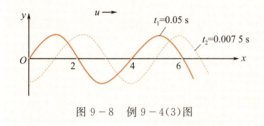

图 9-8 例 9-4(3)图

(4) (2)中已求得距原点 2 m 处 P 点的振动方程, 今令 P 点为新的坐标原点, 故 P 点的振动方程就是新坐标原点 O' 的振动方程

$$y_{O'} = y_P = 0.01\cos\left(200\pi t + \frac{\pi}{2}\right)$$

所以新坐标下的波函数为

$$y' = 0.01\cos\left[200\pi\left(t - \frac{x'}{400}\right) + \frac{\pi}{2}\right] \text{ (m)}$$

也可通过坐标变换求解, 设 x' 为新的坐标值, 则可得新旧坐标变换关系(见图 9-9):

$$x = x' + 2$$

代入原波函数的表达式得

$$y' = 0.01\cos\left[200\pi\left(t - \frac{x'+2}{400}\right) + \frac{3}{2}\pi\right]$$
$$= 0.01\cos\left[200\pi\left(t - \frac{x'}{400}\right) + \frac{\pi}{2}\right] \text{ (m)}$$

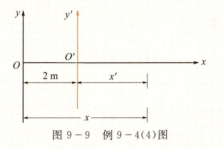

图 9-9 例 9-4(4)图

三、平面波波动方程

将平面简谐波的波函数 $y(x,t) = A\cos\left[\omega\left(t - \frac{x}{u}\right) + \varphi\right]$ 分别对 t 和 x 求二阶偏导数, 则有

$$\frac{\partial^2 y}{\partial t^2} = -A\omega^2\cos\left[\omega\left(t - \frac{x}{u}\right) + \varphi\right]$$

$$\frac{\partial^2 y}{\partial x^2} = -A\frac{\omega^2}{u^2}\cos\left[\omega\left(t - \frac{x}{u}\right) + \varphi\right]$$

比较上列两式, 即得

$$\frac{\partial^2 y}{\partial x^2} = \frac{1}{u^2}\frac{\partial^2 y}{\partial t^2} \qquad (9-15)$$

对任一平面波, 即使不是简谐波, 也可认为是许多不同频率的平面简谐波的合成, 波函数对 t 和 x 的二阶偏导数仍满足(9-15)式. 所以(9-15)式反映了一切平面波的共同特征, 称为**平面波波动方程**. 平面波波动方程不仅适用于机械波, 也适用于电磁波等, 它是一个具有普遍意义的方程. 为简单起见, 有些教材中也将波函数的

表达式称为波动方程,而将(9-15)式称为波动微分方程.但严格说来,波函数只是波动方程(9-15)式的解.

§9.3 波的能量

在波的传播过程中,媒质中各质点并不随波的传播方向向前移动,波源的振动能量通过媒质各质点间的相互作用而传播出去,媒质中各质点都在各自的平衡位置附近振动,因此具有动能,同时在波动过程中由于媒质的形变也具有势能.

9.3.1 波的能量和能量密度

设有一平面简谐波在密度为 ρ 的弹性媒质中沿 x 轴正方向传播,其波动方程为

$$y = A\cos\left[\omega\left(t - \frac{x}{u}\right) + \varphi\right]$$

在坐标为 x 处取一体积元 dV,质量为 $dm = \rho dV$,视该体积元为质点,当波传播到该体积元时,其振动速度为

$$v = \frac{\partial y}{\partial t} = -A\omega\sin\left[\omega\left(t - \frac{x}{u}\right) + \varphi\right]$$

则该体积元的动能为

$$dE_k = \frac{1}{2}(dm)v^2 = \frac{1}{2}\rho dV A^2 \omega^2 \sin^2\left[\omega\left(t - \frac{x}{u}\right) + \varphi\right] \quad (9-16)$$

同时该体积元因形变而具有弹性势能.下面以棒内简谐纵波为例讨论其弹性势能的表示式.

设有一纵波沿固体细长棒传播,如图 9-10 所示,媒质密度为 ρ,棒的截面积为 S,在棒中任取一体积为 ΔV 的质元,当该质元由 ab 运动至 $a'b'$ 位置时,Δx 的一段棒长伸长了 Δy,其应变为 $\frac{\Delta y}{\Delta x}$,当所取棒元无限小时,拉伸应变可写为 $\frac{\partial y}{\partial x}$,则

$$\frac{\partial y}{\partial x} = \frac{\omega A}{u}\sin\left[\omega\left(t - \frac{x}{u}\right) + \varphi\right]$$

根据杨氏模量 Y 的定义和胡克定律,这质元所受的准弹性力为

$$F = YS\frac{\Delta y}{\Delta x} = k\Delta y$$

它的弹性势能则可表示为

$$\Delta E_p = \frac{1}{2}k(\Delta y)^2 = \frac{1}{2}\frac{YS}{\Delta x}(\Delta y)^2 = \frac{1}{2}YS\Delta x\left(\frac{\partial y}{\partial x}\right)^2$$

因
$$\Delta V = S\Delta x$$

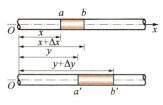

图 9-10 纵波在固体细长棒中的传播

$$u=\sqrt{\frac{Y}{\rho}} \quad 或 \quad Y=\rho u^2$$

所以
$$\Delta E_{\text{p}}=\frac{1}{2}\rho u^2 \Delta V \frac{\omega^2 A^2}{u^2}\sin^2\left[\omega\left(t-\frac{x}{u}\right)+\varphi\right]$$

即
$$\mathrm{d}E_{\text{p}}=\frac{1}{2}\rho \mathrm{d}V A^2 \omega^2 \sin^2\left[\omega\left(t-\frac{x}{u}\right)+\varphi\right] \tag{9-17}$$

于是该体积元内总的波动能量为

$$\mathrm{d}E=\mathrm{d}E_{\text{k}}+\mathrm{d}E_{\text{p}}=\rho \mathrm{d}V A^2 \omega^2 \sin^2\left[\omega\left(t-\frac{x}{u}\right)+\varphi\right] \tag{9-18}$$

由(9-18)式知,波动在媒质中传播时,媒质中任一体积元的总能量随时间作周期性变化;当然,在任一时刻 t,媒质中不同体积元的总能量也随坐标 x 作周期性变化.这说明媒质中任一体积元和相邻的体积元之间有能量的交换.体积元能量增加时,它从相邻媒质体积元中吸收能量;体积元能量减少时,它向相邻媒质体积元释放能量.于是,能量不断地从媒质中的一部分传递到另一部分.因此,波动过程也是能量的传播过程,或者说,波动是振动能量的传播,其能量的传播速度与波速 u 相同.

应当注意,波动的能量和简谐振动的能量有显著的区别.在一个孤立的简谐振动系统中,它和外界没有能量交换,是能量的保守系统,因而系统总的机械能守恒,在系统内部只有动能和势能的相互转换.在波动中,体积元的总能量不守恒,且同一体积元内的动能和势能是同步变化的.

为了确切地表示出能量的分布情况,我们引入能量密度的概念,定义单位体积媒质所具有的能量为波的**能量密度**(energy density of wave),用 w 表示,单位为 $J \cdot m^{-3}$.由(9-18)式可得波的能量密度为

$$w=\frac{\mathrm{d}E}{\mathrm{d}V}=\rho A^2 \omega^2 \sin^2\left[\omega\left(t-\frac{x}{u}\right)+\varphi\right] \tag{9-19}$$

可见,能量密度 w 随时间作周期性变化,在实际应用中常常取其一个周期内的平均值.能量密度在一个周期内的平均值称为波的平均能量密度,用 $\overline{w}$ 表示,有

$$\overline{w}=\frac{1}{T}\int_0^T w \mathrm{d}t = \frac{1}{T}\int_0^T \rho A^2 \omega^2 \sin^2\left[\omega\left(t-\frac{x}{u}\right)+\varphi\right]\mathrm{d}t$$

$$=\frac{1}{2}\rho A^2 \omega^2 \tag{9-20}$$

即波的平均能量密度与波振幅的平方、角频率的平方及媒质密度成正比.

9.3.2 波的能流和能流密度

波动过程伴随着能量的传播.为了描述波动过程中能量的传

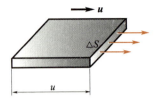

图 9-11 波的能流计算

播,还需引入能流和能流密度的概念.定义单位时间内通(流)过与波的传播方向垂直的某个面的能量为通过该面的波的**能流**(energy flow),因能流是周期性变化的,在实际应用中多用平均能流的概念,用 $\overline{P}$ 表示.如图 9-11 所示,在一媒质中取一垂直于波的传播方向的截面 ΔS,则单位时间内,以 ΔS 为底,长度为 u 的长方体内波的能量都要通过 ΔS 面,因此通过 ΔS 的平均能流为

$$\overline{P} = \overline{w} u \Delta S \quad (9-21)$$

可见波的平均能流与截面 ΔS 有关.定义单位时间通过与波的传播方向垂直的单位面积的平均能量为**平均能流密度**(也称为波的强度 (intensity of wave)),用 I 表示,单位为 $W \cdot m^{-2}$.则有

$$I = \frac{\overline{P}}{\Delta S} = \overline{w} u \quad (9-22)$$

波的平均能流密度是一个矢量,在各向同性的媒质中,它的方向与波的传播方向相同,矢量表达式为

$$\vec{I} = \overline{w} \vec{u}$$

波的平均能流密度等于波的平均能量密度与波速的乘积.平面简谐波的平均能流密度大小为

$$I = \frac{1}{2} \rho A^2 \omega^2 u \quad (9-23)$$

若平面简谐波在各向同性、均匀无吸收的理想媒质中传播,可以证明其波的振幅在传播过程中保持不变.

设一平面简谐波的传播方向如图 9-12 所示,在垂直于波的传播方向上取两个面积相等的平行平面 S_1、S_2,其平均能流分别为 $\overline{P_1}$ 和 $\overline{P_2}$,因能量无损失,有

$$\overline{P_1} = \overline{P_2}$$

即

$$I_1 S_1 = I_2 S_2$$

由(9-23)式,有

$$\frac{1}{2} \rho \omega^2 A_1^2 u S_1 = \frac{1}{2} \rho \omega^2 A_2^2 u S_2$$

即

$$A_1 = A_2$$

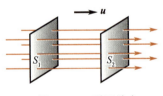

图 9-12 平面波中能量的传播

9.3.3 球面波 波的吸收

波面是球面的波称为球面波.若球面波在各向同性、均匀无吸收的理想媒质中传播,O 点为波源,在距离波源 O 点 r_1 和 r_2 处分别取两个球面,面积分别为 S_1 和 S_2,如图 9-13 所示.由于媒质无能量吸收,则单位时间通过 S_1 的能量必然等于单位时间通过 S_2 的能量,即

$$\frac{1}{2}\rho\omega^2 A_1{}^2 u S_1 = \frac{1}{2}\rho\omega^2 A_2{}^2 u S_2$$

式中 A_1 和 A_2 分别为两球面所在处的振幅,由上式得

$$A_1{}^2 4\pi r_1{}^2 = A_2{}^2 4\pi r_2{}^2$$

即

$$A_1/A_2 = r_2/r_1$$

表明球面波在传播过程中,各处的振幅 A 与该处离开波源的距离 r 成反比. 类比平面简谐波的波动方程,球面简谐波的波动方程可表示为

$$y = \frac{A}{r}\cos\left[\omega\left(t - \frac{r}{u}\right) + \varphi\right] \quad (9-24)$$

波在媒质中传播时,媒质总要吸收部分能量,因而波的强度将逐渐减弱,这种现象称为**波的吸收**.

实验指出,当波通过厚度为 dx 的一薄层媒质时,若波的强度增量为 $dI(dI<0)$,显然,dI 正比于入射波的强度 I,也正比于媒质层的厚度 dx,则

$$dI = -\alpha I dx$$

α 为比例系数,是一个与媒质的性质、温度及波的频率有关的常量,称为媒质的吸收系数. 上式积分后得

$$I = I_0 e^{-\alpha x} \quad (9-25)$$

式中 I_0 和 I 分别为 $x=0$ 和 $x=x$ 处波的强度.

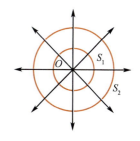

图 9-13 球面波中能量的传播

例 9-5

用聚焦超声波的方法可以在液体中产生强度达 120 kW·cm^{-2} 的大振幅超声波. 设该超声波的频率为 $\nu=500$ kHz,液体的密度为 $\rho=10^3$ kg·m^{-3},声速为 $u=1\,500$ m·s^{-1}. 求这时液体质元振动的振幅.

解 由 $I = \frac{1}{2}\rho\omega^2 A^2 u$ 可得

$$A = \frac{1}{\omega}\sqrt{\frac{2I}{\rho u}} = \frac{1}{2\pi\nu}\sqrt{\frac{2I}{\rho u}}$$

$$= \frac{1}{2\pi \times 500 \times 10^3}\sqrt{\frac{2 \times 120 \times 10^7}{10^3 \times 1\,500}} \text{ m}$$

$$= 1.27 \times 10^{-5} \text{ m}$$

可见液体中超声波的振幅实际上是极小的.

9.3.4 声波

在弹性媒质中,如果波源所激起的纵波的频率在 20~20 000 Hz,就能引起人的听觉. 在这一频率范围内的振动称为**声振动**,由声振动所激起的纵波称为**声波**(sound wave),所以声波是机械纵波. 频率高于 20 000 Hz 的机械波叫作**超声波**(supersonic wave),低于 20 Hz 的叫作**次声波**(infrasonic wave).

1. 声压、声强和声强级

声压　媒质中有声波传播时的压强与无声波时的静压强之间有一差额，这一压强差额称为**声压**(sound pressure). 声波是疏密波，在稀疏区域，实际压强小于原来静压强，声压为负值；在稠密区域，实际压强大于原来静压强，声压为正值. 显然，由于媒质中各点声振动的周期性变化，声压也在作周期性变化. 可以证明，对平面简谐声波来说，声压为

$$p = -\rho u \omega A \sin\left[\omega\left(t-\frac{x}{u}\right)\right] = p_m \sin\left[\omega\left(t-\frac{x}{u}\right)+\pi\right] \quad (9-26)$$

而 $p_m = \rho u \omega A$ 为声压的振幅，其中 ρ 是媒质密度，u 是声速，ω 是圆频率，A 是声振动的振幅.

声强　声波的能流密度叫作**声强**(intensity of sound)，即单位时间内通过垂直于声波传播方向的单位面积的声波能量. 根据(9-23)式，声强为

$$I = \frac{1}{2}\rho u \omega^2 A^2 = \frac{1}{2}\frac{p_m^2}{\rho u} \quad (9-27)$$

由此式可知，声强与频率的平方、振幅的平方成正比.

声强级　能够引起听觉的声波不仅受到频率范围的限制，而且受到声强范围的限制. 声强太小，不能引起听觉；声强太大，只能使耳朵产生痛觉，也不能引起听觉. 这就是说，听觉还受到声强上限和下限的制约. 在 1 000 Hz 频率时，引起人们听觉的最高声强为 1 W·m^{-2}，最低声强为 10^{-12} W·m^{-2}. 通常把这一最低声强作为测定声强的标准，用 I_0 表示. 由于可闻声强数量级相差很大，因此，为了比较媒质中各点声波的强弱，不是使用声强，而是使用两声强之比的以 10 为底的对数值，叫作**声强级**(sound level). 某一声强 I 的声强级用 L_I 表示，即

$$L_I = \lg \frac{I}{I_0} \quad (9-28)$$

声强级 L_I 的单位为 B(贝尔，简称贝). 实际上，这一单位太大，常采用 dB(分贝)为单位.

$$L_I = 10 \lg \frac{I}{I_0} \text{ dB}$$

人耳感觉到的声音响度与声强级有一定的关系，声强级越大，人耳感觉越响. 表 9.1 给出了常遇到的一些声音的声强、声强级和响度.

表 9.1　几种声音的声强、声强级

声　源	声强/(W·m^{-2})	声强级/dB	响度
伤害听觉的声音	100	140	
炮声	1	120	
引起痛觉的声音	1	120	
钻岩机或铆钉机	10^{-2}	100	震耳
闹市车声	10^{-5}	70	响
通常的谈话	10^{-6}	60	正常
耳语	10^{-10}	20	轻
树叶沙沙声	10^{-11}	10	极轻

单个频率或者由少数几个谐频合成的声波,如果强度不太大,听起来是悦耳的乐音.不同频率和不同强度的声波无规律地组合在一起,听起来便是噪声.噪声已成为污染城市环境和影响人体健康的重要因素.日常生活中的噪声,如汽车喇叭的鸣叫声、声强过高的音乐声、物体的撞击声以及各种汽笛和机器发动机的器叫声,是严重损伤听力及影响人体健康的原因之一.所以,减轻和消除噪声是环境保护所必须考虑的重要问题.

例 9-6

若狗叫声的功率为 1 mW,如果这叫声均匀地向四周传播,求离声源 5 m 处的声强级是多少? 如果两只狗在同一地点叫,则 5 m 处的声强级又是多少?

解 声音均匀分布在球状波阵面上,离声源 5 m 处的声强为

$$I = \frac{P}{4\pi r^2} = \frac{1\times 10^{-3}}{4\times 3.14\times 25} \text{ W}\cdot\text{m}^{-2}$$

$$= 3.18\times 10^{-6} \text{ W}\cdot\text{m}^{-2}$$

声强级为

$$L_I = 10\lg\frac{I}{I_0} \text{ dB} = 10\lg\frac{3.18\times 10^{-6}}{10^{-12}} \text{ dB}$$

$$= 65 \text{ dB}$$

两只狗同时叫时,离声源 5 m 处的声强为

$$I' = 2I = 6.36\times 10^{-6} \text{ W}\cdot\text{m}^{-2}$$

声强级为

$$L_I = 10\lg\frac{I'}{I_0} \text{ dB} = 10\lg\frac{6.18\times 10^{-6}}{10^{-12}} \text{ dB}$$

$$= 68 \text{ dB}$$

2. 超声波

超声波的显著特点是频率高,波长短,直线传播特性明显,因而传播的方向性很好.超声波的穿透本领很强,在液体、固体中传播时,衰减很小.在不透明的固体中,超声波能穿透几十米的厚度.超声波碰到杂质或媒质分界面时有显著的反射.超声波的这些特性使其在生产技术中得到了广泛的应用.

由于超声波传播方向性好,可以利用超声波来测量海洋深度,探测水中物体,如潜艇、沉船和鱼群的位置等.由于海水的导电性良好,电磁波在海水中传播时,吸收非常严重,因而电磁雷达无法使用.利用声波雷达可以探测出潜艇的方位和距离.

在工业上超声波可用来探测工件内部的缺陷,因为超声波碰到杂质或媒质分界面时有显著的反射.当发射和接收超声波的探头接触工件表面时,若探头发出的超声波遇到工件内的缺陷(如气泡、裂缝、砂眼等),超声波会反射回来被探头接收,分析探头接收到的反射超声波的脉冲波形,可以估计出工件缺陷的位置.超声探伤的优点是不损伤工件,而且由于穿透力强,可以探测大型工件,如用于探测万吨水压机的主轴和横梁等.与超声波探伤的原理类似,医学中的"B超"仪就是利用超声波来显示人体内部结构的图像.

此外,超声波在媒质中的传播特性如波速、衰减、吸收等,都与媒质的各种宏观的非声学的物理量有着紧密联系,如介质的弹性模量、密度、化学成分、黏

性、温度、压力等,利用超声波的这些特性,可以高精度、快速地测定这些物理量.超声波由于其能量大且集中,还可用于切削、焊接、钻孔、清洗机件、粉碎坚硬的物体等.超声波还有很多其他作用(如化学作用、生物作用等),因而进一步研究超声波对物质的作用,有着广阔的应用前景.

3. 次声波

次声波又称亚声波,振动频率低于 20 Hz,也是一种人耳听不到的声波.在火山爆发、地震、陨石落地、大气湍流、雷暴及磁暴等自然现象中,都有次声波发生.次声波频率低,衰减极小,可以把自然信息传播到很远很远,所经历的时间也很长.次声波在大气中传播几千千米后,其吸收还不到万分之几分贝.因此它已成为研究地球、海洋、大气等大规模运动的有力工具.次声波还会对生物体产生影响,也可用于军事侦察.对次声波的产生、传播、接收、影响和应用受到越来越多的重视,对它的研究已形成现代声学的一个新的分支,这就是次声学.

§9.4 波的衍射 干涉

9.4.1 惠更斯原理 波的衍射

当波在弹性媒质中传播时,由于媒质质点间的弹性力作用,媒质中任何一点的振动都会引起邻近各质点的振动,因此,波动到达的任一点都可看作是新的波源.如图 9-14 所示为水面波的传播情形,当一块开有小孔的隔板挡在波的前面时,则不论原来的波面是什么形状,只要小孔的线度远小于波长,都可以看到穿过小孔的波呈圆形,就好像是以小孔为点波源发出的一样,这说明小孔可以看作新的波源,其发出的波称为子波.

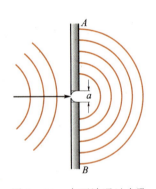

图 9-14 水面波通过小孔

荷兰物理学家惠更斯观察研究了大量类似现象,于 1690 年提出了一条描述波传播特性的重要原理:**媒质中波阵面上的各点,都可以看作是发射子波的波源,其后任一时刻这些子波的包迹就是新的波阵面**.这就是**惠更斯原理**.根据这一原理,只要知道了某一时刻的波面,就可以用几何作图的方法来确定下一时刻的波面,因而解决了波的传播问题.

如图 9-15(a)所示,球面波的波源为 O,波速为 u,t 时刻的波面是以 R_1 为半径的球面 S_1,以 S_1 上的点为子波源,以 $r=u\Delta t$ 为半径作半球面子波,画出各子波的包络面(包迹)S_2(和所有子波波面相切),则 S_2 便是以 O 为波源的球面波在 $t+\Delta t$ 时刻的波面.对于平面波,也可以用类似的方法求得任意时刻的波面,如图 9-15(b)

所示.

利用惠更斯原理还能够定性地说明衍射现象.当波在传播过程中遇到障碍物时,其传播方向发生改变,并能绕过障碍物的边缘继续向前传播,这种现象称为波的**衍射**(diffraction of wave).如图 9-16 所示,平面波到达一宽度与波长相近的缝时,缝上各点都可看作是子波的波源,由这些子波的包络面就可得出新的波阵面.很明显,此时波阵面与原来的平面略有不同,靠近边缘处的波面发生了弯曲,表明波的传播方向发生了改变,即波绕过了障碍物而继续向前传播.

衍射现象显著与否,是与障碍物的线度与波长之比有关.若障碍物的宽度远大于波长,衍射现象不明显;若障碍物的宽度与波长相差不多,衍射现象就比较明显;若障碍物的宽度小于波长,则衍射现象更加明显.在声学中,由于声音的波长与所遇到的障碍物的线度差不多,故声波的衍射较明显,如在屋内能够听到室外的声音,就是声波能绕过障碍物的缘故.

利用惠更斯原理,还可以证明波的反射和折射定律(同光的反射和折射定律),限于篇幅,本文从略,有兴趣的读者不妨一试.

9.4.2 波的干涉

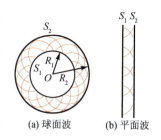

(a) 球面波　　(b) 平面波

图 9-15　用惠更斯原理确定波面

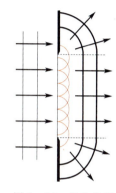

图 9-16　波的衍射

一、波的叠加原理

图 9-17 展示的是用计算机模拟制作的两列振动方向平行的波,在同一直线上相向传播时的情况.在图 9-17(a)中,它们的振动位移方向相同,而在图 9-17(b)中,两波的振动位移方向相反.可以看到,在两波相遇处各点的位移,是两列波各自引起的振动位移之和;而在相遇之后,则仍以各自原来的波形继续传播,就像它们没有相遇过一样.在日常生活中,如听乐队演奏或几个人同时讲话时,我们仍能从综合音响中辨别出每种乐器或每个人的声音,这表明某种乐器或某个人发出的声波,并不因其他乐器或其他人同时发出的声波而受到影响.可见,波的传播是独立进行的.又如在水面上有两列水波相遇时,或者几束灯光在空间相遇时,都有类似的情况发生.通过对这些现象的观察和研究,可总结出如下的规律:

(1) 几列波相遇之后,仍然保持它们各自原有的特征(频率、波长、振幅、振动方向等)不变,并按照原来的方向继续前进,好像没有遇到过其他波一样.

(2) 在相遇区域内任一点的振动,为各列波单独存在时在该点所引起的振动位移的矢量和.

上述规律叫作**波的叠加原理**(superposition principle of waves).该原理是几列波同时在媒质中传播并相遇时可能出现干涉

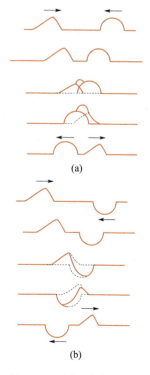

图 9-17　同一直线上沿相反方向传播的两列波的叠加

现象的理论基础.但也必须指出的是,该原理对波强度很大的情形或在非线性媒质中传播时,一般并不成立,也就是说,叠加原理只适用于小振幅波动的线性叠加.满足叠加原理的波称为线性波,否则就叫非线性波,通常情况下,我们遇到的波均为线性波.

二、波的干涉

我们先观察水波的干涉实验.把两个小球装在同一支架上,使小球的下端紧靠水面.当支架沿垂直方向以一定的频率振动时,两小球和水面的接触点就成了两个频率相同、振动方向相同、相位相同的波源,各自发出一列圆形的水面波.在它们相遇的水面上,呈现出如图9-18所示的现象.由图可以看出,有些地方水面起伏得很厉害(图中亮处),说明这些地方振动加强了;而有些地方水面只有微弱的起伏,甚至平静不动(图中暗处),说明这些地方振动减弱,甚至完全抵消.在这两波相遇的区域内,振动的强弱是按一定的规律分布的.

图9-18 水波的干涉现象

频率相同、振动方向平行、相位相同或相位差恒定的两列波相遇时,某些地方振动始终加强,另一些地方振动始终减弱的现象,叫作波的**干涉现象**.干涉现象是波动的又一重要特征,它和衍射现象都可作为判别某种运动是否具有波动性的主要依据.

图9-19是只用单一波源干涉的一种方法.在波源S附近放置一个开有两个小孔S_1和S_2的障碍物,根据惠更斯原理,S_1和S_2发出的波具有同频率、振动方向平行、同相位或相位差恒定的特性,所以也能产生干涉现象.在图9-19中,S_1和S_2发出一系列的球形波阵面,其波峰和波谷分别以实线和虚线的圆弧表示之,两相邻波峰或波谷间的距离为一个波长λ.当两波在空间相遇时,若它们的波峰与波峰或波谷与波谷相重合(图中实线上各点),振动始终加强,合振幅最大;若两波的波峰与波谷相重合(图中虚线上各点),振动始终减弱,合振幅最小.

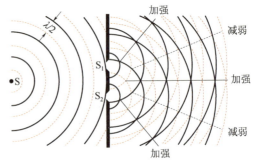

图9-19 波的干涉

能产生干涉现象的两列波叫作**相干波**(coherent wave),相干波的波源就叫作**相干波源**.综上所述,相干波的条件为:**频率相同、振动方向相同、相位相同或相位差恒定**.

下面我们从波的叠加原理出发,分析干涉现象的产生并确定干涉加强和减弱的条件.

如图 9-20 所示,设两个相干波源 S_1、S_2 的振动方程分别为
$$y_{10}=A_{10}\cos(\omega t+\varphi_1)$$
$$y_{20}=A_{20}\cos(\omega t+\varphi_2)$$
两列波在某处 P 点相遇叠加,P 点到两波源的距离分别为 r_1 和 r_2,S_1 和 S_2 激起的波分别引起 P 点的振动为

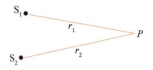

图 9-20 两列波叠加

$$y_1=A_1\cos\left[\omega\left(t-\frac{r_1}{u}\right)+\varphi_1\right]=A_1\cos\left[\omega t+\left(\varphi_1-\frac{2\pi r_1}{\lambda}\right)\right]$$
$$y_2=A_2\cos\left[\omega\left(t-\frac{r_2}{u}\right)+\varphi_2\right]=A_2\cos\left[\omega t+\left(\varphi_2-\frac{2\pi r_2}{\lambda}\right)\right]$$

根据振动合成原理,y_1 和 y_2 在 P 点的合振动为
$$y=y_1+y_2=A\cos(\omega t+\varphi)$$
式中 ω 为合振动的角频率,仍与 S_1、S_2 两列波的角频率相同,这两个振动的相位差为
$$\Delta\varphi=\varphi_1-\varphi_2+2\pi\frac{r_2-r_1}{\lambda} \qquad (9-29)$$
合振动的振幅为
$$A=\sqrt{A_1^2+A_2^2+2A_1A_2\cos\Delta\varphi}$$
由(9-29)式可见,相位差 $\Delta\varphi$ 由两项组成,第一项为两波源的初相位之差,第二项则为波动传播路程之差 $\delta=r_2-r_1$(称为波程差)引起的相位差.如果 $\varphi_1=\varphi_2$,相位差简化为
$$\Delta\varphi=2\pi\frac{r_2-r_1}{\lambda}$$
当
$$\Delta\varphi=2\pi\frac{r_2-r_1}{\lambda}=\pm 2k\pi \quad (k=0,1,2,\cdots) \qquad (9-30)$$
时,合振动的振幅最大,为两分振动振幅之和.由(9-30)式,可得合振动振幅最大的条件为
$$r_2-r_1=\pm k\lambda=\pm 2k\frac{\lambda}{2} \quad (k=0,1,2,\cdots) \qquad (9-31)$$
即距离两波源的波程差等于零或波长的整数倍(或半波长的偶数倍)时,合振动的振幅最大,为
$$A=A_1+A_2$$
当
$$\Delta\varphi=2\pi\frac{r_2-r_1}{\lambda}=\pm(2k+1)\pi \quad (k=0,1,2,\cdots) \qquad (9-32)$$
时,合振动的振幅最小,为两分振动振幅之差.合振动振幅最小的条件为
$$r_2-r_1=\pm(2k+1)\frac{\lambda}{2} \quad (k=0,1,2,\cdots) \qquad (9-33)$$
即距离两波源的波程差等于半波长的奇数倍时,合振动的振幅最

小,为

$$A = |A_1 - A_2|$$

两列波发生干涉时,在合振幅最大的地方,波的强度最大,称为相长干涉(constructive interference)或干涉加强;在合振幅最小的地方,波的强度最小,称为相消干涉(destructive interference)或干涉减弱.

例 9-7

如图 9-21 所示,B、C 为同一媒质中的两个相干波源,相距 30 m,它们产生的相干波频率为 $\nu = 100$ Hz,波速 $u = 400$ m·s^{-1},且振幅相同.已知 B 点为波峰时,C 点恰为波谷.求 BC 连线上因干涉而静止的各点的位置.

解 由题意知,两波源 B、C 的振动相位正好相反,即 $\varphi_C - \varphi_B = \pi$,而 $\lambda = \dfrac{u}{\nu} = 4$ m. 设 BC 连线上任一点 P 与两个波源的距离分别为 $\overline{BP} = r_B$,$\overline{CP} = r_C$,要使两列波传到 P 点叠加干涉而使 P 点静止,则两列波传到 P 点的相位必须满足

$$\Delta \varphi = \left(-\frac{2\pi r_C}{\lambda} + \varphi_C\right) - \left(-\frac{2\pi r_B}{\lambda} + \varphi_B\right)$$
$$= (2k+1)\pi$$

可得

$$r_B - r_C = \pm k\lambda, k = 0, 1, 2, \cdots \quad ①$$

进一步具体讨论:

(1) 若 P 点在 B 点外侧,则 $r_B - r_C = r_B - (r_B + \overline{BC}) = -30$ m,它不可能为 $\lambda = 4$ m 的整数倍,即不满足①式的要求,故在 B 点外侧不存在因干涉而静止的点;

(2) 若 P 点在 C 点外侧,与上面类似的讨论可知,C 点外侧也不存在因干涉而静止的点;

(3) 若 P 点在 B、C 两波源之间,则 $r_B - r_C = 2r_B - (r_B + r_C) = 2r_B - \overline{BC}$,由①式可得 $2r_B - \overline{BC} = \pm k\lambda$,即 $2r_B - 30 = \pm k\lambda$,$r_B = 15 \pm 2k (k = 0, 1, 2, \cdots)$. 所以在 B、C 之间与波源 B 相距 $r_B = 1$ m,3 m,5 m,$\cdots$,29 m 的各点会因干涉而静止.

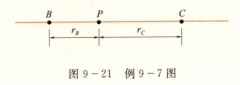

图 9-21 例 9-7 图

§9.5 驻 波

9.5.1 驻波的形成

驻波是干涉的特例.图 9-22 是用弦线作驻波实验的示意图.弦线的一端系在音叉上,另一端系着砝码使弦线拉紧,当音叉振动时,调节劈尖至适当位置,可以看到 AB 段弦线被分成几段长度相

等的作稳定振动的部分,即在整个弦线上,并没有波形的传播,线上各点的振幅不同,有些点始终不动,即振幅为零,而另一些点则振动最强,即振幅为最大,这就是**驻波**(standing wave).驻波是怎样形成的呢?当音叉带动 A 端振动所引起的波向右传播到点 B 时,产生的反射波沿弦线向左传播.这样,由向右传播的入射波和向左传播的反射波干涉的结果,在弦线上就产生驻波.

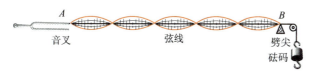

图 9 - 22 弦线驻波

如图 9 - 23 所示,虚线和细实线分别表示沿轴正、负方向传播的简谐波,粗实线表示两波叠加的结果.设 $t=0$ 时,入射波和反射波的波形刚好重合,其合成波形为两波形在各点相加所得,表明各点振动加强了[见图 9 - 23(a)].在 $t=T/8$ 时,两波分别向右、左传播了 $\lambda/8$ 的距离,其合成波形仍为一余弦曲线[见图9 - 23(b)].在 $t=T/4$ 时,两列波向右、左传播了 $\lambda/4$,合成波形为一合振幅为零的直线[见图 9 - 23(c)].在 $t=3T/8$ 和 $t=T/2$ 时,其合成波形在各点的合位移分别与 $t=T/8$ 和 $t=0$ 时的合位移大小相等,但方向相反[见图 9 - 23(d),(e)].

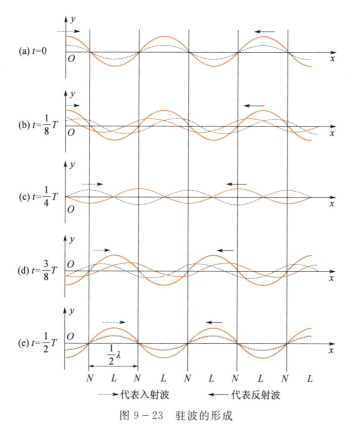

图 9 - 23 驻波的形成

9.5.2 驻波方程

驻波波函数可由波的叠加原理导出. 设有两列振幅相同、频率相同、初相位为零且分别沿 Ox 轴正、负方向传播的简谐波的波函数分别为

$$y_1 = A\cos 2\pi\left(\nu t - \frac{x}{\lambda}\right)$$

$$y_2 = A\cos 2\pi\left(\nu t + \frac{x}{\lambda}\right)$$

式中 A 为波的振幅，ν 为频率，λ 为波长. 两波在任意点处任意时刻叠加产生的合位移为

$$y = y_1 + y_2 = A\cos 2\pi\left(\nu t - \frac{x}{\lambda}\right) + A\cos 2\pi\left(\nu t + \frac{x}{\lambda}\right)$$

应用三角关系式，上式可化为

$$y = 2A\cos 2\pi\frac{x}{\lambda}\cos 2\pi\nu t \tag{9-34}$$

这就是驻波波函数，显然此式并不满足行波方程条件 $y(x,t) = y(x + u\Delta t, t + \Delta t)$，因而常称之为**驻波方程**. 式中 $\cos 2\pi\nu t$ 表示简谐振动，而 $2A\cos 2\pi\frac{x}{\lambda}$ 可看作各点的振幅，它只与 x 有关，即各点的振幅随其与原点的距离 x 的不同而不同. 由于振幅不可能为负，因而上式表明，当形成驻波时，弦线上的各点作振幅为 $\left|2A\cos 2\pi\frac{x}{\lambda}\right|$、频率都为 ν 的简谐振动.

下面根据驻波方程，就弦线上各点的振动情况作进一步的讨论.

1. 波节和波腹

因弦线上各点作振幅为 $\left|2A\cos 2\pi\frac{x}{\lambda}\right|$ 的简谐振动，所以凡满足 $\cos 2\pi\frac{x}{\lambda} = 0$ 的点振幅都为零，这些点始终静止不动，叫**波节**(node)(图 9-23 中用 N 表示的各点)；而满足 $\left|\cos 2\pi\frac{x}{\lambda}\right| = 1$ 的点振幅最大，等于 $2A$，这些点振动最强，叫**波腹**(loop)(图 9-23 中用 L 表示的各点)；弦线上其余各点的振幅在零与最大值 $2A$ 之间.

在波节处有 $\cos 2\pi\frac{x}{\lambda} = 0$

则 $2\pi\frac{x}{\lambda} = \pm(2k+1)\frac{\pi}{2} \quad (k=0,1,2,\cdots)$

所以波节的位置为

$$x = \pm(2k+1)\frac{\lambda}{4} \quad (k=0,1,2,\cdots) \tag{9-35}$$

相邻两波节之间的距离为
$$x_{k+1} - x_k = \frac{\lambda}{2}$$
即相邻两波节之间的距离为半个波长(见图 9-23).

类似的讨论可得波腹的位置为
$$x = \pm k\frac{\lambda}{2} \quad (k=0,1,2,\cdots) \tag{9-36}$$
显然,相邻两波腹之间的距离也为半个波长.除波节和波腹外的其他各点,其振幅在 0 与 2A 之间.由此可见,只要从实验中测得波节或波腹间的距离就可以确定波长.

2. 各点的相位

驻波波函数 $y = 2A\cos\frac{2\pi}{\lambda}x\cos\omega t$ 中,相位因子为 $\cos\omega t$,但不能认为驻波中各点的振动相位都是相同的,因为系数 $2A\cos\frac{2\pi}{\lambda}x$ 是有正负的,凡是使 $2A\cos\frac{2\pi}{\lambda}x$ 为正的各点振动相位均为 ωt,而 $2A\cos\frac{2\pi}{\lambda}x$ 为负的各点相位均为 $\omega t + \pi$.

由 $\cos\frac{2\pi}{\lambda}(x+\Delta x) = \cos\frac{2\pi}{\lambda}x\cos\frac{2\pi}{\lambda}\Delta x - \sin\frac{2\pi}{\lambda}x\sin\frac{2\pi}{\lambda}\Delta x$,可得如下结论。

对于波节:$\cos\frac{2\pi}{\lambda}x = 0$,相位由因子 $\sin\frac{2\pi}{\lambda}\Delta x$ 决定,$\Delta x > 0$ 或 $\Delta x < 0$,该因子符号相反,因而波节两边的点,相位相反.

对于波腹:$\cos\frac{2\pi}{\lambda}x$ 有极大值,$\sin\frac{2\pi}{\lambda}x = 0$,相位由因子 $\cos\frac{2\pi}{\lambda}\Delta x$ 决定,$\Delta x > 0$ 或 $\Delta x < 0$,该因子符号相同,因而波腹两边的点,相位相同.

可见,弦线不仅作分段振动,而且各段作为一个整体同步振动.在每一时刻,驻波都有一定的波形,但此波形既不左移、也不右移,各点以确定的振幅在各自的平衡位置附近振动,因此叫作驻波.

3. 驻波的能量

如图 9-22 所示,当弦线上各点达到各自的最大位移时,振动速度都为零,因而总动能为零,但此时弦线各段都有了不同程度的形变,且越靠近波节处的形变就越大,因此,这时驻波具有势能,基本上集中于波节附近.当弦线上各点同时回到平衡位置时,弦线的形变完全消失,势能为零,但此时驻波具有动能,基本上集中于波腹附近.至于其它时刻,则动能和势能同时存在.可见,在弦线上形成驻波时,动能和势能不断相互转换,形成了能量交替地由波腹附近向波节附近,再由波节附近转回到波腹附近的情形,这说明驻波能量并没有作定向的传播,驻波不传播能量.这是驻波与行波的又一重要区别.

由上述讨论可见,驻波既没有振动相位或状态的传播,也没有振动能量的传播.因此严格说来,驻波不是波,它只是一种特殊形式的分段振动现象.

9.5.3 半波损失

在图 9-22 所示的实验中,波在固定点 B 处反射,并形成波节.实验还表明,如果波是在自由端反射的,则反射处为波腹.一般情况下,在两种媒质分界处是形成波节还是形成波腹,与波的种类、两种媒质的性质等有关,对机械波而言,它由媒质密度 ρ 和波速 u 的乘积决定. ρu 较大的媒质叫**波密媒质**; ρu 较小的媒质叫**波疏媒质**.波从波疏媒质射向波密媒质界面反射时,在反射点处形成波节,否则形成波腹.在两种媒质分界面上若形成波节,说明入射波与反射波在此处的相位相反,即反射波在界面处的相位发生了 π 的突变,相当于出现了半个波长的波程差,通常把这种现象称为**半波损失**(half-wave loss),如图 9-24 所示.

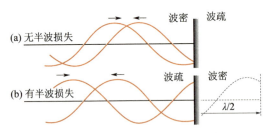

图 9-24 在不同界面处反射波示意图

例 9-8

如图 9-25 所示,一列沿 x 轴正向传播的简谐波波函数为

$$y = 1 \times 10^{-3} \cos\left[200\pi\left(t - \frac{x}{200}\right)\right] \quad ①$$

式中 y 和 x 的单位为 m,t 的单位为 s.在 1,2 两种媒质分界面上的点 A 与坐标原点 O 相距 $L = 2.25$ m.已知媒质 2 为波密媒质,媒质 1 为波疏媒质,并假设反射波与入射波的振幅相等.求:

(1) 反射波波函数;
(2) 驻波方程;
(3) 在 OA 之间波节和波腹的位置坐标.

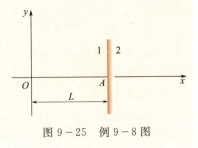

图 9-25 例 9-8 图

解 (1) 设反射波波函数为

$$y_{反} = 1 \times 10^{-3} \cos\left[200\pi\left(t + \frac{x}{200}\right) + \varphi_0\right] \quad ②$$

φ_0 为反射波在 O 处的振动初相位.

由①式可求出入射波在点 A 激起的反射波振动方程为

$$y_{反A} = 1 \times 10^{-3} \cos\left[200\pi\left(t - \frac{L}{200}\right) + \pi\right] \quad ③$$

由②式可得反射波在点 A 的振动方程为

$$y_{反A} = 1 \times 10^{-3} \cos\left[200\pi\left(t + \frac{L}{200}\right) + \varphi_0\right] \quad ④$$

③式和④式描写的是同一个振动，故得

$$\varphi_0 = -2L\pi + \pi = -3.5\pi = -4\pi + \frac{\pi}{2}$$

舍去 -4π，即 φ_0 取 $\pi/2$。所以②式为

$$y_{反} = 1 \times 10^{-3} \cos\left[200\pi\left(t + \frac{x}{200}\right) + \frac{\pi}{2}\right]$$

(2) $y = y_入 + y_反 = 2 \times 10^{-3} \cos\left(\pi x + \frac{\pi}{4}\right) \cdot \cos\left(200\pi t + \frac{\pi}{4}\right)$.

(3) 令

$$\cos\left(\pi x + \frac{\pi}{4}\right) = 0$$

得波节坐标

$$x_节 = n + \frac{1}{4} \quad (n = 0, 1, 2, \cdots)$$

由于 $x \leqslant L = 2.25$ m 的限制，故 $x_节 = 0.25$ m，1.25 m，2.25 m. 令

$$\left|\cos\left(\pi x + \frac{\pi}{4}\right)\right| = 1$$

得波腹坐标

$$x_腹 = n - \frac{1}{4} \quad (n = 1, 2, \cdots)$$

同样，因 $x \leqslant 2.25$ m，故 $x_腹 = 0.75$ m，1.75 m。

*9.5.4 弦线振动的简正模式

从驻波的特征可以了解到，并不是任意波长的波都能在一定线度的媒质中形成驻波的。对于具有一定长度且两端固定的弦线来说，形成驻波时，弦线两端为波节，由图 9-26 可见，此时波长 λ_n 和弦线长度 l 之间应满足的关系为

$$l = n\frac{\lambda_n}{2} \quad (n = 1, 2, \cdots) \tag{9-37}$$

即只有当弦线长度 l 等于半波长的整数倍时，才能在两端固定的弦线上形成驻波，由 $\nu = \frac{u}{\lambda}$ 和 (9-37) 式可知弦线驻波频率应满足的关系为

$$\nu_n = n\frac{u}{2l} \quad (n = 1, 2, \cdots) \tag{9-38}$$

其中每一频率对应于整个弦线的一种可能的振动方式，而这些频率就叫作弦线振动的**简正频率**(normal frequency)。各种允许频率所对应的简谐振动方式，统称为弦线振动的**简正模式**(normal mode)。各个简正频率中，最低频率 ν_1 常称为**基频**，其他较高频率 ν_2, ν_3, $\cdots$，各为基频的某一整数倍，常称为二次、三次……谐频。另外，管子里的空气柱、各种形式的膜片、电磁波和反映微观粒子性质的物质波等也能形成驻波。图 9-27 展示了一端开口一端封闭的玻璃管内空气柱振动形成驻波时的几种简正模式。由于封闭端为波节，开口端为波腹，所以可知其对应的基频为 $\nu_1 = \frac{u}{4l}$，而谐频则为 ν_1 的奇数倍。

应当指出，当外界策动源的频率与振动系统的某个简正频率相同时，就会激起高强度的驻波，这种现象叫谐振。乐器中弦、管、锣和鼓等实质上都是驻波系统，它们的振动都是按其各自相应的某些简正模式进行并发生谐振，从而发出具有特定音色（谐频）的音调（基频）。

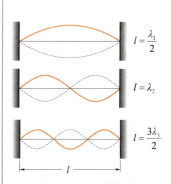

图 9-26 两端固定弦的简正模式

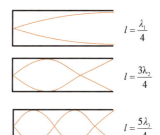

图 9-27 一端开口一端封闭的玻璃管内的简正模式

§9.6 多普勒效应

在媒质中有一观察者,如果波源和观察者相对于媒质都是静止的,观察者测得振动的频率就是波源的振动频率.如果波源或观察者、或两者同时相对于媒质运动,那么观察者测得的频率不同于波源的振动频率.这种现象称为**多普勒效应**(Doppler effect).例如当高速行驶的火车鸣笛驶来时,将听到汽笛音调变高;当它驶离时,将听到汽笛音调变低.这就是声学中的多普勒效应.

下面讨论多普勒效应的一般规律.为了简单起见,假定波源与观察者在同一条直线上,设波源相对于媒质的运动速度为 v_s,观察者相对于媒质的速度为 v_0,u 表示波在媒质中的速度,它只决定于媒质的性质,与波源和观察者的速度无关.ν_s 和 ν' 则分别表示波源频率和观察者接收到的频率,下面分四种情况讨论.

(1) 波源和观测者相对于媒质静止($v_s = 0, v_0 = 0$).

观察者接收到的频率等于波在行进过程中单位时间内通过观察者处的完整波形(波长)的数目.单位时间内传递的距离为 u,周期为 T,所以观测到的频率为

$$\nu' = \frac{u}{\lambda} = \frac{u}{uT} = \nu_s \tag{9-39}$$

即观察者接收到的振动频率就是波源的频率.

(2) 波源相对于媒质静止,观察者以 v_0 相对于媒质运动($v_s = 0, v_0 \neq 0$).

若观察者在 P 点向着波源(S 点)运动,如图 9-28 所示,先假定观察者不动,波以速度 u 向着 P 传播,dt 时间内波传播距离为 udt,观察者接收到的完整波数,即为分布在距离 udt 中的波数.而现在观察者是以 v_0 迎着波的传播方向运动的,dt 时间内移动距离为 $v_0 dt$,因而分布在距离 $v_0 dt$ 中的波也应被观察者接收到.总体来看,应是在 $(v_0 + u)dt$ 距离内的波都被观察者接收到了,所以观察者接收到的频率(完整波形)为

$$\nu' = \frac{u + v_0}{\lambda} = \frac{u + v_0}{uT} = \left(1 + \frac{v_0}{u}\right)\nu_s \tag{9-40}$$

即观察者观测到的频率是波源振动频率的 $\left(1 + \frac{v_0}{u}\right)$ 倍.

当观察者离开波源运动时,波相对于观察者的速度为 $(u - v_0)$,因此有

$$\nu' = \frac{u - v_0}{\lambda} = \left(1 - \frac{v_0}{u}\right)\nu_s \tag{9-41}$$

这时接收到的频率变小,特别是当速度与波速 u 相等时,观测频率

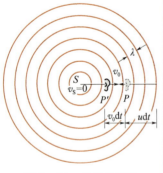

图 9-28 观察者运动时的多普勒效应

$\nu'=0$,也就是检测不到振动了.

(3) 观察者不动,波源相对媒质以 v_s 的速度运动($v_s\neq 0, v_0=0$).

波在媒质中的传播速度 u 与波源是否运动无关. 如图 9-29 所示,一个周期 T 内,波源 S 沿传播方向运动了 $v_s T$ 的距离,而到达 S'. 结果整个波被挤压在 $S'O$ 之间,相当于波长减少为 $\lambda' = \lambda - v_s T$, 所以观察者在单位时间内接收到的完整波的数目,即接收到的频率为

$$\nu' = \frac{u}{\lambda - v_s T} = \frac{u}{u - v_s}\nu_s \quad (9-42)$$

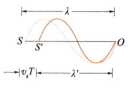

图 9-29 波源运动,
波长变短

可见观察者观测到的频率也增加了.

如果波源背离观察者运动,则

$$\nu' = \frac{u}{u + v_s}\nu_s \quad (9-43)$$

(4) 波源和观察者同时相对于媒质运动($v_s\neq 0, v_0\neq 0$).

这时观测到的频率改变,一方面是由于波源运动使波长改变;另一方面是观察者运动,使得波相对于观察者的速度改变. 所以观察者接收到的频率为

$$\nu' = \frac{u \pm v_0}{u \mp v_s}\nu_s \quad (9-44)$$

上式中,当观察者向着波源运动时,v_0 前取正号;当观察者背离波源运动时,v_0 前取负号;波源向着观察者运动时,v_s 前取负号;波源背离观察者运动时,v_s 前取正号. 定性地说,无论是波源运动,还是观察者运动,或是两者同时运动,只要两者相互接近,接收到的频率就高于原来波源的频率;而当两者相互远离时,接收到的频率就低于原来波源的频率. 从上面的讨论可知,波源相对媒质运动和观察者相对媒质运动所产生的多普勒效应是不同的. 正是根据这个特点,通过实验可以区别究竟是哪一个相对于媒质运动. 声波在运动的潜水艇上反射回来时,检测到的频率会改变,由此可测定潜水艇的速度. 超声诊断技术利用多普勒效应测定血的流量. 多普勒效应是波动所具有的共同特性. 利用光波的多普勒效应能够测定运动光源光谱线的移动,据此可测定星球相对于地球的运动速度.

例 9-9

图 9-30 中 A、B 为两个汽笛,其频率均为 500 Hz,A 是静止的,B 以 60 m·s^{-1} 的速率向右运动. 在两个汽笛之间有一观察者 O,以 30 m·s^{-1} 的速度也向右运动. 已知空气中的声速为 330 m·s^{-1},求:

(1) 观察者听到来自 A 的频率;
(2) 观察者听到来自 B 的频率;
(3) 观察者听到的拍频.

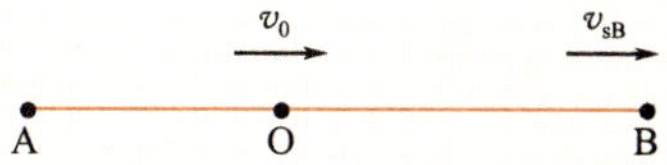

图 9-30 例 9-9 图

解 在(9-44)式 $\nu' = \dfrac{u \pm v_0}{u \mp v_s}\nu$ 中，已知 $u=300\ \text{m}\cdot\text{s}^{-1}, v_{sA}=0, v_{sB}=60\ \text{m}\cdot\text{s}^{-1}, v_0=30\ \text{m}\cdot\text{s}^{-1}, \nu=500\ \text{Hz}$.

(1) 由于观察者远离波源 A 运动，v_0 应取负号，故观察者听到来自 A 的频率为

$$\nu' = \dfrac{330-30}{330} \times 500\ \text{Hz} = 454.5\ \text{Hz}$$

(2) 观察者向着波源 B 运动，v_0 取正号；而波源 B 远离观察者运动，v_{sB} 也取正号，故观察者听到来自 B 的频率为

$$\nu'' = \dfrac{330+30}{330+60} \times 500\ \text{Hz} = 461.5\ \text{Hz}$$

(3) 拍频

$$\Delta\nu = |\nu' - \nu''| = 7\ \text{Hz}$$

例 9-10

利用多普勒效应监测汽车行驶的速度. 一固定波源发出频率为 100 kHz 的超声波，当汽车迎着波源驶来时，与波源安装在一起的接收器接收到从汽车反射回来的超声波的频率为 110 kHz，已知空气中声速为 330 m·s^{-1}，求汽车行驶的速度.

解 解此问题应分两步. 第一步，波向着汽车传播并被汽车接收，此时的波源是静止的，汽车作为观察者迎着波源运动. 设汽车的行驶速度为 v，则汽车接收到的频率为

$$\nu' = \dfrac{u+v}{u}\nu$$

第二步，波从汽车表面反射回来，此时汽车作为波源向着接收器运动，汽车发出的波的频率即是它接收到的频率 ν'，而接收器此时是观察者，它接收到的频率为

$$\nu'' = \dfrac{u}{u-v}\nu' = \dfrac{u+v}{u-v}\nu$$

由此解得汽车行驶的速度为

$$v = \dfrac{\nu''-\nu}{\nu''+\nu}u = \dfrac{110-100}{110+100} \times 330\ \text{m}\cdot\text{s}^{-1}$$
$$= 15.7\ \text{m}\cdot\text{s}^{-1} = 56.5\ \text{km}\cdot\text{h}^{-1}$$

例 9-11

利用多普勒效应测飞行物高度. 飞机在上空以速度 $v_s = 200\ \text{m}\cdot\text{s}^{-1}$ 沿水平直线飞行，发出频率 $\nu_0 = 2\,000\ \text{Hz}$ 的声波. 当飞机越过静止于地面的观察者上空时，观察者在 4 s 内测出的频率由 $\nu_1 = 2\,400\ \text{Hz}$ 降为 $\nu_2 = 1\,600\ \text{Hz}$. 已知声波在空气中的速度为 $u = 330\ \text{m}\cdot\text{s}^{-1}$. 试求飞机的飞行高度 h.

解 如图 9-31 所示，按题意飞机在 4 s 内经过观察者所在地点 C 的上空的距离

$$AB = v_s t = h(\cot\alpha + \cot\beta) \quad \text{①}$$

声源沿 AC、BC 方向的分速度分别为

$$v_{AC} = v_s\cos\alpha, \quad v_{BC} = v_s\cos\beta$$

由 (9-42) 式和 (9-43) 式得

$$\nu_1 = \dfrac{u}{u-v_{AC}}\nu_0 = \dfrac{u}{u-v_s\cos\alpha}\nu_0 \quad \text{②}$$

$$\nu_2 = \dfrac{u}{u+v_{BC}}\nu_0 = \dfrac{u}{u+v_s\cos\beta}\nu_0 \quad \text{③}$$

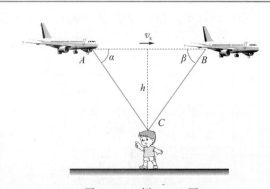

图 9-31 例 9-11 图

由②式及③式分别求出

$$\cos\alpha = \frac{\nu_1 - \nu_0}{\nu_1 v_s} u = 0.275$$

$$\cos\beta = \frac{\nu_0 - \nu_2}{\nu_2 v_s} u = 0.413$$

代入①式得

$$h = \frac{v_s t}{\cot\alpha + \cot\beta} = \frac{v_s t}{\frac{\cos\alpha}{\sqrt{1-\cos^2\alpha}} + \frac{\cos\beta}{\sqrt{1-\cos^2\beta}}}$$

$$= 1.08 \times 10^3 \text{ m}$$

如果波源向着观察者运动的速度大于波速（即 $v_s > u$），那么(9-42)式中 ν' 成为负数，这是没有意义的.实际上,在这种情况下,任一时刻波源本身将超过它此前发出的波的波前,在波源的前方不可能有任何波动产生.如图 9-32 所示,在时间 t 内,波源已经从点 S' 移动到了点 S,即 $S'S = v_s t$;而波源在 $t=0$ 时所发射的波,却只是从点 S' 传播到了距离它 ut 远的球面波前处.与相继各个波前相切的是一个圆锥面,这个圆锥面称**马赫锥**（Mach cone）.在这个圆锥面上,波的能量已被高度集中,容易造成巨大的破坏,这种波称为**冲击波**（shock wave）或**激波**.超音速飞机发出的震耳之声,子弹掠空而过发出的呼啸声,都是冲击波的例子.当火药爆炸,核爆炸时,也会在空气中激起冲击波,冲击波到达的地方,空气压强突然增大,足以对掠过的物体造成损害,如打碎窗玻璃、摧毁建筑物等,这种现象称为**声爆**.类似的现象在水波中也可以看到.当船速超过水面上的水波波速时,在船后就激起以船为顶端的 V 形波,这种波称为**艏波**（bow wave）.如图 9-33 所示.

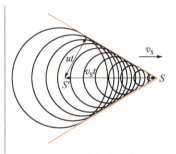

图 9-32　冲击波的产生

图 9-33　艏波

§9.7　电 磁 波

变化的电场激发涡旋磁场,变化的磁场又可激发涡旋电场,二者相互连续激发,由近及远,以有限速度在空间传播,形成**电磁波**（electromagnetic wave）.下面我们先由麦克斯韦方程组出发,导出电磁波的波动方程,然后介绍电磁波的辐射和传播规律,以及电磁波的能量和动量.

*9.7.1　电磁波的波动方程

设变化的电磁场在无限大均匀介质（或真空）空间传播,由于空间内既没有自由电荷（$\rho=0$）,也没有传导电流（$j=0$）,只有电场和磁场之间的相互激

发,电磁场运动规律服从齐次的麦克斯韦方程组,即

$$\begin{cases} \nabla \times \boldsymbol{E} = -\dfrac{\partial \boldsymbol{B}}{\partial t} \\ \nabla \times \boldsymbol{H} = \dfrac{\partial \boldsymbol{D}}{\partial t} \\ \nabla \cdot \boldsymbol{D} = 0 \\ \nabla \cdot \boldsymbol{B} = 0 \end{cases} \tag{9-45}$$

介质性质方程为

$$\boldsymbol{D} = \varepsilon \boldsymbol{E}$$
$$\boldsymbol{B} = \mu \boldsymbol{H}$$

对(9-45)式第一式两边求旋度并利用第二式及介质性质方程可得

$$\nabla \times (\nabla \times \boldsymbol{E}) = -\nabla \times \dfrac{\partial \boldsymbol{B}}{\partial t} = -\dfrac{\partial}{\partial t}(\nabla \times \boldsymbol{B}) = -\mu\varepsilon \dfrac{\partial^2 \boldsymbol{E}}{\partial t^2}$$

再利用矢量分析公式及 $\nabla \cdot \boldsymbol{E} = \nabla \cdot \boldsymbol{D}/\varepsilon = 0$,可得

$$\nabla \times (\nabla \times \boldsymbol{E}) = \nabla(\nabla \cdot \boldsymbol{E}) - \nabla^2 \boldsymbol{E} = -\nabla^2 \boldsymbol{E}$$

由以上两式可得关于电场 $\boldsymbol{E}$ 的偏微分方程

$$\nabla^2 \boldsymbol{E} - \mu\varepsilon \dfrac{\partial^2 \boldsymbol{E}}{\partial t^2} = 0$$

类似可得关于磁场 $\boldsymbol{B}$ 的偏微分方程

$$\nabla^2 \boldsymbol{B} - \mu\varepsilon \dfrac{\partial^2 \boldsymbol{B}}{\partial t^2} = 0$$

令

$$v = \dfrac{1}{\sqrt{\varepsilon\mu}} \tag{9-46}$$

则以上两式成为

$$\begin{cases} \nabla^2 \boldsymbol{E} - \dfrac{1}{v^2}\dfrac{\partial^2 \boldsymbol{E}}{\partial t^2} = 0 \\ \nabla^2 \boldsymbol{B} - \dfrac{1}{v^2}\dfrac{\partial^2 \boldsymbol{B}}{\partial t^2} = 0 \end{cases} \tag{9-47}$$

(9-47)式是电磁波的波动微分方程,简称波动方程,显然 $v = \dfrac{1}{\sqrt{\varepsilon\mu}}$ 为电磁波的传播速度. 在真空中

$$v = \dfrac{1}{\sqrt{\varepsilon_0 \mu_0}} = c = 3.0 \times 10^8 \text{ m} \cdot \text{s}^{-1}$$

即电磁波在真空中的传播速度等于光在真空中的传播速度. 麦克斯韦据此断言,光也是一种电磁波.

对于仅沿 x 方向传播的一维平面电磁波,有

$$\begin{cases} \dfrac{\partial^2 E}{\partial x^2} = \dfrac{1}{v^2}\dfrac{\partial^2 E}{\partial t^2} \\ \dfrac{\partial^2 B}{\partial x^2} = \dfrac{1}{v^2}\dfrac{\partial^2 B}{\partial t^2} \end{cases} \tag{9-48}$$

解此两微分方程可得

$$E = E_0 \cos \omega \left(t - \dfrac{x}{v}\right)$$

$$H = H_0 \cos \omega \left(t - \dfrac{x}{v}\right) \tag{9-49}$$

这即为沿 x 轴正方向传播的单色平面电磁波的波函数,有关平面电磁波的性质,下面还将进一步讨论.

9.7.2 电磁波的辐射

一、电磁场的振荡

任何能使电场或磁场随时间变化的装置均可作为电磁波源辐射电磁波. 在无线电通讯中,通常用振荡偶极子作为辐射源. 振荡偶极子可由自感线圈和电容组成的所谓 LC 回路产生,如图 9-34(a) 所示,任一瞬时自感线圈的自感电动势应与电容器两极板间的电势差相等. 即

$$-L\frac{\mathrm{d}i}{\mathrm{d}t}=\frac{q}{c}$$

将 $i=\dfrac{\mathrm{d}q}{\mathrm{d}t}$ 代入,并令 $\omega^2=\dfrac{1}{LC}$,得

$$\frac{\mathrm{d}^2 q}{\mathrm{d}t^2}=-\frac{1}{LC}q=-\omega^2 q$$

将上述微分方程与简谐振动方程 $\dfrac{\mathrm{d}^2 x}{\mathrm{d}t^2}=-\omega^2 x$ 相比较,可知电容器两极板的电量为

$$q=Q_0\cos(\omega t+\varphi) \qquad (9-50)$$

式中 Q_0 为电容器极板上电量的最大值.

回路中的电流为

$$i=\frac{\mathrm{d}q}{\mathrm{d}t}=-\omega Q_0\sin(\omega t+\varphi)=-I_0\sin(\omega t+\varphi) \qquad (9-51)$$

其中 $I_0=\omega Q_0$ 为电流振幅.

LC 回路的振荡周期和频率分别为

$$T=\frac{2\pi}{\omega}=2\pi\sqrt{LC} \quad \nu=\frac{1}{T}=\frac{1}{2\pi\sqrt{LC}} \qquad (9-52)$$

二、电磁振荡的能量

下面我们定量地讨论 LC 振荡电路中的电场能量、磁场能量和总能量.

设电容器的极板上带有电荷 q,则电容器中的电场能量为

$$E_e=\frac{q^2}{2C}=\frac{Q_0^2}{2C}\cos^2(\omega t+\varphi) \qquad (9-53)$$

上式表明 LC 振荡电路中电场能量随时间作周期性变化.

当自感线圈中通过电流 i 时,线圈中的磁场能量为

$$E_m=\frac{1}{2}Li^2=\frac{1}{2}LI_0^2\sin^2(\omega t+\varphi)=\frac{Q_0^2}{2C}\sin^2(\omega t+\varphi) \qquad (9-54)$$

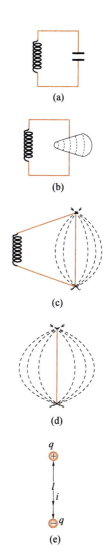

图 9-34 从 LC 振荡电路到振荡偶极子

这表明,LC 振荡电路中的磁场能量也是随时间 t 作周期性变化的. 于是 LC 振荡电路中的总能量为

$$E_{\text{总}} = E_e + E_m = \frac{1}{2}LI_0^2 = \frac{Q_0^2}{2C} \qquad (9-55)$$

可见,在无阻尼自由电磁振荡过程中,电场能量和磁场能量不断地相互转化,但在任何时刻,其总和保持不变. 在电场能量最大时,磁场能量为零;反之,磁场能量最大时,电场能量为零.

应当指出,LC 振荡电路中的电磁场能量守恒是有条件的. 首先,电路中的电阻必须为零,这样在电路中才会避免因电阻产生的焦耳热而损耗电磁能;其次,电路中不存在任何电动势,即没有其他形式的能量与电路交换;最后,电磁能还不能以电磁波的形式辐射出去. 但实际上任何振荡电路都有电阻,电磁能量不断地转换为焦耳热,而且在振荡过程中,电磁能量不可避免地还会以电磁波的形式辐射出去. 因此 LC 电磁振荡电路只是一个理想化的振荡电路模型.

例 9-12

在 LC 电路中,已知 $L = 260\ \mu\text{H}, C = 120\ \text{pF}$,初始时电容器两极板间的电势差 $U_0 = 1\ \text{V}$,且电流为零. 试求:

(1) 振荡频率;
(2) 最大电流;
(3) 电容器两极板间的电场能量随时间变化的关系;
(4) 自感线圈中的磁场能量随时间变化的关系;
(5) 试证明在任意时刻电场能量与磁场能量之和总是等于初始时的电场能量.

解 (1) 由 (9-52) 式得振荡频率为

$$\nu = \frac{1}{2\pi\sqrt{LC}}$$

将已知数据代入,得

$$\nu = 9.01 \times 10^5\ \text{Hz}$$

(2) 已知 $t = 0$ 时, $i_0 = 0, q_0 = CU_0$,代入 (9-50) 式和 (9-51) 式,得

$$CU_0 = Q_0 \cos\varphi, \quad 0 = -\omega Q_0 \sin\varphi$$

解得

$$\varphi = 0, \quad Q_0 = CU_0$$

而电流的最大值 $I_0 = \omega Q_0 = \omega CU_0 = \sqrt{\dfrac{C}{L}}U_0$,代入数据,有

$$I_0 = 0.679\ \text{mA}$$

(3) 由 (9-53) 式可知,电容器两极板间的电场能量为

$$E_e = \frac{1}{2}CU_0^2\cos^2\omega t$$

$$= (0.60 \times 10^{-10}\ \text{J})\cos^2\omega t$$

(4) 由 (9-54) 式可知,线圈中的磁场能量为

$$E_m = \frac{1}{2}LI_0^2\sin^2\omega t$$

$$= (0.60 \times 10^{-10}\ \text{J})\sin^2\omega t$$

(5) 由以上计算可知

$$E_e + E_m = 0.60 \times 10^{-10}\ \text{J}$$

而初始电场能量 $E_{e0} = \dfrac{1}{2}CU_0^2 = 0.60 \times 10^{-10}\ \text{J}$,所以在任一时刻电场能量与磁场能量之和等于初始电场能量.

三、电磁波的辐射

虽然 LC 回路中电荷 q 和电流 i 都随时间周期变化,从而实现了电场和磁场的振荡,但封闭的 LC 振荡回路还不能辐射电磁波,其原因有二:一是振荡频率太低,故辐射功率小;二是电磁场仅局限于电容器和自感线圈内,电容器和自感线圈之外只存在很少的电磁能量.为真正实现电磁波的辐射,必须对 LC 回路加以改造,以提高回路的振荡频率和实现回路的开放.图 9 - 34 是对 LC 回路进行逐步改造的过程,其基本思路是:减少电容器极板面积,拉大电容器两极板间距离以减小电容 C,同时减少线圈匝数,自感系数 L 随之降低,由于回路内 L,C 的减小,因而振荡频率大为提高,这大大增加了辐射功率.最后电路逐渐开放演变成一根直导线,如图 9 - 34(e)所示.此时电磁场完全开放于空间,电流在直导线中往复振荡,其两端交替出现等量异号的电荷,形成一个**电偶极子**,电台和电视台的发射天线就是这种振荡电偶极子的组合.

振荡电偶极子可以等效于一个振荡电流元.如图 9 - 34(e)所示,设振荡电偶极子的长度为 l,载有电流 i,两端荷电 $+q$ 和 $-q$,则电偶极子的电偶极矩为

$$p = ql = q_0 l\cos \omega t = p_0 \cos \omega t \tag{9-56}$$

式中 $p_0 = q_0 l$ 是振荡电偶极矩的振幅,与之相应的振荡电流元为

$$il = \frac{dq}{dt}l = \frac{dp}{dt} = -p_0 \omega \sin \omega t \tag{9-57}$$

由于振荡电流元在空间激发变化的电磁场,从而向周围空间辐射电磁波.

四、电磁波的接收

麦克斯韦在 1865 年预言的电磁波,23 年后(1888 年),赫兹(H. R. Hertz)利用振荡器和谐振器,用实验证实了电磁波的存在.图 9 - 35 所示为赫兹振荡电路,A 和 B 是两根共轴铜杆,形成振荡电偶极子,A,B 中间留有一个火花间隙,振子两端接在感应圈的两极上,当充电到一定程度,间隙被电火花击穿,两铜杆连成导电通路,这时相当于一个振荡电偶极子,在其中激起高频振荡.

为探测由振子发出来的电磁波,可采用图 9 - 35 右边部分所示的偶极子接收器,C,D 两铜杆之间的间隙可利用螺丝作微小调节,这种接收器称为谐振器.将此谐振器放在距振子一定距离处,选择适当方位,则谐振器会发生共振,每当发射振子的间隙有火花跳过的同时,谐振器的间隙里也有火花跳过.赫兹利用上述装置在实验上首次观察到电磁振荡在空间的传播,从此叩开了人类进入电信时代的大门.

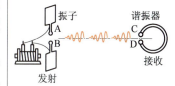

图 9 - 35 赫兹实验

9.7.3 平面电磁波的传播

在各向同性介质中,可由波动方程解得振荡电偶极子辐射的电磁波,在远离偶极子的空间任一点 P 处,t 时刻的电场强度 E 和磁场强度 H 的量值分别为

$$E(r,t) = \frac{\omega^2 p_0 \sin\theta}{4\pi\varepsilon v^2 r}\cos\omega(t-r/v) \quad (9-58\text{a})$$

$$H(r,t) = \frac{\omega^2 p_0 \sin\theta}{4\pi v r}\cos\omega(t-r/v) \quad (9-58\text{b})$$

(9-58)式是球面电磁波波函数,$v = \dfrac{1}{\sqrt{\varepsilon\mu}}$ 为电磁波在介质中的传播速度.如图 9-36 所示,r 是矢径 $\boldsymbol{r}$ 的量值,电偶极矩 $\boldsymbol{p} = q\boldsymbol{l}$ 位于球面中心,θ 为 $\boldsymbol{r}$ 和 $\boldsymbol{p}$ 之间的夹角.

在远离偶极子的地方($r \gg l$),因 r 很大,在通常的研究范围内,θ 的变化很小,故 E,H 的振幅可看作常量,因而(9-58)式可写为

$$E = E_0 \cos\omega\left(t - \frac{r}{v}\right) \quad (9-59\text{a})$$

$$H = H_0 \cos\omega\left(t - \frac{r}{v}\right) \quad (9-59\text{b})$$

此式为平面波的形式,所以在远离偶极子处,电磁波可视为平面波.

图 9-37 为平面电磁波的示意图,其性质概括如下:

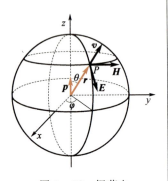

图 9-36 振荡电偶极子发射的电磁波

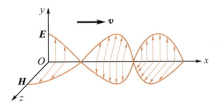

图 9-37 平面电磁波示意图

① E 和 H 相互垂直,且均与传播方向垂直,说明电磁波是横波;

② E 和 H 分别在各自平面内振动,说明电磁波是偏振的;

③ E 和 H 同相位(同时达正方向极大值、反方向极大值和平衡位置等);

④ 同一点 E 和 H 的量值间有如下关系

$$\sqrt{\varepsilon}E = \sqrt{\mu}H \quad (9-60)$$

⑤ 电磁波的传播速度方向与 $\boldsymbol{E}\times\boldsymbol{H}$ 相同,大小为 $v = \dfrac{1}{\sqrt{\varepsilon\mu}}$.

例 9-13

某一在真空中传播的平面电磁波,其电场强度的振幅值为 9.0×10^{-1} V·m^{-1},求其磁感应强度的幅值.

解 在真空中,电场与磁场存在如下关系:

$$\sqrt{\varepsilon_0}E=\sqrt{\mu_0}H$$

故 $B=\mu_0 H=\sqrt{\mu_0}\sqrt{\mu_0}H=\sqrt{\varepsilon_0\mu_0}E=\dfrac{E}{c}$
$=9.0\times10^{-1}/3.0\times10^{8}$ T
$=3.0\times10^{-9}$ T

9.7.4 电磁波的能量和能流

电磁波是变化电磁场的传播,而电磁场具有能量,故伴随电磁波的传播必然有电磁能量的传播. 显然,电磁能量是电场能量和磁场能量之和.

已知电场和磁场能量体密度分别为

$$w_e=\frac{1}{2}\varepsilon E^2$$

$$w_m=\frac{1}{2}\mu H^2$$

因而,电磁场能量体密度为

$$w=w_e+w_m=\frac{1}{2}(\varepsilon E^2+\mu H^2) \qquad (9-61)$$

单位时间内通过垂直于传播方向的单位面积的辐射能量,称为**辐射强度**或**能流密度**.

我们已经知道,能流密度与能量密度和波速的关系为 $S=wv$,因此,电磁波的能流密度的量值为

$$S=\frac{1}{2}(\varepsilon E^2+\mu H^2)v$$

以 $v=\dfrac{1}{\sqrt{\varepsilon\mu}}$ 和 $\sqrt{\varepsilon}E=\sqrt{\mu}H$ 代入上式,得

$$S=EH$$

考虑到能流的方向为电磁波的传播方向(即 $\boldsymbol{v}$ 的方向),$\boldsymbol{E}$ 和 $\boldsymbol{H}$ 垂直以及 $\boldsymbol{v}$ 的方向与 $\boldsymbol{E}\times\boldsymbol{H}$ 方向相同,故能流密度可采用矢量 $\boldsymbol{S}$ 表述,称为**能流密度矢量**或**坡印廷矢量**(Poynting vector),其表达式为

$$\boldsymbol{S}=\boldsymbol{E}\times\boldsymbol{H} \qquad (9-62)$$

(9-62)式表明,$\boldsymbol{S}$ 和 $\boldsymbol{E}$,$\boldsymbol{H}$ 组成右旋系统,由(9-58)式,可得振荡电偶极子的辐射强度

$$S=EH=\frac{\mu p_0^2\omega^4\sin^2\theta}{(4\pi)^2 r^2 v}\cos^2\omega\left(t-\frac{r}{v}\right)$$

因为 $\cos^2\omega\left(t-\dfrac{r}{v}\right)$ 在一个周期内的平均值是 $\dfrac{1}{2}$，所以平均辐射强度为

$$\overline{S}=\dfrac{\mu p_0^2\omega^4\sin^2\theta}{2(4\pi)^2 r^2 v} \tag{9-63}$$

可见 $\overline{S}$ 与 ω^4 成正比，只有在频率很高时，才有显著的辐射，所以在发射电磁波时，必须提高频率.

例 9-14

如图 9-38 所示，同轴电缆的内导体圆柱半径为 a，外导体圆筒半径为 b，电流由圆柱流出，由外圆筒流回. 设电缆导体的电阻可忽略. 试证明单位时间内通过 a 和 b 之间绝缘介质的环形横截面的电磁能量正好等于电源提供的功率.

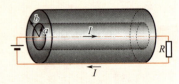

图 9-38 例 9-14 图

解 设电缆中的电流强度为 I，电源的端电压为 U. 当忽略导体电阻时，导体内无电场，电缆外电场、磁场皆无，故导体中和电缆外皆无能流，能流仅存在于绝缘介质中.

绝缘介质中电场分布为 $E=\lambda/2\pi\varepsilon r$（$\lambda$ 为内导体圆柱的线电荷密度，ε 为电介质的电容率），E 的方向沿径向，因

$$U=\int_a^b E\,\mathrm{d}r=\dfrac{\lambda}{2\pi\varepsilon}\int_a^b\dfrac{\mathrm{d}r}{r}=\dfrac{\lambda}{2\pi\varepsilon}\ln\dfrac{b}{a}$$

所以 $\quad E=\dfrac{1}{2\pi\varepsilon r}\dfrac{2\pi\varepsilon U}{\ln b/a}=\dfrac{U}{\ln b/a}\dfrac{1}{r}$

磁感线为与电缆共轴的圆环，在绝缘介质中，磁场强度大小为 $H=I/2\pi r$.

由 (9-62) 式知，坡印廷矢量方向沿轴向，大小为

$$S=EH=\dfrac{U}{\ln b/a}\dfrac{1}{r}\dfrac{I}{2\pi r}=\dfrac{UI}{2\pi\ln b/a}\dfrac{1}{r^2}$$

故单位时间通过绝缘介质中任一环形截面的电磁能量为

$$\dfrac{\mathrm{d}W}{\mathrm{d}t}=\int_S EH\,\mathrm{d}S=\int_a^b\dfrac{UI}{2\pi\ln b/a}\dfrac{1}{r^2}2\pi r\,\mathrm{d}r$$

$$=\dfrac{UI}{\ln b/a}\int_a^b\dfrac{\mathrm{d}r}{r}=UI$$

由此可见，绝缘体是能量传输的通道，导体反而是能量传输的禁区.

9.7.5 电磁波的动量

能量和动量是密切联系的，既然电磁波具有能量，它必然还带有一定的动量.

根据相对论质量公式 $m=\dfrac{m_0}{\sqrt{1-v^2/c^2}}$，以及能量和动量的关系式 $W=\sqrt{p^2c^2+m_0^2c^4}$，由于真空中电磁波传播速度 $v=c$，故可得电磁波静止质量和动量分别为

$$m_0=m\sqrt{1-v^2/c^2}=0,\quad p=\dfrac{W}{c} \tag{9-64}$$

对于真空中平面电磁波，其动量密度（单位体积的动量）为

$$g = \frac{\mathrm{d}p}{\mathrm{d}V} = \frac{1}{c}\frac{\mathrm{d}W}{\mathrm{d}V} = \frac{w}{c}$$

将 $w = \frac{S}{c} = \frac{1}{c}EH$，代入上式得

$$g = \frac{S}{c^2} = \frac{1}{c^2}EH$$

由于动量是矢量,其方向与电磁波的传播方向相同,因而上式可以写成如下矢量形式：

$$\boldsymbol{g} = \frac{1}{c^2}\boldsymbol{E} \times \boldsymbol{H} = \frac{1}{c^2}\boldsymbol{S} \qquad (9-65)$$

即**电磁波动量密度**(momentum density of EM wave)的大小正比于能流密度,其方向沿电磁波的传播方向.

由于电磁波带有动量,所以它被物体表面反射或吸收时,必定产生压强,称为**辐射压强**(radiation pressure). 光是一种电磁波,它所产生的辐射压强称为**光压**(light pressure). 太阳光投射到与其入射方向垂直的地球表面上的平均强度(能流密度)称为**太阳常量**(solar constant),其值为 $S_0 = 1.35 \text{ kW} \cdot \text{m}^{-2}$,其动量密度大小为 $g_0 = \frac{S_0}{c^2}$,太阳光在镜面上反射产生的光压为 $2g_0 c = 2\frac{S_0}{c} = 9 \times 10^{-6}$ $\text{N} \cdot \text{m}^{-2}$,与地面大气压强 $10^5 \text{ N} \cdot \text{m}^{-2}$ 相比,这是一个非常小的压强,一般很难观测到.

然而,在有些情况下,光压却起着重要作用,例如,星体外层之所以受到其核心部分的万有引力而不坍缩,很大程度上是依靠核心部分的辐射所产生的光压来平衡的. 彗星尾是由大量尘埃组成的,当彗星运行到太阳附近时,由于这些尘埃微粒所受到的来自太阳的光压比万有引力大,因而被太阳光推向远离太阳的方向而形成很长的彗尾.

9.7.6 电磁波谱

自从赫兹用实验证实了电磁波的存在,人们继认识到光波是电磁波以后,又陆续发现了伦琴射线、γ 射线等都是电磁波. 我们可将电磁波按波长或频率的顺序排列成谱,称为**电磁波谱**(electromagnetic wave spectrum). 图 9-39 所示是按频率和波长两种标度绘制的电磁波谱.

①电磁波虽在本质上相同,但不同波长范围的电磁波的产生方法各不相同. 无线电波是利用电磁振荡电路通过天线发射的,波长在 $10^4 \sim 10^{-2}$ m 范围内.

②炽热的物体、气体放电等是原子中外层电子的跃迁所发射的电磁波. 其中,波长在 $0.76 \times 10^{-6} \sim 0.40 \times 10^{-6}$ m 范围内,能引起视觉的称为可见光;波长在 $0.76 \times 10^{-6} \sim 6 \times 10^{-4}$ m 范围内称为红

外线,不引起视觉,但热效应特别显著;波长在 $5.0\times10^{-9}\sim0.4\times10^{-6}$ m 范围内称为紫外线,不引起视觉,但容易产生强烈的化学反应和生理作用(杀菌)等.

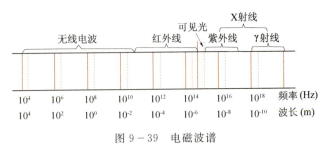

图 9-39 电磁波谱

③ 当带电粒子的运动受到急剧的阻挡,如快速电子射到金属靶时,会引发原子中内层电子的跃迁而产生 X 射线,其波长在 $0.4\times10^{-10}\sim5.0\times10^{-9}$ m 范围内. 它的穿透力强,工业上用于金属探伤和晶体结构分析,医疗上用于透视、拍片等.

④ 当原子核内部状态改变时会辐射出 γ 射线,其波长在 10^{-10} m 以下,穿透本领比 X 射线更强,用于金属探伤、原子核结构分析以及放射性治疗等.

表 9.2 列出了各种无线电波的范围和主要用途.

表 9.2 各种无线电波的范围和用途

名称	长波	中波	中短波	短波	米波	微波		
						分米波	厘米波	毫米波
波长	30 000~3 000 m	3 000~200 m	200~50 m	50~10 m	10~1 m	1~10 cm	10~1 cm	1~0.1 cm
频率	10~100 kHz	100~1 500 kHz	1.5~6 MHz	6~30 MHz	30~300 MHz	300~3 000 MHz	3 000~30 000 MHz	30 000~300 000 MHz
主要用途	越洋长距离通信和导航	无线电广播	电报通信	无线电广播、电报通信	调频无线电广播、电视、无线电导航	电视、雷达、无线电导航及其他专门用途		

*§9.8 非线性波简介

非线性波就是由非线性方程所描述的波. 和所有非线性现象一样,非线性波也不遵从叠加原理. 非线性波的传播速度不仅与媒质有关,还与质点的振动状态有关.

前面讨论中认为媒质是理想媒质,即认为媒质中的回复力始终是线性的,这就导出了波动的动力学方程是线性的.线性波动方程的解就是线性波,这种波在媒质中传播速度只与媒质的性质有关,而与媒质内各点振动的振幅、振动速度无关.实际的媒质都有非线性因素.不过在振幅小时,非线性项也很小,它的影响因没有显现出来而可以忽略,这时波动方程可用线性波动方程近似.但振幅较大时,媒质中的非线性项就不能忽视了,这时的波动方程就是非线性的.

1834 年,英国科学家罗素在一条运河边观察到了一种奇特的现象:一快速行驶的船突然停止时,河道内被带动的水因在船头周围剧烈地扰动而激起一孤立水波,光滑圆润,形如驼峰,传播了数千米之遥,波形仍保持不变.这种波与一般水波有明显区别:一般水波波形总是一半低于水平面,一半高于水平面,但此波波形却总是高于水平面;此外,一般水波的波形在传播过程中会因逐渐弥散而消失,但此波波形却在传播过程中保持不变.罗素将这种奇特的波称为孤波(solitary wave).孤波实际上是大幅度扰动的非线性效应和媒质的色散效应共同作用下形成的一种特殊波.

如图 9-40 所示,设一抛物线形状的脉冲沿 x 轴方向传播,由于脉冲波中水的各质元横向位移各不相同,不同水位的波扰动的传播速度各不相同,y 值最大的扰动传播速度最大,$y=0$ 附近的扰动的传播速度最小,结果使孤波在传播过程中变形,抛物线波变成锯齿形波,使前变陡,波形变窄.另一方面,水具有色散性,即孤立脉冲波中各种不同频率的简谐波成分因水的色散而以不同速度传播,水位低的扰动的传播速度快,从而使得脉冲波形扩散变宽.在一定条件下,当水波中的色散效应和非线性效应相互抵消时,波形在传播过程中便保持不变,形成**孤波**.孤波是非线性波,不遵守叠加原理,但用数值模拟法研究等离子体中孤波的碰撞过程发现,两孤波相遇分开后,仍保持各自的波形及速度继续传播,说明孤波既有稳定性又有完整性,这些特征与粒子特征相似,所以又将这样的孤波称为**孤子**(soliton).

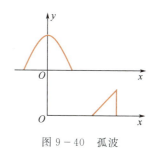

图 9-40 孤波

本 章 提 要

1. 波动

振动的传播过程称为波动.波动通常分为两大类:一类是变化的电场和变化的磁场在空间的传播,称为电磁波;一类是机械振动在媒质中的传播,称为机械波.机械波的产生必须具备两个条件:一是要有作机械振动的物体,称为波源;一是要有传播振动的弹性媒质.

2. 描述波动的几个物理量

(1) 波速 u

波动是振动状态(即相位)的传播,振动状态在单位时间内传播的距离称为波速,也称相速.对于机械波,波速由媒质的性质决定.

(2) 波动的周期 T 和频率 ν

波动的周期是指一个完整波形通过媒质中某一固定点所需的时间.周期的倒数称为频率,波动的频率是指单位时间内通过媒质中某固定点完整波的数目.

(3) 波长 λ

同一波线上相邻的相位差为 2π 的两质点之间的距离：

$$\lambda = uT = \frac{u}{\nu}$$

3. 平面简谐波

平面简谐波的波函数

$$y = A\cos\left[\omega\left(t \mp \frac{x}{u}\right)\right]$$

波函数的物理意义：

(1) 当 x 一定时，波函数表示在波线上的 x 处，质点简谐振动的振动方程.

(2) 当 t 一定时，波函数表示 t 时刻波线上各质点离开各自平衡位置的分布情况，即 t 时刻的波形.

(3) 当 x,t 都变化时，波函数表示任一质点在任一时刻离开平衡位置的位移，即代表一列行波.

4. 波的能量

(1) 媒质中质元的能量

动能

$$dE_k = \frac{1}{2}\rho dV A^2 \omega^2 \sin^2\left[\omega\left(t - \frac{x}{u}\right) + \varphi\right]$$

势能

$$dE_p = \frac{1}{2}\rho dV A^2 \omega^2 \sin^2\left[\omega\left(t - \frac{x}{u}\right) + \varphi\right]$$

机械能

$$dE = dE_k + dE_p$$
$$= \rho dV A^2 \omega^2 \sin^2\left[\omega\left(t - \frac{x}{u}\right) + \varphi\right]$$

(2) 波的能量密度和平均能量密度

波的能量密度

$$w = \frac{dE}{dV} = \rho A^2 \omega^2 \sin^2\left[\omega\left(t - \frac{x}{u}\right) + \varphi\right]$$

波的平均能量密度

$$\overline{w} = \frac{1}{2}\rho A^2 \omega^2$$

(3) 波的平均能流

$$\overline{P} = \overline{w} u \Delta S$$

(4) 波的平均能流密度

$$I = \frac{1}{2}\rho A^2 \omega^2 u$$

5. 惠更斯原理

媒质中波前上的各点，都可以看作是发射子波的波源，其后任一时刻这些子波的包迹就是新的波前.

6. 波的叠加原理

几列波相遇时保持各自的特点通过媒质中波的叠加区域；在它们重叠的区域内，每一质点的振动都是各个波单独引起的振动的合成.

7. 波的干涉

(1) 干涉现象

当两列（或几列）波在空间某一区域同时传播时，叠加后波的强度在空间这一区域内重新分布，形成有的地方强度始终加强，另一些地方强度始终减弱，整个区域中强度有一稳定分布的现象，叫波的干涉.

(2) 干涉条件

相干波　频率相同、振动方向相同、相位差恒定.

干涉加强（相长干涉）

$$\Delta\varphi = \varphi_2 - \varphi_1 - 2\pi\frac{r_2 - r_1}{\lambda} = \pm 2k\pi$$
$$(k = 0, 1, 2, \cdots)$$
$$A = A_1 + A_2$$

干涉减弱（相消干涉）

$$\Delta\varphi = \varphi_2 - \varphi_1 - 2\pi\frac{r_2 - r_1}{\lambda} = \pm(2k+1)\pi$$
$$(k = 0, 1, 2, \cdots)$$
$$A = |A_1 - A_2|$$

8. 驻波

波动方程

$$y = 2A\cos 2\pi\frac{x}{\lambda} \cos 2\pi\nu t$$

其振幅 $\left|2A\cos 2\pi\frac{x}{\lambda}\right|$ 随 x 作周期变化.

波节位置 $x = \pm(2k+1)\frac{\lambda}{4}$ $(k = 0, 1, 2, \cdots)$

波腹位置 $x = \pm k \dfrac{\lambda}{2}$ （$k = 0, 1, 2, \cdots$）

9. 半波损失

波由波疏媒质射向波密媒质,在两种媒质的分界面上反射时会形成波节,相当于反射波在反射点损失了半个波长的波程,这种现象称为**半波损失**.

10. 多普勒效应

观察者和波源之间有相对运动时,观察者测到的频率 ν' 和波源的频率 ν_s 不同的现象称为多普勒效应,两者的关系为

$$\nu' = \dfrac{u \pm v_0}{u \mp v_s} \nu_s$$

当观察者向着波源运动时,v_0 前取正号;当观察者背离波源运动时,v_0 前取负号;波源向着观察者运动时,v_s 前取负号;波源背离观察者运动时,v_s 前取正号.

11. 电磁波波动微分方程

$$\nabla^2 \boldsymbol{E} - \dfrac{1}{v^2} \dfrac{\partial^2 \boldsymbol{E}}{\partial t^2} = 0$$

$$\nabla^2 \boldsymbol{B} - \dfrac{1}{v^2} \dfrac{\partial^2 \boldsymbol{B}}{\partial t^2} = 0$$

$v = \dfrac{1}{\sqrt{\varepsilon \mu}}$ 为电磁波传播速度

12. 沿 x 轴正方向传播的单色平面电磁波波函数

$$E = E_0 \cos \omega \left(t - \dfrac{x}{v} \right)$$

$$H = H_0 \cos \omega \left(t - \dfrac{x}{v} \right)$$

$$\sqrt{\varepsilon} E = \sqrt{\mu} H$$

13. 电磁波的能量和动量

电磁场能量体密度

$$w = \dfrac{1}{2}(\varepsilon E^2 + \mu H^2)$$

电磁波能流密度（坡印廷矢量）

$$\boldsymbol{S} = \boldsymbol{E} \times \boldsymbol{H}$$

电磁波的动量密度

$$\boldsymbol{g} = \dfrac{1}{c^2} \boldsymbol{S}$$

阅读材料（九）　　超声、次声和噪声

声学是物理学中最古老的学科之一. 因为声音是日常生活中最常见、最"直观"、相对来讲是一种最简单的现象,所以人们从古代开始就对它的本质有了基本正确的认识. 它的基本理论早在 19 世纪中叶就已达到相当完善的地步,20 世纪初,声学开始外延式的发展,逐渐与物理以外的学科结合,建立了许多分支学科,如建筑声学、大气声学、电声学、语言声学、心理声学、生理声学、水声学、超声学、生物声学、噪声学、地声学、物理声学等. 它的分支目前已超过 20 个,并且还有新的分支在不断生长的趋势,难怪声学被认为是"最古老而又最年轻的学科". 图 Y9-1 表示出声学一些主要分支与一些其他领域的联系. 当然这只是一种粗糙的示意关系,实际上每一分支都不止只与一、两个领域相关联. 下面将选择一些与工程技术有关的分支进行讨论.

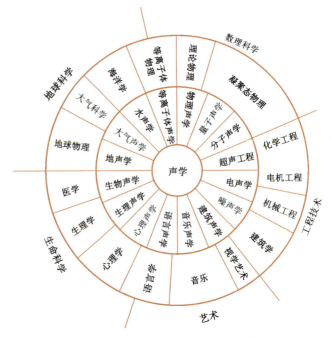

图 Y9-1 声学各主要分支与一些基础领域的联系

一、超声

超声的产生 频率高于人类听觉上限频率（约 20 000 Hz）的声波，称为超声波，或称超声。最早的超声是 1883 年由通过狭缝的高速气流吹到一锐利的刀口上产生的，称为葛尔登·哈特曼（Galton Hartmann）哨。为了用超声对介质进行处理，此后又出现了各种形式的气哨、汽笛和液哨等机械型超声发生器（又称换能器）。由于这类换能器成本低，所以经过不断改进，至今还仍广泛地用于对流体介质的超声处理技术中。20 世纪初，电子学的发展使人们能利用某种材料的压电效应和磁致伸缩效应制成各种机电换能器。1917 年，法国物理学家 P·朗之万（P. Langevin）用天然压电石英制成了超声换能器，并用来探索海底的潜艇。随着材料科学的发展，使得应用最广泛的压电换能器也从天然压电晶体过渡到价格更低廉而性能更良好的压电陶瓷、人工压电单晶、压电半导体以及塑料压电薄膜等，并使超声频率的范围从几十千赫提高到上千兆赫，产生和接收的波形也由单纯的纵波扩展到横波、扭转波、弯曲波、表面波等。近年来，频率更高的超声（特超声）的产生和接收技术迅速发展，从而提供了研究物质结构的新途径。例如，在介质端面直接蒸发或溅射上压电材料（ZnO、CdS 等）薄膜或磁致伸缩的铁磁性薄膜，就能获得数百兆赫至数万兆赫的特超声。此外，用热脉冲、半导体雪崩、超导结、光学与声学相互作用等方法可以产生或接收频率更高的超声。

超声的传播和超声效应 超声波在介质中的传播规律（反射、折射、衍射、散射等)与一般声波大体相同,无质的差别.超声波最明显的传播特性之一就是方向性很好,射线能定向传播.超声波的穿透本领很大,在液体、固体中传播时,衰减很小.在不透明的固体中,超声波能穿透几十米的厚度.超声波碰到杂质或介质分界面有显著的反射.这些特性使得超声波成为探伤、定位等技术的一个重要工具.

此外,超声波在介质中的传播特性,如波速、衰减、吸收等,都与介质的各种宏观的非声学的物理量有着密切的联系.例如声速与介质的弹性模量、密度、温度、气体的成份等有关.声强的衰减又与材料的空隙率、粘性等有关.利用这些特性,已制成了测定这些物理量的各种超声仪器.而这些传播特性,从本质上看,都决定于介质的分子特性.例如声速、吸收和频散与分子的能量、分子的结构等有着密切的关系.由于超声波测量方法方便,可以获得大量实验数据,所以超声技术越来越成为研究物质结构的有力工具.

当超声波在介质中传播时,声波与介质相互作用,正因为其频率高的特点,由"量变引起质变"而产生一些一般声波所不具备的超声效应,从而也决定了超声一系列特殊的应用,这些超声效应主要有以下三方面:

(1)线性的交变振动作用 由于介质在一定频率和强度的超声波作用下作受迫振动,使介质质点的位移、速度、加速度以及介质中的应力分布等分别达到一定数值,从而产生一系列超声效应:如悬浮粒子的凝聚、声光衍射、在压电或压磁材料中感生电场或磁场,这些效应是在质点振动速度远小于介质中的声速时所产生的.可用线性声学理论加以说明,故称为线性的交变机械作用.

(2)非线性效应 当振幅足够大时,一系列非线性效应,如锯齿形波效应、辐射压力和平均粘性力等各种"直流"定向力的形成,并由此而产生超声破碎、局部高温、促进化学反应等等.这时已不能用线性理论来阐明了.

(3)空化作用 液体中,特别是在液固边界处,往往存在一些小空泡,这些小泡可能是真空的,也可能含有少量气体或蒸汽,这些小泡有大有小,尺寸不一.当一定强度的超声通过液体时,液体内部产生大量小泡,只有尺寸适宜的小泡能发生共振现象,这个尺寸叫作共振尺寸.原来就大于共振尺寸的小泡,在超声作用下驱出液外.原来小于共振尺寸的小泡,在超声作用下逐渐变大.接近共振尺寸时,声波的稀疏阶段使小泡比较迅速的涨大,然后在声波压缩阶段中,小泡又突然被绝热压缩直至湮灭,在湮灭过程中,小泡内部可达几千度的高温和几千个大气压的高压,并且由于小泡周围液体高速冲入小泡而形成强烈的局部冲击波.在小泡涨大时,由于摩擦而产生的电荷,也在湮灭过程中进行中和而产生放电现象.这就是液体内的声空化作用.在液体中进行的超声处理技术,如超声的清洗、粉碎、乳化、分散等,大多数都与空化作用有关.

超声的应用 超声的应用是以其传播机理和各种效应为基础的,大致包括以下三个方面.

(1)超声检测和控制技术 用超声波易于获得方向性极好的定向声束,采用超声窄脉冲,就能达到较高的空间分辨率,加上超声波能在不透光的材料中传播,从而已广泛地用于各种材料的无损探伤、测厚、测距、医学诊断和成像等.另一方面,利用介质的非声学特性(如黏性、流量、浓度等)与声学量(声速、衰减和声阻抗等)之间的联系,通过对声学量的检测即可对非声学量进行检测和控制.例如声发射技术和声全息等新的应用仍在不断地涌现和发展.此外还可利用声波的频散(声速依赖于频率)关系制成将信息储存一段时间的延迟线,利用滤波作用制成将通过同一传输线的几路电话通讯分隔开来的机械滤波,等等.

(2)超声处理 这主要利用超声波的能量.它是通过超声对物质的作用来改变或加速改变物质的一些物理、化学、生物特性或状态.由于超声在液体中的空化作用,可用来进行超声加工、清洗、焊接、乳化、脱气、促进化学反应、医疗以及种子处理等,已被广泛地应用于工业、农业、医学卫生等各个部门.超声对气体的主要应用之一是粒子凝聚.就是气体中较轻的粒子跟着声波快速运动而粘附在重粒子之上,致使气体中小粒子的数目减少,而重粒子最终会下落到收集板上,这在工业上已广泛用于除尘设备.

(3)在基础领域内的应用 机械运动是最简单、最普遍的物质运动,它和其他的物质运动以及物质结构之间存在密切关系.因此超声振动这种机械振动就可成为研究物质结构的重要途径.从 20 世纪 40 年代开始,人们研究超声波在介质中的声速和衰减随频率变化的关系时,就陆续发现了它们与各种分子弛豫过程(如分子内、外自由度之间能量转换的热弛豫、分子结构状态变化的结构弛豫等)以及微观谐振过程(如铁磁、顺磁、核磁共振等)之间的关系,并形成了分子声学的分支学科.

目前已能产生并接收频率接近于点阵热振动频率的特超声,利用这种量子化声能(所谓"声子")可以研究原子间的相互作用、能量传递等问题.通过对特超声声速和衰减的测定,可以了解声波与点阵振动的相互关系及点阵振动各模式之间的耦合情况,还可用来研究金属和半导体中声子与电子、声子与超导线、声子与光子的相互作用等.至今,超声已与电磁波和粒子轰击一样,并列为研究物质微观过程的三大重要手段.与之相关联的新分支"量子声学"也正在形成.

二、次声

次声的产生和传播 次声是频率低于可听声频率(20 Hz)的声波。它的频率范围大致为 $10^{-4} \sim 20$ Hz。早在 19 世纪,就已记录到了自然界中一些"自然爆炸"(如火山爆发或陨石爆炸)所产生的次声波,其中最著名的是 1883 年 8 月 27 日在印度尼西亚苏门答腊和爪哇之间的喀拉喀托火山突然爆发,它产生的次声波传播了十几万千米,约绕地球三匝,历时 108 h,当时用简单的微气压计曾记录到。次声源主要由一系列气象现象和地球物理现象造成。例如每种恶劣天气,从地区性的台风、龙卷风到普遍性的暴风雨、冰雹等都同一定的次声波相联系,并且一般是在这些天气变化发生之前数小时至一两天就可以被探测到,因此具有一定的预报价值。又如地震、火山爆发、陨石坠落、极光、日蚀等也伴随着次声波。特别值得一提的是一种由一定的风型和一定的地型结构综合形成的独特次声波,即所谓"山背波"。当平行于地面的气流遇到障碍物(如隆起的山包)时,气流走向会随着地形的变动而上下起伏,以致形成涡旋,这种涡旋的振荡最后发展为波动,它是产生剧烈的"晴空湍流"的重要因素,对飞机的飞行构成严重威胁,世界上不少多山地区屡次发生空难,山背波作祟的可能性非常之大。除了自然源产生次声波外,还有人为的波源,其中主要是工业和交通工具所产生的次声频段噪声,特别是超音速喷气机起飞、降落、各种爆炸、尤其是核爆炸。次声波虽然听不见,但对人体的危害往往可能比可听声频的噪声更大、更广泛。原因之一是人的日常行动"频率"(如举手、投足),特别是人体内脏器官的固有频率大多在几赫这样的次声频段。另一方面,人的"运动病"(晕车、晕船、晕机等)的"罪魁祸首"也有人认为就是这种频率的次声波。

次声波的传播速度和声波相同,在 20 ℃空气中为 344 m·s^{-1}。振动周期为 1 s 的次声波,波长为 344 m,周期为 10 s 的次声波,波长就是 3 440 m,和声波相比较,大气对次声波的吸收是很小的。因为吸收系数与频率的二次方成正比,次声的频率很低因而吸收系数很小,所以次声波是大气中的优秀"通讯员"。大气温度和风速随高度具有不均匀分布的特性,当高度增加时,气温逐渐降低,在 20 km 左右出现一个极小值;之后,又开始随高度的增加,气温上升,在 50 km 左右气温再度降低,在 80 km 左右形成第二个极小值;然后复又升高。次声主要沿着温度极小值所形成的通道(称为声道)传播。不同频率的次声在大气声道中传播速度不同,产生频散现象,这使得在不同地点测得次声波的波形各不相同。大气中次声波的类型很多,但不外乎三种基本类型:介质粒子振动方向与波传播方向一致的纵波(声波系列);介质粒子在水平方向振动而传播方向与之垂直但也在水平方向的水平横波(行星波系列);介质粒子在铅直方向振动而在水平方向传播的铅直横波(重力波系列).所有的大气次声不是直接属于这三种类型,就是可看成它们的组合.

次声的应用 早在第二次世界大战前,次声已应用于探测火炮的位置,可是直到 20 世纪 50 年代次声的应用才被人们注意,它的应用前景十分广阔,大致分为以下几个方面:①通过研究自然现象产生的次声波的特性和产生机制,更深入地认识这些现象的特性和规律.例如人们测定极光产生的次声波特性来研究极光的活动规律等.②利用接收到的声源所辐射的次声波,探测它的位置、大小和其它特性.例如通过接收核爆炸、火箭发射或台风所产生的次声波去探测这些次声源的有关参量.③预测自然灾害性事件,如火山爆发、龙卷风、雷暴等.④探测大范围气象的性质和规律,其优点是可以对大气进行连续不断的探测和监视.⑤人和其他生物不仅能对次声产生某种反应,而且他(它)们的某些器官也会发出微弱的次声,因此可以测定这些次声波的特性来了解人体或其他生物相应器官的活动情况.

三、噪声

噪声的性质 噪声是一种干扰,也就是"不需要的声音",在不同场合下有不同的涵义.例如在听课时,即使美妙的音乐也是噪声.反之,在欣赏音乐时,讲话也成了噪声.但在一般情况下,噪声多是指那些在任何环境下都会引起人厌烦的、难听的、并在统计上是无规律的声音.

噪声的大小可用频谱来描述.谐音具有离散谱或线谱,无调声具有连续谱.通常用宽度为 1 Hz 的频带内的辐射强度来表征.如果噪声的强度按频率的分布比较均匀,则往往用宽度大于 1 Hz 的频带(例如 500 Hz 等)内声强来描述.

按噪声的声波物理特征(如振幅、相位等)随时间的变化规律,可以分为有规噪声和无规噪声.各种机械和气流产生的噪声属有规噪声,而交通噪声、多个声源产生的背景噪声或热扰动产生的噪声则为无规噪声.有规噪声的振幅瞬时值 $A(t)$ 完全可以由机械运动和流体特性所确定,而无规噪声的 $A(t)$ 不能由预先给定的函数确定,只遵从某种统计分布的规律.

噪声对人的影响 日益增长的工业噪声、交通噪声以及其他人为噪声源已成为一种相当严重的社会公害,污染着环境.噪声对人的危害主要集中在生理和心理两方面.

噪声的生理损伤:长期处在噪声过强的环境中,会造成听力损失或耳聋,甚至会导致某些疾病.按照国际标准,在 500 Hz、1 000 Hz 和 2 000 Hz 三个频率的平均听力由于噪声引起下降超过 25 dB 的统称为"噪声性耳聋",根据统计研究可以定出工业噪声所允许的评价标准,考虑到经济条件,现在大多数国家(包括我国和一些发达国家如美、日等)都将标准定为 90 dB(A),只有少数生活水平更高的国家如瑞士和北欧一些国家才定为 85 dB(A).噪声除影响听力外,还引起心血管疾病等,结论倾向于肯定,但目前尚缺乏统一的研究成果.

噪声的心理影响:噪声对人的心理影响表现得十分明显,如引起烦恼、降低工效、分散注意力和导致失眠等等.由于这些影响涉及的因素较多,且个体差异的分散性又大大超过生理效应,所以要求作更大量的统计研究,现在普遍认可的评价标准是:不致影响注意力分散的噪声级为 40(理想值)～60 dB(A)(最高值);不妨碍注意力分散的噪声级为 30～50 dB(A),至于"不引起烦恼"的标准则视城市中不同区域而不同,并且昼夜标准自然各异.

此外还有噪声对语言的干扰,主要表现为降低语言的清晰度.可靠的语言通讯得以进行的最低清晰度指数(AI)大约为 0.4,即每 100 个互不连贯的单字(音节)中可听清 80 个左右.新规定的环境噪声对语言的干扰级(SIL)是中心频率为 500 Hz、1 000 Hz 和 2 000 Hz 的三个倍频带声压级的算术平均值(以 dB 为单位,不计小数点下的数值).在保证 AI～0.4 所容许的最低 SIL 值随讲者与听者之间的距离而异,例如距离 2 m 时,SIL 必须为 50 dB,1 m 时就可增加到 56 dB;0.5 m 时为 62 dB,依此类推,一般讲噪声的 SIL 为 50 dB 以下时,不影响正常交谈或听电话,SIL 高于 70 dB 时,交谈和听电话就不可能了.

噪声的控制 鉴于噪声对环境的污染,必须加以控制.由于噪声体系都是由声源、传声途径、接收者三个环节组成,所以噪声控制的种种手段也不外乎从这三个方面入手.

最根本的当然首先是对声源的控制.一般的噪声源可分为机械和气流型两大类,而前者又分为稳态振动型和冲击型两种.稳态源是由机器运转时可动部件的转动或往复运动激发起稳态振动而造成的,其辐射的声功率与振动速度、辐射面积以及辐射声阻有关.因此,要降低所辐射的噪声,就应降低这三个量的值.除了从机器本身结构上着手(如提高有关零部件的加工精度、改善润滑状况、调节好静态平衡和动态平衡、减少振动表面面积和辐射体面积等)之外,还可用"减振"(加阻尼涂层以至直接采用高阻尼合金来制造运动部件)、"隔振"(加装弹性元件使振动局限于振源附近)等措施把噪声从其根源上加以控制.关于撞击源的发声原理目前尚未完全掌握,有人将这种源的声功率分为撞击过程本身和撞击机件受击后辐射的两部分.前一部分应从降低撞击头速度和锤头体积着手;后一部分则应从降低机件的振动辐射着手,例如延长冲击的接触时间、增大受击板块的质量及其阻尼、减小板块的辐射面积等.气流型的喷气噪声是由高速射流与大气混合区中产生大量湍流而造成的,它的辐射的声功率与喷口直径的平方、喷口流速的 8 次方成正比.因此要想降低噪声,最有效的当然是降低喷注流速,但这样做有时是不现实的,较为可行的方法之一是改变喷口形状.

传声途径的控制,从原理上讲可归结为"隔、吸、消",相应的具体措施有人形象地总结为"罩、贴、挂"."隔"就是把噪声源与接收者隔离开来,最常用的措施就是采用尺寸足够大的隔墙以至封闭的隔声间.顺便提一下,由多孔材料构成的墙对高频有惊人的隔声本领,但却不适用于低频隔声."吸"就是把投射到材料表面上来的声能吸收,最常用的吸声材料是多孔性材料(适用于高频)和薄板材料(适用于低频)."消"就是在噪声通过的管壁或腔壁加上吸声材料,使声能在传播过程中逐渐衰减,也有用电子设备产生一个与噪声振幅相等、相位相反的声音来抵消原有的噪声.

接收者的控制,如果在对声源和传声途径采取措施控制之后,还不能将噪声降低到标准以下时,"不得已"采取护耳器保护人耳,护耳器分为耳塞和耳罩两大类.

以上各种控制噪声的方法可以说大多是"消极的"或"被动的",是否可以"积极的"或"主动的"消除噪声?早在 60 多年前就有人提出"以夷制夷"的方法,就是设法产生一种声音,其频谱与所要消除的噪声完全一样,只是所有分量的相位相反,这样叠加后就可以把噪声完全抵消掉.1953 年左右,这种设想才初步成为现实,直到 20 世纪 70 年代后期,由于电子技术和计算机技术的发展,这种有源消声技术在某些方面已达到相当成熟的商品化水平,但它们主要还只能局限在如管道等较小的空间范围内.

噪声是工业化的副产物,随着工农业和国防建设的现代化以及人民生活中机械化程度的提高,噪声也提高了.噪声已是环境三大公害(污水、污气和噪声)之一.

思 考 题

9-1 什么是波动?波动和振动有什么区别和联系?机械波产生的条件是什么?简谐振动方程与平面简谐波波动方程有什么不同和联系?振动曲线和波动曲线又有什么不同?

9-2 波动方程中,坐标轴原点是否一定要选在波源处?$t=0$ 时刻是否是波源开始振动的时刻?波动方程写成 $y = A\cos\omega\left(t - \frac{x}{u}\right)$ 时,波源在什么地方?波向什么方向传播?

9-3 波源的振动周期与波的周期的数值是否相同?波源的振动速度与波速是否相同?

9-4 波动方程 $y = A\cos\left[\omega\left(t - \frac{x}{u}\right) + \varphi\right]$ 中的 $\frac{x}{u}$ 表示什么?φ 表示什么?$\frac{\omega x}{u}$ 又表示什么?如果 t 增加,x 也增加,但相应的 $\left[\omega\left(t - \frac{x}{u}\right) + \varphi\right]$ 值并没有变化,由此能从波动方程说明什么现象?

9-5 一列弹性纵波，t 时刻波形曲线如思考题 9-5 图所示．试判断疏部中心、密部中心的位置在哪里？相邻两个密部（或疏部）中心的运动状态相同吗？为什么？势能密度、动能密度最大值的位置在哪里？

9-6 某时刻向右传播的横波波形如思考题 9-6 图所示，试画出图中 A、B、C、D、E、F、G、H、I 各质点在该时刻的运动方向，并画出经过 1/4 周期后的波形曲线．

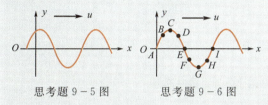

思考题 9-5 图　　思考题 9-6 图

9-7 波在媒质中传播时，为什么质元的动能和势能具有相同的相位？而弹簧振子的动能和势能的相位却没有这样的特点？

9-8 两个振幅相同的相干波在某处的相长干涉点，其合振幅为原来的几倍？能量为原来的几倍？是否与能量守恒定律矛盾？

9-9 在驻波中，某一时刻波线上各点的位移都为零，此时波的能量是否为零？

9-10 驻波的波形随时间是如何变化的？它和行波有什么区别？

9-11 在驻波的相邻波节间的同一半波长上，描述各质点振动的什么物理量不同？什么物理量是相同的？

9-12 波源向观察者运动和观察者向波源运动都会产生频率增大的多普勒效应，这两种情况有何区别？

9-13 为什么直线形的振荡电路比一般振荡电路（有线圈和电容器）能更好地辐射电磁波？

习 题

9-1 关于波速，以下说法中错误的是（　　）．
(A) 振动状态传播的速度等于波速
(B) 质点振动的速度等于波速
(C) 相位传播的速度等于波速
(D) 能量传播的速度等于波速

9-2 波由一种媒质进入另一种媒质时，其传播速度、频率和波长（　　）．
(A) 三量都不发生变化
(B) 三量都会发生变化
(C) 速度和频率变，波长不变
(D) 速度和波长变，频率不变

9-3 机械波在弹性媒质中传播时，若媒质中某质元刚好经过平衡位置，则该质元的动能和势能分别为（　　）．
(A) 动能最大，势能最大
(B) 动能最小，势能最小
(C) 动能最大，势能最小
(D) 动能最小，势能最大

9-4 波速为 $4\ \mathrm{m\cdot s^{-1}}$ 的平面余弦波沿 x 轴负方向传播，如果这列波使位于原点的质元作 $y=3\cos\dfrac{\pi}{2}t$ 的振动，那么位于 $x=4\ \mathrm{m}$ 处质元的振动方程为（　　）．
(A) $y=3\cos\dfrac{\pi}{2}t$　　(B) $y=-3\cos\dfrac{\pi}{2}t$
(C) $y=3\sin\dfrac{\pi}{2}t$　　(D) $y=-3\sin\dfrac{\pi}{2}t$

9-5 波函数为 $y_1=0.01\cos(100\pi t-x)$ m 和 $y_2=0.01\cos(100\pi t+x)$ m 的两列波叠加后，相邻两波节间的距离为 _____ m．

9-6 一列火车以 $20\ \mathrm{m\cdot s^{-1}}$ 的速度进站，已知声速为 $340\ \mathrm{m\cdot s^{-1}}$，如果机车汽笛的频率为 500 Hz，那么站在车站上的旅客听到的汽笛频率为 _____ Hz．

9-7 真空中，一平面电磁波沿 x 轴正向传播，已知电场强度为 $E_x=0$，$E_y=E_0\cos\omega\left(t-\dfrac{x}{c}\right)$，$E_z=0$．则磁场强度为：$H_x=$ _____；$H_y=$ _____；$H_z=$ _____．

9-8 真空中有电场强度峰值 $E_m=30\sqrt{\pi}\ \mathrm{V\cdot m^{-1}}$ 的平面电磁波，其平均辐射强度为 _____ $\mathrm{W\cdot m^{-2}}$．

9-9 有一平面简谐波，在空间以速度 u 沿 x 轴正向传播，已知波线上某一点 S（S 离坐标原点的距离为 L）的振幅为 0.02 m，圆频率为 ω，初始时刻 S 点从平衡位置下方 0.01 m 处向上运动，求此波的波函数．

9-10 一平面简谐波沿 x 轴正向传播,波速 $u=100\ \mathrm{m\cdot s^{-1}}$, $t=0$ 时的波形图如习题 9-10 图所示,根据波形图,求:

(1) 波长 λ、振幅 A、频率 ν、周期 T;

(2) 任一时刻的波动表达式;

(3) 写出 $x=0.4\ \mathrm{m}$ 处质点的振动表达式.

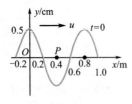

习题 9-10 图

9-11 习题 9-11 图所示为 $t=0$ 时刻某平面简谐波的波形,求:

(1) O 点的振动方程;

(2) 该平面简谐波函数;

(3) P 点的振动方程;

(4) $t=0$ 时刻,a,b 两点处质点的振动方向.

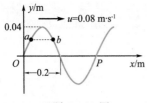

习题 9-11 图

9-12 一平面简谐波在 $t=\dfrac{3}{4}T$ 时刻的波形曲线如习题 9-12 图所示,该波以 $u=36\ \mathrm{m\cdot s^{-1}}$ 的速度沿 x 轴的正方向传播.求:

(1) $t=0$ 时刻 O 点与 P 点的初相位;

(2) 写出该平面简谐波的波函数.

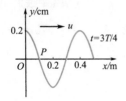

习题 9-12 图

9-13 一平面简谐波在媒质中以速度 u 传播,其传播路径上一点 P 的振动方程为 $y_P=A\cos\omega t$,试按照习题 9-13 图所示的几种坐标分别写出波函数(P 点到原点的距离为 L).

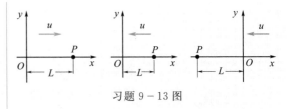

习题 9-13 图

9-14 已知一平面简谐波的波函数为 $y=A\cos\pi(4t+2x)$,x,y 的单位是 m,t 的单位是 s.

(1) 求该波的波长、频率和波速;

(2) 写出 $t=4.2\ \mathrm{s}$ 时刻各波峰位置的坐标表达式,并求出此时离坐标原点最近的那个波峰的位置;

(3) 求 $t=4.2\ \mathrm{s}$ 时,离坐标原点最近的那个波峰通过坐标原点的时刻.

9-15 一平面简谐波在介质中以 $u=20\ \mathrm{m\cdot s^{-1}}$ 的速度自左向右传播,已知传播路径上的某一点 A 的振动方程为 $y=3\cos(4\pi t-\pi)\ \mathrm{m}$,$t$ 的单位为 s,另一点 B 在 A 点右方 9 m 处.

(1) 若取 x 轴正方向向左,并以 A 点为坐标原点,求波函数及 B 点的振动方程;

(2) 若取 x 轴正方向向右,以 A 点左方 5 m 处的 O 点为 x 轴原点,重新写出波函数及 B 点的振动方程.

9-16 一空气正弦波沿直径为 0.14 m 的圆柱形管行进,波的强度为 $9\times10^{-3}\ \mathrm{J\cdot s^{-1}\cdot m^{-2}}$,频率为 300 Hz,波速为 300 $\mathrm{m\cdot s^{-1}}$. 求:

(1) 波的平均能量密度和最大能量密度;

(2) 两相邻的同相面间的波中平均含有的能量.

9-17 一平面简谐波的频率 $\nu=300\ \mathrm{Hz}$,波速 $u=340\ \mathrm{m\cdot s^{-1}}$,在截面面积 $S=3.00\times10^{-2}\ \mathrm{m^2}$ 的管内的空气中传播,若在 10 s 内通过截面的能量 $W=2.70\times10^{-2}\ \mathrm{J}$,求:

(1) 通过截面的平均能流 $\overline{P}$;

(2) 波的平均能流密度 I;

(3) 波的平均能量密度 $\overline{w}$.

9-18 如习题 9-18 图所示,S_1、S_2 为两个相干波源,相互间距为 $\dfrac{\lambda}{4}$,S_1 的相位比 S_2 超前 $\dfrac{\pi}{2}$,若两波在 S_1 和 S_2 连线方向上各点强度相同,均为 I_0,求 S_1、S_2 的连线上 S_1 及 S_2 外侧各点合成波的强度.

习题 9-18 图

9-19 两列波在一根很长的细绳上传播,其波函数分别为 $y_1=0.06\cos\pi(x-4t)$m, $y_2=0.06\cos\pi(x+4t)$ m.

(1) 证明细绳上的振动为驻波式振动;
(2) 求波节和波腹的位置;
(3) 波腹处的振幅有多大? 在 $x=1.2$m 处的振幅是多少?

9-20 如习题 9-20 图所示,一平面简谐波沿 x 轴正方向传播,波速 $u=40$ m·s^{-1}. 已知在坐标原点 O 引起的振动为 $y_0=A\cos(10\pi t+\frac{\pi}{2})$(SI),M 是垂直于 x 轴的波密媒质反射面,已知 $OO'=14$ m,设反射波不衰减,求:

(1) 入射波和反射波的波函数;
(2) 驻波波函数;
(3) 驻波波腹和波节的位置.

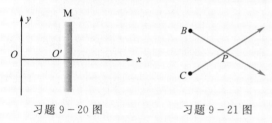

习题 9-20 图   习题 9-21 图

9-21 如习题 9-21 图所示,设 B 点发出的平面横波沿 BP 方向传播,它在 B 点的振动方程为 $y_1=2\times10^{-3}\cos 2\pi t$;$C$ 点发出的平面横波沿 CP 方向传播,它在 C 点的振动方程为 $y_2=2\times10^{-3}\cos(2\pi t+\pi)$,两式中 y 以 m 计,t 以 s 计.设 $BP=0.40$ m,$CP=0.50$ m,波速 $u=0.2$ m·s^{-1},试求:(1) 两波传到 P 点时的相位差;(2) 当这两列波的振动方向相同时,在 P 处合振动的振幅;(3) 当这两列波动的振动方向互相垂直时,P 点合振动的振幅又如何?

9-22 P,Q 为两个振幅相同的同相相干波源,它们相距 $\frac{3\lambda}{4}$,R 为 PQ 连线上 Q 外侧的任意一点,求自 P,Q 发出的两列波在 R 点处引起的振动的相位差和两波在 R 处干涉时的合振幅.

9-23 两列火车分别以 72 km·h^{-1} 和 54 km·h^{-1} 的速度相向而行,第一列火车发出一个 600 Hz 的汽笛声,若声速为 340 m·s^{-1},求在第二列火车上的乘客所闻该声音的频率在相遇前是多少?在相遇后是多少?

9-24 一驱逐舰停在海面上,它的水下声纳向一驶近的潜艇发射 1.8×10^4 Hz 的超声波.由该潜艇反射回来的超声波的频率和发射频率相差 220 Hz,该潜艇航速多大?已知海水中声速为 1.54×10^3 m·s^{-1}.

9-25 一报警器发射频率为 1 000 Hz 的声波,离观察者向一悬崖运动,其速度为 10 m·s^{-1},求:

(1) 观察者直接从警报器听到的声音频率为多少?
(2) 从悬崖反射的声音频率为多少?
(3) 听到的拍频为多少(空气中声速为 340 m·s^{-1})?

9-26 真空中,一平面电磁波的电场由下式给出:

$E_x=0$,
$E_y=60\times10^{-2}\cos\left[2\pi\times10^8\left(t-\frac{x}{c}\right)\right]$ V·m^{-1},
$E_z=0$.

求:(1)波长和频率;(2)传播方向;(3)磁场的大小和方向.

9-27 一广播电台的平均辐射功率为 10 kW,假定辐射的能流均匀分布在以电台为中心的半球面上.

(1) 求距电台为 $r=10$ km 处,坡印廷矢量的平均值;
(2) 设在上述距离处的电磁波可视为平面波,求该处电场强度和磁场强度的振幅.

9-28 习题 9-28 图所示为一个正在充电的平行板电容器,电容器极板为圆形,半径为 R,板间距离为 b,充电电流方向如图所示,忽略边缘效应.求:(1)当两极板间电压为 U 时,在极板边缘处的坡印廷矢量 S 的大小和指向;(2)证明单位时间内进入电容器内部的总能量正好等于电容器静电能量的增加率.

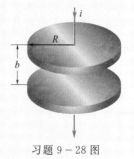

习题 9-28 图

9-29 射到地球上的太阳光的平均能流密度是 $\overline{S}=1.4\times10^3$ W·m^{-2},这一能流对地球的辐射压力是多大(设太阳光完全被地球所吸收)?将这一压力和太阳对地球的引力比较一下.

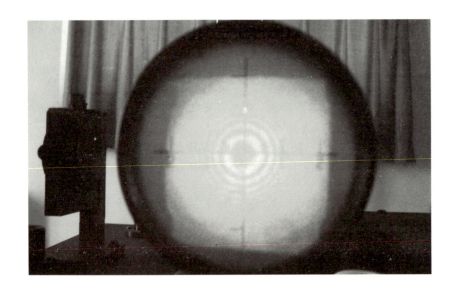

第10章
光　学

17~18 世纪,关于光的本性问题,存在着两种学说:以牛顿为代表的微粒学说和以惠更斯为代表的波动学说.两种学说都能解释光的直线传播、反射、折射等现象,但光的波动学说认为光在光密媒质中的传播速度小于光在光疏媒质中传播速度,而光的粒子学说却得到相反的结论,因为光线从光疏媒质进入光密媒质发生折射时要向法线方向偏转,这需要假设光线通过界面时,受到一个垂直界面的力因而产生加速度.由于当时无法对光速进行测量,基于牛顿的巨大权威,同时也由于惠更斯未能用严密的数学方法来发展他的学说,在长达一个世纪之久的时间里,牛顿的微粒学说一直占了上风.

19 世纪以来,相继发现了光的干涉、衍射和偏振等现象,表明光具有波动性,并且光是横波,使光的波动说获得了普遍的承认.19 世纪后半叶麦克斯韦提出了电磁波理论,并为赫兹实验所证实,人们逐步认识到光不是机械波,而是一定波段的电磁波,从而形成了以电磁波理论为基础的**波动光学**.现在,波动光学已发展成为研究电磁辐射(包括从微波、红外线、可见光、紫外线直到 X 射线等宽广波段范围)的发生、传播、接收和显示的学科.

§10.1 光的相干性

10.1.1 光源

能发射光波的物质称为**光源**（source of light）.光源的发光是其中大量的分子或原子进行的一种微观过程.现代物理学理论已完全肯定分子或原子的能量只能具有离散的值,这些值分别称为**能级**.例如氢原子的能级如图 10-1 所示.能量最低的状态称为**基态**,其他能量较高的状态称为**激发态**.由于外界的激励,如通过碰撞,原子就可以处在激发态中.处于激发态的原子极不稳定,必然从高能级回到低能级,这一过程称为从高能级到低能级的**跃迁**.通过这种跃迁,原子向外发射电磁波（光）.这一跃迁过程所经历的时间很短,约为 10^{-8} s,这就是一个原子一次发光所持续的时间.一个原子每一次发光只能发出一段**长度有限、频率一定和振动方向一定**（注意,电磁波是横波）的光波（见图 10-2）,这一段光波叫作一个**波列**（wave series）.

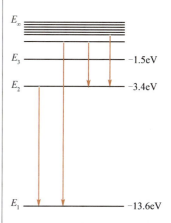

图 10-1 氢原子的能级及发光跃迁

当然,一个原子经过一次发光跃迁后,还可以再次被激发到较高的能级,因而又可以再次发光.

在普通的光源内,有大量的原子在发光,这些原子的发光**是完全不同步的**.这是因为在这些光源内原子处于激发态时,它向低能级的跃迁完全是**自发的**,是按照一定的概率发生的.各原子的各次发光完全是**相互独立、互不相关的**.各次发出的波列的频率和振动方向可能不同,而且它们何时发光也是完全不确定的,在实验中所观察到的光是由普通光源中的许多原子所发出的、彼此独立的波列组成的.

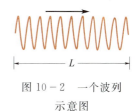

图 10-2 一个波列示意图

10.1.2 光的相干性

由波的干涉条件知道,为使两列光波在相遇区域产生相干叠加,必须满足如下条件:①频率相同;②振动方向相同;③具有固定的相位差.满足以上三个条件的光称为**相干光**（coherent light）.在两束相干光相遇的区域,光的强度或明暗有一稳定的分布.这种现象称为**光的干涉**（interference of light）.

由于原子发光的独立性和随机性,两个独立的普通光源发出的光波不是相干波,即使是来自同一光源上两个不同部分的光波也不是相干波.为了从普通光源获得满足相干条件的两光波,必须采用特殊的设计,从而得到具有固定初相差($\varphi_{02}-\varphi_{01}$)的相干光源 S_1 和 S_2. 通常是将一个普通光源上同一发光点发出的光波分成两束,使之经历不同的路径再会合叠加. 由于这两束光是出自同一发光原子或分子的同一次发光,所以它们的频率和初相位必然完全相同,在相遇点,这两光束的相位差是恒定的,而振动方向一般总有相互平行的振动分量,从而满足相干条件,可以产生干涉现象. 获得相干光的具体方法有两种:**分波阵面法和分振幅法**. 前者是从同一波阵面上的不同部分产生的次级波相干,如下面将要讨论的双缝干涉;后者是利用光在透明介质薄膜表面的反射和折射,将同一光束分割成振幅较小的两束相干光,如后面要介绍的薄膜干涉.

10.1.3　光程　光程差

相位差的计算在分析光的叠加现象时十分重要. 为了方便地比较、计算光经过不同介质时引起的相位差,我们引入**光程**(optical path)及**光程差**(optical path difference)的概念.

光在介质中传播时,光振动的相位沿传播方向逐点落后. 用 λ' 表示光在介质中的波长,则通过几何路程 r 时,光振动相位落后的值为

$$\Delta\varphi=\frac{2\pi}{\lambda'}r \quad (10-1)$$

同一束光在不同介质中传播时,频率相同而波长不同. 用 λ 表示光在真空中的波长,用 n 表示介质的折射率,则有

$$\lambda'=\frac{\lambda}{n} \quad (10-2)$$

将(10-2)代入(10-1)式,可得

$$\Delta\varphi=\frac{2\pi}{\lambda}nr$$

该式表示光在真空中传播路程 nr 时所引起的相位落后. 由此可知,同一频率的光在折射率为 n 的介质中通过 r 的距离时引起的相位落后和在真空中通过 nr 的距离时引起的相位落后相同. nr 称为与几何路程 r 相应的光程. 它实际上是把光在介质中通过的路程按相位变化相同折算到真空中的路程. 这样折算的好处是可以统一地用光在真空中的波长 λ 来计算光的相位变化. 相位差 $\Delta\varphi$ 与光程差 δ 的关系是

$$\Delta\varphi=\frac{2\pi}{\lambda}\delta \quad (10-3)$$

例如,在图 10-3 中有两种介质,折射率分别为 n_1 和 n_2. 由两光源发出的光到达 P 点所经过的光程分别为 $n_1 r_1$ 和 $n_2 r_2$,它们的光程差为 $n_2 r_2 - n_1 r_1$. 由此光程差引起的相位差为

$$\Delta\varphi=\frac{2\pi}{\lambda}(n_2 r_2 - n_1 r_1)$$

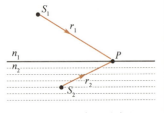

图 10-3　光程及光程差的计算

式中 λ 是光在真空中的波长.

如光波在传播过程中经过了几种不同媒质,那么光程应为不同媒质的折射率 n_i 与相应的几何路程 r_i 的乘积之和,即

$$L = \sum_i n_i r_i \tag{10-4}$$

传播时间为

$$\Delta t = \sum_i \frac{r_i}{v_i} = \frac{1}{c}\sum_i n_i r_i$$

即

$$\Delta t = \frac{L}{c} \tag{10-5}$$

其中 c 为光在真空中的传播速度.

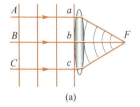

由(10-5)式可见,光程相同,传播时间相同.

在干涉和衍射装置中,经常要用到透镜.下面简单说明通过透镜的各光线的等光程性.

平行光通过透镜后,各光线要会聚在焦点,形成一亮点[见图 10-4(a),(b)].这一事实说明,在焦点处各光线是同相的.由于平行光的同相面与光线垂直,所以从入射平行光内任一与光线垂直的平面算起,直到会聚点,各光线的光程都是相等的.例如在图 10-4(a)[或(b)]中,从 a,b,c 到 F(或 F')或者从 A,B,C 到 F(或 F')的三条光线都是等光程的.

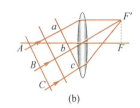

这一等光程性可作如下解释.如图 10-4(a)[或(b)]所示,光线 AaF,CcF 在空气中传播的路径长,在透镜中传播的路径短;而光线 BbF 在空气中传播的路径短,在透镜中传播的路径长.由于透镜的折射率大于空气的折射率.所以折算成光程,各光线光程将相等.这就是说,透镜可以改变光线的传播方向,但不附加光程差.在图 10-4(c)中,物点 S 发出的光经透镜成像为 S'.说明物点和像点之间各光线也是等光程的.

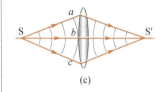

图 10-4 光线通过透镜的等光程性

§10.2 分波面干涉

10.2.1 杨氏双缝干涉

英国物理学家托马斯·杨(T. Young)于 1801 年首先得到了两列相干的光波,用光的波动性解释了干涉现象.杨氏的实验装置如图 10-5(a)所示,在普通单色光源(如钠光灯)前面,先放置一个开有狭缝 S 的屏,再放置一个开有两个相距很近的狭缝 S_1 和 S_2 的屏,就可以在较远的接收屏上观测到一组以 O 为对称中心的平行干涉条纹,如图 10-5(b)所示.

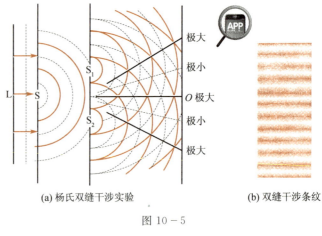

(a) 杨氏双缝干涉实验　　(b) 双缝干涉条纹

图 10-5

双缝 S_1 和 S_2 是从 S 的波面或波前上分离出来的两个相干子波源,在它们的交叠区域中将出现干涉现象. 显然,杨氏实验装置是一典型的**分波面干涉装置**.

双缝干涉接收屏上的干涉条纹是如何分布的呢？如图 10-6 所示,两缝的中心间距为 d,双缝与屏的距离为 $MO=D$,光源为波长 λ 的单色光. 设 P 为屏上任一点,$OP=x$,r_1 和 r_2 分别为 S_1 和 S_2 到 P 点的距离,则由相干光源 S_1 和 S_2 发出的光到达 P 点的光程差 $\delta=n_2 r_2 - n_1 r_1$. 由于 $n_2=n_1=1$,于是有 $\delta=r_2-r_1$,因此波场中干涉加强和干涉减弱的条件分别为

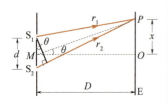

图 10-6　杨氏双缝干涉条纹计算

干涉加强
$$\delta = r_2 - r_1 = \pm k\lambda \quad (k=0,1,2,\cdots)$$

干涉减弱
$$\delta = r_2 - r_1 = \pm(2k+1)\frac{\lambda}{2} \quad (k=0,1,2,\cdots)$$

则干涉加强和干涉减弱的交替出现,就会在屏上形成**明暗相间的干涉条纹**.

为了确定干涉条纹的位置,可以利用如下几何关系：

$$r_1^2 = D^2 + \left(x-\frac{d}{2}\right)^2, \quad r_2^2 = D^2 + \left(x+\frac{d}{2}\right)^2$$

两式相减得

$$r_2^2 - r_1^2 = (r_2+r_1)(r_2-r_1) = 2dx$$

因 $D \gg d$, $r_2+r_1 \approx 2D$,故

$$2D\delta = 2dx$$

即
$$\delta = r_2 - r_1 \approx d\sin\theta \approx d\tan\theta = d\frac{x}{D} \tag{10-6}$$

将(10-6)式代入干涉加强和干涉减弱条件即得屏上明、暗纹中心的位置分别为

明纹中心
$$x = \pm k\frac{D}{d}\lambda \quad (k=0,1,2,\cdots) \tag{10-7}$$

暗纹中心

$$x = \pm(2k+1)\frac{D}{d}\frac{\lambda}{2} \quad (k=0,1,2,\cdots) \quad (10-8)$$

通常把明纹对应的 k 称为**干涉级**，而将相邻明纹中心之间的距离 Δx 称为**条纹间距**. 在杨氏实验中，$k=1,2,\cdots$ 所对应的各级，对称而等间距地排列在 $k=0$ 级中央明纹的两侧，条纹间距为

$$\Delta x = \frac{D}{d}\lambda \quad (10-9)$$

对于已知 D 和 d 的实验装置，利用(10-9)式，可以通过条纹间距 Δx 的测量来确定光波波长 λ. 而且，由于 $\Delta x \propto \lambda$，所以在使用白光光源时，各种颜色的条纹将按波长的大小逐级分开，除中央明纹仍是白色的以外，其他级数明纹都带有色彩.

10.2.2 菲涅耳双面镜　劳埃德镜

除了杨氏双缝干涉实验外，分波面的干涉还有菲涅耳(A. L. Fresnel)双面镜实验、劳埃德(H. Lloyd)镜实验等.

如图 10-7 所示，菲涅耳双面镜是由一对紧靠在一起的夹角 α 很小的平面反射镜 M_1 和 M_2 组成. 狭缝光源 S 与两镜面的交棱 C 平行，于是从 S 发出的光波经镜面反射后分成两束相干光，在它们的交叠区域里的屏幕上就会出现等距离的平行干涉条纹. 设 S_1 和 S_2 为菲涅耳双面镜所成的两个虚像，屏幕上的干涉条纹就如同是由相干的虚光源 S_1 和 S_2 发出的光束所产生的，因此仍可利用杨氏装置的结果计算明暗条纹的位置.

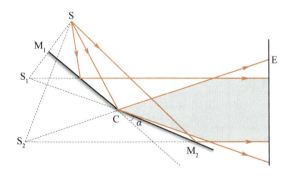

图 10-7　菲涅耳双面镜实验

另一种分波面干涉装置，是如图 10-8 所示的劳埃德镜. ML 表示一块平面反射镜，从狭缝光源 S 发出的光波中，一部分掠入射到平面镜再反射到屏幕上，另一部分直接投射到屏幕上. 于是，处在这两束相干光的交叠区域里的屏幕上将出现干涉条纹，这些条纹等同于由光源 S 与虚光源 S′ 发出的光波干涉所产生的. 但是计算这里的干涉条纹与杨氏实验的情况相反，满足(10-7)式的是暗纹，满足(10-8)式的是明纹. 这是因为玻璃与空气相比，玻璃是光密介质，

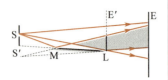

图 10-8 劳埃德镜实验

空气是光疏介质. 电磁波的理论指出, 在掠入射(入射角接近 90°)和正入射(入射角为 0°)的情况下, 光从光疏介质射到光密介质再反射时, 反射光有**半波损失**(half-wave loss), 即相位突变 π, 相当于反向光多走了半个波长的距离. 所以两相干光源 S 和 S′ 发出的相干光到达屏上一点的光程差为

$$\delta = r_2 - r_1 + \frac{\lambda}{2}$$

r_1, r_2 分别是 S, S′ 到该点的距离. 如果把屏移到与平面镜一端相接触的 E′ 处, 则在屏上接触点处呈现暗条纹, 这正是由于反射光的半波损失产生 $\frac{\lambda}{2}$ 的附加光程差所致, 因而该实验验证了半波损失的理论.

例 10-1

在杨氏双缝实验中, 双缝间距 $d=0.023$ cm, 屏幕至双缝的距离为 $D=100$ cm, 测得条纹间距为 $\Delta x=0.256$ cm, 试求该单色光的波长 λ.

解 按(10-9)式, 该单色光的波长为

$$\lambda = \frac{d}{D}\Delta x = \frac{0.023}{100} \times 0.256 \text{ nm} = 589 \text{ nm}$$

例 10-2

如图 10-9 所示, 将折射率为 $n=1.58$ 的薄云母片覆盖在杨氏干涉实验中的一条狭缝 S_1 上, 这时屏幕上的零级明纹上移到原来的第七级明纹的位置上, 如果入射光波长为 550 nm, 试求此云母片的厚度.

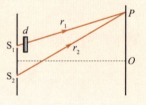

图 10-9 例 10-2 图

解 设屏上原来第七级明条纹在 P 处, 覆盖云母片前两束相干光在 P 点的光程差为

$$\delta = r_2 - r_1 = k\lambda = 7\lambda \quad \text{①}$$

设云母片厚度为 d, 在 S_1 上复盖云母片后, 按题意, 两相干光在 P 点光程差为零, 得

$$\delta' = r_2 - [r_1 + (n-1)d] = 0 \quad \text{②}$$

由式①, ②得

$$d = \frac{7\lambda}{n-1} = \frac{7 \times 5.50 \times 10^{-7}}{1.58 - 1} \text{ m}$$
$$= 6.6 \times 10^{-6} \text{ m} = 6.6 \text{ μm}$$

上述计算可见, 由于光程 $L=nr$, 因而光程差 δ 既可由路程 r 不同所产生, 也可由媒质折射率 n 的改变而引起, 显然, 上式同时也提供了一种测量透明媒质折射率的方法.

§10.3 分振幅干涉

分振幅干涉的典型事例是薄膜干涉,因此我们通过讨论薄膜干涉来研究分振幅干涉.

10.3.1 薄膜干涉

在日常生活中,我们可以观察到油膜、肥皂膜等在太阳光的照射下呈现彩色条纹,这就是薄膜干涉现象.

如图 10-10 所示,设有一厚度为 e 的平面薄膜,它的折射率为 n_2,其上方是折射率为 n_1 的介质,下方是折射率为 n_3 的介质.当波长为 λ 的一束单色平行光照射在薄膜上表面 A 点时,一部分光在薄膜上表面反射,形成光线①;另一部分光经折射后在薄膜下表面反射,然后又折射回到折射率为 n_1 的介质,形成光线②;这两条光线是从同一条入射光线分出来的,或者说从入射光的波面上的同一部分分出来的,它们是相干光.它们的能量也是从同一条入射光线分出来的.由于光波的能量和振幅有关,所以这种产生相干光的方法称为**分振幅法**.让这两束相干光通过透镜或眼睛会聚就产生干涉.

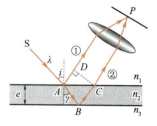

图 10-10 薄膜干涉

为简单起见,我们首先讨论光垂直射到薄膜表面的情况,如图 10-11 所示,若一束平行光垂直入射到厚度为 e 的平面薄膜上,则从介质上、下表面反射的光①,②将在膜的上表面附近相遇而发生干涉,干涉加强或减弱取决于两光束的光程差.从图中可以看出,光线②在薄膜中多经过了 $2e$ 的路程,由此引起的光程差为 $2n_2e$.同时,光在两种介质的界面上反射时,还必须考虑是否有半波损失产生?若 $n_1>n_2>n_3$,光在薄膜的上下表面反射时均无半波损失,光程差为 $2n_2e$;若 $n_1<n_2<n_3$,光在薄膜的上下表面反射时均有半波损失,光程差为 $2n_2e+\dfrac{\lambda}{2}+\dfrac{\lambda}{2}=2n_2e+\lambda$,由于光程差改变 λ 并不影响干涉条纹的明暗,改变的只是干涉条纹的级次,因而我们可以认为:两次半波损失相当于没有半波损失,即光程差仍为 $2n_2e$.若 $n_1<n_2>n_3$,光在上表面反射时有半波损失,下表面反射时无半波损失,光程差为 $2n_2e+\dfrac{\lambda}{2}$;若 $n_1>n_2<n_3$,光在上表面反射时无半波损失,下表面反射时有半波损失,光程差也为 $2n_2e+\dfrac{\lambda}{2}$.

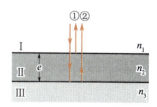

图 10-11 入射光垂直于薄膜表面

综上所述,从薄膜上下表面反射的相干光在相遇时的光程差为

$$\delta=\begin{cases} 2n_2e & \text{递变型}(n_1>n_2>n_3 \text{ 或 } n_1<n_2<n_3) \\ 2n_2e+\dfrac{\lambda}{2} & \text{夹心型}(n_1<n_2>n_3 \text{ 或 } n_1>n_2<n_3) \end{cases}$$

薄膜干涉产生明、暗纹的条件是

递变型：

$$2n_2e = \begin{cases} k\lambda & k=1,2,3,\cdots \quad 明纹 \\ (2k+1)\dfrac{\lambda}{2} & k=0,1,2,\cdots \quad 暗纹 \end{cases} \quad (10-10)$$

夹心型：

$$2n_2e + \dfrac{\lambda}{2} = \begin{cases} k\lambda & k=1,2,3,\cdots \quad 明纹 \\ (2k+1)\dfrac{\lambda}{2} & k=0,1,2,\cdots \quad 暗纹 \end{cases} \quad (10-11)$$

例 10 - 3

空气中的水平肥皂水膜厚度为 $0.32\ \mu m$，如果用白光垂直入射，在肥皂水膜上方观察，膜呈现什么颜色？已知肥皂水的折射率为 1.33．

解 如图 10 - 12 所示，因为肥皂水膜在空气中，有 $n_1=1$，$n_2=1.33$，$n_3=1$．由于 $n_1<n_2$，①光在膜上表面反射有半波损失，$n_2>n_3$；②光在膜下表面反射没有半波损失．按(10-11)式，有

$$2n_2e + \dfrac{\lambda}{2} = 2k\dfrac{\lambda}{2}, \quad k=1,2,\cdots,\ 干涉加强$$

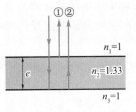

图 10 - 12　例 10 - 3 图

把 $n_2=1.33$，$e=0.32\ \mu m$ 代入上式，可求出干涉加强的波长为

$$k=1, \lambda_1 = 4n_2e = 1700\ \text{nm},$$

$$k=2, \lambda_2 = \dfrac{4}{3}n_2e = 567\ \text{nm},$$

$$k=3, \lambda_3 = \dfrac{4}{5}n_2e = 341\ \text{nm},$$

$$\cdots\cdots\cdots\cdots$$

其中只有 $\lambda_2 = 0.567\ \text{nm}$ 的绿光在可见光范围内，所以在肥皂水膜上方观察呈现绿色．

例 10 - 4

如图 10 - 13 所示，在照相机玻璃镜头的表面涂有一层透明的氟化镁(MgF_2)薄膜，为了使对某种照相底片最敏感的波长为 550 nm 的黄绿光透射增强．试问此薄膜的最小厚度应为多少？已知玻璃的折射率为 1.50，氟化镁的折射率为 1.38．

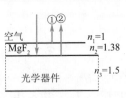

图 10 - 13　例 10 - 4 图

解 根据能量守恒，要使透射光增强，必须使反射光干涉减弱．由已知条件 $n_1<n_2<n_3$，所以①光和②光分别在薄膜上、下表面反射时都有半波损失，按(10-10)式有

$$2n_2e = (2k+1)\dfrac{\lambda}{2}, \quad 干涉减弱$$

即

$$e = \dfrac{(2k+1)}{4n_2}\lambda$$

取 $k=0$，有

$$e = \dfrac{\lambda}{4n_2} = \dfrac{550}{4\times 1.38} = 0.1\ \mu m,$$

薄膜最小厚度为 $0.1\ \mu m$．

例 10-4 中的薄膜起了减少反射损失增强透射光的作用,称为**增透膜**(transmission enhanced film). 平常我们看到照相机镜头上有一层蓝紫色的膜就是增透膜,因为反射的白光中缺少了黄绿色的光,因此呈现出和它互补的紫蓝色光.

在光学器件的表面上镀膜,利用薄膜干涉以提高器件的透射率或反射率.**增加透射率的薄膜叫增透膜,增加反射率的薄膜叫增反膜**(reflection enhanced film). 实际中,对于助视光学器件、照相机或望远镜等,都需要增加可见光中波长为 550 nm 的黄绿光(此光对人的视觉和感光胶卷最敏感)的透射率,故要在其表面敷涂增透膜;而各种高反射率的反射镜,要求对某种特定波长的反射率高达 99% 以上,则需要在其表面上敷涂增反膜. 如宇航员的头盔和脸上敷涂有对红外线具有高反射率的多层膜,以屏蔽宇宙空间中极强的红外辐射.

10.3.2 薄膜的等厚干涉

以上讨论的是厚度均匀的平面薄膜的干涉. 在实验室和工程技术中经常遇到薄膜厚度不均匀的情况,例如劈尖形状的介质薄片或介质膜、牛顿环和各种干涉仪等.

一、劈尖干涉

如图 10-14 为一放在空气中的劈尖形薄膜,简称劈尖. 它的两个表面是平面,两平面间的夹角 θ 很小. 如有一束平行单色光近于垂直地入射到劈尖膜表面,一部分光在上表面反射,形成光线①,另一部分光在下表面反射,形成光线②,它们相遇产生干涉. 由 (10-11) 式分析干涉明、暗纹的形成条件,即

$$2ne_k + \frac{\lambda}{2} = \begin{cases} k\lambda, & k=1,2,3,\cdots \quad \text{明纹} \\ (2k+1)\frac{\lambda}{2}, & k=0,1,2,\cdots \quad \text{暗纹} \end{cases}$$

(10-12)

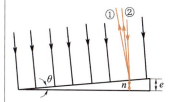

图 10-14 劈尖薄膜干涉

劈尖薄膜各处的厚度不同. 式中用 e_k 表示对应于 k 值的膜厚度,即每级明纹暗纹都与一定的膜厚 e_k 相对应. 因此在介质膜上表面的同一条等厚线上,就形成同一级次的一条干涉条纹. 此种干涉称为等厚干涉,其干涉条纹称为**等厚条纹**(equal thickness fringes).

由于劈尖的等厚线是一系列平行于棱边的直线,所以等厚干涉条纹是一些与棱边平行的明暗相间的**直条纹**,如图 10-15 所示.

棱边处 $e=0$,由于存在半波损失,两相干光的相位差为 π,因而棱边处形成暗纹.

用 l 表示相邻两明纹或暗纹在表面上的距离,由图 10-15 可见

$$l = \frac{\Delta e}{\sin \theta} \quad (10\text{-}13)$$

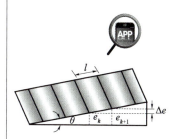

图 10-15 劈尖干涉条纹

式中 θ 为劈尖顶角，Δe 为与相邻两条明纹或暗纹对应的厚度差. 对相邻两条明纹,由(10-12)式有

$$\Delta e = e_{k+1} - e_k = \frac{\lambda}{2n} \qquad (10-14)$$

将 Δe 代入(10-11)式得

$$l = \frac{\lambda}{2n\sin\theta} \qquad (10-15)$$

对于很小的 θ 值,上式可改写为

$$l = \frac{\lambda}{2n\theta} \qquad (10-16)$$

(10-15)式和(10-16)式表明,劈尖干涉形成的干涉条纹是等间距的,条纹间距与劈尖顶角 θ 值有关. θ 越大,条纹间距越小,条纹越密. 当 θ 大到一定程度后,条纹就密不可分了. 所以干涉条纹只能在劈尖顶角很小时才能观察到.

已知折射率 n 和波长 λ,同时测出条纹间距 l,利用(10-16)式可求得劈尖角 θ. 在工程上,常利用这一原理测定细丝直径(见例 10-5)、薄片厚度(例10-6)等,还可利用等厚条纹特点检验工件的平整度,这种检验方法能检查出不超过 $\lambda/4$ 的凹凸缺陷(见例 10-7).

例 10-5

为了测量金属丝的直径,把金属丝夹在两块平玻璃片之间,形成一空气劈尖,如图 10-16 所示,今用单色光垂直照射,可得等厚干涉条纹,测出条纹间距,就可算出金属丝的直径. 已知单色光波长 $\lambda=589.3$ nm,金属丝与棱边间距 $L=28.880$ mm,30 条明纹间的距离为 4.29 mm,求金属丝的直径 D.

图 10-16 例 10-5 图

解 相邻明条纹之间的距离 $l = \frac{4.29}{29}$ mm,据(10-15)式, $n=1$, $l\sin\theta = \frac{\lambda}{2}$. 由于 θ 很小,$\sin\theta = \frac{D}{L}$,由此可得

$$D = \frac{L}{l} \cdot \frac{\lambda}{2} = \frac{28.88\times10^{-3}\times 5.983\times10^{-7}}{2\times 4.29\times10^{-3}/29} \text{ m}$$
$$= 5.75\times10^{-5} \text{ m}$$

例 10-6

利用等厚条纹可测量薄膜厚度和检验光学表面的平整度. 在半导体元件的生产中,为了测定硅(Si)片上的 SiO_2 薄膜厚度,可将 SiO_2 薄膜磨成劈形,如图 10-17 所示. 已知 SiO_2 的折射率为 1.46,Si 的折射率为 3.42,用波长 $\lambda=546.1$ nm 的绿光照射,若观察到劈形上出现 7 个条纹间距,问 SiO_2 薄膜的厚度是多少?

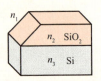

图 10-17 测膜厚

解 按题意有 $n_1=1.00$, $n_2=1.46$, $n_3=3.42$, 由于 $n_1<n_2<n_3$, 光在劈形膜上下表面反射时均有半波损失, 因此在棱边处为明纹.

据(10-14)式, 相邻明纹所对应的劈形膜的厚度差为 $\Delta e=\dfrac{\lambda}{2n_2}$, 所以, 出现 7 个条纹间距的劈形膜最厚处的厚度, 即待测的 SiO_2 薄膜的厚度为

$$D=7\Delta e=\dfrac{7\lambda}{2n_2}=\dfrac{7\times 5.461\times 10^{-7}}{2\times 1.46}\text{ m}$$
$$=1.36\times 10^{-6}\text{ m}$$

例 10-7

利用等厚条纹可以检验精密加工件表面的质量. 在工件上放一平玻璃, 使其间形成一空气劈尖, 如图 10-18(a)所示. 今观察到干涉条纹如图 10-18(b)所示. 试根据纹路弯曲方向, 判断工件表面上纹路是凹还是凸? 并求纹路深度 h.

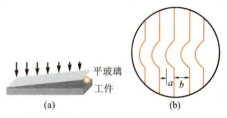

图 10-18 平玻璃表面检验示意图

解 由于平玻璃下表面是"完全"平的, 所以若工件表面也是平的, 空气劈尖的等厚条纹应为平行于棱边的直条纹. 现在条纹有局部弯向棱边, 说明在工件表面的相应位置处有一条垂直于棱边的不平的纹路. 我们知道同一条等厚条纹应对应相同的膜厚度, 所以在同一条纹上, 弯向棱边的部分和直的部分所对应的膜厚度应该相等. 本来越靠近棱边膜的厚度应越小, 而现在同一条纹上近棱边处和远棱边处厚度相等, 这说明工件表面的纹路是凹下去的.

为了计算纹路深度, 参考图 10-19, 图中 b 是条纹间隔, a 是条纹弯曲深度, e_k 和 e_{k+1} 分别是和 k 级及 $k+1$ 级条纹对应的正常空气膜厚度, 以 Δe 表示相邻两条纹对应的空气膜的厚度差, h 为纹路深度, 则由相似三角形关系可得

$$\dfrac{h}{\Delta e}=\dfrac{a}{b}$$

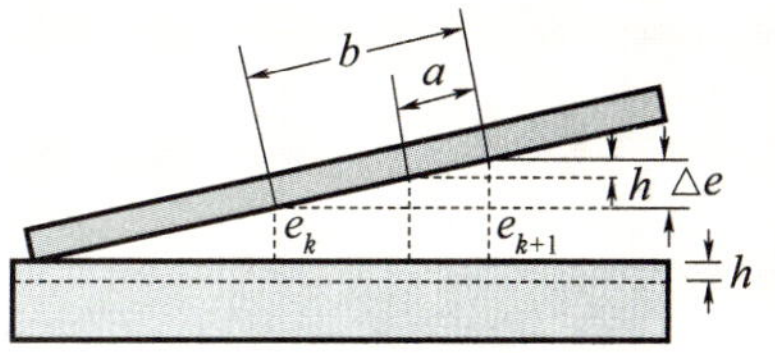

图 10-19 计算纹路深度用图

由于对空气膜来说, $\Delta e=\lambda/2$, 代入上式即可得

$$h=\dfrac{\lambda a}{2b}$$

二、牛顿环

将一曲率半径相当大的平凸透镜叠放在一平板玻璃上, 如图 10-20 所示, 这样在透镜 A 与平板玻璃 B 之间就形成一个上表面为球面, 下表面为平面的空气劈尖. 由单色光源 S 发出的光, 经半透半反镜 M 反射后, 垂直射向空气劈尖并在劈尖空气层的上、下表面处反射, 两束反射光干涉的结果, 在其上表面将呈现以接触点 O 为中心的明暗相间的同心环状干涉条纹. 这些明暗相间的同心环状条纹叫作**牛顿环**(Newton ring).

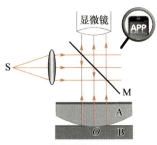

(a) 牛顿环装置

(b) 牛顿环图样

图 10-20

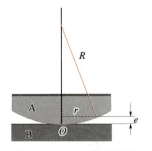

图 10-21 牛顿环半径计算用图

在空气劈尖中,任一厚度 e 处上下表面反射光的干涉应满足如下干涉条件

$$2e+\frac{\lambda}{2}=\begin{cases} k\lambda & k=1,2,\cdots(\text{明纹}) \\ (2k+1)\frac{\lambda}{2} & k=0,1,2,\cdots(\text{暗纹}) \end{cases} \quad (10-17)$$

厚度 e 相同,属同一级干涉条纹,显然,空气劈尖的等厚轨迹是以接触点 O 为圆心的一系列同心圆,因而干涉条纹的形状也是明暗相间的同心圆环. 在中心 O 处,$e=0$,两光的光程差为 $\frac{\lambda}{2}$,所以中心形成一暗斑.

由图 10-21 可见

$$r^2=R^2-(R-e)^2=2Re-e^2$$

因 $R\gg e$,可略去 e^2,故得

$$e=\frac{r^2}{2R}$$

代入 (10-17) 式可得各级明、暗环的半径分别为

$$r=\begin{cases} \sqrt{\dfrac{2k-1}{2}R\lambda} & k=1,2,\cdots(\text{明环}) \\ \sqrt{kR\lambda} & k=0,1,2,\cdots(\text{暗环}) \end{cases} \quad (10-18)$$

由 (10-18) 式,两相邻暗环间的半径之差为

$$\Delta r=\sqrt{(k+1)R\lambda}-\sqrt{kR\lambda}=\frac{\sqrt{R\lambda}}{\sqrt{k+1}+\sqrt{k}} \quad (10-19)$$

显然,k 越大,Δr 越小,因而牛顿环是一系列非均匀的内疏外密的同心圆.

例 10-8

若用波长为 589.3 nm 的钠黄光观察牛顿环,测得某级暗环的直径为 3.0 mm,此环以外的第 10 个暗环的直径为 5.6 mm,试求平凸透镜的曲率半径 R.

解 按题意,$r_k=1.5$ mm,$r_{k+N}=2.8$ mm,$N=10$. 又根据暗环条件 (10-18) 式可得

$$r_k^2=kR\lambda, \quad r_{k+N}^2=(k+N)R\lambda$$

由此可得

$$R=\frac{r_{k+N}^2-r_k^2}{N\lambda}=\frac{(2.8^2-1.5^2)\times(10^{-3})^2}{10\times 5.893\times 10^{-7}} \text{ m}$$
$$=0.95 \text{ m}$$

10.3.3 薄膜的等倾干涉

如果一条光线倾斜入射到厚度 e 均匀的平面薄膜上(见图 10-22),它在入射点 A 处可分成反射和折射两部分,折射部分在下表面反射后又能从上表面射出. 由于这样形成的两条相干光线

1 和 2 是平行的,所以它们只能在无穷远处相交而发生干涉.在实验室中为了在有限远处观察干涉条纹,就使这两束光线射到一个透镜 L 上,经过透镜的会聚,它们将相交于焦平面 FF' 上一点 P 而在此处发生干涉.现在让我们来计算到达 P 点时,1、2 两条光线的光程差.

从折射线 AB 反射后的射出点 C 作光线 1 的垂线 CD.由于从 C 和 D 到达 P 点,光线 1 和 2 的光程相等(透镜不附加光程差),所以它们的光程差就是 ABC 和 AD 的差.由图 10-22 可求得这一光程差为

$$\delta = n(AB+BC) - AD + \frac{\lambda}{2}$$

式中 $\lambda/2$ 是由于半波损失而附加的光程差.由于 $AB = BC = \dfrac{e}{\cos\gamma}$, $AD = AC\sin i = 2e\tan\gamma \sin i$,再利用折射定律 $\sin i = n\sin\gamma$,可得

$$\begin{aligned}\delta &= 2nAB - AD + \frac{\lambda}{2} \\ &= 2n\frac{e}{\cos\gamma} - 2e\tan\gamma\sin i + \frac{\lambda}{2} \\ &= 2ne\cos\gamma + \frac{\lambda}{2}\end{aligned} \quad (10-20)$$

或

$$\delta = 2e\sqrt{n^2 - \sin^2 i} + \frac{\lambda}{2} \quad (10-21)$$

此式表明,**光程差决定于倾角**(指入射角 i),凡以**相同倾角** i 入射到厚度均匀的薄膜上的光线,经膜上、下表面反射后产生的相干光束有相等的光程差,因而它们干涉相长或相消的情况一样,因此,这样形成的干涉条纹称为**等倾条纹**(equal inclination fringes).

实际上观察等倾条纹的实验装置如图 10-23(a) 所示.S 为一面光源,M 为半反半透平面镜,L 为透镜,H 为置于透镜焦平面上的屏.先考虑发光面上一点发出的光线.以相同倾角入射到膜表面上的光线应该在同一圆锥面上,它们的反射线经透镜会聚后应分别相交于焦平面上的同一个圆周上.因此,形成的等倾条纹是一组明暗相间的同心圆环.由(10-21)式可得,这些圆环中明环的条件是

$$\delta = 2e\sqrt{n^2 - \sin^2 i} + \frac{\lambda}{2} = k\lambda \quad k = 1, 2, 3, \cdots \quad (10-22)$$

暗环的条件是

$$\delta = 2e\sqrt{n^2 - \sin^2 i} + \frac{\lambda}{2} = (2k+1)\frac{\lambda}{2}, \quad k = 0, 1, 2, \cdots$$
$$(10-23)$$

光源上每一点发出的光束都产生一组相应的干涉环.由于方向相同的平行光线将被透镜会聚到平面上同一点,而与光线从何处来无关,所以由光源上不同点发出的光线.凡有相同倾角的,它们形成

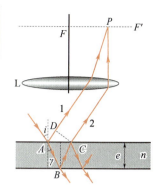

图 10-22 斜入射光路

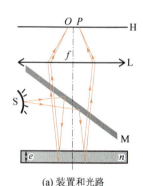

(a) 装置和光路

(b) 等倾条纹照相

图 10-23 观察等倾条纹

的干涉环都将重叠在一起,总光强为各个干涉环光强的非相干相加.因而明暗对比更为鲜明,这也就是观察等倾条纹时使用面光源的道理.

等倾干涉环是一组内疏外密的圆环.如图 10-23(b)的照片所示.由(10-22)式可知,当膜厚 e 一定时,i 越大,δ 越小,对应的干涉条纹级次越低.因而等倾干涉条纹中,越靠近中心,条纹的级次越高;越往外,条纹的级次越低.如果观察从薄膜透过的透射光线,也可以看到干涉环,但它和图 10-23(b)所显示的反射干涉环是互补的,即反射光为明环处,透射光为暗环.这一点不难从能量的角度定性地理解,入射光的能量是一定的,反射光多了,透射光当然就少了,反之亦然.

10.3.4 迈克耳孙干涉仪

干涉仪是利用光的干涉原理制成的,是近代精密仪器之一,广泛应用于现代科学技术中.迈克耳孙干涉仪是一种比较典型的干涉仪,不仅在物理学发展史上曾用它完成了有名的否定"以太风"实验,而且也是很多近代干涉仪的原型.

迈克耳孙干涉仪的结构和光路如图 10-24 所示,M_1 和 M_2 是两块精密磨光的平面镜,其中 M_2 是固定的,M_1 用精密螺旋控制,可以在导轨上沿镜面的法线方向往返移动.G_1 和 G_2 是两块厚度和折射率都相同的玻璃平板,两者平行放置,与平面镜成 $45°$ 角,在 G_1 的背面镀有一层半透明的薄银层,使从光源射来的光束 a 和 b 一半反射,一半透射.具体而言,反射光束 a_1、b_1 射到 M_1,经 M_1 反射后再次透过 G_1(a_1、b_1 光束 3 次通过 G_1)进入透镜 L_2 或眼睛;透射光束 a_2、b_2 经 G_2 射到 M_2,再由 M_2 反射后经 G_2 入射到 G_1 上的半镀银面反射到透镜 L_2 或眼睛,显然 G_2 起了补偿光程的作用(a_2、b_2 光束通过 G_1 1 次,通过 G_2 2 次,共 3 次),因而常被称为补偿板.

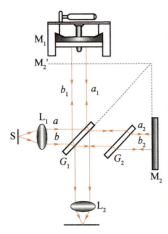

图 10-24 迈克耳孙干涉仪

两束相干光(如 a_1、b_1 和 a_2、b_2),在透镜的焦面上或眼睛的视网膜上相遇时,将产生干涉图样.设 M_2' 是 M_2 由 G_1 的半镀银面所成的虚像,则从观察者看来,就好像两相干光束是从 M_1 和 M_2' 反射而来的,因此所看到的干涉图样犹如 M_1 和 M_2' 之间的空气薄膜所产生的薄膜干涉条纹.调节 M_1,当 M_1 与 M_2' 的镜面平行时(M_1 与 M_2 严格垂直),就形成平行平面空气膜,可观察到等倾条纹;当 M_1 与 M_2' 的镜面不平行(M_1 与 M_2 不严格正交),就形成空气劈形膜,可观察到等厚条纹.

由于干涉条纹的位置取决于光程差,只要光程差有微小变化,干涉条纹即可发生可鉴别的移动,以等厚干涉为例,每当 M_1 的移动距离为 $\lambda/2$ 时,观察者将看到一条明纹或一条暗纹移过视场中的某一参考标记.如果记下条纹移动的数目 N,则可得出平面镜 M_1

平移的距离为

$$\Delta d = N\frac{\lambda}{2} \qquad (10-24)$$

利用此式可对长度进行精密测量.

最初，上述装置是迈克耳孙为了研究光速问题而精心设计的．由于迈克耳孙干涉仪有两个分开的互相垂直的光臂，便于在光路中插放待测样品或其他器件，因此，迈克耳孙干涉仪可以用来观察各种干涉现象及其条纹的变动情况，也可以用来对长度进行标定以及对光谱线的波长和精细结构等进行精密测量.

例 10-9

在迈克耳孙干涉仪的两臂中，分别引入 10 cm 长的玻璃管，其中一个抽成真空，另一个充以一个大气压的空气．设光波波长为 546 nm，在向真空玻璃管中逐渐充入一个大气压空气的过程中，观察到了 107.2 条条纹移动，试求空气的折射率 n.

解 设玻璃管 A 和 B 的管长为 l. 当 A 管内为真空，B 管内充满空气时，两臂之间的光程差为 $\Delta L_1 = 2nl - 2l$；在 A 管内充入空气后，两臂之间的光程差为 $\Delta L_2 = 0$. 则在 A 管充入空气前后，光程差的变化为

$$\delta_2 = 2nl - 2l = 2l(n-1)$$

由于移动 1 条条纹时所对应的光程差变化为 1 个波长，所以当观察到 107.2 条条纹移动时，对应的光程差变化为

$$2l(n-1) = 107.2\lambda$$

由此可得空气的折射率为

$$n = 1 + \frac{107.2\lambda}{2l} = 1.000\ 292$$

10.3.5 相干长度

一般认为单色的点光源发出的光经干涉装置分束后，总是能够产生干涉的．然而实际情况并非如此．例如在迈克耳孙干涉仪中，如果 M_1 和 M_2' 之间的距离超过一定限度，就观察不到干涉条纹．这是因为光源实际发射的是一个个的波列，每个波列有一定的长度．例如在迈克耳孙干涉仪的光路中，光源先后发出两个波列 a 和 b. 每个波列都被分束板分为 1、2 两波列，我们用 a_1、a_2 和 b_1、b_2 表示．当两路光光程差不太大时[见图 17-25(a)]，由同一波列分解出来的 1、2 两波列如 a_1 和 a_2，b_1 和 b_2 可能重叠，这时能够发生干涉．但如果两路光的光程差太大[见图 17-25(b)]，则由同一波列分解出来的两波列将不再重叠，而相互重叠的却是由前后两波列 a、b 分解出来的波列（比如说 a_2 和 b_1），这时就不能发生干涉．这就是说，两路光之间的光程差超过了波列长度，就不再发生干涉．两个分光束能产生干涉效应的最大光程差 δ_m，亦即波列长度 L，称为**相干长度**（coherent length）. 与相干长度这么长的一段光程所对应的时间

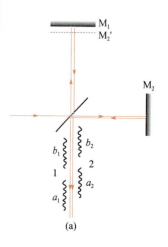

(a)

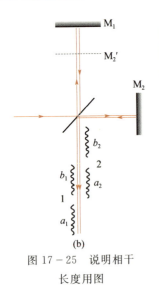

图 17-25 说明相干长度用图

Δt，称为**相干时间**(coherent time). 显然，$\Delta t = \delta_m/c$ 或 $\delta_m = c\Delta t$. 当同一波列分解出来的 1、2 两波列到达观察点的时间间隔小于 Δt 时，这两波列叠加后发生干涉现象. 否则就不发生. 为了描述所用单色光源相干性的好坏，常用相干长度或相干时间来衡量. 各种不同光源发出的光波，相干长度是不同的，一般约为一毫米至几百毫米. 激光光源发出的光具有高度的相干性，其相干长度有的可达几十千米.

当白光照射到很薄的薄膜(如肥皂膜)上时，由于薄膜的两个表面反射的不同波长的光在不同的位置满足明纹条件，因而薄膜呈彩色. 但当光线照射到玻璃板上，却并无干涉现象出现，这是因为由玻璃板的上、下两表面反射的光，其光程差大于相干长度，因而干涉现象消失的缘故.

§10.4 光的衍射

光在传播过程中遇到障碍物时，能够绕过障碍物的边缘前进，光的这种偏离直线传播的现象称为**光的衍射**(diffraction)现象. 干涉和衍射现象都是波动所固有的特性，光的干涉和衍射现象为光的波动说提供了有力的证据.

10.4.1 光的衍射现象及其分类

如图 10-26 所示，使平行光通过宽窄可以调节的狭缝后，在屏 E 上呈现光斑 P. 若狭缝宽度 d 远大于波长 $\lambda (d > 10^4 \lambda)$，光斑 P 和狭缝形状相同，这时光可看成是沿直线传播的，如图 10-26(a)所示. 若缩小缝宽 d 使它可与光的波长 λ 相比较($d < 10^3 \lambda$)，则屏 E 上呈现的光斑亮度减弱，但宽度比狭缝大，且在中央光斑两侧对称地出现了明暗相间的条纹，这说明光通过障碍物后不仅传播方向发生改变，而且光的强度发生了重新分布，产生了所谓的**衍射图样**，如图 10-26(b)所示. 衍射现象的特点是：光束向受到限制的方向扩展，对光束的限制越厉害(如光通过窄细狭缝或孔等)，其衍射图样越扩展，即衍射效应越显著.

衍射系统一般由光源、衍射屏和接收屏组成. 按它们相互间距离的大小，通常将衍射分为两类(见图 10-27)：①衍射屏与光源和接收屏幕的距离为有限远时的衍射，称为**菲涅耳衍射**(Fresnel diffraction)；②当衍射屏与光源和接收屏的距离都是无穷远时，或者说，照射到衍射屏上的入射光和离开衍射屏的衍射光都是平行的

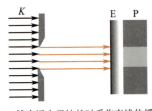

(a) 缝宽远大于波长时看作直线传播

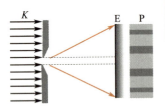

(b) 缝宽可与波长相比时产生衍射条纹

图 10-26 衍射现象

衍射光,称为**夫琅禾费衍射**(Fraunhofer diffraction).下面我们着重讨论单缝、光栅和晶体的夫琅禾费衍射及其应用.近代发展起来的傅里叶光学又使夫琅禾费衍射具有独特的意义.

10.4.2 惠更斯－菲涅耳原理

利用惠更斯原理可以解释光通过衍射屏传播方向发生改变的现象,但是不能解释出现的衍射条纹,更不能计算衍射条纹的分布和光强的分布.

菲涅耳发展了惠更斯原理,他认为波阵面上每一点所发射的子波都是相干波源,它们发出的波在空间相遇时互相叠加,产生干涉.这个发展了的惠更斯原理称为**惠更斯－菲涅耳原理**(Huygens Fresnel principle).

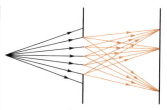

(a) 菲涅耳衍射

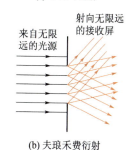

(b) 夫琅禾费衍射

图 10-27 衍射的分类

利用惠更斯－菲涅耳原理可以圆满地解释光的衍射现象,并可计算衍射图中光强的分布.如图 10-28 所示,惠更斯－菲涅耳原理指出,波阵面 S 上每一面元 dS 发出的子波在空间某点 P 引起的振幅与 dS 成正比,与 P 到 dS 距离 r 成反比,还与 r 与 dS 的法线 $\boldsymbol{n}$ 之间的夹角 θ 有关,若取 $t=0$ 时刻波阵面 S 上各点初相位为零,则 dS 在 P 点引起的振动可表示为

$$dE = C\frac{K(\theta)}{r}\cos 2\pi\left(\frac{t}{T}-\frac{r}{\lambda}\right)dS \quad (10-25)$$

式中:C 为比例系数;$K(\theta)$ 为随 θ 角增大而缓慢减小的函数,称为倾斜因子.当 $\theta=0$,$K(\theta)$ 为最大,当 $\theta\geqslant\frac{\pi}{2}$ 时,$K(\theta)=0$,因而子波振幅为零,由此可说明波垂直入射和倾斜入射,效果有所不同以及波不能向后传播等.

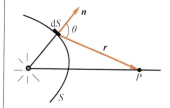

图 10-28 惠更斯-菲涅耳原理

波阵面上所有 dS 发出的子波在 P 点引起的振动叠加就是 P 点的合振动

$$E = \int dE = \int C\frac{K(\theta)}{r}\cos 2\pi\left(\frac{t}{T}-\frac{r}{\lambda}\right)dS \quad (10-26)$$

一般情况下,计算这个积分比较复杂,这里不作详细讨论.下面我们应用菲涅耳最早提出的半波带法来研究单缝的夫琅禾费衍射,从而避免复杂计算.

10.4.3 单缝衍射

图 10-29 所示是一个单缝夫琅禾费衍射实验装置示意图.衍射屏 K 上开一个长度比宽度大得多的狭缝.单色光源 S 发出的光经透镜 L_1 后成为平行光束,射向单缝后产生衍射,再经透镜 L_2 聚焦在位于 L_2 的焦平面处的屏幕 E 上,呈现出一系列平行于狭缝的衍射条纹.

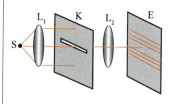

图 10-29 单缝衍射实验装置

一、菲涅耳半波带法

如图 10-30 所示，K 屏上有一宽度为 a 的单缝，平行单色光垂直照射，在单缝的右边，位于单缝所在处的波阵面 AB 上各点的子波向各个方向传播，透镜 L 把每一平行光束分别会聚在屏幕 E 上的不同位置。首先考虑沿着原入射方向传播的衍射光束 1，这些衍射线从 AB 面发出时的相位是相同的，而经过透镜又不会引起附加光程差，它们经透镜会聚于焦点 O 时，相位仍然相同，因此 O 点处出现明纹，称为中央明纹。

其次考虑与原入射方向成 φ 角方向传播的衍射光束 2，φ 称为衍射角，它们经透镜 L 会聚于屏幕上 P 点。显然，由单缝 AB 上各点发出的衍射光到达 P 点的光程各不相同，所以各子波在 P 点的相位也各不相同，在 AB 两条边缘光线之间的光程差为

$$BC = a\sin\varphi$$

由下面的分析可知，P 点处的明暗完全取决于光程差 BC 的量值。

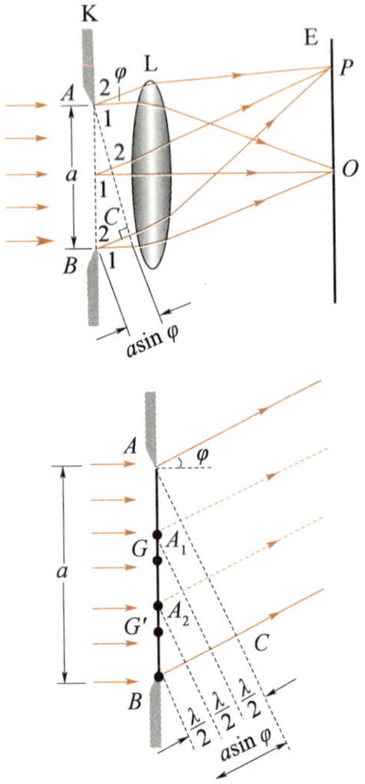

在惠更斯—菲涅耳原理的基础上，菲涅耳提出了将波阵面分割成许多等面积的波带的方法。在单缝的例子中，可以作一些平行于 AC 的平面，使两相邻平面之间的距离等于入射光的半波长 $\dfrac{\lambda}{2}$，假定这些平面能将单缝处的波阵面 AB 分成 AA_1，A_1A_2，A_2B 等整数个波带。由于各个波带的面积相等，所以各个波带在 P 点所引起的光振幅接近相等。两个相邻波带上，任何两个对应点（如 A_1A_2 带上的 G 点与 A_2B 带上的 G' 点）所发出的光线的光程差总是 $\dfrac{\lambda}{2}$，亦即相位差总是 π。经过透镜后到达 P 点时相位差仍然是 π。因而称这种波带为**半波带**（half wave zone），可见**任何两个相邻半波带所发出的光线在 P 点将完全抵消**。由此可见，当 BC 是半波长的偶数倍（或波长的整数倍）时，亦即对应于某给定角度 φ，单缝处波阵面可分成偶数个半波带时，所有半波带的作用成对地相互抵消，那么 P 点处是暗的；如果 BC 是半波长的奇数倍，亦即单缝处波阵面可分成奇数个半波带时，两两相互抵消的结果，还留下一个半波带起作用，那么 P 点处是亮的。

上述结果可用数学式表示，当平行光垂直于单缝入射时，单缝衍射明暗纹的条件为

$$a\sin\varphi = \begin{cases} 0 & \text{中央明纹} \\ \pm k\lambda & \text{暗纹}(k=1,2,3,\cdots) \\ \pm(2k+1)\dfrac{\lambda}{2} & \text{明纹}(k=1,2,3,\cdots) \end{cases} \quad (10-27)$$

式中 k 为级数，正、负是表示衍射条纹对称分布于中央明纹的两侧。

在 (10-27) 式中，明纹级数 (k) 不同，明的程度是不一样的。如

图 10-30　单缝衍射条纹的计算

$k=1$, $a\sin\varphi=3\dfrac{\lambda}{2}$,这意味着 AB 可分成 3 个半波带,两两抵消后还剩 $\dfrac{1}{3}$;当 $k=2$ 时,$a\sin\varphi=5\dfrac{\lambda}{2}$,$AB$ 发出的光就只有 $\dfrac{1}{5}$ 没有被抵消了.如此类推,明纹亮度随着级数的增加而减弱.当 $a\sin\varphi$ 的值不满足(10-27)式时,意味着对应于这一衍射角 φ,AB 不能分成整数个半波带,此时屏上 P 点的亮度介于明纹和暗纹之间.

单缝衍射光强分布如图 10-31 所示,中央明条纹光强最大,其他明条纹光强迅速下降.两个第一级暗条纹中心间的距离即为中央明条纹的宽度,即 φ 适合下式

$$-\lambda < a\sin\varphi < \lambda \tag{10-28}$$

为中央明纹区,称作零级明纹.由上式可知,如果 $\sin\varphi_0=\dfrac{\lambda}{a}$,则这个 φ_0 值对应于中央明纹的角范围之一半,称为半角宽度,即

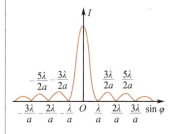

图 10-31 单缝衍射光强分布

$$\begin{cases}\varphi_0=\arcsin\dfrac{\lambda}{a}\\ \text{或 } \varphi_0\approx\dfrac{\lambda}{a} \quad (\text{当 }\varphi_0\text{ 很小时})\end{cases} \tag{10-29}$$

以 f 表示透镜的焦距,则在观察屏上,中央明纹的线宽度为

$$\Delta x_0=2f\tan\varphi_0\approx 2f\dfrac{\lambda}{a} \tag{10-30}$$

其他明纹的角宽度为

$$\Delta\varphi=(k+1)\dfrac{\lambda}{a}-k\dfrac{\lambda}{a}=\dfrac{\lambda}{a} \tag{10-31}$$

可见,除中央明纹外,所有其他明纹均有同样的角宽度,而**中央明纹的角宽度为其他明纹角宽度的两倍**.

当缝宽 a 一定时,波长 λ 愈大,则衍射角愈大,因此,若以白光入射时,中央明纹的中部是白色的,其两侧将出现一系列由紫到红的彩色条纹,称为**衍射光谱**.

应指出,光的衍射和光的干涉都是光波相干叠加的表现,它们并没有本质上的差别,习惯上,干涉总是指那些有很多分立光束的相干叠加,而衍射总是指波阵面上,连续的无限多子波发出的光波的相干叠加.在一般问题中干涉和衍射往往是同时存在的.例如,双缝干涉图样实际上是两个缝发出的光束的干涉和每个缝自身发出的光束衍射的综合效果.

*二、单缝衍射条纹亮度分布

用菲涅耳积分法可定量分析单缝衍射的亮度分布.如图 10-32 所示,从缝宽为 a 的单缝 AB 波面各点发出的子波中,沿衍射角为 φ 方向传播的平行光束,会聚在屏幕 E 上的 P 点,现计算 P 点的光强.

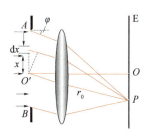

图 10-32 用积分法处理单缝衍射问题

取单缝中心 O' 为坐标原点,该处发出的子波到 P 点的光程为 r_0,在坐标为 x 处作一宽为 $\mathrm{d}x$ 的矩形面元 $\mathrm{d}S=l\mathrm{d}x$(l 为缝长,通常 $l\gg a$),它所发出的子波

到 P 点的光程为 $r_0 + x\sin\varphi$,由(10-26)式可知,dS 的子波在 P 点的光振动 dE 为

$$dE = Cl\frac{K(\theta)}{r_0 + x\sin\varphi}\cos 2\pi\left(\frac{t}{T} - \frac{r_0 + x\sin\varphi}{\lambda}\right)dx$$

现在研究近轴的情况,倾斜因子 $K(\theta)\approx 1$,又 $r_0 \gg a$,有 $r_0 + x\sin\varphi \approx r_0$,代入上式,得

$$dE = \frac{Cl}{r_0}\cos 2\pi\left[\left(\frac{t}{T} - \frac{r_0}{\lambda}\right) - \frac{x\sin\varphi}{\lambda}\right]dx$$

对 x 积分,可得单缝波面发出的沿着衍射角 φ 方向传播的所有子波在 P 点光振动的叠加

$$E = \int dE = \frac{Cl}{r_0}\int_{-\frac{a}{2}}^{\frac{a}{2}}\cos 2\pi\left[\left(\frac{t}{T} - \frac{r_0}{\lambda}\right) - \frac{x\sin\varphi}{\lambda}\right]dx$$

利用两角差的三角公式将上式展开,得

$$E = \frac{Cl}{r_0}\int_{-\frac{a}{2}}^{\frac{a}{2}}\left[\cos 2\pi\left(\frac{t}{T} - \frac{r_0}{\lambda}\right)\cos\frac{2\pi x\sin\varphi}{\lambda} + \sin 2\pi\left(\frac{t}{T} - \frac{r_0}{\lambda}\right)\sin\frac{2\pi x\sin\varphi}{\lambda}\right]dx$$

因积分 $\int_{-\frac{a}{2}}^{\frac{a}{2}}\sin\frac{2\pi x\sin\varphi}{\lambda}dx = 0$,所以

$$E = \frac{Cl}{r_0}\cos 2\pi\left(\frac{t}{T} - \frac{r_0}{\lambda}\right)\int_{-\frac{a}{2}}^{\frac{a}{2}}\cos\frac{2\pi x\sin\varphi}{\lambda}dx$$

$$= \frac{Cl\lambda}{\pi r_0 \sin\varphi}\cos 2\pi\left(\frac{t}{T} - \frac{r_0}{\lambda}\right)\sin\frac{\pi a\sin\varphi}{\lambda}$$

$$= \frac{Cla}{r_0}\frac{\sin\frac{\pi a\sin\varphi}{\lambda}}{\frac{\pi a\sin\varphi}{\lambda}}\cos 2\pi\left(\frac{t}{T} - \frac{r_0}{\lambda}\right)$$

令 $A_0 = \frac{Cla}{r_0}$,$u = \frac{\pi a\sin\varphi}{\lambda}$,可得

$$E = A_0\frac{\sin u}{u}\cos 2\pi\left(\frac{t}{T} - \frac{r_0}{\lambda}\right)$$

由上式可得 P 点的光强为

$$I = \left(A_0\frac{\sin u}{u}\right)^2 = I_0\left(\frac{\sin u}{u}\right)^2 \tag{10-32}$$

式中 $I_0 = A_0^2$.当衍射角 $\varphi = 0$ 时,$u = 0$,则 $\frac{\sin u}{u} = 1$,可得 $I = I_0$,此时光强最大,即为中央明纹中心,所以 I_0 即为中央明纹中心处之光强.

(10-32)式为单缝衍射图样相对强度分布的情况,如图 10-33 中曲线所示.在 $u = \frac{\pi a\sin\varphi}{\lambda} = \pm\pi, \pm 2\pi, \cdots$ 处,$I = 0$,即暗纹条件为

$$a\sin\varphi = k\lambda \quad (k = \pm 1, \pm 2, \cdots)$$

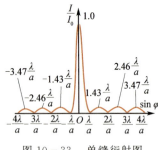

图 10-33 单缝衍射图样的相对亮度分布

这和(10-27)式完全一致.由(10-32)式可得 I 为极大值的各处,即可算出明纹区域中的最亮处.令

$$\frac{d}{du}\left(\frac{\sin^2 u}{u^2}\right) = \frac{2\sin u(u\cos u - \sin u)}{u^3} = 0$$

可知,在 $u\cos u - \sin u = 0$,即 $u = \tan u$ 时,I 取极大值,用图解法求解上式,可得

$$u = 0, \pm 1.43\pi, \pm 2.46\pi, \pm 3.47\pi$$

或 $a\sin\varphi = 0, \pm 1.43\lambda, \pm 2.46\lambda, \cdots$

所以除 $\varphi = 0$(中央明纹中心)外,其余各处与(10-27)式所示明纹的 φ 值相比,都要向中央移近少许,故(10-27)式仅近似地准确.

10.4.4 圆孔夫琅禾费衍射

在单缝的夫琅禾费实验装置中,若用一小圆孔代替狭缝,如图 10-34(a)所示,当平行单色光垂直照射小孔时,在透镜 L_2 焦平面的屏幕上就可以观察到圆孔的夫琅禾费衍射图样,其中央是一明亮圆斑,周围为一组明暗相间的同心圆环,图 10-34(b)为其光强分布图线. 由第一暗环所圈成的中央光斑,集中了衍射光能量的 83.8%,通常把这个衍射斑称为**艾里斑**(Airy disk),它的中心就是几何光学像点. 根据理论计算,艾里斑的半角宽度 $\Delta\theta$ 与圆孔直径 D、入射光波长 λ 的关系为

$$\sin\Delta\theta = 1.22\frac{\lambda}{D} \qquad (10-33)$$

一般情况下,$\Delta\theta$ 都很小,故有

$$\Delta\theta \approx \sin\Delta\theta = 1.22\frac{\lambda}{D} \qquad (10-34)$$

若透镜 L_2 的焦距为 f,则艾里斑的半径为

$$r_0 = f\Delta\theta = 1.22\frac{\lambda f}{D} \qquad (10-35)$$

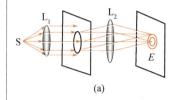

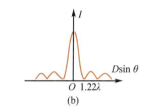

图 10-34 圆孔的夫琅禾费实验

由此可见,艾里斑的大小与光学仪器的孔径 D 成反比. 要使成像清晰,要求艾里斑尽可能小,就必须增大光学仪器的孔径.

当 $\lambda \ll D$ 时,$\Delta\theta \to 0$,$r_0 \to 0$,此即为光的直线传播. 可见,波动光学并没有否定几何光学,相反,几何光学是波动光学在某种情况下的极限. D 越小,或 λ 越长,衍射现象越明显.

10.4.5 光学仪器的分辨能力

光学成像仪器的物镜都是圆形的,都会产生圆孔衍射,这就使得它们所成的像不再是由理想的几何光学像点组成的,而是由一系列艾里斑组成的,这必然会影响像的清晰度. 可见,由于光的衍射现象,光学仪器的分辨能力受到了限制.

下面以透镜为例,说明光学仪器的分辨能力与哪些因素有关.

在图 10-35(a)中,两点光源 S_1 与 S_2 相距较远,两个艾里斑中心的距离大于艾里斑的半径(r_0). 这时,两衍射图样虽然部分重叠,但重叠部分的光强较艾里斑中心处的光强要小. 因此,两物点的像是能够分辨的.

而在图 10-35(c)中,两点光源 S_1 和 S_2 相距很近,两个艾里斑中心的距离小于艾里斑的半径. 这时,两个衍射图样重叠而混为一体,两物点的像就不能被分辨.

在图 10-35(b)中,两点光源 S_1 和 S_2 的距离恰好使两个艾里斑中心的距离等于每一个艾里斑的半径,即 S_1 的艾里斑的中心正

好和 S_2 的艾里斑的边缘相重叠, S_2 的艾里斑的中心也正好和 S_1 的艾里斑的边缘相重叠. 这时,两衍射图样重叠部分中心处的光强,约为单个衍射图样的中央最大光强的 80%,一般人的眼睛刚好能分辨出这种光强差别. 通常把这种情形作为两物点刚好能被人眼或光学仪器所分辨的临界情形. 这一判定能否分辨的准则叫**瑞利判据**(Rayleigh criterion). 而这一临界情况下两个物点 S_1 和 S_2 对透镜光心的张角叫作**最小分辨角**,用 $\delta\varphi_m$ 表示. 由(11-34)式可知

$$\delta\varphi_m = \Delta\theta = 1.22 \frac{\lambda}{D} \tag{10-36}$$

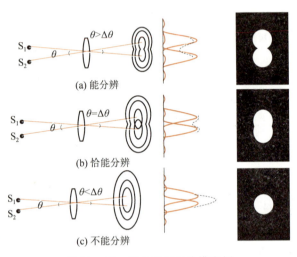

图 10-35 光学仪器的分辨本领

最小分辨角的倒数 $\dfrac{1}{\delta\varphi_m}$ 称为光学仪器的**分辨率**(resolution). 显然分辨率的大小与光学仪器的透光孔径 D 成正比,与波长 λ 成反比. 所以,在天文观测中,为了分清远处靠得很近的几个星体,必须采用孔径很大的望远镜. 对于显微镜,为了提高分辨率,利用波长很短(0.1~0.01 nm 数量级)的电子束作为光源,所以,电子显微镜的分辨率比光学显微镜的分辨率高几千倍.

例 10-10

如果用波长为 589 nm 钠光灯作光源,单缝宽度为 $a=0.50$ mm,在焦距为 $f=0.80$ m 的透镜 L_2 的像方焦面上观察单缝衍射条纹,试问中央明纹有多宽?第一级明纹有多宽?

解 根据(10-29)式,明纹的半角宽度 $\varphi_0 = \dfrac{\lambda}{a}$,则在透镜 L_2 的像方焦面上左右两侧,第一条暗纹间的距离即为中央明纹的线宽度

$$\Delta x_0 = 2f\varphi_0 = 2f\frac{\lambda}{a} = 2\times0.80\times\frac{589\times10^{-9}}{0.50\times10^{-3}}\text{ m}$$
$$= 1.88\times10^{-3}\text{ m}$$

第一级明纹的宽度 Δx_1 是中央明纹宽度的一半,即

$$\Delta x_1 = \frac{\Delta x_0}{2} = 9.4\times10^{-4}\text{ m}$$

例 10-11

试估算人眼瞳孔在视网膜上所形成的艾里斑的大小,以及人眼所能分辨的 20 m 远处的最小线距离.

解 人眼瞳孔基本上是圆孔,直径 D 可在 2~8 mm 之间调节.取波长 $\lambda = 550$ nm,$D = 2$ mm,根据(10-36)式可估算出艾里斑的最大半角宽度为

$$\Delta\theta = 1.22 \frac{\lambda}{D} = 3.4 \times 10^{-4} \text{ rad} \approx 1'$$

这也就是人眼的最小分辨角.人的眼球基本上是球形的,新生婴儿眼球的直径约为 16 mm,成年人眼球的直径约 24 mm,因此,我们取人眼瞳孔的焦距 $f \approx 20$ mm,估算得视网膜上艾里斑的直径约为

$$d = 2f\Delta\theta = 2 \times 20 \times 10^{-3} \times 3.4 \times 10^{-4}$$
$$\approx 1.4 \times 10^{-5} \text{ m} = 14 \text{ μm}$$

因此,在 1 mm² 的视网膜面元上,可以布满约 5 100 个艾里斑.

人眼所能分辨的 $l = 20$ m 远处的最小线距离为

$$\Delta x = l\delta\varphi_m = l\Delta\theta = 20 \times 3.4 \times 10^{-4}$$
$$= 6.8 \times 10^{-3} \text{ m}$$
$$= 6.8 \text{ mm}$$

例 10-12

试比较物镜直径为 5.0 cm 的普通望远镜和直径为 6.0 m 的反射式天文望远镜的分辨率.

解 设可见光的平均波长为 λ,根据(10-36)式,物镜直径为 $D_1 = 5.0$ cm 和 $D_2 = 6.0$ m 的望远镜对可见光的最小分辨角分别为

$$\delta\varphi_{m1} = \Delta\theta_1 = 1.22 \frac{\lambda}{D_1}$$

$$\delta\varphi_{m2} = \Delta\theta_2 = 1.22 \frac{\lambda}{D_2}$$

由此可得

$$\frac{\delta\varphi_{m2}}{\delta\varphi_{m1}} = \frac{D_1}{D_2} = \frac{1}{120}$$

即这台天文望远镜的分辨率是普通望远镜的 120 倍.

§10.5 光 栅

原则上,根据(10-27)式,可以利用单色光通过单缝所产生的衍射条纹,来测定该单色光的波长.但是,为了测得准确的结果,就必须把各级条纹分得很开,而且每一条条纹又要很亮.对单缝衍射来说,这两个要求是不可能同时满足的:为了使各级条纹分开,单缝的宽度 a 就要很小;然而缝宽很小就会导致条纹不亮.为了克服这个困难,实际上在测定光波波长时往往利用**光栅**(grating)所形成的衍射图——**光栅光谱**(grating spectrum).

10.5.1 光栅衍射现象

由大量等间距、等宽度的平行狭缝所组成的光学元件称为衍射光栅. 常用的透射光栅是在一块玻璃片上刻上许多等间距等宽度的平行刻痕, 刻痕处因光线漫反射变得不透光, 不刻痕处相当于一个单缝. 缝的宽度 a 和刻痕的宽度 b 之和, $d=a+b$ 称为**光栅常数** (grating constant), 实际上, 光栅常数就是光栅上相邻两缝间的距离. 实用的光栅, 在 1 cm 内, 刻痕约 $10^3 \sim 10^4$ 条, 故一般的光栅常数为 $10^{-5} \sim 10^{-6}$ m 的数量级.

如图 10-36 所示, 使单色平行光垂直照射到光栅上, 在光栅后面平行地放置凸透镜 L, 在透镜的焦平面处放置接收屏 E, 则在屏上出现平行于狭缝的明暗相间的衍射条纹. 实验指出, 光栅衍射条纹和单缝衍射条纹不同, 它的明条纹又亮又窄, 而且狭缝数目越多, 明条纹越亮越窄. 图 10-37 是不同狭缝数的光栅产生的多缝衍射条纹.

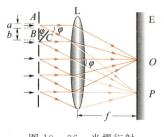

图 10-36 光栅衍射

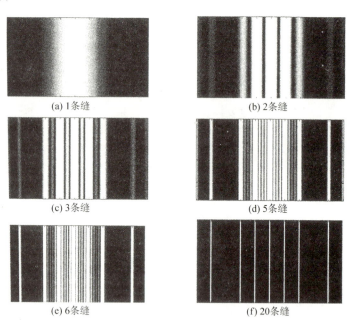

(a) 1条缝　　(b) 2条缝

(c) 3条缝　　(d) 5条缝

(e) 6条缝　　(f) 20条缝

图 10-37 多缝衍射条纹

10.5.2 光栅衍射规律

我们先定性分析光栅衍射图样的形成. 在夫琅禾费衍射中, 凡是衍射角 φ 相同的平行光, 都将会聚在接收屏 E 上相同的 P 点, 因此, 单缝的夫琅禾费衍射图样在屏 E 上的位置与单缝在垂直光轴方向上的位置无关. 这就导致光栅的每条狭缝都将在屏 E 上的同一区域产生夫琅禾费衍射图样, 如图 10-38(a)所示. 然而这种多狭缝的衍射光束在屏上还会产生多光束干涉,如图 10-38(b)所示,因此,光栅衍射图样应是**单缝衍射与多缝干涉的综合效果**,如图 10-38(c)所示.下面我们将定量表述光栅衍射图样中明纹的位置分布和光栅衍射的光强分布.

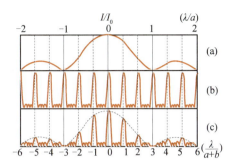

图 10-38 光栅衍射的光强分布曲线

一、光栅方程

据上述分析,光栅明条纹的位置主要决定于干涉效应.由于光栅中任意相邻两狭缝之间的光程差为 $\delta=(a+b)\sin\varphi$,故光栅衍射明条纹的位置应满足

$$(a+b)\sin\varphi=\pm k\lambda \quad (k=0,1,2,\cdots) \quad (10-37)$$

上式称为**光栅方程**(grating equation),它是研究光栅衍射的重要公式.满足光栅方程的明条纹称为**主极大条纹**,又叫**光谱线**,k 叫作主极大的级数.$k=0$ 时对应衍射角 $\varphi=0$,称为中央条纹.$k=1$ 称为第一级条纹,其余类推.式中正负号表示各级明条纹在中央明纹两侧呈对称分布,如图 10-38c 所示.从光栅方程可知,光栅常数 $(a+b)$ 愈小,各级明纹对应的 φ 角愈大,即相邻条纹间距愈大,这有利于分辨和测量.

*二、暗纹条件

在光栅衍射中,相邻两明条纹之间还分布着一些暗条纹.这些暗条纹是由各衍射光因干涉相消而形成的.如果光栅的最上一条缝和最下一条缝沿衍射角 φ 发出的衍射光会聚于屏上的某些点,其光程差满足条件

$$N(a+b)\sin\varphi=\pm m\lambda \quad (10-38)$$

式中,N 为光栅狭缝数,$m=1,2,\cdots,N-1,N+1,\cdots$,则衍射角 φ 满足上式的方向上出现暗条纹.以 $m=1$ 为例,这时我们可以把光栅看成由上下两部分组成,从光栅上下两半宽度内对应狭缝发出的衍射光到达屏上的光程差都是半波长(这类似于单缝衍射的半波带法),因而它们都一一对应于干涉相消,以致总光强为零,故该位置为暗条纹.因此,在相邻两明条纹之间有 $N-1$ 个暗条纹.显然,在这 $N-1$ 个暗条纹之间的位置光强不为零,其光强比各级明条纹的光强要小得多,称为次级明条纹.所以在相邻两明条纹之间分布有 $N-1$ 个暗纹和 $N-2$ 个光强极弱的次级明条纹.光栅狭缝数越多,则暗条纹和次级明条纹也越多,实际上就形成一片暗区;另一方面暗条纹数越多,结果也使明条

纹变得很窄. 所以多光束干涉的结果是在几乎黑暗的背景上出现了一系列又细又亮的光栅衍射条纹.

*三、衍射光栅的光强分布

研究衍射光栅的光强分布,可采用矢量叠加法进行定量分析. 设光栅常数 $d=a+b$,则衍射角为 φ 的相邻狭缝衍射的光束间的光程差和相位差分别为

$$\delta = d\sin\varphi, \quad \varepsilon = \frac{2\pi}{\lambda}\delta = \frac{2\pi d}{\lambda}\sin\varphi$$

图 10-39 为光栅各狭缝的光矢量叠加图. 设每条狭缝沿 φ 角方向聚焦于屏上 P 点的光矢量为 $\boldsymbol{A}_i$,图中相邻 $\boldsymbol{A}_i$ 间的夹角 ε 即为相邻狭缝衍射光束间的相位差. 由光矢量合成知,由于各光束干涉在 P 点引起的合振动 $\boldsymbol{A}=\sum\boldsymbol{A}_i$.

根据两个等腰三角形 OBC 和 OBD 可得以下关系

$$R = \frac{\frac{A_i}{2}}{\sin\frac{\varepsilon}{2}} = \frac{\frac{A}{2}}{\sin\frac{N\varepsilon}{2}}$$

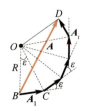

图 10-39 光栅矢量图

解得

$$A = A_i\frac{\sin\frac{N\varepsilon}{2}}{\sin\frac{\varepsilon}{2}}$$

由(10-32)式可知每一狭缝在 P 点的光强为

$$I_i = A_i^2 = I_0\left(\frac{\sin u}{u}\right)^2$$

利用上式再由 $I=A^2$,可以得到多缝衍射的光强分布公式为

$$I = I_0\left(\frac{\sin u}{u}\right)^2\left(\frac{\sin\frac{N\varepsilon}{2}}{\sin\frac{\varepsilon}{2}}\right)^2 \tag{10-39}$$

上式 $\left(\dfrac{\sin u}{u}\right)^2$ 是单缝衍射因子,而 $\left(\dfrac{\sin\frac{N\varepsilon}{2}}{\sin\frac{\varepsilon}{2}}\right)^2$ 是多缝干涉因子. 在图 10-38(a)、图 10-38(b)、图 10-38(c)中,依次给出了在 $N=5$ 时 $\left(\dfrac{\sin u}{u}\right)^2$,$\left(\dfrac{\sin\frac{N\varepsilon}{2}}{\sin\frac{\varepsilon}{2}}\right)^2$ 和 $\dfrac{I}{I_0}$ 随 $\sin\varphi$ 的变化关系,表明了光栅衍射图样是多缝干涉的光强分布受单缝衍射光强分布调制的结果.

四、缺级现象

前面讨论光栅方程 $(a+b)\sin\varphi=k\lambda$ 时,只是从多光束干涉的角度说明了叠加光强最大而产生明纹的必要条件,但当这一 φ 角位置也同时满足单缝衍射暗条纹条件 $a\sin\varphi=k'\lambda$ 时,可将这一位置看成是光强度为零的"干涉加强",所以从光栅方程看来,本应出现某 k 级明条纹的位置,实际上却是暗条纹,即 k 级条纹消失,这种现象称为光栅的**缺级**(missing order)**现象**. 缺级条件为

$$k = k'\frac{a+b}{a} \quad (k'=\pm 1, \pm 2, \cdots) \tag{10-40}$$

在图 10-38 所示的情况下，$d=3a$，于是缺级发生在 $k=\pm3$，±6，… 各主极大位置上．

10.5.3 光栅光谱

根据光栅方程可知，在光栅常数一定的条件下，衍射角 φ 的大小与入射光波的波长有关．因此白光通过光栅后，各种不同波长的光将产生各自分开的条纹．在屏幕上除中央明条纹由各种波长的光混合仍为白色外，其两侧将形成各级由紫到红对称排列的彩色光带，这些光带的整体叫作**衍射光谱**，如图 10-40 所示．对于同一级的条纹，由于波长短的光衍射角小，波长长的光衍射角大，所以光谱中紫光（图中以 V 表示）靠近中央明条纹，红光（图中以 R 表示）则远离中央明条纹，在第二级和第三级光谱中，发生了重叠，级数愈高，重叠情况愈复杂．

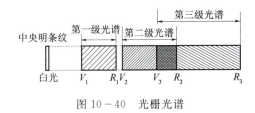

图 10-40　光栅光谱

由于光栅可以把不同波长的光分隔开来，所以，它和棱镜一样是一种分光元件，又由于光栅条纹宽度很窄，测量误差很小，在光谱仪中常用它取代棱镜，构成性能更为优越的光栅光谱仪．

例 10-13

以波长 589.3 nm 的钠黄光垂直入射到光栅上，测得第二级谱线的偏角为 $28°8'$，用另一未知波长的单色光入射时，它的第一级谱线的偏角为 $13°30'$．(1)试求未知波长；(2)未知波长的谱线最多能观测到第几级？

解　(1)设 $\lambda_0=589.3$ nm，$\varphi_0=28°8'$，$k_0=2$，λ 为未知波长，$\varphi=13°30'$，$k=1$，则按题意可列出如下光栅方程：

$$d\sin\varphi_0=2\lambda_0$$
$$d\sin\varphi=\lambda$$

由此可解得　$\lambda=2\lambda_0\dfrac{\sin\varphi}{\sin\varphi_0}=584.9$ nm

(2)由光栅方程 $d\sin\varphi=k\lambda$ 可以看出，$k=\dfrac{d}{\lambda}\sin\varphi$ 的最大值由条件 $\varphi<90°$，即 $|\sin\varphi|<1$ 决定，故 $k_{\max}<\dfrac{d}{\lambda}$，对波长为 584.9 nm 的谱线，可得

$$k_{\max}<\dfrac{d}{\lambda}=\dfrac{2\lambda_0}{\lambda\sin\varphi_0}=4.3$$

所以最多能观测到第四级谱线．

§10.6　X射线衍射

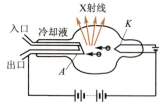

图 10-41　X 射线管

X射线又称伦琴射线,是伦琴(W. K. Röntgen)1895年发现的. 图 10-41 所示为 X 射线管的结构示意图. 由热阴极 K 发出的电子在高电压加速下,轰击阳极 A(钼制成),阳极便发射某种射线. 这种射线人眼看不见,有很强的穿透力,并可使荧光屏发光. 这一射线当时未为人知,是个未知数,因而伦琴将其命名为 X 射线. 后来人们逐渐认识到,X 射线是波长大约在 $10^{-3}\sim 1$ nm 范围内的电磁波,其特点是波长短、穿透力强. 由于其穿透力强,可用于人体透视及金属检测. 由于其波长短,用普通光栅观察不到它的衍射现象. 晶体是晶格间距 0.1nm 左右,有规则的点阵结构,相当于一个三维的立体光栅. 1912年德国人劳厄(M. V. Laue)用晶片代替光栅观测到了 X 射线的衍射现象,如图 10-42 所示. 1913年,前苏联乌列夫,英国布拉格父子也观察到了在晶面上反射的 X 射线的衍射现象,从而开创了一个新的技术领域——X 射线晶体结构分析. 现在,X 射线在物理学、材料科学、化学、生物学、医学等科技领域得到了广泛的应用.

图 10-42　劳厄实验

1913年,布拉格父子(W. H. Bragg, W. L. Bragg)对 X 射线在晶体上的衍射,提出了一个简明而有效的解释. 当 X 射线照射到晶体上时,组成晶体的每个原子都可以看作一个子波源,向各个方向发出衍射线,它们的叠加可以分为:同一原子层中不同子波源所发出子波的相干叠加,布拉格认为只有按反射线方向叠加的强度为最大;其次是不同原子层中各原子发出子波的相干叠加,其强度由相邻上下两层原子发出反射线的光程差确定.

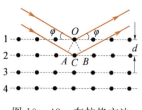

图 10-43　布拉格方法

如图 10-43 所示,设两原子层之间的晶面间距为 d,称为**晶格常数**,当一束平行的相干的 X 射线以掠射角 φ 入射时,则相邻两原子层的反射线的光程差为

$$AC+CB=2d\sin\varphi$$

若在该方向上得到不同晶面上原子散射线的相干加强,则必须满足以下的干涉极大条件

$$2d\sin\varphi=k\lambda \quad (k=1,2,3,\cdots) \quad (10-41)$$

这就是**晶体衍射的布拉格公式**. 对一定的晶面系,当入射线的掠射角 φ 满足布拉格公式时,在晶体上的衍射线将互相加强,从而在该反射线方向上形成亮斑.

(10-41)式在现代科技中应用极为重要. 如已知 X 射线的波长 λ,则可测定晶体的晶格常数 d,对晶体可作结构分析;如已知晶体的结构,则可确定 X 射线的光谱,这是对原子的内层结构进行探索的重要手段.

例 10-14

已知晶格常数 $d = 0.275$ nm，入射的 X 射线含有从 $0.095 \sim 0.13$ nm 的各种波长，X 射线对晶面的掠射角 $\varphi = 45°$。问晶面能否产生强反射。

解 由强反射条件 $2d\sin\varphi = k\lambda$ 得

$$\lambda = \frac{2d\sin\varphi}{k} = \frac{2 \times 0.275 \times \frac{\sqrt{2}}{2}}{k} = \frac{0.39}{k}$$

取 $k=1, \lambda_1 = 0.390$ nm；
$k=2, \lambda_2 = 0.185$ nm；
$k=3, \lambda_3 = 0.13$ nm；
$k=4, \lambda_4 = 0.098$ nm；
$k=5, \lambda_5 = 0.078$ nm

晶面对入射成分中波长为 0.13 nm 和 0.098 nm 的 X 射线产生强反射。

§10.7 光的偏振

光的干涉和衍射现象揭示了光的波动性，光的偏振现象证实了光波是横波，这些都是对光的电磁波理论的有力证明。

10.7.1 自然光　偏振光

光波是特定频率范围内的电磁波，在这种电磁波中起光作用（如引起视网膜受刺激的光化学作用）的主要是电场矢量，因此将电场矢量称为**光矢量**。由于电磁波是横波，所以光矢量 E 与其传播方向垂直，即光矢量 E 对传播方向没有对称性，我们称为**偏振性**（polarity）。光矢量 E 与传播方向组成的平面称为**振动面**，某一振动面表示光矢量的一种振动状态，称为**偏振态**（polarization state）。

光的偏振

一、自然光

根据普通光源中单个原子（或分子）发光的独立性、随机性和间歇性，大量原子（或分子）发出的光矢量 E 的振动方向没有哪一个方向比其他方向占优势，这表明各个方向光矢量的振幅相等，也即**各个方向振动的光强相等**，这样的光称为**自然光**（natural light）。一般光源发出的光都是自然光，自然光的表示方法如图 10-44 所示，在垂直于光的传播方向的平面内，用各个方向振幅相等的光矢量 E 表示，如图 10-44(a) 所示；或在传播方向上用交替的短线与点子表示，如图 10-44(b) 所示。设点子方向（垂直纸面）为 x，短线方向（平行纸面）为 y，将所有光矢量按 $x-y$ 方向正交分解，则自然光光强 I_0 可分解为 $I_x = I_y = \dfrac{I_0}{2}$，即平行纸面的光强与垂直纸面的光强各占

自然光强 I_0 的一半.

二、偏振光

偏振光分为四类:线偏振光、部分偏振光、椭圆偏振光和圆偏振光.

1. 线偏振光

光矢量 E 只沿某一固定方向振动,这种光称为线偏振光(linearly polarized light),也称**平面偏振光或完全偏振光**.线偏振光的振动面只有一个,且不随时间改变,如图 10-45(a)所示.线偏振光的表示方法如图 10-45(b)、图 10-45(c)所示.

2. 部分偏振光

在垂直于光的传播方向的平面内,各方向振动的振幅大小不同,称为**部分偏振光**,其表示方法如图 10-46 所示.

3. 椭圆偏振光和圆偏振光

这两种光的特点是光振动的方向随时间改变,光矢量在垂直于光的传播方向的平面内以一定的角速度旋转.如图 10-47(a)所示,光矢量的端点描绘的轨迹是椭圆,即不仅光矢量的方向随时间改变,光矢量的大小也随时间改变,这种光称为**椭圆偏振光**.如果光矢量的端点描绘出的轨迹是圆,即只是光矢量的方向随时间改变,光矢量的大小不随时间改变,这种光称为**圆偏振光**,如图 10-47(b)所示.关于椭圆偏振光与圆偏振光将在下节深入讨论.

10.7.2 偏振片的起偏与检偏

使自然光(或非偏振光)变成线偏振光的过程叫作**起偏**.检查入射光的偏振状态称为**检偏**.

常用的起偏器件为人造偏振片(polaroid),它们是一些具有**二向色性**(dichroism)的物质.如图 10-48所示,二向色性材料在光透射其中时,把某方向的振动全部吸收,结果使透射光成为线偏振光.透射后的线偏振光的振动方向称为偏振片的**偏振化方向(又称透射轴或透振方向)**.

电气石晶片、碘化硫酸奎宁膜、含碘的一些塑料膜等均具有这种二向色性,常用它们来制成人造偏振片.

利用两个偏振片 P_1 和 P_2 组成如图 10-49 所示光路,就可实现起偏与检偏,其中 P_1 称为**起偏器**(polarizer),P_2 称为**检偏器**(analyzer).具体操作如下:当透过 P_1 所形成的线偏振光再垂直入射于偏振片 P_2 时,如果 P_2 的偏振化方向与线偏振光的光振动方向相同时,该线偏振光全部透过偏振片 P_2,在偏振片 P_2 后面能观察到光;如果把偏振片 P_2 旋转 90°,即当 P_2 的偏振化方向与线偏振光的光

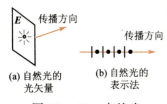

图 10-44 自然光

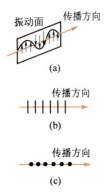

图 10-45 线偏振光表示法

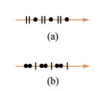

图 10-46 部分偏振光表示法

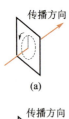

图 10-47 椭圆偏振光和圆偏振光

振动方向互相垂直时,则线偏振光全部被偏振片 P_2 吸收,在偏振片 P_2 后面就观察不到光,这种现象称为**消光**. 令偏振片 P_2 绕入射的偏振光的传播方向慢慢转动一周,就会发现透过 P_2 的光强不断改变,并经历两次光强最大和两次消光过程. 如果入射到 P_2 上的是自然光或部分偏振光,则上述消光过程就不会出现. 这样就可鉴别入射光的偏振性.

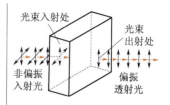

图 10-48 二向色性材料有选择地吸收与透射

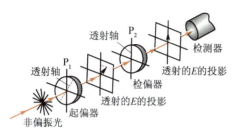

图 10-49 偏振片的起偏与检偏

10.7.3 马吕斯定律

实验表明,如果入射的线偏振光的光强为 I_0,透过检偏器后,透射光的光强 I 为

$$I = I_0 \cos^2 \alpha \quad (10-42)$$

式中,α 是线偏振光的振动方向与检偏器的偏振化方向(透射轴)之间的夹角. 上式称为**马吕斯定律**(Malus law). 现作如下理论证明.

如图 10-50 所示,α 为线偏振光振动方向 N_1 与检偏器的透射轴之间的夹角. 设入射线偏振光的光矢量振幅为 E_0,由于检偏器只能透射平行于其透射轴的场分量 $E_0 \cos \alpha$,而 $I_0 \propto E_0^2$,$I \propto (E_0 \cos \alpha)^2$,取比例常数为 1,于是

$$I = I_0 \cos^2 \alpha$$

当 $\alpha = 0$ 或 $\alpha = \pi$ 时,$I = I_0$,由检偏器透射的强度最大. 而当 $\alpha = \frac{1}{2}\pi$ 或 $\frac{3}{2}\pi$ 时,$I = 0$,由检偏器透射的强度最小. 可见,α 变化 2π(相当于检偏器旋转一周),可观察到屏幕上出现两明两暗的变化;当 α 不等于上述特殊角度时,$0 < I < I_0$.

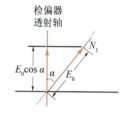

图 10-50 马吕斯定律的证明

例 10-15

如图 10-49 所示,将透振方向分别为 P_1 和 P_2 的两块偏振片共轴平行放置,然后用光强为 I_1 的自然光和光强为 I_2 的线偏振光同时垂直入射到第一块偏振片上. 试问:(1)如果 P_1 固定不动,将 P_2 以光线方向为轴转动一周时,从该系统透射出来的光强如何变化?(2)欲使从系统透射出来的光强最大,应如何设置 P_1 和 P_2?

解 (1) 设光强为 I_2 的入射线偏振光的振动方向与 P_1 间的夹角为 α,P_1 和 P_2 之间

的夹角为 θ，则从系统透射出来的光强为

$$I = \left(\frac{I_1}{2} + I_2\cos^2\alpha\right)\cos^2\theta$$

若使 P_2 以光线方向为轴转动一周，则 θ 将连续改变 $360°$. 于是，在 P_1 固定不动时，透射光强 I 将随之作周期性的连续变化. 当 $\theta = 0°, 180°, 360°$ 时，透射光强为极大，且有

$$I_m = \frac{I_1}{2} + I_2\cos^2\alpha$$

而当 $\theta = 90°, 270°$ 时透射光强为零.

(2) 由上述结果可以看出，只有当 $\theta = 0°$ 或 $180°$，且 $\alpha = 0°$ 时，通过系统的透射光强 I 最大，等于 $\frac{I_1}{2} + I_2$. 因此，在实验步骤上应先固定 P_1，转动 P_2，使透射光强达到极大，表明已调到 $\theta = 0°$ 或 $180°$；然后再让 P_1 和 P_2 同步旋转，使透射光强达到其最大值，表明这时已同时调到了 $\alpha = 0°$，这就是题目所要求的设置.

10.7.4 反射和折射光的偏振

实验表明，当自然光在任意两种各向同性介质的分界面上发生反射和折射时，反射光和折射光一般都是部分偏振光，其偏振程度与入射角以及两种介质的折射率有关. 具体而言，假定自然光以入射角 θ_i 照射到折射率分别为 n_1 和 n_2 的介质的分界面上，折射角为 θ_r，如图 10-51 所示. 将入射的自然光用两个相互垂直、振幅相等、无相位关系的线偏振光的光矢量表示：一个与入射面平行的光矢量 E_p（图中用短线表示）；一个与入射面垂直的光矢量 E_s（图中用黑点表示）. 反射和折射光亦可作同样的分解，其光矢量分别用 E_p'，E_s' 和 E_p''，E_s'' 表示. 一般而言，反射光和折射光都是部分偏振光，对于反射光有 $|E_s'| > |E_p'|$（点子多于短线），但对于透射光却有 $|E_p''| > |E_s''|$（短线多于点子）.

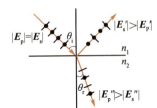

图 10-51 反射和折射时的偏振

1812 年，布儒斯特（D. Brewster）发现，若光从折射率为 n_1 的介质射向折射率为 n_2 的介质，当入射角等于某一特定值 θ_b，即满足

$$\tan\theta_b = \frac{n_2}{n_1} \qquad (10-43)$$

时，反射光成为其振动方向垂直于入射面的线偏振光，这就是**布儒斯特定律**，θ_b 称为**布儒斯特角**（Brewster angle）或**起偏角**. 如果将布儒斯特定律

$$\tan\theta_b = \frac{\sin\theta_b}{\cos\theta_b} = \frac{n_2}{n_1}$$

与折射定律 $\frac{\sin\theta_b}{\sin\theta_r} = \frac{n_2}{n_1}$ 相比较，则有

$$\cos\theta_b = \sin\theta_r = \cos\left(\frac{\pi}{2} - \theta_r\right)$$

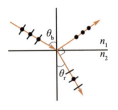

图 10-52 布儒斯特定律

或

$$\theta_b + \theta_r = \frac{\pi}{2} \qquad (10-44)$$

这就是说，当入射光以布儒斯特角入射时，反射光与折射光互相垂

直,如图 10-52 所示.这时反射光为线偏振光,而折射光为部分偏振光.显然,反射光强小于折射光强,同为反射光只拥有少部分的点子,而折射光却拥有全部的短线和大部分的点子.

如果应用图 10-53 所示的玻片堆,并使自然光以布儒斯特角入射,则与入射面垂直的 E_s 分量在玻片堆的每个分界面上都要被反射掉一部分,而与入射面平行的 E_p 分量在各分界面上都不被反射,当玻片数量足够多时,从玻片堆透出的光就非常接近线偏振光,其振动方向与入射面平行.因此,玻片堆就可以用作起偏器或检偏器.

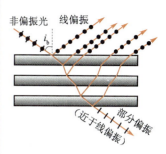

图 10-53 玻片堆

10.7.5 晶体的双折射

一、晶体的双折射现象

一束光射入方解石晶体后,可以观察到有两束折射光,这种现象称为**双折射**(birefringence)现象,如图 10-54 所示.能产生双折射现象的晶体称为双折射晶体.利用图 10-54 所示的实验可观察到,一束自然光垂直于方解石晶体表面入射,其中有一束在晶体中沿原方向传播,这表明它遵守折射定律,这束折射光称为**寻常光**(ordinary light),简称 o 光;另一束折射光偏离原方向传播,它不遵守折射定律,这束折射光称为**非常光**(extraordinary light),简称 e 光.如果使方解石晶体以入射光束为轴旋转,将发现 o 光传播方向不变,而 e 光则绕轴旋转.利用检偏器可以发现,晶体中的 o 光和 e 光是互相垂直的线偏振光.必须注意,o,e 两光仅在晶体内才有此称谓,由晶体出射后不再称为 o,e 光,而分别称作线偏振光(二者振动方向不同).

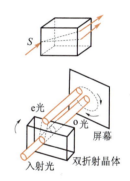

图 10-54 晶体双折射实验

实验发现,当光线在晶体内沿着某个特殊的方向入射时,不发生双折射,o 光和 e 光不会分开.这个特殊方向称为**晶体的光轴**(optical axis).如图 10-55 所示,方解石的天然晶体呈平行六面体,其中两个彼此相对着的顶点由三个 102°的钝角面会合而成.通过这样的顶点并与三个界面成等角的直线方向,就是方解石晶体的**光轴**.注意光轴实际上不是一条轴,而是代表一个方向,**晶体中与光轴直线平行的任何直线都可以表示光轴**.方解石、石英、红宝石和冰等晶体都只有一个光轴,称为**单轴晶体**;而云母、蓝宝石和硫磺等晶体却有两个光轴,称为**双轴晶体**.晶面的法线与晶体的光轴所构成的平面称为**晶体主截面**,晶体中某条光线与晶体光轴所构成的平面称为**晶体主平面**.实验表明,o 光振动方向总是与晶体主平面垂直,而 e 光的振动方向总是在晶体主平面内.当入射光线在晶体主截面内时,o 光和 e 光的晶体主平面与晶体主截面重合,这时 o 光和 e 光的振动方向严格垂直,这正是实际应用中常见的情况.

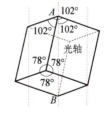

图 10-55 方解石晶体的光轴

二、波片（波晶片）

按晶面与光轴平行的要求，从单轴晶体上切割一薄晶片，见图 10-56 所示，光束正入射其晶面，故其主平面与主截面二者重合，又由于光束垂直光轴，故 o 光和 e 光传播方向相同，但二者传播速度 $u_o \neq u_e$，即二者折射率 $n_o \neq n_e$，设薄晶片厚度为 d，则 o、e 两光通过薄晶片后的附加光程差 $\delta = (n_o - n_e)d$，其相位差为

$$\Delta\varphi = \varphi_o - \varphi_e = \frac{2\pi}{\lambda}(n_o - n_e)d \qquad (10-45)$$

适当选取晶片厚度 d，当 $(n_o - n_e)d = \pm\frac{\lambda}{4}$，这样的薄晶片称为 $\frac{1}{4}$ **波片**，这时 $\Delta\varphi = \pm\frac{\pi}{2}$；当 $(n_o - n_e)d = \frac{\lambda}{2}$ 时，这样的薄晶片称为**半波片**，这时有 $\Delta\varphi = \pm\pi$. 实际上，波片的真实厚度为上述数值加上波长或半波长的整数倍.

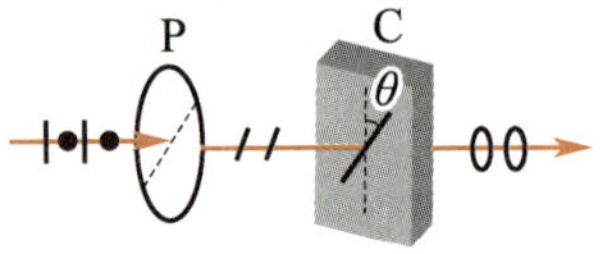

如图 10-57 所示，利用波片可获得椭圆偏振光和圆偏振光，令图中 P 的偏振化方向与波片的光轴成夹角 θ，这样透过波片的光将是两束振动方向相互垂直、频率相同且有一定相位差的光，此两光振动合成为椭圆偏振光. 当 P 的偏振化方向与光轴方向夹角 $\theta = \frac{\pi}{4}$ 时，则晶体中 o 光和 e 光的振幅相等，此时通过玻片后的光将成为圆偏振光.

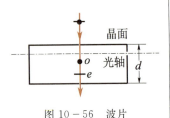

图 10-56 波片

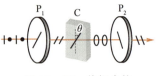

图 10-57 椭圆偏振光的获得

§10.8 偏振光的干涉 人为双折射 旋光现象

10.8.1 偏振光的干涉

只要满足相干条件，就可观察到偏振光的干涉现象. 如图 10-58 所示，P_1，P_2 是两个偏振化方向互相垂直的偏振片，C 为波片. 单色自然光垂直入射于偏振片 P_1，通过 P_1 后成为线偏振光，入射到波片时分解为 o 光和 e 光，通过波片后则成为光振动方向互相垂直且有一定相位差的两束光. 这两束光射入偏振片 P_2 时，只有与 P_2 偏振化方向平行的分振动才可透过，这样就可观察两束相干偏振光的干涉现象.

下面定量计算偏振光干涉的光强变化. 限于篇幅，我们仅讨论两偏振片的透振方向相互正交、两者中间插入一波片的情况. 图 10-59

图 10-58 偏振光的干涉现象

中给出了两偏振片的透振方向 P_1，P_2，以及波片光轴 C 在屏上的投影图. 入射光经偏振片 P_1 变成沿其透振方向振动的线偏振光 E_1. 进入波片后，线偏振光 E_1 分解为 e 振动 E_e 和 o 振动 E_o. 设波片光轴（e 轴）与 P_1 轴间夹角为 θ，则各个振动的振幅分别为

$$E_e = E_1 \cos\theta, \quad E_o = E_1 \sin\theta$$

光线从波片穿出后射到偏振片 P_2 上，在光的 e 分量和 o 分量中，都只有它们在 P_2 轴上的投影 E_{e2} 和 E_{o2} 才能通过，则 E_{e2}，E_{o2} 的振幅分别为

$$E_{e2} = E_1 \cos\theta \sin\theta$$
$$E_{o2} = E_1 \sin\theta \cos\theta$$

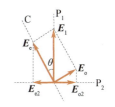

图 10-59 偏振光干涉振幅矢量图

最后从偏振片 P_2 射出的光线到达屏幕后，其光强应是 E_{e2} 和 E_{o2} 这两个同方向振动相干叠加的结果，即合成振动为

$$E_2 = \sqrt{E_{e2}^2 + E_{o2}^2 + 2E_{e2}E_{o2}\cos\Delta\varphi}$$

于是，通过偏振片 P_2 的光强 I_2 为

$$I_2 = E_2^2 = I_1 \sin^2 2\theta (1+\cos\Delta\varphi)/2$$

式中 $I_1 = E_1^2$

由此可见，透过系统的光强 I_2 与波片光轴和偏振片透振方向之间的夹角 θ 以及相位差 $\Delta\varphi$ 有关. 上式中的相位差 $\Delta\varphi$ 来源于三方面：入射到波片之前的 $\Delta\varphi_1$（本装置 $\Delta\varphi_1=0$），波片引起的 $\Delta\varphi_2 = \frac{2\pi}{\lambda}(n_o - n_e)d$，以及 E_{o2} 和 E_{e2} 的方向相反所引起的 $\Delta\varphi_3 = \pi$，即

$$\Delta\varphi = \frac{2\pi}{\lambda}(n_o - n_e)d + \pi$$

将 $\Delta\varphi$ 代入可得

$$I_2 = I_1 \sin^2 2\theta \sin^2\left[\frac{\pi d}{\lambda}(n_o - n_e)\right] \qquad (10-46)$$

则当波片光轴与 P_1 间的夹角 $\theta = k\frac{\pi}{2}(k=0,1,2,\cdots)$ 时，$\sin 2\theta = 0$，$I_2 = 0$，出现消光现象；当 $\theta = (2k+1)\frac{\pi}{4}$ 时，$|\sin 2\theta| = 1$，I_2 达到极大.

若用楔形波片（厚度不均匀），则可在视场中观察到等厚干涉条纹.

若采用白光光源，由 (10-46) 式可知，各种波长的光强各不相同，在视场中呈现一定的色彩（干涉色），这种现象称为**色偏振**.

色偏振在地质学中常用来鉴别矿石的种类，其方法是，将矿石制成晶片放在偏光显微镜的载物台上，在目镜中观察其干涉色（色偏振），并据此确定矿石种类. 实用中各种真、假宝石的鉴别与确定均采用此法.

关于两偏振片的透振方向成任意夹角（或平行），中间插入波片，其干涉机理和应用，有兴趣的读者可参阅有关资料.

10.8.2 人为双折射

某些晶体在受外界作用(如机械力、电场等)时,失去各向同性的性质,也呈现出双折射现象,称为**人为双折射**(artificial birefringence)现象.

一、光弹性效应——应力双折射

玻璃、环氧树脂、塑料等非晶体在机械力作用下产生形变时,会显示出光学上的各向异性,这种现象叫作**光弹性效应**(photoelastic effect).

利用光弹性效应可以研究物体内部应力的分布情况,方法是用前述材料制成各种机械零件的透明模型,然后模拟零件的受力情况,分析其偏振光干涉条纹的色彩和形状,从而得到模型内应力的分布情况,这种方法叫光弹性方法.光弹性方法在工程技术上得到了广泛应用,现已成为光测弹性学基础.

二、克尔效应——电致双折射

某些晶体或液体在强电场的作用下,使分子定向排列,从而获得类似于晶体的各向异性,这一现象是克尔于 1875 年发现的,称为**克尔效应**(Kerr effect).

如图 10-60 所示,C 是装有平板电极且储有非晶体或液体(如硝基苯)的容器,叫作克尔盒,P_1,P_2 是两个正交偏振片.电极通电后,盒内非晶体或液体获得单轴晶体的性质,其光轴方向沿电场方向.实验指出,o,e 两光折射率之差正比于电场强度的平方,即

$$n_o - n_e = kE^2 \qquad (10-47)$$

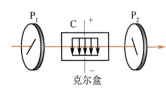

图 10-60 克尔效应

式中 k 为克尔常数,与材料有关.克尔效应能随着电场的产生和消失而极快地建立和消失(不超过 10^{-9} s),所以可制成光断续器,现已广泛用于高速摄影、光速测量及脉冲激光器的 Q 开关等方面.

10.8.3 旋光现象

偏振光通过某些透明物质时,偏振光的振动面会绕传播方向转过一定的角度,这种现象称为**旋光现象**.能产生旋光现象的物质称为**旋光物质**.例如,石英、糖和酒石酸溶液都是旋光物质.

如果旋光物质是晶体,实验发现,振动面旋转的角度 φ 与物质的厚度 d 成正比,即

$$\varphi = \alpha d \qquad (10-48)$$

式中,α 称为物质的旋光率,它与物质的性质和入射光的波长有关.

如果旋光物质是液体,实验发现,振动面旋转的角度 φ 与旋光

物质的浓度 c 和溶液的透光厚度 l 成正比,即
$$\varphi = \alpha c l \qquad (10-49)$$
式中,α 是与物质有关的常数,称为旋光常数.生产和科研部门常用的糖量计就是根据这一原理制成的.

*§10.9 现代光学简介

20 世纪中期,光学领域发生了三件大事:1948 年全息照相术的诞生,1955 年作为像质评价的传递函数的提出,1960 年激光器的问世,使得光学在理论方法和实际应用上都有了许多重大的突破和进展.尤其是激光技术的快速发展和应用,带动了一大批新兴学科的发展,如全息光学、信息光学、光纤通信、非线性光学、傅里叶光学和激光光谱学等,形成了现代光学新体系.

10.9.1 全息技术

全息技术的原理是伽伯 1908 年为了提高电子显微镜的分辨本领而提出的.他曾用汞灯作光源拍摄了第一张全息照片.但是,这方面的工作进展得相当缓慢.直到 1960 年激光出现以后,全息技术才获得了迅速发展,并成为一门重要的新技术.

全息照相(holograph)独特的优点之一是可以再现物体的立体形象.它与普通照相比较,从基本原理到拍摄过程和观察方法都不相同.

全息照相是以干涉、衍射等波动光学规律为基础的无透镜摄影,所记录的是物体所发光波的全部信息(包括振幅和相位),故名全息照相.普通照相只记录物体所发光波的振幅,所以底片上呈现与物体相应的影像.全息底片上并没有物体的影像,而是许多记录了物体所发光波的全部信息的干涉条纹,如图 10-61 所示.由于利用了干涉原理,所以全息照相需要强相干光源.这就是为什么激光出现后全息技术才得到迅速发展的原因.

图 10-61 全息图片

一、全息记录

全息照片的拍摄利用了光的干涉原理.基本光路如图 10-62 所示.将激光器的输出光分为两束,一束直接投射到感光底片上,称为参考光束;另一束先投射到物体上,然后再由物体反射(或透射)后到达感光底片上,称为物光束.参考光和物光在底片上相遇叠加,形成复杂的干涉条纹.因为从物体上各点反射出来的物光,其振幅和相位各不相同,所以感光片上各处的干涉条纹也不相同.振幅不同使条纹变黑程度不同;相位不同则使条纹的密度、形状各异.

全息图的干涉条纹是怎样记录相位信息的呢?如图 10-63 所示,设 O 为物体上某一发光点,它发出的光和参考光在底片上形成干涉条纹.设 a,b 为某相邻的两暗纹(底片冲洗后变为透光缝)所在处,与 O 点相距为 r.要形成暗纹,则 a,b 两处的物光和参考光必须反相.设参考光是垂直入射(也可以斜入射)的平行光波,则参考光在 a,b 两处的相位是相同的,所以到达 a,b 两处的物光

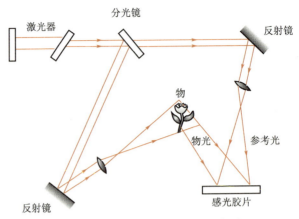

图 10-62 全息照片的拍摄示意图

的光程必定相差一个波长 λ,才能保证 a,b 两处均为暗纹.由图示几何关系知

$$\Delta = \lambda = \sin\theta \mathrm{d}x$$

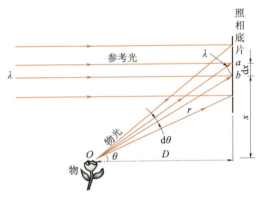

图 10-63 全息记录原理图

即

$$\mathrm{d}x = \frac{\lambda}{\sin\theta} = \frac{\lambda r}{x}$$

上式说明,在底片上同一处,来自物体上不同发光点的光,由于它们的 θ 或 r 不相同,与参考光形成的干涉条纹的间距就不同,因此底片上各处干涉条纹的间距及条纹走向就反映了物光波相位的不同信息,实际上反映了物体上各发光点的位置差别.整个全息图上记录下来的干涉条纹,事实上是物体表面各发光点发出的物光与参考光所形成的许多干涉条纹的叠加.

二、全息再现

全息摄影的第二步是全息图像的再现和观察.这时,只需用拍摄该照片时所用的同一波长的照明光沿原参考光方向照射底片即可,如图 10-64 所示.当我们从照片的背面向照片看时,就可看到原位置处原物体完整的立体形象,而照片本身就像一个窗口一样.之所以产生这样的效果,是因为全息底片上各处的透射率不同,它就相当于一个"透射光栅",照明光透过后将产生衍射,而衍射光波将再现物光波,因而获得栩栩如生的原物图像.仍以两相邻的条纹 a 和 b 为例,这时它们是两条透光缝,照明光透过它们将发生衍射.沿原方向前进的光波不产生成像效果,只是其强度受到照片的调制而不再均匀.沿原来从物体上 O 点发来的物光方向的那两束衍射光,其光程差也一定是一个波长 λ,

这两束光波被人眼会聚将叠加形成+1级极大，这一极大正对应于发光点 O. 由发光点 O 原来在底片上各处造成的透光条纹透过的光，其衍射总效果会使人眼感到在原来 O 点处有一发光点 O'. 物体上所有发光点在照片上产生的透光条纹对入射照明光的衍射，就会使人眼看到原来位置处的一个完整的原物立体虚像. 更有趣的是，当人眼换一个位置观察时，会看到物体的侧面像，而且原来被其他物体挡住的地方这时也能显露出. 由于在拍摄时物体上任一发光点发出的物光在整个底片上各处都和参考光发生干涉，因而底片上各处都有该发光点的信息记录. 所以即使是取底片上的一小块残片来观察，也照样能看到整个物体的立体形象. 这些都是普通照片所望尘莫及的.

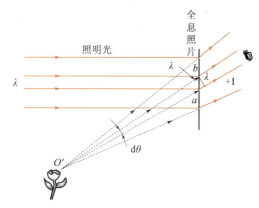

图 10-64　全息图像的再现和观察

三、全息的应用

最初全息术是为了提高电子显微镜的分辨率而提出的. 但是全息术发展到现阶段，已发现它有大量新的应用. 如用全息术制造 X 射线显微镜，摄制全息电影，全息显微术，全息干涉计量术，全息存储，特征字符识别等.

除光学全息外，还发展了红外、微波、超声全息术. 这些全息技术在军事侦察和监视上具有重要意义. 如对可见光不透明的物体，往往对超声波"透明"，因而超声全息可用于水下侦察和监视，还可以用于医疗透射诊断，以及工业化无损探伤等.

10.9.2 非线性光学简介

在强光源激光作用下，介质中将出现很多新现象，如谐波的产生、光参量振荡、光的受激散射、光束自聚焦、多光子吸引、光致透明和光子回波等，研究这些现象的学科称为**非线性光学**.

一、光学介质的线性极化与非线性极化

光在介质中传播时，由于光波的电场作用，介质产生极化. 在弱光作用下，光场在介质中产生的电极化强度 P 与电场强度 E 的一次方成正比，即

$$P = \varepsilon_0 \chi E = \alpha E \tag{10-50}$$

上式反映的介质极化为线性极化，表明**弱光与物质相互作用时，介质对外场的响应 P 与电场强度 E 成线性关系**. 由这种线性关系产生的光学参量，如吸收系

数、折射率、散射截面等都是与场强无关的常量,这导致光的独立性原理、叠加原理成立,并由此说明光的反射、折射、干涉、衍射、吸收和散射等现象,这些都属于**线性光学**.

在强光作用下,介质对光场的响应与光的电场强度是非线性的,对于各向同性介质,可以写成标量表述

$$P = \alpha E + \beta E^2 + \gamma E^3 + \cdots = P^{(1)} + P^{(2)} + P^{(3)} + \cdots \quad (10-51)$$

式中 α, β, γ 等是与介质有关的系数. $P^{(1)} = \alpha E$ 是线性项,$P^{(2)} = \beta E^2$,$P^{(3)} = \gamma E^3, \cdots$ 分别称作二次项、三次项等. 可以证明,(10-51)式中后一项与前一项的比值,约等于光波中的 E 对原子内部的平均场强 $\overline{E}_{at}$ 之比

$$\frac{P^{(2)}}{P^{(1)}} \approx \frac{P^{(3)}}{P^{(2)}} \approx \frac{E}{\overline{E}_{at}} \quad (10-52)$$

原子内的平均场强 $\overline{E}_{at}$ 的数量级约为 10^{10} V·m^{-1},普通光源发出的光波中 E 的数量级约为 3×10^4 V·m^{-1}. 可见,普通光波的电场只是对原子中的电子施加一个极微小的扰动,(10-51)式中的 $P^{(2)}, P^{(3)}, \cdots$ 均可忽略,介质只表现出线性光学性质. 由于激光的电场强度的幅度可达 3×10^8 V·m^{-1},与原子内部场强可以比拟,非线性项就起作用了,这就形成强光作用下的**非线性效应**,介质中相应的光现象即属于**非线性光学**. 下面我们介绍常用的二次非线性效应.

二、倍频效应

当入射到媒质上的光波 $E = E_0 \cos \omega t$ 时,取(10-51)式前两项,则强光在非线性晶体中感生的电极化强度为

$$P = \alpha E + \beta E^2 = \alpha E_0 \cos \omega t + \beta E_0^2 \cos^2 \omega t$$
$$= \frac{1}{2} \beta E_0^2 + \alpha E_0 \cos \omega t + \frac{1}{2} \beta E_0^2 \cos 2\omega t \quad (10-53)$$

由上式可知,电极化强度除了有直流成分和同频率成分外,还产生频率为原入射频率两倍的谐波,这就是**倍频效应**.

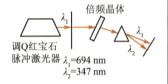

图 10-65 光学二倍频效应实验原理图

图 10-65 为光学二倍频效应的实验原理图. 将红宝石激光器发生的波长 694 nm 的激光束聚焦在倍频晶体(石英)上,通过摄谱仪发现,输出的光束除原波长谱线外,还有倍频波长为 347 nm 的紫外光.

三、混频效应

图 10-66 为光学混频效应实验原理图. 若入射到非线性介质的光是圆频率分别为 ω_1 和 ω_2 的两种单色强光的组合,即 $E = E_0 \cos \omega_1 t + E_2 \cos \omega_2 t$,则由二次非线性极化强度可得

$$P^{(2)} = \beta E^2 = \beta [E_{10}^2 \cos^2 \omega_1 t + E_{20}^2 \cos^2 \omega_2 t + 2 E_{10} E_{20} \cos \omega_1 t \cos \omega_2 t]$$
$$= \beta \left[\frac{1}{2}(E_{10}^2 + E_{20}^2) \right] + \frac{1}{2} E_{10}^2 \cos 2\omega_1 t + \frac{1}{2} E_{20}^2 \cos 2\omega_2 t +$$
$$E_{10} E_{20} \cos(\omega_1 + \omega_2) t + E_{10} E_{20} \cos(\omega_1 - \omega_2) t \quad (10-54)$$

由上式可知,$P^{(2)}$ 除含有直流成分以及圆频率为 $2\omega_1, 2\omega_2$ 的成分外,还含有圆频率为 $\omega_1 + \omega_2$(和频)及 $\omega_1 - \omega_2$(差频)的成分. 这样的极化场就可辐射圆频率为 $\omega_1 + \omega_2$ 的光和圆频率为 $\omega_1 - \omega_2$ 的光. 这称之为**和频效应**和**差频效应**.

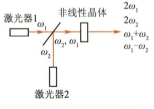

图 10-66 光学混频效应

和频与差频效应使得我们可以获得更多频率的相干的强光辐射,实现光频的上转换和下转换. 如利用和频效应产生可见光至紫外光的强光辐射,而用

差频效应则可产生波长较长的红外光至亚毫米段微波区的强光辐射.

倍频效应的直流项(光学整流)将交流转换成直流,可制成硅光整流器. 倍频效应和混频效应提供了相干辐射的频谱范围,可产生从微波、红外光到紫外光以至更高频的光. 例如,利用和频效应,可将红外光转换成可见光进行探测,这在夜视技术和军事上有着重要应用.

四、光束的自聚焦

非线性光学中常出现一些自作用现象,如自聚焦、自散焦、自相位调制和非线性吸收等. 下面介绍自聚焦.

激光光束的强度具有高斯分布,如图 10-67 所示,其中心部分光的功率密度比外围大,当它通过某些非线性介质时会使其中心部分的折射率比边缘的大,从而介质具有凸透镜的会聚作用,如图 10-68 所示,这种现象叫**自聚焦**. 自聚焦与衍射引起的发散作用相平衡时,光束在媒质中形成极细、能量密度极高的光丝(细的只有几微米),而其波面中心部位发生凹陷畸变,故这又称为光束的自陷现象.

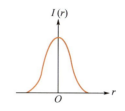

图 10-67 高斯型光强分布

自聚焦产生极高的光强,在很多实验条件下是首先产生自聚焦,然后才导致非线性光学效应. 一般说来,自聚焦会导致光学元件破损,防止的办法是采用发散光入射等. 但自聚焦也有有利的应用. 由于自聚焦在局部区域大幅度增加光功率密度,故可采用一般强度的激光源形成的自聚焦而获得强激光条件,开展非线性光学的研究.

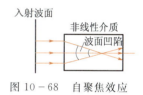

图 10-68 自聚焦效应

五、双光子吸收

按照玻尔的频率定则,处于低能态 E_1 的原子可以吸收一个能量为 $h\nu = E_2 - E_1$ 的光子而跃迁到高能态 E_2,这称作单光子吸收.

原子能否同时吸收两个光子而从低能态跃迁到高能态呢？早在 1931 年 Goeppert-Mager 就从理论上指出双光子吸收的可能性,即原子可以由初态 E_1 吸收两个光子跃迁至末态 E_2,如图 10-69 所示,即

$$h\nu_1 + h\nu_2 = E_2 - E_1 \qquad (10-55)$$

但由于双光子吸收的概率比单光子吸收的概率小得多(小几个数量级),只有用很强的光才能观察到双光子吸收(双光子吸收的概率正比于光强的平方),所以,直到激光出现以后,运用强激光条件才从实验中观察到双光子吸收现象.

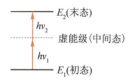

图 10-69 双光子吸收

双光子吸收是在强激光作用下的一种高阶的非线性光学效应. 双光子吸收和单光子吸收有不同的选择定则,如果初态 E_1 和末态 E_2 之间的跃迁对单光子吸收来说是禁戒的,对双光子吸收而言,此跃迁则有可能发生. 这对研究物质的能级分布很有用处. 近年来,双光子吸收已发展成为一种研究物质能级分布(或称能谱分布)的方法,称作**非线性光谱学**.

除双光子吸收之外,还观察到三光子、四光子等多光子吸收现象. 这样,即使用可见光,甚至红外光也可以引起物质发生光致电离现象,这称作**多光子电离**.

10.9.3 光纤技术

通信泛指将信息从一处传到另一处,信息通常是被调制到一个载波上,光

通信采用较高的载波频率(约 100 THz),比微波系统的载波频率(约 1 GHz)高 5 个数量级.光纤通信系统是指那些使用了光纤来传送信息的光波系统.

20 世纪 60 年代以前,光通信一直未发展到实用阶段.究其原因有:①没有可靠的、高强度的光源;②没有稳定的、低损耗的传输媒质,因而难以得到高质量的光通信.1960 年发明了激光器,解决了第一个问题,1970 年美国康宁玻璃公司制成了衰减为 20 dB·km^{-1} 的低损耗石英光纤,从此揭开了光纤通信发展的新篇章.1977 年,光纤通信进入实用化阶段,20 世纪 80 年代初大规模推广应用.现在,光纤通信技术的发展状况被看作是衡量一个国家技术水平的标志之一.光纤通信被认为是信息社会的支柱,它将在未来的信息社会中发挥巨大的作用,产生深远的影响.

一、光纤的传输特性

最简单的光纤由圆柱型的二氧化硅玻璃纤芯和其外面的包层构成,纤芯的折射率高于包层的折射率,在纤芯和包层的界面上有一折射率的突变,因而这种光纤叫作阶跃折射率光纤,简称**阶跃光纤**.另有一类光纤,其纤芯的折射率由轴心向外逐渐减少,简称**梯度光纤**.图 10-70 给出了这两种光纤的截面结构及折射率分布情况.

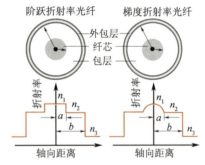

图 10-70 阶跃折射率光纤和梯度折射率光纤的截面结构和折射率分布

光纤的传输特性可以用几何光学的方法来描述,尽管几何光学分析具有近似性,但在纤芯芯径 a 远比波长 λ 大的情况下还是很合适的,当 a 与 λ 较为接近时,则需要采用波动光学分析方法.

1. 阶跃折射率光纤

考虑图 10-71 的情况,一条光线与光纤轴线成 θ_i 的角度入射到光纤中,由于光纤与空气界面的折射效应,光线将会向轴线偏移,折射光线的角度 θ_r 由下式给出:

$$n_0 \sin \theta_i = n_1 \sin \theta_r \qquad (10-56)$$

这里 n_1, n_0 分别为纤芯和空气的折射率.折射光线将会入射到纤芯与包层的界面上,如果入射角 φ 大于由下式定义的临界角 φ_c(设包层折射率 n_2),即

$$\sin \varphi_c = n_2/n_1 \qquad (10-57)$$

则光线将会在纤芯与包层界面上发生全反射,当全反射的光线再次入射到纤芯与包层分界面时,它被再次全反射回纤芯中,这样所有满足 $\varphi > \varphi_c$ 的光线都会被限制在纤芯中而向前传输,这就是光纤传光的基本原理.

可以由(10-56)式和(10-57)式求出能够限制在纤芯内的所有光线与光纤轴线的最大夹角 θ_m,一般情况下,θ_m 数值很小,所以有

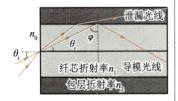

图 10-71 阶跃折射率光纤的导光原理

$$\theta_m \approx \sin\theta_m = n_1 \cos\varphi_c = n_1\sqrt{1-\sin^2\varphi_c} = n_1\sqrt{1-\frac{n_2^2}{n_1^2}} = \sqrt{n_1^2-n_2^2}$$

θ_m 是光纤的一个重要参数，称为**光纤的数值孔径**，并用符号 N.A 表示，即

$$\text{N.A} = \theta_m \approx (n_1^2 - n_2^2)^{1/2} \quad (10-58)$$

一般 n_1 与 n_2 差值很小，即 $n_1 \approx n_2$，则

$$\sqrt{n_1^2-n_2^2} \approx \sqrt{2n_1(n_1-n_2)} = n_1\sqrt{\frac{2(n_1-n_2)}{n_1}}$$

令 $\Delta = \frac{n_1-n_2}{n_1}$ 称为相对折射率差，则数值孔径可表示为

$$\text{N.A} = n_1\sqrt{2\Delta} \quad (10-59)$$

以上分析表明，光线能在纤芯中传输，其入射角必须满足 $\theta < $ N.A 的条件，而入射角 $\theta >$ N.A 的光线则为泄漏光线(见图 10-71)，因此，数值孔径 N.A 是表示光纤"收光"能力的参量。在一定条件下，N.A 值越大（或 Δ 越大），由光源传入光纤的光功率越大。然而 Δ 太大会引起"模间色散"而影响光传输通信质量。

2. 梯度折射率光纤

梯度折射率光纤的纤芯折射率不是一个常数，而是由纤芯中心的最大值 n_1 逐渐减小到纤芯与包层界面上的最小值 n_2，即

$$n(r) = \begin{cases} n_1[1-\Delta(r/a)^\alpha] & (r<a) \\ n_2 & (r>a) \end{cases} \quad (10-60)$$

参数 α 决定了折射率的分布情况。如果 α 取无穷大，则成阶跃折射率光纤；抛物线分布折射率光纤的 $\alpha = 2$。

很容易定性地理解为什么采用梯度折射率光纤可以降低模间色散，图 10-72 给出了梯度折射率光纤中三条不同路径的光线沿光纤传播的情况，与阶跃折射率光纤的情况类似，与轴线夹角大的光线经过的路径要长一些，然而由于折射率的变化，光线速度沿传播路径也要发生变化，沿着轴线传播的光线尽管路径最短，但传播速度却最慢，而与轴线成一定夹角的光线由于大部分路径在较低折射率的介质内，所以传播速度较快，这样通过选择合适的折射率分布就有可能使所有光线同时到达光纤输出端。实际上，光纤总是存在一定的色散，只是当分布参数 α 在 2 附近时色散达到最小值。

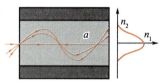

图 10-72 梯度折射率光纤光线的传播情况

二、光纤通信的主要优点

(1) 频带宽，信息容量大

现在单模光纤的带宽可达 THz 量级，极大地扩大了通信容量。值得指出的是，光纤具有极宽的潜在带宽。石英光纤的低损耗区在 $\lambda = 1.45 \sim 1.65~\mu\text{m}$ 的范围，频带宽度为 $25 \times 10^{12}~\text{Hz} = 25~\text{THz}$，这意味着只用一根光纤便可在 1 min 左右的时间内将人类古今中外的全部文字知识传递完毕。这样巨大的带宽，就是开发一小部分也将从根本上改变通信产业的面目。

(2) 传输损耗低，传输距离长

最低光纤损耗已降至 $0.2~\text{dB}\cdot\text{km}^{-1}$ 以下，这是以往任何传输线所不能与之相比的。损耗低、无中继，传输距离就长。用强度调制直接检测的光纤通信系统的无中继传输距离在几十到上百公里，而利用相干光纤通信，可超过 200 km，比电缆大 1~2 个数量级。

(3)材料资源丰富

通信电缆的主要材料为金属铜.铜资源属紧缺资源.石英系光纤的主体材料是 SiO_2,材料资源丰富.

(4)体积小,质量轻,便于铺设

光导纤维细如发丝,可多根成缆.例如,一条 12 芯光缆直径为 12 mm,约 90 g·m^{-1},由于线径细,可绕性好,便于铺设,可架空,直埋,甚至可插入已有的电缆管道,方便地扩容,在飞机、轮船、人造卫星和宇宙飞船上也特别适用.

(5)抗干扰性强,使用安全

光纤传输密封性好,有很强的抗电、磁干扰性能,不易引起串音与干扰.有些电力通信光纤线路就和电力电缆平行架设,甚至可以和电缆线一起制成复合光缆.由于光纤是石英介质传导,不打火花,并有抗高温和耐腐蚀的作用,因此,可抵御恶劣的工作环境.

三、光孤子通信

光孤子通信是利用光纤非线性来进行超大容量、超长距离的光纤通信方式.由于存在着色散,光波在光纤中传输一定距离后将展宽,引起码间干扰,限制通信容量和通信距离.

单模光纤中,当光强增加到一定程度时,将出现非线性效应.在一定的条件下,非线性效应可与光纤中的色散互相补偿,而得到无畸变的光脉冲传输.这时的光脉冲形状、宽度和速度将不再改变.犹如孤立的粒子,叫作**孤立子**(soliton).这种孤立子脉冲极窄,已达到 0.2 ps,因而可用来实现超大容量、超长距离的光孤子通信.它在传输中所引起的损耗可用光纤放大器来补偿.

另外,光集成与光电集成也是从根本上改变光通信面貌的重大高新技术,已经和正在光纤通信中发挥重大作用.

本章提要

1. 光的干涉

分类:分波前干涉和分振幅干涉.

干涉条件

$$\delta = n_2 r_2 - n_1 r_1 + \frac{\lambda}{2}$$

$$= \begin{cases} k\lambda & k=0,\pm 1,\pm 2,\cdots(\text{明纹}) \\ (2k+1)\frac{\lambda}{2} & k=0,\pm 1,\pm 2,\cdots(\text{暗纹}) \end{cases}$$

(1)杨氏双缝(分波前干涉)

干涉条纹分布

$$x = \begin{cases} k\frac{D}{d}\lambda & k=0,\pm 1,\pm 2,\cdots(\text{明纹}) \\ (2k+1)\frac{D}{d}\cdot\frac{\lambda}{2} & k=0,\pm 1,\pm 2,\cdots(\text{暗纹}) \end{cases}$$

条纹间隔 $\quad \Delta x = \frac{D}{d}\lambda$

(2)薄膜干涉(分振幅干涉)

①等倾干涉(厚度 e 均匀,倾角 i 变化)

$$\delta = 2e\sqrt{n_2^2 - n_1^2 \sin^2 i} + \frac{\lambda}{2}$$

$$= \begin{cases} k\lambda & k=1,2,3,\cdots(\text{明纹}) \\ (2k+1)\frac{\lambda}{2} & k=0,1,2,\cdots(\text{暗纹}) \end{cases}$$

②等厚干涉(厚度 e 不均匀,垂直入射 $i=0$)

$$\delta = 2n_2 e + \frac{\lambda}{2}$$

$$= \begin{cases} k\lambda & k=1,2,3,\cdots(\text{明纹}) \\ (2k+1)\frac{\lambda}{2} & k=0,1,2,\cdots(\text{暗纹}) \end{cases}$$

劈尖

$$l\sin\theta = \frac{\lambda}{2n_2} \quad (\text{楔角}\ \theta\uparrow, \text{条纹间隔}\ l\downarrow)$$

牛顿环

$$r = \begin{cases} \sqrt{\dfrac{2k-1}{2}R\lambda} & k=1,2,3\cdots(\text{明环}) \\ \sqrt{kR\lambda} & k=0,1,2,\cdots(\text{暗环}) \end{cases}$$

迈克耳孙干涉仪条纹移动

$$\Delta d = N\frac{\lambda}{2}$$

2. 光的衍射

分类：菲涅耳衍射和夫琅禾费衍射．

(1) 单缝夫琅禾费衍射

$$a\sin\varphi = \begin{cases} 0 & \text{中央明纹} \\ k\lambda & k=\pm1,\pm2,\cdots(\text{暗纹}) \\ (2k+1)\dfrac{\lambda}{2} & k=\pm1,\pm2,\cdots(\text{明纹}) \end{cases}$$

中央明纹半角宽度 $\varphi_0 = \dfrac{\lambda}{a}$，线宽度 $\Delta x_0 = 2f\dfrac{\lambda}{a}$．

(2) 圆孔夫琅禾费衍射

艾里斑半角宽度 $\Delta\theta = 1.22\dfrac{\lambda}{D}$，光学仪器分辨率 $\dfrac{1}{\delta\varphi_m} \propto \dfrac{D}{\lambda}$．

(3) 光栅（单缝衍射＋多缝干涉）

光栅方程

$$(a+b)\sin\varphi = k\lambda \quad (k=0,\pm1,\pm2,\cdots)$$

缺级

$$k = k'\frac{a+b}{a} \quad (k'=\pm1,\pm2,\cdots)$$

(4) X 射线衍射

$$2d\sin\varphi = k\lambda \quad (k=1,2,\cdots)$$

3. 光的偏振

分类：线偏振光、部分偏振光、椭圆偏振光和圆偏振光．

(1) 马吕斯定律 $I = I_0 \cos^2\alpha$

(2) 布儒斯特定律 $\tan\theta_b = \dfrac{n_2}{n_1}$

$$\theta_b + \theta_r = \frac{\pi}{2}$$

(3) 晶体双折射：o 光（寻常光，遵守折射定律）；e 光（非常光，不遵守折射定律）．

(4) 偏振光的干涉：两相干偏振光相位差

$$\Delta\varphi = \frac{2\pi}{\lambda}(n_o - n_e)d + \pi$$

(5) 人为双折射：应力双折射、电致双折射等．

阅读材料（十） 红外线与紫外线

1. 红外线的产生和吸收

1800 年英国天文学家威·赫歇耳在研究太阳光谱中各色光的热效应时，发现从紫光到红光其热效应逐渐增大，而产生最大热效应的辐射竟位于红光之外！当时他称之为"不可见的光"，后被称为红外光或红外线．现在还按其波长的大小，分为三段：0.78～3 μm 为近红外区；3～30 μm 为中红外区；30～1 000 μm 为远红处区．

在全部电磁波频谱中，产生红外线是最容易的，只需加热物体就行．人体是温度为 310 K 的热源，不断地辐射波长在 9 μm 附近的红外线．红外线光子的能量大体上对应于许多分子的振动或转动能级的间隔，振动对应近红外，转动对应远红外．所以不论用什么办法，如用热激发的办法，把分子激发到高的振动或转动能级上，它便会很快地向低能级跃近，并放出相应的红外光子来．

然而,吸收光子却不一定很容易或很简单.作为一个量子过程,它既有能量上的匹配问题,又有概率大小的问题.例如,物质中存在两个定态能级:一个是基态,一个激发态,其间隔为 E.当光子能量 $h\nu$ 比 E 大得多或小得多,当然不能引起能级间的跃迁并吸收这个光子;但即使能量差不多够了,$h\nu \approx E$,光子可能被吸收,还有概率大小的问题;再则,当分子(原子)跃迁到上能级后,在它还没有放出光子之前,必须存在某种机制使它"退激",即把能量以热能形式转移出去,否则如分子(原子)又跃迁回到下能级并放出与原来同样能量的光子的话,结果便只是散射而不是吸收了.

按振子模型,辐射功率与波长 λ 的四次方成反比,辐射越强,振子的振幅 $A(t)$ 随时间 t 衰减得越快,用指数函数描写这一衰减过程,便有:

$$A(t) = A_0 \exp\{-\gamma_0 t/2\} \tag{Y10-1}$$

可证明这个阻尼常数 γ_0 等于:

$$\gamma_0 = \frac{2\pi e^2}{3\varepsilon_0 Mc}\left(\frac{1}{\lambda^2}\right) \tag{Y10-2}$$

M 是振子的质量,当讨论原子放射紫外或可见光时,M 应以电子质量 $m = 9.1 \times 10^{-31}$ kg 去代替;对 $\lambda \sim 0.5\ \mu m$ 的可见光,$\gamma_0 \sim 10^8\ s^{-1}$ 或 $1/\gamma_0 = \tau_0 \sim 10^{-8}\ s$,这是原子处于激发态的典型时间.对红外线辐射来说,M 是原子质量,比 m 大几千倍,λ 又大于 $1\ \mu m$,这样 γ_0 估计要减小到 $10^4\ s^{-1}$ 左右;或者说,单有辐射一种过程时,停留在激发态的时间将变得很长($\geqslant 10^{-4}$ s 左右).假如在这时存在另一种退激的机制,如与离子晶体振动的强烈耦合,以 γ' 表示它的概率,而 $\gamma' \gg \gamma_0$ 的话,激发态的总衰变概率应等于两者之和:

$$\gamma = \gamma_0 + \gamma' \gg \gamma_0 \tag{Y10-3}$$

而此时激发态寿命 $\tau = 1/\gamma$ 也将比 $1/\gamma_0$ 大大地缩短.

上面只是一般讨论,具体分析起来,气体中的分子如 N_2 和 O_2 等对红外线几乎没有吸收,原因是它们没有极性,与电磁波的耦合太弱,而极性分子如 HF,HCl,CO,CO_2 和 H_2O 等,有各自的红外吸收带.水气的红外吸收带位于 $1.1\mu m$、$1.38\mu m$、$1.87\mu m$、$2.7\mu m$ 和 $6.3\mu m$ 处,在大于 $18\mu m$ 的中、远红外区还有些吸收带.CO_2 则在 $2.7\mu m$、$4.3\mu m$ 和 $15\mu m$ 处各有一较强的吸收带.这同 20 世纪以来地球日益严重的"温室效应"有密切关系.

让具有连续谱的红外辐射穿过一定距离的大气,测量其不同波长的强度与原始强度之比,即透射率作为波长的函数,如图 Y10-1 所示.

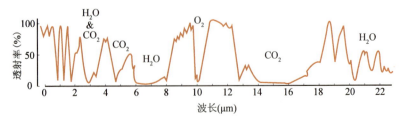

图 Y10-1 大气的红外光谱透射特性

从这个谱可见,在许多波长附近,透射率下降为零,表明红外吸收带的存在.在它们之间,又有许多透射率达 80% 左右"高地"或"山峰",表示这些波长的红外线被大气分子和尘埃等吸收很弱,能够透过大气,它们大致被分割为三个波段范围,即 $1 \sim 2.5~\mu m$、$3.5 \sim 5.5~\mu m$ 和 $8 \sim 13~\mu m$,常被称为三个"红外的大气窗口".

虽然红外吸收的情况十分复杂,我们还是不妨大体上把红外线、可见光直到紫外线等电磁辐射在各种媒质中传播的性质列表 Y10.1.

表 Y10.1　各种波段的电磁波在媒质中传播时的性质

材料	中、远红外线 ($\lambda > 10\mu m$)	近红外线和可见光 ($3\mu m > \lambda > 0.4\mu m$)	紫外线 ($\lambda < 0.3\mu m$)
金属	反射($\sim 100\%$)	良好到中等程度的反射	低反射率到透明
半导体	透明	部分地反射和吸收	低反射率、强吸收
绝缘体	强吸收和高反射	透明	出现基本吸收带
气体(基态) 无极性分子 极性分子	透明 大范围吸收	透明 透明	吸收 吸收

关于紫外线,我们将在后面讨论.对金属而言,用自由电子的简化模型可以解释:当频率 ω 低于等离子体频率 ω_p 的电磁波,将全部反射,而 $\omega > \omega_p$ 的紫外线则能穿过金属.简言之,金属对红外线和可见光是镜子,而对紫外线则是透明的.

2. 红外线的探测及其应用

红外线用作加热、干燥等用途历史悠久,但在高新技术上应用却是第二次世界大战以后的事.它在军事上的潜力是显而易见的,做成红外"夜视镜"或"夜视仪"后使敌方在明处而我方则在暗处.接着,在医疗和地球资源勘测等许多方面也开始广泛采用红外线.

不论采取"被动式"或"主动式"的红外探测方法,都要克服一系列材料和技术的困难,它们是:

(1) 红外透光材料

在仪器上用作红外"窗口"和聚集红外线的透镜,它们只能按波段来选用材料.对于 $1 \sim 3\mu m$ 的近红外线,与可见光一样,可采用多种光学玻璃或石英玻璃;$3 \sim 5\mu m$ 的红外线,虽有几种红外玻璃,但更多采用硅(Si)、氧化铝(Al_2O_3)、氟化钙(CaF_2)等的单晶和多晶;至于 $8 \sim 13\mu m$ 以及更远的红外线波段,合适材料并不多,常用的有锗(Ge)、硅等单晶和碲化镉(CdTe)、硫化锌(ZnS)、砷化镓(GaAs)等.

(2) 红外敏感材料

为制造探测红外信号的元器件,必须寻找对红外线敏感的材料.早年常用硫化铅(PbS)和锑化铟(InSb)等半导体材料,近年来则采用性能更优良的碲镉汞(TeCdHg)合成晶体.由上海技术物理研究所研制的一种陶瓷型的成品叫 PGT 也应用非常广泛.

(3)探测红外的方法

可以按红外引起的效应分为两类:(i)"热效应".引起温度升高或体积膨胀,再转变为电信号记录.具体有"温度电偶型探测器"和"热敏电阻型探测器"等;(ii)"光电效应".我们知道,绝大多数材料需可见光甚至紫外线的照射才能发出光电子,只有少数材料如银氧铯(AgOCs)、砷镓铟(AsGaIn)等才能在波长小于 $1.1\mu m$ 的近红外线照射下发出光电子.但是可以利用"内光电效应",即利用红外辐射引起的半导体材料介电常数的变化或在 P-N 结等"结型器件"上产生电动势(所谓光生伏特型探测器),然后再放大和记录下来.

下面简要介绍一些红外线的应用.

(1)红外热像仪

通常说人体温度为 37 ℃并不精确,实际上不同部位皮肤的温度并不相同,鼻部与头顶部温度较低.当身体患病时,全身或局部的热平衡遭到破坏,便在相应部位的皮肤温度上反映出来.红外热像仪可以对肿瘤作早期诊断,特别是对浅表性的乳腺癌和皮肤癌更有效.在冶金工业上,对炉面温度的快速探测、核电站内为监测反应堆建筑物有无温度异常等都可用热像仪.在1991年海湾战争中,装在人造卫星上的红外遥感器成功地监视了地面上导弹的发射情况.

(2)机载成像光谱遥感和地球资源卫星

地球表面温度不但随昼夜变化,而且与地面一定厚度层内物质的物理性质有关.因此,测量地表温度分布及其变化,可对地质构造、地热和火山活动,地面覆盖物等有所了解.一般地说,在高空测到地表发射的红外线,波长在 $3\mu m$ 以下是从太阳光反射回去的,$3\sim 5\mu m$ 既有反射的又有地表自己发射的,大于 $12.5\mu m$ 的则都是自己发射的,碳酸岩在 $2.35\mu m$ 处有明显的吸收峰,大部分矿是蚀变岩,吸收谱在 $2.2\mu m$ 处,这一差别在"机载成像光谱遥感"中能够区分.在一架飞行高度 4 000 m、航速 400 km 每小时的飞机上,瞬时视场的张角为 3 毫弧度,覆盖地面一个正方形面积,每边分为 512 点,每点长 12 m,采集到的红外光谱其取样间隔为:20 nm(对应波长 $0.44\sim 1.00\mu m$)、$25\sim 30$ nm(对应波长 $1.5\sim 2.5\mu m$)和 $400\sim 800$ nm(对应波长 $8\sim 12\mu m$),摄到的红外照片清晰可辨.

(3)气象卫星

在气象卫星上安装多光谱扫描辐射计等遥感装置,利用卫星运行速度快、视场面积大的特点,在短时间内就可以取得全球性的气象和地质资料.在各种电磁波段的遥感中,红外遥感占有重要的地位,如它能摄制云图,特别是地球背着太阳部分的云图(可见光就无能为力),收集地面温度垂直分布(晴空时测量 CO_2 的 $15\mu m$ 或 $4.3\mu m$ 的红外光谱,有云时则改测 O_2 的 $5\mu m$ 微波辐射)、大气中水汽分布(测 H_2O 的

6.3 μm 红外光谱)、臭氧含量(测 O_3 的 9.6 μm 红外光谱)及大气环流等宝贵的气象资料.

红外技术应用不胜枚举.家用电视机或空调器的遥控器,也是一个小功率的红外发射器,由于红外线可被墙壁吸收,不会像无线电波那样去干扰邻室的电器.

3. 紫外线的性质、应用及其防护

1801 年德国科学家里特首先发现,在可见光谱紫色的外侧存在一种能使含有氯化银的照相底片感光的不可见辐射,以后就称为紫外光或紫外线.

在电磁波谱上,紫外线占波长从 0.4 μm 到 10 nm 的一段,相应的光子能量 $h\nu$ 从 3.17 eV 到 124 eV,对应于原子中电子能级间的跃迁能量,所以在气体放电或电弧中除可见光外,同时还产生大量紫外线,反之,对可见光透明的物质,如空气、水、玻璃等,对紫外线有强烈的吸收(见表 Y10.1).如波长 $\lambda < 0.2$ μm 的紫外线被空气强烈吸收,必须在真空中应用,因此这一波段也叫真空紫外.一般如医院中用作杀菌消毒时的紫外线光源,在空气中使用,其波长范围是 0.25 μm~0.39 μm,而放电管常用石英制成,因为石英只吸收 $\lambda < 0.2$ μm 的紫外线,而一般玻璃却会强烈吸收 $\lambda < 0.35$ μm 的紫外线.

紫外线有强的荧光作用:某些物质,如煤油、含有氧化铀的玻璃或含有稀土元素的纸币,甚至人的牙齿,指甲和皮肤,在紫外线照射下,都会发出微弱的可见光,移去紫外光源后,在极短时间内,可见光也立即消失,这种"余辉"时间不超过 10^{-8} s 的发光现象叫作荧光,它的机制如下[见图 Y10-2(a)].

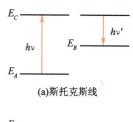

(a)斯托克斯线

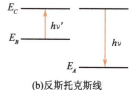

(b)反斯托克斯线

图 Y10-2 荧光现象的解释

设固体中原子处于基态 E_A,吸收紫外光子 $h\nu$ 后激发到 E_C 态,如果在 E_A 和 E_C 间存在另一(空着的)激发态 E_B,则原子退激时可能跃迁到 E_B 态,那时发出的光子能量 $h\nu'$ 将小于 $h\nu$:

$$h\nu' = h\nu - (E_B - E_A) \quad (Y10-4)$$

如果 $h\nu'$ 是可见光,就是上述的荧光现象,波长变长的 $h\nu'$ 谱线称为斯托克斯线.顺便指出另一情形,如果原子开始时处在激发态 E_B,入射 $h\nu'$ 光子可能使它激发到 E_C 态,当它再回到基态 E_A 时便会发生能量较高的光子 $h\nu$,实验上称为反斯托克斯线[见图 Y10-2(b)].

利用荧光来照明的光源中,最常见的是热阴极弧光放电型低压汞灯,即所谓日光灯.在玻璃管内壁涂有荧光粉,一般是卤磷酸钙,汞的蒸气在放电时,将电功率的 2% 转变为可见光,60% 转变为紫外线,其余变为热能,紫外线为荧光粉吸收后再变为可见光,这样使日光灯的发光效率为同功率白炽灯的 5 倍以上.不同的荧光粉可发不同颜色的光,如钨酸钙是蓝色、硼酸钙是粉红色、硫化锌是绿色,还有一种"黑光灯",它能把汞发出的 0.253 7 μm 的紫外线转变为 0.3~0.4 μm 的近紫外线来诱杀昆虫.

紫外线之所以能杀虫杀菌,是因为它的光子能量刚好能破坏细胞等生命物质,因此,人若受紫外线的长期照射,将损害人的免疫系统,对健康不利.同时紫外线的长期照射,对海洋和陆地生态系统也将产生有害影响,抑制农作物生长,使粮食减产;损害海洋生物,破坏海洋食物链.可以说,我们今天能活着来讨论这个问题,全靠地球上的一顶保护伞.在离地面 15～50 km 的大气平流层中,臭氧(O_3)的浓度最大,达 10^{-6} 数量级.臭氧本身就是大气中氧气吸收太阳光中 0.24 μm 的紫外线通过如下的光化学过程产生的:

$$\begin{cases} O_2 + h\nu \rightarrow 2O \\ O + O_2 \rightarrow O_3 \end{cases} \quad (Y10-5)$$

臭氧层形成后,能强烈吸收 0.2～0.32μm 波段的紫外线,使来自太阳的紫外线只有不到 1% 能到达地面.

1985 年,英国南极考察队在南极上空发现臭氧层出现了一个面积达数百万平方千米的空洞,起屏蔽作用的保护伞被破坏了,谁是罪魁祸首呢?科学家马林纳(M. Molina)等指出,它就是人类生活中越来越大量使用的致冷剂如氟里昂等.这些物质包含有氟氯化碳(以简式 F-C-Cl 代表),排放到大气到达平流层后,在太阳紫外辐射下会分解出氯自由基:

$$F\text{-}C\text{-}Cl + h\nu \rightarrow F\text{-}C\cdot + Cl\cdot \quad (Y10-6)$$

右端产物是氟碳自由基和氯自由基,后者反应能力极强,导致臭氧迅速分解:

$$Cl\cdot + O_3 \rightarrow ClO\cdot + O_2 \quad (Y10-7)$$

右端产物 $ClO\cdot$ 又会把过程(Y10-5)式中的中间产物自由氧原子夺过去发生反应:

$$ClO\cdot + O \rightarrow Cl\cdot + O_2 \quad (Y10-8)$$

它不但破坏了(Y10-5)式中臭氧的形成,(Y10-6)式右端所产生的 $Cl\cdot$ 又会发生(Y10-7)式的反应,进一步破坏已存在的臭氧.这是一个链式反应:一个氯自由基可能破坏上千个臭氧分子,最终导致臭氧层空洞的出现!

科学估计,大气中臭氧每减少 1%,照到地面的紫外线将增加 2%,皮肤癌的发生率则可能要增加 4%.危机迫在眉睫,1987 年国际会议已拟定公约,各国都要逐步停止含氯氟烃致冷剂的生产,改用代用品来制造无氟(无氯)的所谓绿色冰箱.事关人类的命运,我们必须认真对待.

思 考 题

10-1 用白色线光源做双缝干涉实验时,若在缝 S_1 后面放一红色滤光片,S_2 后面放一绿色滤光片时,问能否观察到干涉条纹?为什么?

10-2 如思考题 10-2 图所示,在杨氏双缝实验中,作如下单项调整,屏幕上的干涉条纹如何变化?试说明理由.

(1)使两缝之间的距离减小;

(2)使屏幕 E 向 x 轴的负方向移动一小距离;

(3)用氦氖激光器光源($\lambda_2 = 632.8$ nm)来代替钠光灯光源($\lambda_1 = 589.3$ nm);

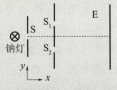

思考题 10-2 图

(4)整个装置的结构不变,全部浸入水中;
(5)用白光照射单缝;
(6)将单缝屏沿 y 轴负方向作小的位移;
(7)用一块透明的薄云母片盖住 S_2 缝.

10-3 观察肥皂液膜的干涉时,先看到彩色图样,然后彩色图样随膜厚度的变化而改变,当彩色图样消失呈现黑色时,肥皂膜破裂,为什么?

10-4 隐形飞机很难被敌方雷达发现,是由于飞机表面覆盖了一层电介质(如塑料或橡胶),从而使入射的雷达波反射极微.试说明这层电介质是怎样减弱反射波的.

10-5 如思考题 10-5 图所示,用两块平玻璃构成的空气劈尖观察等厚条纹时,若劈尖的上表面向上平移,如图(a)所示,干涉条纹会发生怎样的变化?若劈尖的角度增大,如图(b)所示,干涉条纹又将发生怎样的变化?

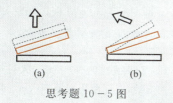

思考题 10-5 图

10-6 在思考题 10-6 图示装置中,平板玻璃是由两部分组成的(冕玻璃 $n_1=1.50$ 和火石玻璃 $n_2=1.75$),透镜用冕玻璃制成,透镜和平板玻璃之间的空间充满着二硫化碳($n_3=1.62$).若在上方用单色光垂直照射,画出在上方观察到的牛顿环图样.

思考题 10-6 图

10-7 在迈克耳孙干涉仪的一条光路中,放入一折射率为 n,厚度为 d 的透明薄片,这条光路的光程改变了多少?

10-8 在日常生活中,为什么声波的衍射比光波的衍射更加显著?

10-9 衍射的本质是什么?干涉和衍射有什么区别和联系?

10-10 如思考题 10-10 图所示,在单缝 a 处的波阵面恰好分成四个半波带.光线 1 与 3 是同相位的,光线 2 与 4 也是同相位的.为什么在 P 点的光强不是极大而是极小?

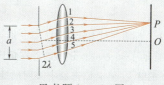

思考题 10-10 图

10-11 在单缝的夫琅禾费衍射中,改变下列条件,衍射条纹有何变化?(1)单缝沿透镜光轴的方向平移;(2)单缝垂直于光轴方向平移;(3)单缝变窄;(4)入射光波长变长;(5)入射平行光与光轴有一夹角.

10-12 若光栅常数是狭缝宽度的两倍,光栅衍射条纹中哪些级数的条纹消失?

10-13 如何用实验确定一束光是自然光、线偏振光或部分偏振光?

10-14 一束光入射到两种透明介质的分界面上时,发现只有透射光而无反射光,试说明这束光是怎样入射的?其偏振状态如何?

10-15 自然光入射到两个偏振片上,这两个偏振片的取向使得光不能透过.如果在这两个偏振片之间插入第三块偏振片后,则有光透过,那么这第三块偏振片是怎样放置的?如果仍然无光通过,又是怎样放置的?试用图表示出来.

10-16 光由空气射入折射率为 n 的玻璃,在如思考题 10-16 图所示的各种情况中,用点子和短线把反射光和折射光的振动方向表示出来,并标明是线偏振光还是部分偏振光.图中 $i \neq i_0, i_0 = \arctan n$.

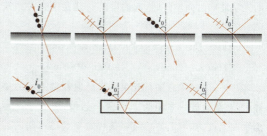

思考题 10-16 图

10-17 带上普通的眼镜看,池中的鱼几乎被水面反射的眩光蒙蔽掉了,带上用偏振片做成的眼镜,就可以看清池中的鱼了.这是为什么?

10-18 什么是寻常光线和非常光线?它们振动方向和各自主平面有什么关系?

10-19 有人认为只有自然光射入晶体才能获得 o 光和 e 光.你的看法如何?

习 题

10-1 若用厚度相同,折射率分别为 n_1、n_2 的两透明介质薄片($n_2 > n_1$).分别遮盖在杨氏双缝实验中的上、下两缝上,屏上原来的中央明纹处,将被第 3 级明纹所占据.设入射光的波长为 λ,则薄片的厚度 d 为( ).

(A) 3λ (B) $\dfrac{3\lambda}{n_2 - n_1}$

(C) 2λ (D) $\dfrac{2\lambda}{n_2 - n_1}$

10-2 用波长为 λ 的单色光垂直入射到折射率为 n 的劈尖上,设水平坐标为 x,劈尖厚度按 $e = e_0 + bx$ 的规律变化(e_0 和 b 均为常数),则劈尖上呈现的条纹间距为( ).

(A) $\dfrac{\lambda}{2nb}$ (B) $\dfrac{n\lambda}{2b}$

(C) $\dfrac{\lambda}{2n}$ (D) $\dfrac{2\lambda}{b}$

10-3 用波长为 λ 的单色光照射迈克耳孙干涉仪,若在干涉仪的一条光路中放入一厚度为 l,折射率为 n 的透明薄片,则可观察到干涉条纹移过的条数为( ).

(A) $\dfrac{4(n-1)l}{\lambda}$ (B) $\dfrac{2(n-1)l}{\lambda}$

(C) $\dfrac{(n-1)l}{\lambda}$ (D) $\dfrac{nl}{\lambda}$

10-4 已知光从玻璃射向空气的临界角为 i_c,则光从玻璃射向空气时,起偏振角 i_0 满足下列关系式( ).

(A) $\tan i_0 = \tan i_c$ (B) $\tan i_0 = \cos i_c$

(C) $\tan i_0 = \text{ctan}\, i_c$ (D) $\tan i_0 = \sin i_c$

10-5 一单色平行光束垂直照射在宽为 a 的单缝上,在缝后放一焦距为 f 的薄凸透镜,屏置于透镜焦平面上,已知屏上第一级明条纹宽度为 Δx,则入射光的波长为 _____.

10-6 月球距地面约 3.84×10^8 m,若用直径 $D = 5.0$ m 的天文望远镜观察月球,设光的波长 $\lambda = 550$ nm,则所能分辨的月球表面上的最小距离为 _____ m.

10-7 以 $\lambda_1 = 500$ nm 和 $\lambda_2 = 600$ nm 的两单色光同时垂直射入某光栅,观察衍射谱线时发现,除零级明纹外,两种波长谱线的第三次重叠发生在 $30°$ 角方向上,则此光栅的光栅常数为 _____ nm.

10-8 一束光由光强为 I_1 的自然光与光强为 I_2 的线偏振光组成,垂直入射到一偏振片上,当偏振片以入射光线为轴转动时,透射光的最大光强为 _____;最小光强为 _____.

10-9 在杨氏双缝实验中,双缝间距 $d = 0.20$ mm,双缝到屏幕的距离 $D = 1.0$ m.试求:(1)若第二级明条纹离屏中心的距离为 6.0 mm,计算此单色光的波长;(2)相邻两明条纹间的距离.

10-10 在杨氏双缝实验中,若用折射率为 1.60 的透明薄膜遮盖下面一个缝,用波长为 632.8 nm 的单色光垂直照射双缝,结果使中央明纹中心移到原来的第三级明条纹的位置上,求薄膜的厚度.

10-11 用包含两种波长成分的复色光做双缝实验,其中一种波长 $\lambda_1 = 550$ nm.已知双缝间距为 0.60 mm,屏和缝的距离为 1.2 m,求屏上 λ_1 的第三级明条纹中心位置.已知在屏上 λ_1 的第六级明条纹和未知波长光的第五级明条纹重合,求未知光的波长.

10-12 以白光($400 \sim 760$ nm)入射于缝距 $d = 0.25$ mm 的双缝,双缝距离屏幕 50 cm,问第一级明条纹彩色带有多宽?

10-13 在图 10-8 的劳埃德镜装置中,镜长 30 cm,狭缝光源 S 在离镜左边 20 cm 的平面内,与镜面的垂直距离 2.0 mm,在镜的右边缘放置一毛玻璃屏,若光波波长为 7.2×10^2 nm,试求位于镜右边缘的屏幕上,第一条明条纹离镜边缘的距离.

10-14 在菲涅耳双面镜实验中(参见图 10-7)两镜交角为 ε,缝光源 S 平行于两镜交棱 C 放置,与交棱距离为 r,交棱 C 与屏之间距离为 L.求:(1)等效双缝间距 d;(2)相邻两干涉条纹间距 Δx 的表达式.

10-15 平板玻璃($n = 1.50$)表面上的一层水($n = 1.33$)薄膜被垂直入射的光束照射,光束中的光波长可变.当波长连续变化时,反射强度从 $\lambda = 500$ nm 时的最小变到 $\lambda = 750$ nm 时的同级最大,求膜的厚度.

10-16 白光垂直照射到空气中一厚度为 380 nm 的肥皂膜上.设肥皂膜的折射率为 1.33,试问该膜的正面呈什么颜色?背面呈什么颜色?

10-17 冬天,在电车和公共汽车的玻璃上形成薄冰层,白光透过它呈绿色,估算冰层的最小厚度.取绿色光波长为 546 nm,已知冰的折射率为 1.33,玻璃的折射率为 1.50.

10-18 在折射率 $n_1=1.52$ 的镜头表面涂有一层折射率 $n_2=1.38$ 的 MgF_2 增透膜,如果此膜适用于波长 $\lambda=550$ nm 的光,膜的厚度应是多少?最小膜厚 δ_{min} 是多少?

10-19 在很薄劈形玻璃板上,垂直地入射波长为 589.3 nm 的钠光,测出相邻暗条纹中心之间的距离为 5.0 mm,玻璃的折射率为 1.52,求此劈形玻璃板的楔角.

10-20 检查一玻璃平晶(标准的光学平面玻璃板)两表面的平行度时,用波长 $\lambda=632.8$ nm 的氦氖激光垂直照射,观测到 20 条干涉明条纹,且两端点 M,N 都是明条纹中心,玻璃的折射率 $n=1.50$,求平晶两端的厚度差.

10-21 如习题 10-21 图所示,波长为 680 nm 的平行光垂直照射到 $L=0.12$ m 长的两块玻璃片上,两玻璃片一边相互接触,另一边被直径 $d=0.048$ mm 的细钢丝隔开.求(1)两玻璃片间的夹角是多少?(2)相邻两明条纹间的厚度差是多少?(3)相邻两暗条纹的间距是多少?(4)在这 0.12 m 内呈现多少条明条纹?

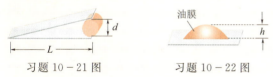

习题 10-21 图   习题 10-22 图

10-22 如习题 10-22 图所示,在一洁净的玻璃片上放一油滴,油滴逐渐展开成油膜.在波长为 600 nm 的单色光垂直照射下,从反射光中观察油膜上的干涉条纹.已知油的折射率为 1.20,玻璃的折射率为 1.50.试求(1)当油膜中心厚度为 $h=1.2$ μm 时,可观察到几条明条纹?(2)每条明条纹中心处油膜的厚度为多少?(3)油膜逐渐展开时,条纹如何变化?

10-23 在利用牛顿环测未知单色光波长的实验中,当用已知波长为 $\lambda=589.3$ nm 的钠黄光垂直照射时,测得第一和第四暗环的距离为 $d_1=4\times10^{-3}$ m;当用未知单色光垂直照射时,测得第一和第四暗环的距离为 $d_2=3.85\times10^{-3}$ m,求未知单色光的波长.

10-24 当牛顿环装置中的透镜与玻璃板之间的空间充以液体时,第 10 个亮环直径由 $D_1=1.40\times10^{-2}$ m 变为 $D_2=1.27\times10^{-2}$ m,试求液体的折射率.

10-25 如果迈克耳孙干涉仪中的反射镜 M_1 移动距离 0.322 mm 时,测得干涉条纹移动数为 1024 条,求所用的单色光的波长.

10-26 把折射率 $n=1.632$ 的玻璃片,放入迈克耳孙干涉仪的一臂时,可观察到有 150 条干涉条纹向一方移过,若所用的单色光波长为 $\lambda=500$ nm,求玻璃片的厚度.

10-27 单缝宽 0.10 mm,透镜焦距为 50 cm,用 $\lambda=500$ nm 的绿光垂直照射单缝,求位于透镜焦平面处的屏幕上中央明条纹的宽度和半角宽度各为多少?若把此装置浸入水中($n=1.33$),中央明条纹的半角宽度又为多少?

10-28 用橙黄色的平行光垂直照射到宽度 $a=0.60$ mm 的单缝上,在缝后放置一个焦距 $f=40.0$ cm 的凸透镜,则在屏幕上形成衍射条纹,若在屏上离中央明条纹中心为 1.40 mm 处的 P 点为一明条纹.试求:(1)入射光的波长;(2)P 点的条纹级数;(3)从 P 点看,对该光波而言,狭缝处的波阵面可分成几个半波带(橙黄色光的波长约为 600~650 nm).

10-29 已知单缝宽度 $a=1.0\times10^{-4}$ m,透镜焦距 $f=0.5$ m,用 $\lambda_1=400$ nm 和 $\lambda_2=760$ nm 的单色平行光分别垂直照射,求这两种光的第一级明条纹离屏中心的距离以及这两条明条纹之间的距离.若用每厘米刻有 1 000 条刻痕的光栅代替这个单缝,则这两种单色光的第一级明条纹分别距屏中心多远?这两条明条纹之间的距离又是多少?

10-30 用每毫米有 500 条刻痕的光栅观察钠光谱线($\lambda=590$ nm),光垂直入射时,问最多能看到第几级明条纹?

10-31 平行单色光波长为 500 nm,垂直入射到每毫米有 200 条刻痕的光栅上,光栅后面放一焦距为 60 cm 的透镜.求:(1)屏幕上中央明条纹与第一级明条纹的间距;(2)当光线与光栅法线成 30°斜入射时,中央明条纹的位移为多少?

10-32 波长 $\lambda=600$ nm 的单色光垂直入射在某光栅上,第二、第三级明条纹分别出现在 $\sin\varphi=0.2$ 和 $\sin\varphi=0.3$ 处,第四级缺级.求:(1)光栅常数;(2)光栅上狭缝宽度;(3)在 $90°>\varphi>-90°$ 范围内,实际呈现的全部级数.

10-33 利用一个每厘米有 4 000 条缝的光栅,可以产生多少完整的可见光谱,其中哪些完整光谱不重叠(可见光的波长范围为 400~760 nm)?

10-34 一双缝,两缝间 0.1 mm,每缝宽为 0.02 mm,用波长为 480 nm 的平行单色光垂直入射双缝,双缝后放一焦距 50 cm 的透镜.试求:(1)透镜焦平面上单缝衍射中央明条纹的宽度;(2)单缝衍射的中央明条纹包迹内有多少条双缝干涉明条纹?

10-35 一光栅所产生的第一级光谱的宽度为 6.0 cm,已知入射光波长范围为 400~760 nm,光栅后面透镜离屏 100 cm,求光栅常数.

10-36 在夫琅禾费圆孔衍射中,设圆孔半径为 0.10 mm,透镜焦距为 50 cm,所用单色光波长为 500 nm,求在透镜焦平面处屏幕上呈现的艾里斑半径.如圆孔半径改为 1.0 mm,其他条件不变,艾里斑的半径变为多少?

10-37 在迎面驶来的汽车上,两盏前灯相距 120 cm,设夜间人眼瞳孔直径为 5.0 mm,入射光波长为 500 nm,问汽车离人多远的地方,眼睛恰可分辨这两盏灯?

10-38 已知天空中两颗星相对于一望远镜的角距离为 4.84×10^{-6} rad,它们都发出波长为 550 nm 的光,试问望远镜的口径至少要多大,才能分辨出这两颗星?

10-39 已知入射的 X 射线束含有从 0.095~0.13 nm 这个范围内的各种波长,晶体晶格常数为 0.275 nm,当 X 射线以 45°角入射到晶体时,问对哪些波长的 X 射线能产生强反射?

10-40 使自然光通过两个偏振化方向夹角为 60°的偏振片时,透射光强为 I_1,今在这两个偏振片之间再插入一偏振片,它的偏振化方向与前两个偏振片均为 30°,则此时透射光强 I 与 I_1 之比为多少?

10-41 自然光入射到两个重叠的偏振片上.如果透射光强为:(1)透射光最大强度的三分之一;(2)入射光强的三分之一,则这两个偏振片偏振化方向间的夹角是多少?

10-42 有一自然光与线偏振光混合的光束通过偏振片时,透射光的强度可由偏振片的取向变化 5 倍,求入射的混合光束中,自然光与线偏振光的光强各占总光强的几分之几?

10-43 水和玻璃的折射率分别为 1.33 和 1.50.如果光由水中射向玻璃而反射,起偏角多少?如果光由玻璃射向水中而反射,起偏角又为多少?

10-44 一束太阳光以某一入射角射到平面玻璃上,这时反射光为线偏振光,折射角为 32°.求:(1)入射角;(2)玻璃折射率.

10-45 一晶片,其光轴和晶片表面平行,若有一束线偏振光垂直射入晶片,偏振光的振动方向与光轴方向夹角为 30°,求射入晶片后,e 光和 o 光的振幅之比.

第四篇　热物理学

　　"热"或"冷"最初是一种感觉存在,如南方热而北方不太热,夏天热而冬天冷等,凡是与"热"或"冷"有关的现象都称为热现象.最早研究热现象的是史前穴居人,在长期的进化过程中,他们学会了在太阳不能提供足够热量时如何生火取暖,把某些食物放在火上烧或开水里煮一段时间后味道会变得好一点.

　　有关热的本质的研究始于18世纪.起初认为热是一种没有重量的流体,称为"热素",热素可以渗透到一切物体中,使它们温度升高.但摩擦可以使热"无中生有",这一现象使人们逐渐认识到,热是物质的某种内部运动.宏观物体是由大量分子(或原子)组成的,这些分子都在不停地作无规则运动,运动的剧烈程度取决于物体的温度,这种运动称为分子热运动.分子热运动是完全杂乱无章的,单个分子的运动毫无规律可循,但大量分子的热运动却遵循所谓的统计规律.研究这些统计规律的学科称为统计物理学,其主要任务是建立宏观量与大量分子热运动各种微观量的统计平均值之间的联系.麦克斯韦、玻耳兹曼为统计物理学的创立作出了突出贡献.

　　热力学发展的历史记载着物理学家为解决能源问题而不懈努力的壮丽史诗.在很长一段时间内,人们试图制造一种机器(后被称为第一类永动机),这种机器能不断地对外做功而不需外界补充任何能量.19世纪中叶,德国人迈尔、德国人赫尔姆霍兹、英国人焦耳各自独立地提出了能量守恒定律,包括热现象在内的能量守恒定律称为热力学第一定律.虽然热力学第一定律否定了制造第一类永动机的可能,但人类寻求解决能源问题的努力却并未就此止步.人们又设想能否制造一种机械(后被称为第二类永动机),能将来自单一热源的热量全部转化为机械能.但制造第二类永动机的努力始终没有成功.原因何在?德国人克劳修斯发现的热力学第二定律对此作出了回答,由此结束了人们制造第二类永动机的幻想.克劳修斯还引入了一个新的叫作"熵"的物理量,使热力学第二定律和第一定律一样有了数学表达式.永动机虽然不可能制造,设法提高热机效率却是可行的,但提高热机效率的途径何在? 其效率的提高是否有个限度? 1824年,由法国工程师卡诺提出的卡诺定理,从理论上解决了上述问题,从而为提高热机效率指明了方向.

　　本篇主要内容有:理想气体的压强、温度和内能、麦克斯韦速率分布、玻耳兹曼分布、热力学第一定律、卡诺循环、热力学第二定律、熵及熵增原理等.

第 11 章
气体动理论

统计物理学从宏观物质系统是由大量微观粒子组成这一事实出发,认为物质的宏观性质是大量微观粒子运动的平均效果,宏观物理量是相应的微观物理量的统计平均值.本章从物质的微观结构出发,利用统计物理的方法和观点,阐明平衡状态下的宏观参量——压力和温度的微观本质,讨论平衡状态下气体分子速度、速率和能量的分布规律.最后简要介绍非平衡态系统的一些热力学性质.

§11.1 平衡态 温度 理想气体状态方程

11.1.1 平衡态

热运动的研究对象是大量粒子(原子、分子及其他微观粒子)组成的宏观物体系统,通常称为热力学系统(thermodynamic system)或热力系,简称系统(system).系统以外的物体称为系统的外界,简称外界.根据系统与外界质量和能量交换的特点,通常把系统分为以下三种.

孤立系统:与外界既没有能量传递,又没有质量传递的系统.

开放系统:与外界既有能量传递,又有质量传递的系统.

封闭系统:与外界只有能量传递,无质量传递的系统.

对于一个孤立系统,不论其初始状态如何,经过一定的时间后,系统所有可观察的宏观性质不再随时间改变,则称系统处在**平衡态**(equilibrium state).

必须指出:(1)平衡态仅指系统的宏观性质不随时间变化,从微观的角度来说,组成系统的大量粒子仍在不停地运动着,只是多粒子运动的平均效果不变,在宏观上表现为系统达到平衡,因此这种平衡又称为热动平衡.(2)平衡态是一种理想概念.实际中并不存在孤立系统,但当系统受到外界影响可以略去,宏观性质只有很小变化时,就可以近似地看作是平衡态.本章讨论的气体状态,除特别说明外,指的都是平衡态.

在质点力学中,质点的运动状态可以用位置矢量和速度矢量来描写.但位置与速度矢量仅能描述个别分子的运动状态,对于大量粒子组成的多粒子体系,常采用一些表示系统整体特征的物理量作为描述状态的参量,称为**状态参量**(state parameter),也称为**宏观量**,宏观量可以用仪器直接观测.对于一定质量的气体的状态可用压强 p、体积 V 和温度 T 作为状态参量,气体处于平衡状态的标志就是表征这一气体的状态参量(p,V,T)各具有确定的量值,并且不随时间变化.

在国际单位制中,压强的单位是帕斯卡,简称帕(Pa),它与大气压(atm)及毫米汞柱(mmHg)的关系为

$$1 \text{ atm} = 760 \text{ mmHg} = 1.013 \times 10^5 \text{ Pa}$$

体积的单位为米³(m³),它与升(L)的关系是

$$1 \text{ m}^3 = 10^3 \text{ L}$$

温度的分度方法称为温标. 常用的温标有两种: 一是热力学温标 T, 单位是开尔文(K); 一是摄氏温标 t, 单位是摄氏度(℃), 两者的关系是

$$T = 273.15 + t$$

描述单个粒子特征和运动状态的物理量叫**微观量**. 如分子的质量、位置、速度、动量和能量等. 微观量一般不能用仪器直接观测. 气体动理论的主要任务是先对平衡态下的热现象进行微观描述, 然后运用统计物理方法建立宏观量与微观量统计平均值之间的关系, 从而揭示宏观量的微观本质, 并找出平衡态下微观量的统计分布, 如分子速度、分子能量的分布等.

11.1.2 温度

温度表征物体的冷热程度, 它是和热平衡概念直接相联系的. 假设有各自处在一定平衡态的 A、B 两个系统, 现使两个系统互相接触, 让它们之间发生传热, 则热的系统变冷, 冷的系统变热, 经过一段时间后, 两个系统的宏观性质不再发生变化, 两系统达到了一个新的平衡态, 此后, 在不受外界影响的条件下, 这种热平衡状态将保持下去.

关于热平衡有一个很重要的实验规律, 如果系统 A 和系统 B 分别与系统 C 的同一状态处于热平衡, 那么当 A 和 B 接触时, 它们也必定处于热平衡. 这一规律叫作**热力学第零定律**.

热力学第零定律说明, 两个(或多个)热力学系统处于同一热平衡状态时, 它们必定拥有某一个共同的宏观物理性质. 若两个系统的这一共同性质相同, 当两系统热接触时, 系统之间不会有热传递, 彼此处于热平衡状态. 我们将这一共同的宏观性质称为系统的温度, 并且说处于热平衡的多个系统具有相同的温度. 同样地, 具有相同温度的几个系统放到一起, 它们也必然处于热平衡. 也就是说, 温度是决定这一系统是否与其他系统处于热平衡的宏观参量, 以后将看到温度反映的是系统大量分子无规则运动的剧烈程度.

热力学第零定律和温度的这种概念是我们对温度进行测量的依据. 我们可以选择合适的系统作为标准, 把它叫作温度计. 测量时, 使温度计与待测系统接触, 经过一段时间待它们达到热平衡后, 温度计的温度就等于待测系统的温度.

11.1.3 理想气体状态方程

实验表明, 表征气体平衡状态的三个参量之间存在一定的函数关系, 即

$$f(p,V,T)=0 \qquad (11-1)$$

(11-1)式称为气体的状态方程,具体形式要由实验来测定.可见 p,V,T 三个状态参量中只有两个是独立的.

一般气体,在压强不太大(与大气压比较)、温度不太低(与室温比较)时,遵守玻意耳(Boyle)定律、查理(Charles)定律、盖-吕萨克(Goylussac)定律.我们把在任何情况下绝对遵守上述三条实验定律的气体称为**理想气体**(ideal gas).显然,理想气体只是一个理想模型,但在常温常压下,实际气体都可近似地当作理想气体来处理.压强越低,温度越高,这种近似的准确度越高.

由气体的三个实验定律,可以得到一定质量的理想气体的状态方程为

$$pV=\frac{m}{M}RT \qquad (11-2)$$

式中 p,V,T 为理想气体在某一平衡态下的三个状态参量;M 为气体的摩尔质量;m 为气体质量,故 $\frac{m}{M}$ 为气体的摩尔数;R 为普适气体常量,在国际单位制中,$R=8.31 \text{ J} \cdot \text{mol}^{-1} \cdot \text{K}^{-1}$.

11.1.4 统计规律的基本概念

平衡态下的热力学系统,从微观上考察,系统内单个粒子的运动是杂乱无章、瞬息万变的,其运动状态表现出极大的随机性,但在宏观上却表现出稳定性,显然这是大量偶然性事件的总体所体现出的必然性,我们称之为**统计规律性**(statistical regularity).

就方法论而言,机械运动遵循决定论,它由初始条件唯一地确定了以后的一切运动状态.热运动遵循概率论,其统计规律只能指明在某一平衡态下,系统内各种微观态的统计分布,并根据统计分布得出统计平均来确定系统的宏观特性.统计物理方法是现代科学方法论的基础之一,它不仅适用于热现象,在量子力学、现代科学技术、经济科学和社会科学等方面均有极为广泛的应用.

为了对热现象中统计分布规律有一定的感性认识,我们来考察伽尔顿板实验.如图11-1所示,在一块竖直的平板上,上部钉有多排等间隔的铁钉,下部用隔板隔成许多等宽的狭槽,板顶上有漏斗形入口.

实验时,先从入口投入一个小球,它将与铁钉碰撞,最后落入某一槽中,重复上述实验,结果发现小球每次进入的狭槽不尽相同,无法预测,完全是偶然事件(或称随机事件).如果在实验时一次投入大量小球,结果发现落入中间狭槽的小球数目最多,落入两端狭槽的小球则较少.出现图 11-1 所示的有规律分布.如果坚持将上述大量小球单个投入,其上千次投入累计结果也与上述分布类似.这

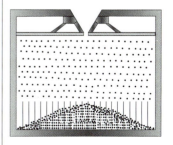

图 11-1 伽尔顿板

表明,尽管单个小球落入哪个狭槽是完全偶然的,但大量小球在各个狭槽内的分布则是确定的,即大量的偶然事件存在着一种必然的分布规律,这种规律就是统计分布规律.

研究统计规律必须采用统计方法,依照统计规律性,人们用求统计平均值的方法从微观量去求宏观量.

如果在一定条件下,对某物理量进行测量,其可能的取值为 $M_1, M_2, \cdots, M_n$. 在总的实验次数 N 中,测得这些值的次数分别为 $N_1, N_2, \cdots, N_n$,则 M 的算术平均值为

$$\overline{M} = \frac{M_1 N_1 + M_2 N_2 + \cdots + M_n N_n}{N_1 + N_2 + \cdots + N_n} = \frac{\sum M_i N_i}{\sum N_i} = \frac{\sum M_i N_i}{N}$$

当总的实验次数 $N \to \infty$ 时,M 的算术平均值的极限便是 M 的统计平均值

$$\overline{M} = \lim_{N \to \infty} \sum M_i N_i / N = \sum M_i \lim_{N \to \infty} \frac{N_i}{N} = \sum M_i P_i$$

(11-3)

式中 $P_i = \lim_{N \to \infty} \frac{N_i}{N}$ 称为出现 M_i 的概率. 因此,M 的统计平均值等于一切可能的取值 M_i 与其相应的概率乘积的总和.

类似地,测量物理量时,若它的取值是连续变化的,其统计平均值可表示为

$$\overline{X} = \int X \rho(X) \mathrm{d}X \tag{11-4}$$

积分遍及 X 的取值范围. 式中 $\rho(X)$ 是取值连续变化的物理量在 X 附近单位间隔内的概率,称为概率分布函数. 由此可知,若已知某物理量的概率分布函数 $\rho(X)$,即可求得该变量的统计平均值.

一般来说,某次测量值与统计平均值之间总有偏离,这种现象称为"涨落"(或起伏). 涨落现象是统计规律的重要特征,布朗运动就是一种涨落现象. 不过对通常的热力学系统来说,由于组成系统的分子数目非常巨大,因而涨落是非常小的. 例如对 1 mol 分子系统,涨落约为 10^{-12} 量级.

§11.2 理想气体的压强

热力学系统是由大量分子、原子等微观粒子组成,那么系统的宏观状态参量(如压强、温度等)与这些微观粒子的运动有什么关系呢? 本节首先讨论气体压强与气体分子运动的联系,导出平衡态下理想气体压强的统计表述.

11.2.1 理想气体的微观模型　平衡状态气体的统计假设

在宏观上我们知道,任何情况下遵守三条气体实验定律的气体称为理想气体.那么从分子运动的微观角度考虑,理想气体的分子运动有何特点呢?

大量实验事实表明:气体中分子之间的平均距离比它们的直径大得多,即分子间存在很大的空隙,气体具有较大的可压缩性就是证明.对于理想气体,我们认为分子间的相互作用在这样大的距离上可忽略,只有在两个分子偶尔相遇的短暂时间里,强大的排斥力才起作用,改变了它们各自的运动状态后,使它们再度分开,这个过程称为分子间的"碰撞".我们假定分子间的碰撞是完全弹性的,因此,可以为理想气体建立这样的微观模型:

(1) 分子本身的大小与分子间平均距离相比较可以忽略不计. 分子可以看作是质点,它们的运动遵守牛顿运动定律.

(2) 分子间的平均距离很大,除碰撞时有力作用外,分子间的相互作用力可忽略不计.

(3) 气体分子间的碰撞以及气体分子与器壁间的碰撞可看作是完全弹性碰撞,遵守能量守恒和动量守恒定律.

综上所述,理想气体的分子可视为弹性的、自由运动的质点.由于理想气体在一定范围内表达了各种真实气体具有的一些性质,因此,它的微观模型实际上就是在压强不太大和温度不太低的条件下对真实气体理想化、抽象化的结果.

除了提出分子模型外,根据处于平衡状态的气体,其分子的空间分布到处均匀的事实,我们还可作出如下的统计假设:

气体在平衡状态中,在没有任何外场的作用下.

(1) 容器中任一位置单位体积内的分子数不比其他位置单位体积内的分子数占优势;

(2) 分子沿任一方向的运动不比其他方向的运动占有优势.

根据上述的假设可以想象:

(1) 沿空间各方向运动的分子数是相等的;

(2) 分子速度在各个方向上的分量的各种平均值相等,例如 $\overline{v_x} = \overline{v_y} = \overline{v_z}$, $\overline{v_x^2} = \overline{v_y^2} = \overline{v_z^2}$ 等等. 当然,这些统计的论断,只有在平均的意义上才是正确的.气体的分子数愈多,准确度就愈高.

11.2.2 理想气体压强公式及其统计意义

如图 11-2 所示,设一边长为 l_1、l_2、l_3 的长方形容器内有 N 个质量为 μ 的理想气体分子处于平衡态下.由于其压强处处相等,因而只要求出任一位置的压强即可代表容器内理想气体的压强.我们先来计算由于分子碰撞对 A_1 面产生的压强.

任选一分子 i,设它的速度为 $\boldsymbol{v}_i$,显然,只有速度的 x 分量才能使分子与 A_1 面发生碰撞,因此我们只需考虑 v_{ix}.

由于碰撞是完全弹性的,且分子质量比器壁质量小得多,所以当分子 i 以速度 v_{ix} 撞击 A_1 面时,必以 $-v_{ix}$ 弹回,这样每与 A_1 面碰撞一次,分子的动量改变为 $-2\mu v_{ix}$,由动量定理和牛顿第三定律可知,分子 i 每与 A_1 面碰撞一次,作用在 A_1 面上的冲量为 $2\mu v_{ix}$.

分子 i 与 A_1 面碰撞后,反向运动飞向 A_2 面,途中若与其他分子相碰,由于两质量相等的质点完全弹性碰撞时交换速度,因而仍可等价于 i 分子直接飞向 A_2,与之碰撞后弹回并再次与 A_1 面发生碰撞,单位时间内与 A_1 面碰撞的次数为 $\dfrac{v_{ix}}{2l_1}$,故单位时间内,分子 i 作用在 A_1 面上的冲量为 $2\mu v_{ix} \dfrac{v_{ix}}{2l_1} = \mu \dfrac{v_{ix}^2}{l_1}$.

单个分子对器壁的碰撞以及作用在器壁上的冲量是不连续的,构不成对器壁的压强,但由于分子总数很大,大量分子连续而均匀地与 A_1 面发生碰撞,其总效果当然是使器壁受到一个均匀而连续的压强,就好像几滴雨滴在雨伞上,我们感觉不到什么压力,但当密集的雨点打在雨伞上时,我们就会感受到一个均匀而持续的作用力,因此言及个别分子的压强是毫无意义的.

单位时间作用在 A_1 面上的冲量应为全部 N 个分子对 A_1 面的冲量之和.按冲量原理,它应等于 A_1 面所受的平均冲力,即

$$\overline{F} = \frac{\mu}{l_1} \sum_{i=1}^{N} v_{ix}^2$$

由压强的定义

$$p = \frac{\overline{F}}{l_2 l_3} = \frac{\mu}{V} \sum_{i=1}^{N} v_{ix}^2 = \mu \frac{N}{V} \frac{\sum_{i=1}^{N} v_{ix}^2}{N}$$

式中 $V = l_1 l_2 l_3$ 为容器的体积,令 $n = \dfrac{N}{V}$ 为单位体积的分子数(又称分子数密度),$\sum_{i=1}^{N} v_{ix}^2$ 为所有分子 x 方向速度平方之和,除以总分子数 N 显然应为容器内 N 个分子 x 方向速度平方的平均值,记为 $\overline{v_x^2}$,所以上式可写为

$$p = \mu n \overline{v_x^2}$$

根据统计假设,任一方向的运动不比其他方向占优势,而任一方向的速度又可分解为 v_x、v_y、v_z 三个分量,因此,必有 $\overline{v_x^2} = \overline{v_y^2} = \overline{v_z^2}$;$\overline{v_x^2} + \overline{v_y^2} + \overline{v_z^2} = \overline{v^2}$.故 $\overline{v_x^2} = \dfrac{1}{3}\overline{v^2}$,代入 p 的表达式可得

$$p = \mu n \overline{v_x^2} = \frac{1}{3} n \mu \overline{v^2} = \frac{2}{3} n \overline{\varepsilon_t} \tag{11-5}$$

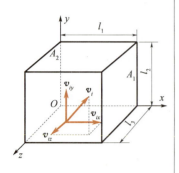

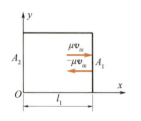

图 11-2 气体压强公式的推导图

式中 $\bar{\varepsilon}_t = \frac{1}{2}\mu\overline{v^2}$ 表示分子的平均平动动能，(11-5)式称为理想气体的压强公式.

(11-5)式建立了宏观量 p 和微观量的统计平均值 $\bar{\varepsilon}_t$ 之间的相互关系，是压强的统计表述，表明了压强是一个统计量.压强公式同时表明：**压强是分子运动的宏观体现**，若容器内所有分子全部同时停止运动，即 $\overline{v^2}=0, p=0$. 反之，$p \neq 0, \overline{v^2} \neq 0$，也就是说，只要气体内部存在压强，就表明分子在不停的运动.

§11.3　温度的微观本质

11.3.1　温度的微观解释

上面我们讨论了压强的微观意义，现在来看温度的微观本质.

先将理想气体状态方程用另外一种形式表述，由 $pV = \frac{m}{M}RT$ 及 $m = N\mu, M = N_A\mu$ 可得

$$p = \frac{1}{V}\frac{N}{N_A}RT = n\frac{R}{N_A}T$$

式中 N_A 为阿伏伽德罗常数，将 $\frac{R}{N_A}$ 用另一常量 k 表示，称为玻耳兹曼常量(Boltzman constant)，有

$$k = \frac{R}{N_A} = 1.38 \times 10^{-23} \text{ J} \cdot \text{K}^{-1}$$

于是状态方程可以表述为

$$p = nkT \tag{11-6}$$

将压强公式(11-5)式与(11-6)式比较，可得

$$\bar{\varepsilon}_t = \frac{1}{2}\mu\overline{v^2} = \frac{3}{2}kT \tag{11-7}$$

(11-7)式给出了宏观量 T 与微观量的统计平均值 $\bar{\varepsilon}_t$ 之间的关系，是温度的统计表述，揭示了温度的微观本质：**温度是气体分子平均平动动能大小的量度**.

(11-7)式指出，温度与大量分子热运动的平均平动动能有关，分子的平均平动动能越大，也就是分子热运动越剧烈，则温度就越高，所以它是大量分子热运动的集体表现，具有统计意义.对于个别分子或少量分子，说它们的温度是毫无意义的.由(11-7)式还可看出，$T=0, \overline{v^2}=0$，即绝对温度为 0 时，意味着所有分子全部同时停止运动，这是不可能的.可见**热力学零度**(也称绝对零度)**是不能达到**

的！这一结论称为热力学第三定律.

11.3.2 方均根速率

由(11-7)式可得

$$\overline{v^2} = \frac{3kT}{\mu} = \frac{3RT}{M}$$

即

$$\sqrt{\overline{v^2}} = \sqrt{\frac{3kT}{\mu}} = \sqrt{\frac{3RT}{M}} \qquad (11-8)$$

$\sqrt{\overline{v^2}}$ 是气体分子速率平方平均值的平方根，称为**方均根速率**（root-mean-square speed），这是分子速率的一种统计平均值. 由(11-8)式可知方均根速率和气体热力学温度的平方根成正比，与摩尔质量的平方根成反比. 对于同一气体，温度越高，方均根速率越大；在同一温度下，气体分子质量或摩尔质量越大，方均根速率就越小. 在 0 ℃时，氢的方均根速率为 1 830 m·s^{-1}，氧为 461 m·s^{-1}，氮为 491 m·s^{-1}，空气为 485 m·s^{-1}.

例 11-1

在温度为 27 ℃，压强为 1 atm(0.1 MPa)时，求：(1)气体分子数密度；(2)分子的平均平动动能；(3)1 mol 理想气体的总平动动能；(4)若为氧气或氢气，则各种分子的方均根速率多大？

解 (1) 由状态方程 $p = nkT$，得

$$n = \frac{p}{kT} = \frac{1 \times 1.013 \times 10^5}{1.38 \times 10^{-23} \times 300} \text{ J}$$

$$= 2.45 \times 10^{25} \text{ m}^{-3}$$

(2) 由(11-7)式得单个分子的平均平动动能

$$\bar{\varepsilon}_t = \frac{3}{2}kT = \frac{3}{2} \times 1.38 \times 10^{-23} \times 300 \text{ J}$$

$$= 6.21 \times 10^{-21} \text{ J}$$

(3) 1 mol 气体的总平动动能为

$$E_\Psi = N_A \bar{\varepsilon}_t = 6.023 \times 10^{23} \times 6.21 \times 10^{-21} \text{ J}$$

$$= 3.74 \times 10^3 \text{ J}$$

或

$$E_\Psi = N_A \bar{\varepsilon}_t = N_A \frac{3}{2}kT = \frac{3}{2}RT$$

$$= \frac{3}{2} \times 8.31 \times 300 \text{ J}$$

$$= 3.74 \times 10^3 \text{ J}$$

(4) 根据 $\sqrt{\overline{v^2}} = \sqrt{\frac{3RT}{M}}$，可得 O_2 分子的方均根速率

$$\sqrt{\overline{v_{O_2}^2}} = \sqrt{\frac{3 \times 8.31 \times 300}{32 \times 10^{-3}}} \text{ m·s}^{-1}$$

$$= 4.83 \times 10^2 \text{ m·s}^{-1}$$

H_2 分子的方均根速率

$$\sqrt{\overline{v_{H_2}^2}} = \sqrt{\frac{3 \times 8.31 \times 300}{2.0 \times 10^{-3}}} \text{ m·s}^{-1}$$

$$= 1.93 \times 10^3 \text{ m·s}^{-1}$$

上述结果表明，常温下气体分子的速率均超过声速.

§11.4 能量均分定理 理想气体的内能

自然界中各种运动形式都具有相应的能量,且能量为描述相应运动的状态量.如机械运动中的机械能描述了机械运动状态,那么,热运动相应的能量如何表述?由于分子热运动服从统计规律,则须寻求热运动能量的统计表述.为此我们先介绍分子的自由度和能量均分定理.

11.4.1 分子的自由度

所谓自由度,顾名思义,就是自由的程度,比如我们常说,鱼儿在水面自由地漫游,鸟儿在天空自由地飞翔,那么如何比较鱼和鸟哪个更自由呢?这就需要引入自由度的概念.

确定一个物体在空间的位置所需要的**独立坐标**的数目,称为该物体的**自由度数**(degree of freedom).

气体分子按其结构可分为单原子分子(如 He,Ne 等)、双原子分子(如 H_2,O_2 等)和多原子分子(三个或三个以上原子组成的分子,如 H_2O,NH_3 等).如果分子内原子间距离保持不变,这种分子称为刚性分子,否则称为非刚性分子.现在只讨论刚性分子的自由度.

单原子分子可视为质点,确定一个自由质点的位置需要 3 个坐标,如 x,y,z,因此单原子分子的自由度为 3,由于单原子分子只能平动,这 3 个自由度称为平动自由度,以 t 表示,则 $t=3$.如果这类分子被限制作平面运动或直线运动,则自由度降为 2 或 1,如图 11-3(a)所示.刚性双原子分子可用两个质点通过一个刚性键联结的模型来表示,其质心 C 的位置要由三个坐标(x,y,z)来决定,故有三个平动自由度,由图 11-3(b)可见,即使 C 点不动,连接两个原子的刚性键的方位仍可改变,分子的位置仍未确定,因此另外还需要两个方位角来决定其键联的方位(三个方位角 α,β,γ 中因有 $\cos^2\alpha + \cos^2\beta + \cos^2\gamma = 1$ 的关系约束,故只有两个是独立的),这两个角坐标实际上给出了分子的转动状态,相应的自由度叫转动自由度,用 r 表示,由于双原子视为由两个质点组成,故绕键联方向的转动不存在,因此,双原子分子有三个平动自由度和两个转动自由度,共有 5 个自由度.多原子分子除了具有双原子分子的三个质心平动自由度和两个与对称轴对应的转动自由度外,还有绕对称轴 OA 的定轴转动自由度,见图 11-3(c),因此,多原子分子有 3 个平动自由度、3 个转动自由度,共有 6 个自由度.用 i 表示自由度,则刚性分子的自

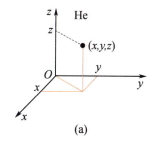

(a)

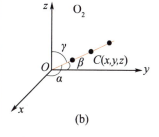

(b)

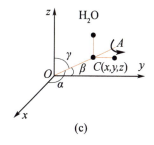

(c)

图 11-3 分子的自由度

由度为

$$i = t + r \tag{11-9}$$

在常温下,大多数气体分子属于刚性分子.在高温状态下,气体分子内原子间会发生振动,则应视为非刚性分子,还需增加振动自由度.非刚性分子较为复杂,此处不作进一步讨论.

表 11.1 给出了以上讨论的几种气体分子的自由度数.

表 11.1 气体分子的自由度

分子种类	平动自由度	转动自由度	总自由度 $i(i=t+r)$
单原子分子	3	0	3
刚性双原子分子	3	2	5
刚性多原子分子	3	3	6

11.4.2 能量均分定理

根据分子的平均平动动能与温度的关系

$$\overline{\varepsilon_t} = \frac{1}{2}\mu \overline{v^2} = \frac{3}{2}kT$$

又据统计假设,大量气体作无规运动时,各个方向运动的机会是均等的,有

$$\overline{v_x^2} = \overline{v_y^2} = \overline{v_z^2} = \frac{1}{3}\overline{v^2}$$

由此可知

$$\frac{1}{2}\mu \overline{v_x^2} = \frac{1}{2}\mu \overline{v_y^2} = \frac{1}{2}\mu \overline{v_z^2} = \frac{1}{2}\left(\frac{1}{3}\mu \overline{v^2}\right) = \frac{1}{3}\left(\frac{1}{2}\mu \overline{v^2}\right) = \frac{1}{2}kT$$

也就是说,气体分子沿 x,y,z 三个方向运动的平均平动动能完全相等,可以认为分子的平均平动动能 $\frac{3}{2}kT$ 是均匀地分配在每个平动自由度上的.因为分子平动有三个自由度,所以相应于每一个平动自由度的平均动能是 $\frac{1}{2}kT$.

根据平衡态下气体分子运动杂乱无章的假设,平动、转动和振动等各种运动形式没有哪一种占优势,因此可将上述结论推广:**不论何种运动,相应于每一个可能自由度的平均动能都是 $\frac{1}{2}kT$**.这一能量分配所遵循的原理,称为**能量按自由度均分定理**(Theorem of equipartition of energy).根据这个定理,如果气体分子有 i 个自由度,则分子的平均动能为

$$\overline{\varepsilon} = \frac{i}{2}kT \tag{11-10}$$

能量按自由度均分定理是对大量分子的统计平均结果.对个别分子而言,在某一瞬时它的各种形式的动能并非按自由度均分,但对大

量分子整体而言,由于分子的无规热运动及频繁的碰撞,能量可以从一个分子转移到另一个分子,也可从一个自由度转移到另一个自由度.这样,在平衡态时,能量就按自由度均匀分配.

11.4.3 理想气体的内能

组成物体的分子或原子除了具有热运动动能外,由于分子间的相互作用力的存在,还应具有势能,物体中**所有分子的热运动动能和分子间相互作用的势能的总和,称为内能**(internal energy).

对于理想气体,分子间的相互作用可以忽略不计,因而相互作用的势能为零,因此,**理想气体的内能就等于所有分子热运动动能之总和**.由(11-10)式知,每个分子的平均动能为 $\frac{i}{2}kT$,则 1 mol 理想气体的内能为

$$E_0 = N_A \left(\frac{i}{2} kT \right) = \frac{i}{2} RT \qquad (11-11)$$

质量为 m,摩尔质量为 M 的理想气体的内能为

$$E = \frac{m}{M} \frac{i}{2} RT \qquad (11-12)$$

由(11-12)式知,对于一定质量的理想气体,内能仅与温度有关,与其压强和体积无关.理想气体的内能是温度的单值函数.应该指出,这一结论是与"不计气体分子之间的相互作用力"的假设是一致的.对于实际气体,由于分子间相互作用势能不可忽略,而分子间相互作用势能必与分子间距离(体积)有关,因而内能不仅与温度有关,还与压强或体积有关.

当温度改变 ΔT 时,内能的改变量为

$$\Delta E = \frac{m}{M} \frac{i}{2} R \Delta T \qquad (11-13)$$

(11-13)式表明,一定量的某种理想气体在状态变化过程中,内能的改变只取决于温度的改变,而与具体的过程无关.

§11.5 麦克斯韦速率分布

统计物理学的核心任务是寻求各种概率分布函数,并根据这些分布函数求得各种统计平均值.本节讨论在平衡态下的气体系统中以分子速度或速率为随机变量的气体分子速度(率)分布函数,我们称之为麦克斯韦速度(率)分布;并根据分布函数分别讨论几种统计平均值.

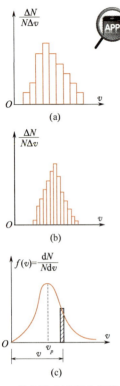

麦克斯韦速率分布律

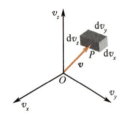

图 11-4 速度空间的小体元

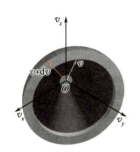

图 11-5 厚度为 $\mathrm{d}v$ 的球壳层

11.5.1 麦克斯韦速率分布律

气体处在平衡态时，大量分子以各种不同的速度沿各个方向作无规则的热运动，分子之间必然要产生极其频繁的碰撞，每个分子的速度都在不断地改变。因此，个别分子的运动情况完全是偶然的，是不容易也不必要掌握的。然而从大量分子整体来看，在一定的条件下，它们的速度分布遵从一定的统计规律。为了描述气体分子按速度分布的情况，我们引入速度空间的概念。

以速度 v 的分量为轴的坐标系所确定的空间叫作速度空间。图 11-4 为一直角系速度空间，每个分子的速度矢量都可从原点 O 为起点引一矢量表示，矢量的端点 P 看作是此分子的代表点。因此速度分量限制在 $v_x \sim v_x + \mathrm{d}v_x$，$v_y \sim v_y + \mathrm{d}v_y$，$v_z \sim v_z + \mathrm{d}v_z$ 内的分子是这样一些分子，它们的速度矢量的端点（即分子代表点）都在一定的速度空间体积元 $\mathrm{d}w = \mathrm{d}v_x \mathrm{d}v_y \mathrm{d}v_z$ 内。设气体中分子总数为 N，此体积元内包含分子代表点的个数为 $\mathrm{d}N$，则分子代表点出现在此体积元内的概率，也即在这一体积元内分子数占总分子数的百分比为 $\mathrm{d}N/N$。当 $\mathrm{d}w$ 足够小时，可以认为 $\mathrm{d}N$ 正比于体积元的体积 $\mathrm{d}w$，即

$$\frac{\mathrm{d}N}{N} = F(v_x, v_y, v_z) \mathrm{d}v_x \mathrm{d}v_y \mathrm{d}v_z \qquad (11-14)$$

由于平衡态下气体分子速度分布各向同性，故 $F(v_x, v_y, v_z)$ 与速度方向无关，即 $F(v_x, v_y, v_z) = F(v)$，则 (11-14) 式也可表述为

$$\frac{\mathrm{d}N}{N} = F(v) \mathrm{d}w \qquad (11-14')$$

由 (11-14) 式或 (11-14') 式可知，$F(v) = \dfrac{\mathrm{d}N}{N\mathrm{d}w}$，表示**速度空间单位体积元内的概率**，即**速度概率密度**，又称为**气体分子速度分布函数**。

平衡态下，理想气体分子速度分布函数 $F(v)$ 由麦克斯韦(J. C. Maxwell)根据概率论于 1859 年首先推导得出，其表达式为

$$F(v) = \left(\frac{\mu}{2\pi kT}\right)^{\frac{3}{2}} \mathrm{e}^{-\frac{\mu v^2}{2kT}} \qquad (11-15)$$

上式中 T 为温度，μ 为气体分子的质量，k 为玻耳兹曼常数。$F(v)$ 称为**麦克斯韦速度分布函数**。由此可得

$$\frac{\mathrm{d}N}{N} = \left(\frac{\mu}{2\pi kT}\right)^{3/2} \mathrm{e}^{-\frac{\mu}{2kT}(v_x^2+v_y^2+v_z^2)} \mathrm{d}v_x \mathrm{d}v_y \mathrm{d}v_z \qquad (11-16)$$

(11-16) 式称为麦克斯韦速度分布律。

由于分子速度分布各向同性，(11-14') 式中的体积元可取为 $\mathrm{d}w = 4\pi v^2 \mathrm{d}v$，如图 11-5 所示，则

$$\frac{\mathrm{d}N}{N} = 4\pi v^2 F(v) \mathrm{d}v \qquad (11-17)$$

令
$$f(v) = 4\pi v^2 F(v) \quad (11-18)$$
则
$$f(v) = 4\pi \left(\frac{\mu}{2\pi kT}\right)^{3/2} e^{-\frac{\mu v^2}{2kT}} v^2 \quad (11-19)$$

$f(v)$ 称为**麦克斯韦速率分布函数**,由(11 − 17)式和(11 − 18)式可知,$f(v) = \dfrac{\mathrm{d}N}{N\mathrm{d}v}$,其物理意义为**单位速率间隔内的概率**,即单位速率区间的分子数占总分子数的百分比. 由此可得麦克斯韦速率分布律为

$$\frac{\mathrm{d}N}{N} = 4\pi \left(\frac{\mu}{2\pi kT}\right)^{3/2} e^{-\frac{\mu v^2}{2kT}} v^2 \mathrm{d}v \quad (11-20)$$

麦克斯韦速率分布曲线如图 11 − 6 所示,图中宽度为 $\mathrm{d}v$ 的小矩形面积 $f(v)\mathrm{d}v = \dfrac{\mathrm{d}N}{N}$ 表示分子速率在 $v \sim v+\mathrm{d}v$ 区间内的概率,曲边梯形面积表示分子速率在 $v_1 \sim v_2$ 区间内的概率 $\dfrac{\Delta N}{N} = \int_{v_1}^{v_2} f(v)\mathrm{d}v$,而曲线和横轴围成的面积代表分子速率在 $0 \to \infty$ 范围内的概率,即 $0 \to \infty$ 速率区间的分子数占总分子数的百分比,这一百分比当然等于 1,因而 $\int_0^{+\infty} f(v)\mathrm{d}v = 1$,称为概率的归一化条件,由此可知曲线下的总面积恒等于 1.

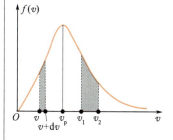

图 11 − 6 气体分子的速率分布曲线

从麦克斯韦速率分布曲线可以看出,理论上分子速率可以处于 $0 \to \infty$ 间的任何数值,但速率很大和很小的分子,所占百分比都很小,绝大部分分子具有中等速率.

11.5.2 三个统计速率

利用麦克斯韦速率分布函数,我们可求得理想气体分子的三种特征速率.

(1) 最概然速率 v_p

由麦克斯韦速率分布曲线可见,速率很小和速率很大的分子数,其百分比都很少. 在某一速率 v_p 处函数有一极大值,v_p 叫**最概然速率**,它的物理意义是:若把整个速率范围分成许多相等的小区间,则包含 v_p 的那个区间的分子数占总分子数的百分比最大.

v_p 可由极值条件 $\left.\dfrac{\mathrm{d}f(v)}{\mathrm{d}v}\right|_{v=v_\mathrm{p}} = 0$ 求得,即

$$\left.\frac{\mathrm{d}}{\mathrm{d}v}(v^2 e^{-\mu v^2/2kT})\right|_{v=v_\mathrm{p}} = 0$$

$$v_\mathrm{p} = \sqrt{\frac{2kT}{\mu}} = \sqrt{\frac{2RT}{M}} \approx 1.41\sqrt{\frac{RT}{M}} \quad (11-21)$$

(2) 平均速率 $\bar{v}$

分子的速率虽有大有小，但总有一个平均值，称为**平均速率**. 显然，平均速率可按下式计算

$$\bar{v} = \frac{\text{所有分子速率之和}}{\text{总分子数}} = \frac{\int v \mathrm{d}N}{N}$$

即

$$\bar{v} = \int_0^\infty v f(v) \mathrm{d}v$$

将函数(11-19)式代入，由计算可得

$$\bar{v} = \sqrt{\frac{8kT}{\pi\mu}} = \sqrt{\frac{8RT}{\pi M}} \approx 1.60 \sqrt{\frac{RT}{M}} \qquad (11-22)$$

(3) 方均根速率 $\sqrt{\overline{v^2}}$

大量分子速率的平方平均值的平方根，称为**方均根速率**，类似于平均速率 $\bar{v}$ 的计算，可得分子速率平方的平均值为

$$\overline{v^2} = \int_0^\infty v^2 f(v) \mathrm{d}v$$

代入 $f(v)$ 计算后，可得速率平方平均值

$$\overline{v^2} = \frac{3kT}{\mu}$$

而方均根速率

$$\sqrt{\overline{v^2}} = \sqrt{\frac{3kT}{\mu}} = \sqrt{\frac{3RT}{M}} \approx 1.73 \sqrt{\frac{RT}{M}}$$

这一结果与前面计算结果(11-8)式完全相同.

以上三种速率都含有统计平均意义，都是反映大量分子作热运动的统计规律.由上面的计算结果可以看出，气体的三种速率都与 $\sqrt{T}$ 成正比，与 $\sqrt{\mu}$ (或 $\sqrt{M}$) 成反比，在数值上 $\sqrt{\overline{v^2}}$ 最大，$\bar{v}$ 次之，v_p 最小，如图 11-7 所示.

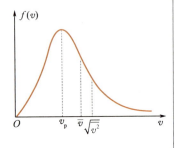

图 11-7 三种速率

当温度升高时，气体分子的速率普遍增大，分布曲线中的最概然速率 v_p 向量值增大的方向移动，但归一化条件要求曲线下总面积不变，因此分布曲线宽度增大，高度降低，所以温度升高时，整个曲线显得较为平坦，表明速率较大的分子数所占比例增加，如图 11-8 所示.

麦克斯韦速率分布定律已为许多实验所证实.1920 年斯特恩实验、1934 年葛正权实验、1955 年密勒-库什实验等完全证实了理论推导的正确性.

图 11-9 所示是蔡特曼(Zartman)和我国学者葛正权于 1934 年测定分子速率分布所用装置，他们对斯特恩(Stern)在 1920 年所用方法进行了改进.金属银在小炉 O 中熔化并蒸发，银原子束通过炉上小孔逸出，S_1，S_2 是狭缝，用来限制分子流的方向，圆筒 R 可绕垂直纸面并通过其中心的轴旋转，G 是收集分子用的弯曲状玻璃

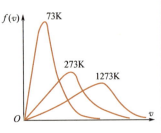

图 11-8 不同温度下的分子速率分布曲线

板.整个装置放在高真空容器中.

测定分子速率的实验是在圆筒旋转的情况下进行的.此时,分子仅能在狭缝 S_2 穿过分子束的短暂时间间隔内进入圆筒.若圆筒静止,则分子直接射到玻璃板上的 P 处,当圆筒以角速度 ω 转动时,分子由 S_2 到达 G 的过程中,圆筒已转过一角度,分子不再沉积于 P 处,而是沉积于 P' 处.显然,速率不同的分子将沉积在不同的地方.速率小的分子沉积在距 P 较远的地方,速率大的分子沉积在距 P 较近的地方.而某处沉积的分子越多,此处的银层越厚,说明与此处对应的速率范围内的分子也越多.所以,根据玻璃板上银层的厚度,就能确定银分子按速率的分布规律.实验结果与麦克斯韦的理论预测结果极为接近.

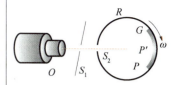

图 11-9 测定分子速率分布所用装置

例 11-2

已知在 273 K,0.01 atm(1 atm = 1.013×10^5 Pa)下,容器内装有一理想气体,其密度为 1.24×10^{-2} kg·m^{-3}.试求:

(1) 方均根速率;
(2) 气体的摩尔质量,并确定它是什么气体;
(3) 气体分子的平均平动能和转动能各为多少;
(4) 单位体积内分子的平动动能是多少;
(5) 若该气体是 0.3 mol,其内能是多少.

解 (1) 根据方均根速率 $\sqrt{\overline{v^2}} = \sqrt{\dfrac{3RT}{M}}$ 和状态方程 $pV = \dfrac{m}{M}RT$,得

$$\sqrt{\overline{v^2}} = \sqrt{\dfrac{3p}{\rho}} = 495 \text{ m·s}^{-1}$$

(2) 根据状态方程得

$$M = \dfrac{m}{V} \cdot \dfrac{RT}{p} = \rho \dfrac{RT}{p} = 28 \times 10^{-3} \text{ kg·mol}^{-1}$$

因为 N_2 和 CO 的摩尔质量均为 28×10^{-3} kg·mol^{-1},所以气体是 N_2 或 CO.

(3) 根据能量按自由度均分定理,分子在每一自由度的平均能量为 $\dfrac{1}{2}kT$,i 个自由度的能量为 $\dfrac{i}{2}kT$. N_2 和 CO 均是双原子气体,它们的自由度为 $i_{平动} = 3$,$i_{转动} = 2$. 所以,

平均平动动能 $= \dfrac{3}{2}kT = 5.6 \times 10^{-21}$ J

平均转动动能 $= \dfrac{2}{2}kT = 3.7 \times 10^{-21}$ J

(4) 单位体积内分子的平动动能 $= n\dfrac{3}{2}kT$

又根据 $n = \dfrac{p}{kT}$,代入上式,得单位体积内分子的总平动动能

$$\bar{\varepsilon} = \dfrac{3}{2}p = 1.5 \times 10^3 \text{ J}$$

(5) 根据内能公式 $E = \dfrac{m}{M}\dfrac{i}{2}RT$,得

$$E = 0.3 \times \dfrac{5}{2} \times 8.31 \times 273 \text{ J} = 1.7 \times 10^3 \text{ J}$$

例 11-3

计算气体分子热运动速率介于 v_p 与 $v_p + \dfrac{v_p}{100}$ 之间的分子数所占的比率.

解 根据麦克斯韦速率分布定律,速率介于 v_p 与 $v_p + \dfrac{v_p}{100}$ 之间的分子数所占的比率在 Δv 较小时可近似地表示为

$$\frac{\Delta N}{N} = 4\pi \left(\frac{\mu}{2\pi kT}\right)^{3/2} e^{-\frac{\mu v^2}{2kT}} v^2 \Delta v$$

按题意 $v = v_p, \Delta v = \dfrac{v_p}{100}$,但 $v_p = \sqrt{\dfrac{2kT}{\mu}}$,代入上式得

$$\frac{\Delta N}{N} = \frac{4}{\sqrt{\pi}} \left(\frac{1}{v_p}\right)^3 e^{-1} v_p^2 (0.01 v_p)$$

$$= \frac{4}{\sqrt{\pi}} \frac{1}{v_p^3} e^{-1} (0.01 v_p^3) = 0.83\%$$

*麦克斯韦速率分布律的理论推导

在热平衡态下,分子速度任一分量的分布与其他分量的分布无关,即速度三个分量的分布是彼此独立的.气体分子代表点处于体积元 $dv_x dv_y dv_z$ 内的概率应等于它们速度分量分别处于 dv_x, dv_y, dv_z 区间内概率的乘积

$$F(v_x, v_y, v_z) dv_x dv_y dv_z = F(v_x) dv_x F(v_y) dv_y F(v_z) dv_z \qquad ①$$

又由于速度的分布各向同性,下述关系必然成立

$$F(v_x, v_y, v_z) = F(v^2) = F(v_x^2 + v_y^2 + v_z^2) \qquad ②$$

由①式和②式可得

$$F(v_x^2 + v_y^2 + v_z^2) = F(v_x) F(v_y) F(v_z) \qquad ③$$

取上式的对数,得

$$\ln F(v_x^2 + v_y^2 + v_z^2) = \ln F(v_x) + \ln F(v_y) + \ln F(v_z) \qquad ④$$

④式右边中,令

$$\ln F(v_i) = A - B v_i^2 \quad (i = x, y, z)$$

或

$$F(v_i) = C_i e^{-B v_i^2} \quad (i = x, y, z) \qquad ⑤$$

式中 $C_i = e^A$

由②式和④式,得

$$F(v) = F(v_x, v_y, v_z) = C e^{-B(v_x^2 + v_y^2 + v_z^2)} \qquad ⑥$$

式中 $C = C_x C_y C_z = C_i^3$.

由⑥式可知,欲导出 $F(v)$ 的函数表述,须确定参量 B 和 C.

根据归一化条件

$$\iiint_{-\infty}^{+\infty} F(v) dv_x dv_y dv_z = C \int_{-\infty}^{+\infty} e^{-B v_x^2} dv_x \int_{-\infty}^{+\infty} e^{-B v_y^2} dv_y \int_{-\infty}^{+\infty} e^{-B v_z^2} dv_z = 1$$

和定积分公式 $\int_{-\infty}^{+\infty} e^{-Bu^2} du = \sqrt{\dfrac{\pi}{B}}$ 可得

$$C \left(\frac{\pi}{B}\right)^{3/2} = 1 \qquad ⑦$$

再由平均平动动能计算得

$$\bar{\varepsilon} = \int_0^{+\infty} \varepsilon F(v) d\omega = \int_0^{+\infty} \frac{1}{2} \mu v^2 F(v) d\omega = \frac{3}{2} kT$$

上式中 $\varepsilon = \dfrac{1}{2}\mu v^2$ 为分子的平动动能,$\bar{\varepsilon}$ 为分子的平均平动动能,$d\omega = 4\pi v^2 dv$,代入上式得

$$2\pi\mu C\int_0^{+\infty} v^4 \mathrm{e}^{-Bv^2}\,\mathrm{d}v = \frac{3}{2}kT$$

利用定积分公式 $\int_0^{+\infty} v^4 \mathrm{e}^{-Bv^2}\,\mathrm{d}v = \frac{3\sqrt{\pi}}{8}\left(\frac{1}{B}\right)^{5/2}$ 可得

$$C\frac{\mu}{2}(\pi)^{3/2}\left(\frac{1}{B}\right)^{5/2} = kT \qquad ⑧$$

联立⑦式和⑧式可得

$$C = \left(\frac{\mu}{2\pi kT}\right)^{3/2},\ B = \frac{\mu}{2kT} \qquad ⑨$$

最后，我们得到麦克斯韦速率分布函数的表达式

$$F(v) = \left(\frac{\mu}{2\pi kT}\right)^{3/2} \mathrm{e}^{-\mu v^2/2kT} \qquad ⑩$$

§11.6　玻耳兹曼分布

　　气体在平衡状态时，若不计外力场作用，则由于气体分子的无规则运动，分子在空间均匀分布，即在容器中的分子数密度 n 处处相同，速率分布满足麦克斯韦分布律。当有恒定的外力场（如重力场等）作用时，气体分子在空间位置就不再呈均匀分布了，那么气体分子的分布规律如何呢？

　　玻耳兹曼在考察(11-16)式的麦克斯韦速度分布律时发现，指数因子 $\mathrm{e}^{-\mu v^2/2kT}$ 中的 $\frac{1}{2}\mu v^2$ 就是分子的动能 E_k，因为理想气体分子仅有动能，故(11-16)式也可看作是无外力场时分子数 $\mathrm{d}N$ 按能量的分布律。如果分子处在外力场中，分子能量 $E = E_k + E_p$，E_p 为分子处在外场中的势能。据此，玻耳兹曼将麦氏分布推广为：**在温度为 T 的平衡态下，任何系统的微观粒子（经典粒子）按能量分布都与 $\mathrm{e}^{-E/kT}$ 成正比**。$\mathrm{e}^{-E/kT}$ 称为**玻耳兹曼因子**，则经典粒子按能量的分布函数为

$$f(E) = C\mathrm{e}^{-E/kT} = \frac{1}{A\mathrm{e}^{E/kT}} \qquad (11-23)$$

参量 $C = \frac{1}{A}$ 由粒子和外场的性质确定。(11-23)式称为**麦克斯韦-玻耳兹曼分布**，简称 M-B 分布。

　　微观粒子组成的系统在外力场中，粒子的运动状态描述应采用坐标和速度组成的"相空间"，其相体元为 $\mathrm{d}\omega = \mathrm{d}v_x \mathrm{d}v_y \mathrm{d}v_z \mathrm{d}x \mathrm{d}y \mathrm{d}z$，将麦克斯韦分布律(11-16)式推广到相空间中，可得相体元之内的粒子数为

$$\mathrm{d}N = C\mathrm{e}^{-E/kT} \mathrm{d}v_x \mathrm{d}v_y \mathrm{d}v_z \mathrm{d}x \mathrm{d}y \mathrm{d}z \qquad (11-24)$$

(11-24)式称为玻耳兹曼分布律，由该式可知，能量越低的粒子出现的概率越大，随着能量升高，粒子出现的概率按指数率减小。实践证明，玻耳兹曼分布律是经典统计的普遍规律，它适用于任何经典

粒子系统(气、液、固体中的原子或分子,布朗粒子等).

保守力场中,玻耳兹曼分布律还可用分子数密度表述.由(11-24)式对速度区间积分可得分布在位置区间的分子数为

$$dN' = Ce^{-E_p/kT}dxdydz \iiint_{-\infty}^{+\infty} e^{-\mu(v_x^2+v_y^2+v_z^2)/2kT}dv_xdv_ydv_z$$

将式中的定积分与 C 的乘积用 C' 表示,则有

$$dN' = C'e^{-E_p/kT}dxdydz$$

由此得分子数密度

$$n = \frac{dN'}{dxdydz} = C'e^{-E_p/kT}$$

当 $E_p=0$ 时,$C'=n_0$,即 C' 为势能等于零处的分子数密度,则上式可表述为

$$n = n_0 e^{-E_p/kT} \qquad (11-25)$$

(11-25)式是粒子数按势能分布的一种常用形式,它是玻耳兹曼分布律在保守场中的等价表述.

例 11-4

由玻耳兹曼分布律证明恒温气压公式:

$$p = p_0 e^{-\mu gh/kT} \qquad (11-26)$$

式中 p_0 为 $h=0$ 处的大气压强,p 为 h 处的大气压强,μ 为大气分子质量.

证 将重力势能 $E_p = \mu gh$ 代入(11-25)式中可得

$$n = n_0 e^{-\mu gh/kT} \qquad ①$$

再由气体状态方程 $p_0 = n_0 kT$,$p = nkT$,得

$$p = p_0 e^{-\mu gh/kT} \qquad ②$$

①、②两式表明,大气密度和压强随高度增加按指数规律减小.这完全符合高空空气稀薄、气压低的大气实际分布状况.

由于 $\frac{\mu}{k} = \frac{M}{R}$,$M$ 为大气的摩尔质量,故

$$p = p_0 e^{-Mgh/RT}$$

对上式两边取对数可得

$$h = \frac{RT}{Mg}\ln\frac{p_0}{p}$$

据此式,若测知地面和高空处的压强与温度,可估算出所在高空离地面的高度,在登山、航空等活动中可对上升高度作近似估算.

按近代理论,粒子(分子或原子等)所具有的能量在有些情况下只能取一系列分立值 $E_1, E_2, \cdots, E_i, \cdots, E_N$,称为能级,这些粒子仍服从玻耳兹曼分布,即

$$N_i = Ce^{-E_i/kT} \qquad (11-27)$$

式中 N_i 为粒子处于能级 E_i 状态的粒子数;C 为一常数,由归一化条件确定,对于任意两个特定的能级,在正常状态下,根据(11-27)式,可得

$$\frac{N_2}{N_1} = e^{-(E_2-E_1)/kT} \qquad (11-28)$$

显然,如果 $E_1 < E_2$,则 $N_1 > N_2$,可见,在正常状态下,能级越低,粒子数越多,即粒子总是优先占据低能级状态.

例 11-5

氢原子基态能级 $E_1 = -13.6$ eV,第一激发态能级 $E_2 = -3.4$ eV,求出在室温 $T = 27$ ℃时原子处于第一激发态与基态的数目比.

解 根据(11-28)式,有

$$\frac{N_2}{N_1} = e^{-(E_2-E_1)/kT} = e^{-10.2 \times 1.6 \times 10^{-19}/(1.38 \times 10^{-23} \times 300)}$$
$$= e^{-394.2} = 1.58 \times 10^{-10}$$

由此可见,在室温下氢原子几乎都处于基态.

§11.7 气体分子的平均碰撞频率和平均自由程

我们知道,常温下气体分子是以每秒几百米的平均速率运动着的.如氮气分子在 27℃时的平均速率为 476 m·s^{-1}.这在 19 世纪末叶引起物理学家们很大的怀疑,既然气体分子热运动的平均速率很大,气体的扩散也应该进行得很快.但实际情况并不是如此,例如打开香水瓶后,香味要经过几秒到几十秒的时间才能传过几米的距离,即气体的扩散过程进行得相当慢.克劳修斯首先解决了这一矛盾.他指出:气体分子的速率虽然很大,但在前进中要与其他分子作频繁的碰撞,而每碰撞一次,分子运动的方向就发生改变,所走的路程非常曲折,如图11-10所示.显然,在相同的 Δt 时间内,分子由 A 到 B 的位移大小比它的路程小得多.因此气体分子的扩散速率(位移量/时间)较之分子的平均速率(路程/时间)小得多.

气体分子在连续两次碰撞之间自由通过的路程叫作分子的自由程(free path).在单位时间内分子与其他分子碰撞的平均次数称为**碰撞频率**(collision frequency).对气体中某一个分子而言,它在不同的两次碰撞间经过的自由程是不同的.对不同的分子而言,自由程也不相同,即分子的碰撞频率有大有小.但对大量分子而言,分子的自由程与每秒碰撞次数应服从统计分布规律.我们可以求出在 1s 内一个分子与其他分子碰撞的平均次数和分子自由程的平均值,前者称为平均碰撞频率,后者称为平均自由程.

图 11-10 分子运动的曲折轨道

为了使问题简化,假定每个分子都是有效直径为 d 的弹性小球,并且假定只有某一个分子 A 以平均速率 $\bar{v}$ 运动,其余分子都静止.由于碰撞,分子 A 球心的轨迹是一条折线.设想以分子 A 的中心所经过的轨迹为轴,以分子的有效直径 d 为半径作一圆柱体,如图 11-11 所示,显然,凡是球心在该圆柱体内的分子都将和分子 A 相碰,球心在圆柱体外的分子就不会与它相碰.

在 1s 内,分子 A 经过的路程为 $\bar{v}$,相应的圆柱体的体积为 $\pi d^2 \bar{v}$,设分子数密度为 n,则圆柱体内的分子数为 $\pi d^2 \bar{v} n$,这也就是分子 A 在 1s 内和其他分子发生碰撞的平均次数 $\bar{z}$.

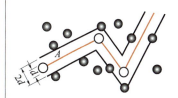

图 11-11 分子碰撞次数的计算

上面是假定一个分子运动而其他分子都静止所得结果.实际

上,所有分子都在运动着,而且其运动的速率不同,因此还必须加以修正. 麦克斯韦从理论上证明,如果考虑到所有的分子都在运动而且按麦克斯韦速率分布律分布,那么分子的平均碰撞次数要增加$\sqrt{2}$倍,即

$$\bar{z}=\sqrt{2}\pi d^2 \bar{v} n \qquad (11-29)$$

这就是分子平均碰撞频率所满足的统计规律. 由(11-29)式可知,分子的平均碰撞频率与分子的有效直径的平方成正比,与分子的平均速率 $\bar{v}$ 成正比,与分子数密度成正比.

由于 1 s 内分子平均走过的路程为 $\bar{v}$,一个分子与其他分子的平均碰撞频率为 $\bar{z}$,因此平均自由程 $\bar{\lambda}$ 为

$$\bar{\lambda}=\frac{\bar{v}}{\bar{z}}=\frac{1}{\sqrt{2}\pi d^2 n} \qquad (11-30)$$

从上式可见,**分子的平均自由程与分子的有效直径的平方和分子数密度成反比**.

因为 $p=nkT$,所以上式可写成

$$\bar{\lambda}=\frac{kT}{\sqrt{2}\pi d^2 p} \qquad (11-31)$$

(11-31)式表明,当温度恒定时,平均自由程与气体压强成反比. 压强愈小(空气愈稀薄),平均自由程就愈长.

由于频繁的碰撞,气体分子的平均自由程是非常短的. 表 11.2 给出了标准状态下几种气体分子的平均自由程.

表 11.2 在标准状态下几种气体分子的平均自由程

气体	氢	氮	氧	空气
$\bar{\lambda}/m$	1.13×10^{-7}	0.599×10^{-7}	0.647×10^{-7}	7.0×10^{-8}
d/m	2.30×10^{-10}	3.10×10^{-10}	2.90×10^{-10}	3.70×10^{-10}

例 11-6

计算空气分子在标准状态下的平均自由程和碰撞频率. 取分子的有效直径 $d=3.5\times10^{-10}$ m,已知空气的平均相对分子质量为 29.

解 已知 $T=273$ K,$p=1.0$ atm $=1.013\times10^5$ Pa,$d=3.5\times10^{-10}$ m,则

$$\bar{\lambda}=\frac{kT}{\sqrt{2}\pi d^2 p}$$

$$=\frac{1.38\times10^{-23}\times273}{1.41\times3.14\times(3.5\times10^{-10})^2\times1.013\times10^5} \text{ m}$$

$$=6.9\times10^{-8} \text{ m}$$

又已知空气的平均摩尔质量为 29×10^{-3} kg·mol^{-1},代入 $\bar{v}=\sqrt{\frac{8RT}{\pi M}}$ 可求出空气分子在标准状态下的平均速率为 $\bar{v}=448$ m·s^{-1}. 所以

$$\bar{z}=\frac{\bar{v}}{\bar{\lambda}}=\frac{448}{6.9\times10^{-8}} \text{ s}^{-1}$$

$$=6.5\times10^9 \text{ s}^{-1}$$

即平均地讲,每秒钟内一个分子竟发生几十亿次碰撞!

*§11.8 范德瓦耳斯方程

理想气体微观模型忽略了分子的体积,也忽略了分子间的相互作用.在通常的温度和压强下,气体分子间的平均距离较大,分子间的相互作用不显著,因此在这种情形下可以用理想气体模型处理许多问题.但是在另外一些领域内,分子力起着重要的作用.例如,气体凝结为液体和固体的过程就完全是由于分子力的作用.显然,这时理想气体模型就不适用了.在近代工程技术和科学研究中,经常需要处理高压或低温条件下的气体问题.例如,在现代化的大型蒸汽涡轮机中,为了提高热机效率,都采用高温、高压的蒸汽作为工作物质.在这些情形下,理想气体物态方程给出的结果与实际情况有很大的偏离.

为了建立非理想气体的物态方程,人们进行了许多理论和实验的研究工作.已积累了非常多的资料,并且导出了许多形式的物态方程.在这里仅介绍最简单、最基本的描写真实气体的**范德瓦耳斯方程**.范德瓦耳斯方程是在对理想气体模型进行某些修正后得到的.

首先考虑分子的体积所引起的修正.对于 1 mol 理想气体,其物态方程为

$$pV_0 = RT$$

由于在理想气体模型中把分子看成没有体积的质点,所以 V_0 也就是每个分子可以自由活动的空间的体积.当考虑分子自身的体积时,每个分子所能自由活动的空间不再是容器的容积 V_0,而应该从 V_0 中减去一个反映气体分子所占有体积的修正量 b.这样,就应把理想气体的物态方程修正为

$$p(V_0 - b) = RT$$

式中的修正量 b 可用实验方法测定.从理论上可以证明,b 的数值约等于 1 mol 气体内所有分子体积总和的 4 倍.由于分子有效直径 d 的数量级为 10^{-10} m,所以可估计出 b 的大小:

$$b = 4N_A \cdot \frac{4}{3}\pi\left(\frac{d}{2}\right)^3 \sim 10 \times 10^{-7} \text{ m}^3 \cdot \text{mol}^{-1}$$

式中 $N_A = 6.022 \times 10^{23}$ mol^{-1} 为阿伏伽德罗常量.在标准状态下,1 mol 气体的体积 $V_0 = 22.4 \times 10^{-3}$ m^3,b 仅为 V_0 的 $\frac{4}{100\,000}$,是可以忽略的.但是,如果压强增大到 1 000 atm 时,假定玻意耳定律仍能应用,则气体体积将缩小到 $\frac{22.4 \times 10^{-3}}{1\,000}$ m$^3 = 22.4 \times 10^{-6}$ m^3,b 是它的 1/20,这时修正体积就十分必要了.

进一步考虑了分子间的引力所引起的修正.由于引力随分子间距离的增大而很快地减小,因而引力有一定的有效作用距离,超出此距离,引力实际上可忽略.因此,对于气体内部任一分子 α,只有处在以它为中心,以引力的有效作用距离 d 为半径的球形作用圈内的分子才对它有作用,此球称为分子力作用球.由于这些分子相对于 α 作对称分布,所以它们对 α 的引力互相抵消,如图 11-12 所示.而处于靠近器壁,厚度为 d 的边界层内(如图 11-12 中虚线与器壁之间的区域)的气体分子,情况就不同了,其分子引力作用球总有一部分被器壁所割,所受其他分子的引力不再是球对称的,引力的合力不再等于零,合力的方向总是垂直于器壁并指向气体内部,图 11-12 中分子 β 和 γ 就

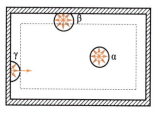

图 11-12 范德瓦耳斯气体的压强修正

是这种情况.所以处于边界层中的分子都受到一个垂直于器壁且指向气体内部的拉力作用,而容器中处于边界层外其他区域的分子,其运动情况与没有引力作用时一样,所产生的压强应等于 $\dfrac{RT}{V_0-b}$(考虑了分子自身的体积).但是实际上分子必须通过这个边界层才能与器壁相碰,而分子在这一区域中受到的向内的拉力 F 将使它在垂直于器壁方向的动量减小,因而器壁实际受到的压强要比上面给出的值小一些.这就是说,考虑到分子间的引力,气体施于器壁的压强实际为

$$p = \dfrac{RT}{V_0-b} - \Delta p \tag{11-32}$$

通常称 Δp 为气体的**内压强**.

如前所述,从分子动理论的观点看来,压强等于单位时间内气体分子施于单位面积器壁的冲量的统计平均值.因此,如以 ΔK 表示由于向内的拉力 F 作用使分子在垂直于器壁方向上动量减少的数值,则

$$\Delta p = (\text{单位时间内与单位面积器壁相碰的分子数}) \times 2\Delta K$$

显然,ΔK 与向内的拉力成正比,而这拉力又应当与单位体积内的分子数 n 成正比,所以

$$\Delta K \propto n$$

同时,单位时间内与单位面积器壁相碰的分子数也与 n 成正比,所以

$$\Delta p \propto n^2 \propto \dfrac{1}{V_0^2}$$

写成等式有

$$\Delta p = \dfrac{a}{V_0^2}$$

比例系数 a 由气体的性质决定,它表示 1 mol 气体在占有单位体积时,由于分子间相互吸引作用所引起的压强的减少量.将这个结果代入(11-32)式,即得适用于 1 mol 气体的**范德瓦耳斯方程**(Van de Waals' eqution):

$$\left(p + \dfrac{a}{V_0^2}\right)(V_0 - b) = RT \tag{11-33}$$

式中的修正量 a 和 b 可由实验测定.测定 a 和 b 的方法很多.最简单的方法是,在一定温度下,测定与两个已知压强对应的 V_0 值,代入(11-33)式,即可求出 a 和 b.在表 11.3 中列出了一些气体的 a 和 b 的实验值.

表 11.3 范德瓦耳斯修正量 a 和 b 的实验值

气体	$a/(\text{atm} \cdot \text{L}^2 \cdot \text{mol}^{-2})$	$b/(\text{L} \cdot \text{mol}^{-1})$	气体	$a/(\text{atm} \cdot \text{L}^2 \cdot \text{mol}^{-2})$	$b/(\text{L} \cdot \text{mol}^{-1})$
氢	5.47	0.03	氩	1.3	0.03
氧	1.35	0.03	二氧化碳	3.6	0.043

如果气体的质量是 m,摩尔质量是 M,则它的体积可表示为 $V = \dfrac{m}{M} V_0$,即 $V_0 = \dfrac{M}{m} V$.将这个关系式代入(11-33)式,即得质量为 m 气体的**范德瓦耳斯方程**:

$$\left(p + \dfrac{m^2 a}{M^2 V^2}\right)\left(V - \dfrac{m}{M} b\right) = \dfrac{m}{M} RT \tag{11-34}$$

为了说明范德瓦耳斯方程的准确程度,我们在表 11.4 中列出了 1 mol 的氮气在 0 ℃时的实验数据($a = 1.36$ atm·L^2·mol^{-2},$b = 0.04$ L·mol^{-1}).由

表 11.4 可以看出,0 ℃时,在 100 atm 以下,理想气体物态方程和范德瓦耳斯方程都能够较好地描述氮气的规律.超过 100 atm,理想气体物态方程就偏离实际情况较远,而直到 1 000 atm 左右范德瓦耳斯方程还能较好地成立.值得指出的是,对于一些气体,如二氧化碳,在几十个大气压时理想气体物态方程已不适用,超过 100 atm 时范德瓦耳斯方程也不能很好地反映实际情况.在实际应用中如果需要更高的精确度,即使在较低的压强下,范德瓦耳斯方程也不适用.

表 11.4　0 ℃时 1 mol 氮气在不同压强下的实验值

p/atm	V_0/L	pV_0/(atm·L)	$\left(p+\dfrac{a}{V_0^2}\right)(V_0-b)$/(atm·L)
1	22.41	22.41	22.41
100	0.224 1	22.41	22.41
500	0.062 35	31.17	22.67
700	0.053 25	37.27	22.65
900	0.048 25	43.40	22.4
1 000	0.464	46.4	22.0

*§11.9　气体内的输运过程

前面讨论的都是气体在平衡态下的性质及规律.气体处于平衡态时,各部分的温度和压力都相同,气体内各气层之间没有相对运动.而在许多实际问题中,气体常处于非平衡状态,这时气体内或者各部分的温度不相等,或者各部分的压力不相等,或者各气层之间有相对运动.气体在由非平衡态向平衡态过渡的变化过程中,必定伴随着某些物理量的迁移,如密度不均匀而产生分子流动,温度不均匀而产生热量传递,分子流速不同而产生动量的迁移等.这一类过程称为气体内的输运过程(或迁移过程).

气体内基本的输运现象有三种,即黏滞现象、扩散现象和热传导现象.在一般情况下,这三种现象可以同时存在.

11.9.1　内摩擦现象(黏滞现象)

液体有黏滞现象.例如,一轮船在江面上前进时带动水面的水运动,水面的水则依靠内摩擦力带动下面的水向前运动,这样就形成了从水面到河床之间有一定的流速分布.不同流速的相邻两流层间产生的相互作用力称为**内摩擦力(或称为黏滞力)**,阻碍各流层间的相对运动.这称为**黏滞现象**(viscous phenomenon).气体中各气层间有相对运动时,气层间也有内摩擦力的作用.内摩擦力是成对出现的,它可使流动速度快的气层变慢,使流动速度慢的气层变快.设有一气体沿 y 方向流动,流速是 x 的函数,如图 11-13 所示.流速的空间变化率 $\dfrac{\mathrm{d}u}{\mathrm{d}x}$ 称为**速度梯度**,即流速在薄层单位间距上的增量.在垂直于 x 轴的

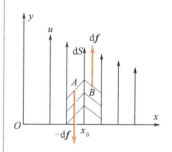

图 11-13　气体中各气层的流动速度不同

x_0 面两边两层气体的流速不同,所以相互之间存在黏滞力±df. 在 x_0 面上取面积元 dS,实验指出,黏滞力的大小与两部分的接触面 dS 和截面所在处的速度梯度 $\dfrac{\mathrm{d}u}{\mathrm{d}x}$ 成正比. 即

$$\mathrm{d}f = \pm \eta \dfrac{\mathrm{d}u}{\mathrm{d}x}\mathrm{d}S \tag{11-35}$$

其中 η 称为黏滞系数,恒为正值,单位是 $\mathrm{N\cdot s\cdot m^{-2}}$ 或 $\mathrm{Pa\cdot s}$;正号表示 df 与流速方向相同,负号表示与流速方向相反.

从气体动理论的观点来看,气体流动时,气体分子除具有热运动的速度外,还具有定向运动速度(即气体的流动速度). 在 x_0 左侧分子的定向运动速度比 x_0 右侧分子的定向运动速度要大一些,也就是说,x_0 左侧分子定向运动的动量大于 x_0 右侧分子定向运动的动量. 由于分子的热运动,左右两侧分子不断地交换,左侧分子把较大的定向运动的动量带给右侧的气层,而右侧分子把较小的定向运动的动量带给左侧的气层,结果使左侧气层的定向运动动量有所减少,而右侧气层的定向运动动量有相应的增加. 从宏观上看,似乎有内摩擦力作用在左侧气层上,使气层减速,而与之相等的内摩擦力则使右侧气层加速.

根据气体动理论,还可导出黏滞系数

$$\eta = \dfrac{1}{3}\rho\,\overline{v}\,\overline{\lambda} \tag{11-36}$$

由此可见,黏滞系数与气体的密度 ρ、分子热运动的平均速率 $\overline{v}$ 和平均自由程 $\overline{\lambda}$ 有关.

11.9.2 热传导现象

当气体各部分的温度不均匀时,就有热量从温度较高的地方传递到温度较低的地方. 这种由于温度差而产生的热量传递现象叫作热传导现象(heat conduction phenomenon).

设气体的温度沿 x 轴变化,如图 11-14 所示. 假定在垂直于 x 轴的 x_1 平面区的温度为 T_1,在 x_2 平面区的温度为 T_2,且 $T_1 > T_2$,用 $\dfrac{\mathrm{d}T}{\mathrm{d}x}$ 表示气体中温度沿 x 轴方向的空间变化率,称为温度梯度,在垂直于 x 轴的 x_0 平面上取面积元 dS. 实验证明,在单位时间内,从温度较高的一侧,通过这一平面向温度较低的一侧所传递的热量,与这一平面所在处的温度梯度和面积元成正比,即

$$\dfrac{\mathrm{d}Q}{\mathrm{d}t} = -K\,\dfrac{\mathrm{d}T}{\mathrm{d}x}\mathrm{d}S \tag{11-37}$$

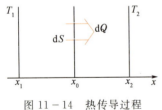

图 11-14 热传导过程

其中比例系数 K 称为热传导系数,恒为正值. 单位是 $\mathrm{J\cdot K^{-1}\cdot m^{-1}\cdot s^{-1}}$ 或 $\mathrm{W\cdot K^{-1}\cdot m^{-1}}$,负号表示热量流动的方向与温度梯度方向相反.

从气体动理论观点来看,当 x_0 面左侧气体的温度 T_1 高于右侧气体的温度 T_2 时,左侧气体分子的平均动能要大于右侧气体分子的平均动能. 所以,在 Δt 时间内,dS 两侧气体通过 dS 交换的分子数相等,但交换的平均动能是不等值的. 于是,从宏观上看,就有能量从温度高的地方传递到温度低的地方,也就是热量从温度高处传向温度低处,而使各部分温度趋于均匀一致.

根据气体动理论还可以导出热传导系数为

$$K = \dfrac{1}{3}\rho\,\overline{v}\,\overline{\lambda}\,C_V \tag{11-38}$$

由此可见,气体热传导系数与气体密度 ρ、质量定容热容(比定容热容)C_V,分子的速率 $\bar{v}$ 和分子平均自由程 $\bar{\lambda}$ 成正比.

11.9.3 扩散现象

气体内各部分的密度不均匀时,由于分子的热运动,经过一段时间后,各部分的密度趋于均匀一致的现象称为扩散现象(diffusion phenomenon).

设有一气体,其密度沿 x 轴方向变化,如图 11-15 所示. 在垂直于 x 轴的 x_1 平面附近气体的密度为 ρ_1,在 x_2 平面附近气体的密度为 ρ_2,$\rho_1 > \rho_2$,用 $\dfrac{\mathrm{d}\rho}{\mathrm{d}x}$ 表示气体的密度沿 x 轴方向的空间的变化率,称为密度梯度,分子自发地从密度高的地方向密度低的地方流动,形成了沿 x 轴方向的质量流. 在垂直于 x 轴的 x_0 平面上取一小面元 $\mathrm{d}S$,实验证明,在单位时间内,经过 $\mathrm{d}S$ 面扩散的分子质量 $\mathrm{d}M$ 与其附近的密度梯度和面积元 $\mathrm{d}S$ 成正比,即

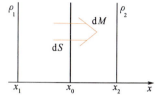

图 11-15 扩散过程

$$\frac{\mathrm{d}M}{\mathrm{d}t} = -D \frac{\mathrm{d}\rho}{\mathrm{d}x} \mathrm{d}S \qquad (11-39)$$

其中比例系数 D 称为扩散系数,其值恒为正,单位是 $\mathrm{m}^2 \cdot \mathrm{s}^{-1}$,负号表示扩散方向与密度梯度的方向相反.

从分子动理论的观点来看,由于分子的热运动,$\mathrm{d}S$ 左、右两侧的气体分子都将通过 $\mathrm{d}S$,但在 Δt 时间内,左侧分子通过 $\mathrm{d}S$ 的数目比右侧分子通过 $\mathrm{d}S$ 的数目要多,也就是说 $\mathrm{d}S$ 两侧交换的分子数不等. 于是,$\mathrm{d}S$ 左侧的分子数有所减少而右侧的分子数有所增加,即有一部分气体分子从 $\mathrm{d}S$ 的左侧迁移到了右侧. 从宏观上来看,就产生了气体的扩散,或者说气体的质量发生了定向迁移. 根据分子动理论,可以导出扩散系数为

$$D = \frac{1}{3} \bar{v} \bar{\lambda} \qquad (11-40)$$

将 $\bar{v} = \sqrt{\dfrac{8kT}{\pi\mu}}$,$\bar{\lambda} = \dfrac{kT}{\sqrt{2}\pi d^2 p}$ 代入上式并整理得

$$D = \frac{2}{3} \frac{(kT)^{3/2}}{\pi^{3/2} d^2 p \sqrt{\mu}}$$

由此可见,扩散系数与分子种类(d,μ)有关,与 $T^{3/2}$ 成正比,与压强 p 成反比. 温度越高,压强越低,扩散越快.

本章提要

1. 热力学系统的平衡态

在外界影响下,系统所有可观察的宏观性质不随时间改变的状态称为系统的平衡态.

2. 理想气体及其描述

(1) 理想气体的微观模型

为了便于分析和讨论气体的基本现象,我们把压强不太大(与大气压比较)和温度不太低(与室温比较)的真实气体视为理想模型——**理想气体**. 其微观模型是:气体分子可被视为大小可忽略不计的质点;除碰撞的瞬间外,分子间相互作用力可忽略不计,通常气体分子所受的重力也忽略不计;碰撞是弹性的;分子运动是无规则的.

(2) 理想气体状态方程

$$pV = \frac{m}{M} RT$$

或
$$p = nkT$$

式中 m 为气体质量，M 为气体摩尔质量，n 为单位体积内的分子数，即分子数密度，R 为气体普适常数，k 为玻耳兹曼常数。状态方程是描写系统平衡态特性的基本方程。

3. 压强和温度的微观解释

在统计假设下，导出理想气体的压强公式为

$$p = \frac{2}{3} n \overline{\varepsilon_t} = \frac{1}{3} n \mu \overline{v^2}$$

温度与分子平动动能的关系为

$$\overline{\varepsilon_t} = \frac{3}{2} kT$$

由上述两式知压强和温度都具有统计意义。

4. 能量均分定理，理想气体的内能

在平衡状态下，理想气体分子的任何一种运动形式的每个自由度具有相同的平均动能 $\frac{1}{2}kT$，它是大量分子统计平均的必然结果。

按照这一原理，若一个刚性气体分子有 t 个平动自由度，r 个转动自由度，$i = t + r$ 为总自由度，则每个分子的平均平动动能 $\overline{\varepsilon_t}$ 和平均动能 $\overline{\varepsilon}$ 分别为

$$\overline{\varepsilon_t} = \frac{3}{2} kT$$

$$\overline{\varepsilon} = \frac{i}{2} kT$$

对由 N 个分子组成的理想气体系统来说，由于忽略了分子间相互作用的势能，其内能即为每个分子的平均动能之和。即

$$E = N\overline{\varepsilon} = N \frac{i}{2} kT = \frac{m}{M} \frac{i}{2} RT$$

一定质量理想气体的内能是温度的单值函数。当温度改变 ΔT 时，内能的改变量为

$$\Delta E = \frac{m}{M} \frac{i}{2} R \Delta T$$

5. 麦克斯韦速率分布律和玻耳兹曼能量分布律

(1) 麦克斯韦速率分布律

麦克斯韦速率分布函数

$$f(v) = \lim_{\Delta v \to 0} \frac{\Delta N}{N \Delta v} = \frac{\mathrm{d}N}{N \mathrm{d}v} = 4\pi \left(\frac{\mu}{2\pi kT} \right)^{3/2} e^{-\frac{\mu v^2}{2kT}} v^2$$

$\frac{\mathrm{d}N}{N} = f(v) \mathrm{d}v$ 称为麦克斯韦分子速率分布律。

由麦克斯韦气体分子速率分布律可以导出三种统计速率。

最概然速率（最可几速率）：

$$v_p = \sqrt{\frac{2RT}{M}} \approx 1.41 \sqrt{\frac{RT}{M}}$$

平均速率：

$$\overline{v} = \sqrt{\frac{8RT}{\pi M}} \approx 1.60 \sqrt{\frac{RT}{M}}$$

方均根速率：

$$\sqrt{\overline{v^2}} = \sqrt{\frac{3RT}{M}} \approx 1.73 \sqrt{\frac{RT}{M}}$$

(2) 玻耳兹曼分布律

玻耳兹曼把麦克斯韦速度分布律推广到分子在外力场中运动的情形

$$N_i = C e^{-E_i/(kT)}$$

上式表明在一定的温度下，能级越低，粒子数越多，即粒子优先占据低能级状态。这是玻耳兹曼分布的一个重要结论。

6. 平均碰撞频率、平均自由程

在平衡状态下，一个分子在单位时间内与其他分子碰撞次数的平均值称为平均碰撞频率，分子在相邻两次碰撞间所走距离的平均值称为平均自由程。其表达式分别为

$$\overline{z} = \sqrt{2} \pi d^2 n \overline{v}$$

$$\overline{\lambda} = \frac{\overline{v}}{\overline{z}} = \frac{1}{\sqrt{2} \pi d^2 n} = \frac{kT}{\sqrt{2} \pi d^2 p}$$

*7. 范德瓦耳斯方程

1 mol $\quad \left(p + \frac{a}{V_0^2} \right)(V_0 - b) = RT$

质量为 m $\quad \left(p + \frac{m^2}{M^2} \frac{a}{V^2} \right)\left(V - \frac{m}{M} b \right) = \frac{m}{M} RT$

*8. 输运过程

黏滞系数 $\quad \eta = \frac{1}{3} \rho \overline{v} \overline{\lambda}$

热传导系数 $\quad K = \frac{1}{3} \rho \overline{v} \overline{\lambda} C_V$

扩散系数 $\quad D = \frac{1}{3} \overline{v} \overline{\lambda}$

阅读材料（十一） 真 空

1. 真空的获得

压强很低，即气体非常稀薄的状态，称为真空状态．真空度用压强的大小来量度．一般工程技术常用的所谓真空，气压约为 1×10^{-4} mmHg～1×10^{-7} mmHg（即 1.33×10^{-2} Pa～1.33×10^{-5} Pa）．

真空技术的产生已有很长的历史，它的应用也很广泛．首先是在电真空器件制造工业中有广泛的应用．此外，金属的冶炼或提纯（如半导体材料锗和活泼金属铍、锆、钛等），仪器制造工业和医药工业等方面，都对真空技术有一定的要求．凡牵涉到分子、原子、离子或电子射线的过程以及绝大部分的原子核反应实验，也都需要利用高度真空．

为了获得真空，需用某些特种设计的高度真空抽气机．这些抽气机一般不能直接在大气压强下开始工作，必须先有一个预备真空．预备真空可以使用机械抽气机获得．所要求的预备真空的程度，约为 1×10^{-2} mmHg～1×10^{-3} mmHg（即 1.33 Pa～1.33×10^{-1} Pa）．

最常用的高真空抽气机是水银或油扩散泵．

图 Y11-1 是最简单的水银扩散泵的示意图．其中，r 是预备真空抽气机，R 是被抽气容器．容器 A 中储有水银，用电炉加热可使水银蒸发．水银蒸气沿 B 管上升，至喷口 L 处高速向下喷出．蒸发炉 A 和导管 B 处包有石棉，以使蒸发炉加热均匀，并防止水银蒸气过早地凝结．在 C 管的外围通以流动的冷水，水银蒸气被冷却而凝结于 C 管的内壁，形成细滴向下流动，经 D 管而回到蒸发炉 A．D 称为缓冲管，管内经常积存一段水银以防止 A 中的水银蒸气直接被预备真空抽气机抽走．

当水银蒸气从喷口 L 高速喷出时，其中气体的分压几乎为零，而在 C 管上端气体的分压则由预备真空来决定．这样就出现了气体的分压梯度．因此，来自待抽容器 R 的气体就会扩散到水银蒸气中去，被水银蒸气带到 C 管下方，水银蒸气凝结，而气体则由预备真空抽气机抽出．C 管的下方和喷口 L 之间也存在着一个可以引起反向扩散的分压梯度．为了减小这种反向扩散，在扩散泵工作之前必须先有预备真空．

为了得到较高的真空度，可以设计几个喷口串联（称为多级）和几个喷口并联（称为多喷口）的扩散泵．

水银扩散泵有一缺点，即水银蒸气会从扩散泵进入被抽容器中．在室温（25 ℃）下，水银的饱和蒸气压为 1.8×10^{-3} mmHg（即 2.39×10^{-1} Pa）．因此，单用水银扩散泵不能得到比 1.8×10^{-3}

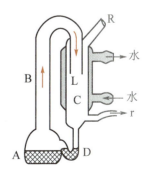

图 Y11-1 水银扩散泵

mmHg(即 2.39×10^{-1} Pa)更低的压强.所以,在使用水银扩散泵时,一般在 R 的出口处装水银蒸气捕集器,如图 Y11-2 中 N 所示.水银蒸气捕集器一般放在储有液态空气的杜瓦瓶中,温度约为 $-185\ ℃$ 左右,水银蒸气通过 N 管时,立即液化并凝成固体,落在管的底部.固态水银的饱和蒸气压是非常微小的,约为 1.7×10^{-27} mmHg(即 2.26×10^{-25} Pa).

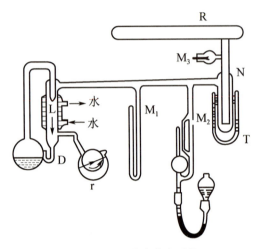

图 Y11-2　整个真空系统

也可以用难挥发的高分子油液(例如石油产物和人工合成高分子化合物)代替水银,这种泵称为油扩散泵.其工作原理与水银扩散泵的相同,但由于工作油液往往包含多种成分,并且在工作中要发生热分裂或氧化,其中不可避免地存在一些蒸气压较高的成分,因此,在结构中要采用一种特殊的分馏装置,将蒸气压较高的成分输送到泵的出口部分.油扩散泵的这种特点使它甚至不用蒸气捕集器也能获得较高的真空.

2. 真空的测量

用来测量真空程度的仪器称为真空计,实际上就是测量低压的压强计.真空计有许多类型,它们的灵敏度、量程用途各有不同.这里只介绍麦克劳压强计的工作原理.在实际工作中,还常选用电阻压强计、电离压强计等不同的压强计.

麦克劳真空计是一种绝对真空计.其主要原理是隔离一部分待测压强的气体加以压缩,直到压强放大到可以直接测量的程度,然后根据玻意耳-马略特定律求出原来待测的压强.实际上,用麦克劳真空计最高可测到 1×10^{-6} mmHg(即 1.33×10^{-4} Pa)的压强.

由于一般的蒸气在压缩时会凝结,不遵从玻意耳-马略特定律,所以麦克劳真空计不能用来测量蒸气压.此外,麦克劳真空计不能连续地指示出真空系统在抽气过程中压强的变化情况,因此,它的主要用途是校正其他相对真空计.

思 考 题

11-1 气体在平衡态时有何特征？气体的平衡态与力学中的平衡态有何不同？

11-2 我们说分子运动是无规则的，却又说分子的运动满足一定的规律，这是否矛盾？为什么？

11-3 (1) 什么叫作理想气体？在宏观上，它是怎样定义的？在微观上，又是怎样认识的？(2) 一定质量的气体，当温度不变时，气体的压强随体积的减小而增大（玻意耳定律）；当体积不变时，压强随温度的升高而增大（查理定律）。从宏观上说，这两种变化同样是使压强增大，从微观上说，它们是否有区别？有何区别？

11-4 思考题 11-4(a) 图是氢和氧在同一温度下的两条麦克斯韦速率分布曲线，哪一条代表氢？思考题 11-4(b) 图是某种气体在不同温度下的两条麦克斯韦速率分布曲线，哪一条的温度较高？

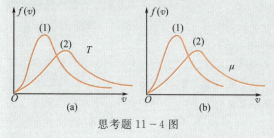

思考题 11-4 图

11-5 有两种不同的理想气体，等压、等温而体积不等，试问下述各量是否相同？
(1) 分子数密度；(2) 气体质量密度；(3) 单位体积内气体分子总平动动能；(4) 单位体积内气体分子的总动能。

11-6 怎样理解一个分子的平均平动动能为 $\overline{\varepsilon_t} = \frac{3}{2}kT$？如果容器内仅有一个分子，能否根据此式计算它的动能？

11-7 何谓理想气体的内能？为什么理想气体的内能是温度的单值函数？

11-8 如果氢和氧的物质的量和温度相同，则下列各量是否相等？为什么？
(1) 分子的平均平动动能；(2) 分子的平均动能；(3) 内能。

11-9 试估算在通常情况下，分子的下列各量的数量级是多少？
(1) 有效直径；(2) 平均自由程；(3) 平均碰撞频率；(4) 平均能量。

11-10 对于一定质量的气体，当温度升高时，讨论下列情况下气体分子的平均碰撞次数 $\overline{z}$ 和平均自由程 $\overline{\lambda}$ 如何变化？为什么？
(1) 容积不变；(2) 恒压下。

习 题

11-1 一瓶氦气和一瓶氮气的密度相同，分子的平均平动动能相等，当它们都处于平衡状态时，这两种气体（　　）。
(A) 温度相同，压强相同
(B) 温度不同，压强不同
(C) 温度相同，但氦气压强大于氮气压强
(D) 温度相同，但氦气压强小于氮气压强

11-2 设 $f(v)$ 为分子速率分布函数，则速率 $v < v_p$ 的分子，其平均速率的表达式为（　　）。

(A) $\overline{v} = \int_0^{v_p} f(v) dv$　　(B) $\overline{v} = \dfrac{\int_0^{v_p} v f(v) dv}{\int_0^{v_p} f(v) dv}$

(C) $\overline{v} = \int_0^{v_p} v f(v) dv$　　(D) $\overline{v} = \dfrac{1}{2} v_p$

11-3 在一个体积不变的容器中，储有一定量的某种理想气体，当温度为 T_0 时，气体分子的平均速率、平均碰撞频率、平均自由程分别为 $\overline{v}_0$、$\overline{z}_0$、$\overline{\lambda}_0$。当气体温度升高至 $4T_0$ 时，气体分子的平均速率 $\overline{v}$、平均碰撞频率 $\overline{z}$、平均自由程 $\overline{\lambda}$ 分别为（　　）。
(A) $\overline{v} = 4\overline{v}_0, \overline{z} = 4\overline{z}_0, \overline{\lambda} = 4\overline{\lambda}_0$
(B) $\overline{v} = 2\overline{v}_0, \overline{z} = 2\overline{z}_0, \overline{\lambda} = \overline{\lambda}_0$
(C) $\overline{v} = 2\overline{v}_0, \overline{z} = 2\overline{z}_0, \overline{\lambda} = 4\overline{\lambda}_0$
(D) $\overline{v} = 4\overline{v}_0, \overline{z} = 2\overline{z}_0, \overline{\lambda} = \overline{\lambda}_0$

11-4 如习题 11-4 图所示：Ⅰ、Ⅱ 两条曲线分别代表 H_2 和 O_2 在同一温度下麦克斯韦速率分布曲线。由此可得 H_2 分子的最概然速率为_____ $m \cdot s^{-1}$；O_2 分子的最概然速率为_____ $m \cdot s^{-1}$。

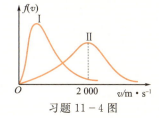

习题 11-4 图

11-5 若某种气体在平衡温度 T_1 时的最概然速率与它在平衡温度 T_2 时的方均根速率相等,那么这两个温度之比 $T_1:T_2=$ _____.

11-6 一座山高 2 900 m,其山脚空气的温度为 20 ℃,压强为 1 atm.设温度不随高度而变,则山顶处的大气压强为 _____ atm.

11-7 容器内装有质量为 0.1 kg 的氧气,其压强为 10 atm(即 1 MPa),温度为 47℃.因为漏气,经过若干时间后,压强变为原来的 $\frac{5}{8}$,温度降到 27℃.问:(1)容器的容积有多大?(2)漏去了多少氧气?

11-8 设想太阳是由氢原子组成的理想气体,其密度可当作是均匀的.若此气体的压强为 1.35×10^{14} Pa,试估算太阳的温度.已知氢原子的质量 $\mu_H=1.67\times10^{-27}$ kg,太阳半径 $R_S=6.96\times10^8$ m,太阳质量 $M_S=1.99\times10^{30}$ kg.

11-9 一容器被中间隔板分成相等的两半,一半装有氦气,温度为 T_1,另一半装有氧气,温度为 T_2,二者压强相等,今去掉隔板,求两种气体混合后的温度.

11-10 设有 N 个粒子的系统,速率分布函数如习题 11-10 图所示.求:(1)$f(v)$ 的表达式;(2)a 与 v_0 之间的关系;(3)速率在 $0.5v_0\sim v_0$ 之间的粒子数;(4)最概然速率;(5)粒子的平均速率;(6)$0.5v_0\sim v_0$ 区间内粒子的平均速率.

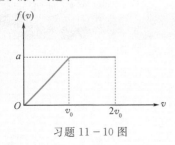

习题 11-10 图

11-11 一氧气瓶的容积是 32 L,其中氧气的压强是 130 atm.规定瓶内氧气压强降到 10 atm 时就要充气,以免混入其他气体而需洗瓶.今有一玻璃室,每天需用 1.0 atm 氧气 400 L,问一瓶氧气能用几天?

11-12 容器中储有氧气,其压强为 $p=0.1$ MPa(即 1 atm),温度为 27℃,求(1)单位体积中的分子数 n;(2)氧分子质量 μ;(3)气体密度 ρ;(4)分子间的平均距离 $\bar{l}$;(5)平均速率 $\bar{v}$;(6)方均根速率 $\sqrt{\bar{v^2}}$;(7)分子的平均动能 $\bar{\varepsilon}$.

11-13 在 0℃时,一真空泵能获得压强为 4×10^{-10} Pa(即 4×10^{-15} atm)真空度,问在此真空度中,1 cm³ 有多少个氮气分子?分子间的平均距离多大?

11-14 飞机起飞前机舱中压力计的指示为 1.0 atm,温度为 27℃.起飞后,压力计的指示为 0.80 atm,温度未变,试计算飞机距地面的高度.(空气的摩尔质量为 29 g·mol⁻¹)

11-15 悬浮在空气中的烟尘粒子作布朗运动,假如烟尘粒子质量为 10^{-13} g,在室温下($t=27$℃),求:(1)烟尘粒子的平均平动动能;(2)平均速率.

11-16 1 mol 氢气,在温度为 27℃ 时,它的平动动能、转动动能和内能各为多少?

11-17 一瓶氧气,一瓶氢气,等压、等温,氧气体积是氢气的 2 倍,求:(1)氧气和氢气分子数密度之比;(2)氧分子和氢分子的平均速率之比.

11-18 一真空管的真空度约为 1.33×10^{-3} Pa(即 1.0×10^{-5} mmHg),试求在 27℃ 时单位体积中的分子数及分子的平均自由程.(设分子的有效直径 $d=3\times10^{-10}$ m)

11-19 (1)求氮气在标准状态下的平均碰撞频率;(2)若温度不变,气压降到 1.33×10^{-4} Pa,平均碰撞频率又为多少?(设分子有效直径为 10^{-10} m)

11-20 1 mol 氧气从初态出发,经过等体升压过程,压强增大为原来的 2 倍,然后又经过等温膨胀过程,体积增大为原来的 2 倍.求末态与初态之间:(1)气体分子方均根速率之比;(2)分子平均自由程之比.

11-21 一氢分子(有效直径为 1.0×10^{-10} m)以方均根速率从炉中($T=4\,000$ K)逸出而进入冷的氩气室中,室内氩气密度为每立方米 40×10^{25} 个原子(氩原子有效直径为 3×10^{-10} m),求:(1)氢分子逸出的速率多大?(2)把氩原子与氢分子都看成球体,则在相互碰撞时它们中心之间靠得最近的距离为多少?(3)最初阶段,氢分子每秒受到的碰撞次数为多少?

11-22 设容器内盛有质量为 m,摩尔质量为 M 的多原子气体,分子直径为 d,气体的内能为 E,压强为 p,求:(1)分子平均碰撞频率;(2)分子最概然速率;(3)分子的平均平动动能.

第 12 章
热力学基础

本章着重讨论热力学系统在状态发生变化时所遵循的规律. 从能量的观点出发,根据实验通过数学演绎,探索研究热力学系统在状态变化过程中热功转换的关系及条件,主要介绍热力学第一定律及其应用、热力学第二定律及其微观本质和熵的概念等.

§12.1 准静态过程

12.1.1 准静态过程

系统在外界影响下,其状态会发生变化.系统从一个状态到另一个状态的变化过程称为**热力学过程**,简称**过程**(process).根据中间状态的不同,可分为**准静态过程**(quasi-static process)和**非静态过程**.

设系统开始处于某一平衡态,经过一系列变化后达到另一平衡态,如果这一系列的中间状态都可近似地看作平衡态,这样的过程就称为**准静态过程**;如果中间状态为非平衡态,则这样的过程称为**非静态过程**.

通常,一个系统由最初的非平衡态过渡到平衡态所经过的时间,称为系统的弛豫时间 τ(relaxation time).因为平衡和过程是两个对立的概念,在实际问题中,所有的过程都不可能是准静态过程,但如果系统的状态发生一微小变化所经历的时间 Δt 比弛豫时间 τ 长得多($\tau \ll \Delta t$),那么在发生这一变化的过程中,系统有充分的时间达到新的平衡态,因此这样的过程可当作准静态过程处理.例如实际内燃机中压缩气体的时间约为 1×10^{-2} s,而该系统的弛豫时间只有 1×10^{-3} s,所以可把这个压缩过程作为准静态过程来处理.

准静态过程只是实际过程的抽象.而且,这种过程的进行一定是无限缓慢的.热力学的研究是以准静态过程的研究为基础的,把理想的准静态过程弄清楚,将有助于对实际的非静态过程的探讨,对于给定的气体,每一个平衡状态可以用一组状态参量 p, V, T 来描述,由于 p, V, T 中只有两个是独立的,所以给定任意两个参量的量值,就对应于一个平衡状态,因此,在 p-V 图上任一点就对应于一个平衡状态,而一条光滑的连续曲线就代表一个准静态过程.图 12-1 中的曲线就表示由初态 Ⅰ(p_1, V_1, T_1)到末态 Ⅱ(p_2, V_2, T_2)的准静态过程,其中箭头方向为过程进行的方向,这条曲线的方程称为**过程方程**.

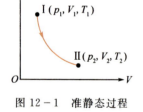

图 12-1 准静态过程

12.1.2 内能、功和热量

一个热力学过程,通常伴随着热力学系统与外界能量的交换.热力学第一定律就是包括热运动在内的能量守恒定律的定量表述.我们先来研究热运动中的能量及其转化过程中所涉及的几个重要物理量.

在上一章中我们已经介绍了系统内能的概念.广义说来,内能是指系统内所有分子热运动动能、分子间势能、分子内和原子内以及原子核内的能量之总和.但由于热力学过程不涉及化学和原子核反应,当系统状态变化时,仅是分子热运动动能和分子间势能的改变,其他能量均未变化.因此,热力学系统中讨论的内能仅指所有分子热运动的动能和分子间相互作用势能的总和.热力学系统的内能是热力学系统状态的单值函数.

实验表明,系统的内能变化可以通过两种方式实现:一是通过做功使系统内能改变;二是通过传递热量使系统内能改变.显然做功和传递热量均可作为内能变化的量度.在国际单位制中,内能、功和热量三者的单位均是焦耳(J).

做功与传递热量在使系统内能改变的过程中,二者是等价的,但它们在本质上存在差异,"做功"过程是系统热能与外界的机械能或其他形式能量的转换,"热量传递"过程是系统与外界热能间的转换(通过系统与外界分子间的碰撞来实现).也就是说,"做功"是系统热能与外界其他形式能量转换的量度,而"热量"是系统与外界热能转换的量度.

12.1.3 准静态过程的功和热量

为了研究系统在状态变化过程所做的功,我们以气体膨胀为例,如图 12-2 所示,设有一气缸,其中气体的压强为 p,活塞面积为 S.取气体为系统,气缸与活塞及缸外大气均为外界.当活塞向外移动 dx 时,系统对外界所做的元功为

$$dW = Fdx = pSdx = pdV$$

dV 表示系统体积的改变量,若系统从初态 I 经过一个准静态过程变化到终态 II,则系统对外做的总功为

$$W = \int_I^{II} dW = \int_{V_1}^{V_2} pdV \quad (12-1)$$

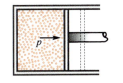

图 12-2 气体膨胀做功

式中 V_1 和 V_2 分别表示系统在初态和末态的体积,上式即为准静态过程中系统对外做功的积分表达式.

由(12-1)式可知,如果系统膨胀,即 $dV>0$,则 $W>0$,系统对外做正功;如果系统被压缩,即 $dV<0$,则 $W<0$,系统对外做负功,或称外界对系统做正功;系统体积不变时,即 $dV=0$,系统不做功.

系统在一个准静态过程中对外做的功可以在 p-V 图上表示出来.若气体状态变化的整个过程为 I a II,如图 12-3 所示,元功 $dW = pdV$ 为图 12-3 中所示的 $V \sim V+dV$ 之间小窄条的面积,I a II 过程系统对外做的总功可用 p-V 曲线 I a II 与横坐标 V_1 到 V_2 之间的面积表示.如果系统的初态与末态相同,但所经历的过程不同,

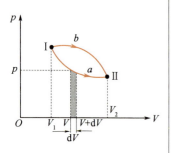

图 12-3 做功与过程有关

如图 12-3 所示的 I b II 过程，显然 I b II 过程所做的功大于 I a II 过程所做的功，这表明系统由一个状态变化到另一状态时对外所做的功与系统经历的过程有关，即功不是一个状态量，而是一个与过程有关的量，称为过程量。

准静态过程中热量的计算常用摩尔热容表述，定义

$$C_{\mathrm{m}} = \frac{(\mathrm{d}Q)_{\mathrm{m}}}{\mathrm{d}T} \quad (12-2)$$

为摩尔热容（Molar heat capacity），式中 $(\mathrm{d}Q)_{\mathrm{m}}$ 是 1 mol 物质在微小升温 $\mathrm{d}T$ 过程中所吸收的热量，由(12-2)式可知，摩尔热容 C_{m} 在数值上等于 1 mol 物质温度升高 1 K 所吸收的热量，单位是 $\mathrm{J \cdot mol^{-1} \cdot K^{-1}}$。这和比热容（质量热容）不同，比热 c 指的是 1 kg 的物质温度升高 1 K 所吸收的热量。

据(12-2)式可得，准静态过程中，$\frac{m}{M}$ mol 物质温度由 T_1 变化至 T_2 过程中吸收的热量

$$Q = \frac{m}{M} C_{\mathrm{m}} (T_2 - T_1) \quad (12-3)$$

(12-2)式和(12-3)式与热力学过程有关，故摩尔热容 C_{m} 和热量 Q 均为过程量。

顺便指出，前面我们所述的"热能"，物理学中更为确切的名称是"内能"。为了不至于将"热量"和"热能"相混淆，以后不再用热能的名称了。

§12.2　热力学第一定律

12.2.1　热力学第一定律

改变一个热力学系统的状态可以通过做功或热量传递来实现。对于任一热力学系统，根据能量守恒定律，系统增加的内能应该等于外界对系统所做的功和外界向系统传递的热量之和，即

$$\Delta E = Q + (-W)$$

或

$$Q = \Delta E + W \quad (12-4)$$

(12-4)式不难直观地理解：系统吸收的热量，一部分转化成系统的内能，另一部分转化为系统对外所做的功。这就是**热力学第一定律**（the first law of thermodynamics）的数学表达式。显然，**热力学第一定律是包括热现象在内的能量守恒定律**。

(12-4)式中的 Q，W 和 ΔE 均可正可负：$Q>0$，系统吸收热量，$Q<0$，系统放出热量；$W>0$，系统对外做正功，$W<0$，系统对外做负

功,即外界对系统做正功;$\Delta E > 0$,系统内能增加,$\Delta E < 0$,系统内能减少.

如果系统经历了一个极其微小的状态变化过程,则热力学第一定律可以表示为

$$dQ = dE + dW \tag{12-5}$$

必须指出,(12-4)式和(12-5)式是热力学第一定律的普遍形式,对一切热力学系统(气态、液态或固态物质)的任意热力学过程(准静态或非静态)都适用. 对于准静态过程,系统对外做功是通过体积的变化来实现的,则(12-5)式和(12-4)式可以分别表示为

$$dQ = dE + pdV \tag{12-6}$$

$$Q = \Delta E + \int_{V_1}^{V_2} pdV \tag{12-7}$$

由热力学第一定律可知,要使系统对外做功,必须要消耗系统的内能,或由外界吸收热量,或者两者兼有. 历史上曾有人企图制造一种能对外不断自动做功而不需要任何燃料或者其他能源供给的机器,称为第一类永动机. 然而,制造第一类永动机的种种努力均告失败,原因何在?热力学第一定律给出了理论上的解答. 因此,热力学第一定律又可表述为:**制造第一类永动机是不可能的**.

12.2.2 热力学第一定律对理想气体平衡过程的应用

一、等体过程

系统的体(容)积保持不变的过程称为等体(容)过程. 等体过程的特征是 $V = $ 常量,$dV = 0$. 在 $p-V$ 图上为一条平行于 p 轴的直线段 AB,叫作等体线. 如图 12-4 所示为一等体过程,由于 $dV = 0$,故系统对外做功 $dW = pdV = 0$. 根据热力学第一定律及理想气体的内能表达式可得

$$(dQ)_V = dE = \frac{m}{M}\frac{i}{2}RdT$$

$$Q_V = E_2 - E_1 = \frac{m}{M}\frac{i}{2}R(T_2 - T_1) \tag{12-8}$$

上述各式中的下标 V 表示体积不变,(12-8)式表明,**在等体过程中,外界传给系统的热量全部用来增加系统的内能**.

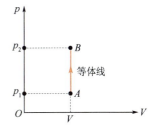

图 12-4 等体升温不做功

(12-8)式与(12-3)式对照可得定体摩尔热容

$$C_{V,m} = \frac{(dQ)_{V,m}}{dT} = \frac{i}{2}R \tag{12-9}$$

(12-9)式表明,定体摩尔热容仅与自由度 i 有关,而与气体的温度无关. 对于单原子理想气体,$i = 3$,因此,$C_{V,m} = \frac{3}{2}R \approx 12.5$ J·mol^{-1}·K^{-1};对于双原子理想气体,$i = 5$,因此,$C_{V,m} = \frac{5}{2}R \approx 20.8$

J·mol^{-1}·K^{-1}；对于刚性多原子分子理想气体，$i=6$，所以，$C_{V,m}=3R\approx24.9$ J·mol^{-1}·K^{-1}。

定义了气体的定体摩尔热容 $C_{V,m}$ 后，我们可将理想气体的内能 E 和内能增量 ΔE 分别表述为

$$E=\frac{m}{M}C_{V,m}T$$

$$dE=\frac{m}{M}C_{V,m}dT$$

$$\Delta E=E_2-E_1=\frac{m}{M}C_{V,m}(T_2-T_1)$$

二、等压过程

系统的压强保持不变的过程称为等压过程。等压过程的特征是 $p=$ 常量，$dp=0$。该过程在 p-V 图上是一条与 V 轴平行的直线段 AB，叫作等压线。图 12-5 所示为一等压膨胀过程。根据热力学第一定律可得

$$(dQ)_p=dE+pdV$$

$$Q_p=E_2-E_1+\int_{V_1}^{V_2}pdV$$

$$=\frac{m}{M}\frac{i}{2}R(T_2-T_1)+p(V_2-V_1) \quad (12-10)$$

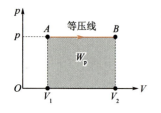

图 12-5 等压膨胀气体对外做功 W_p

(12-10)式表明，**等压过程中系统吸收的热量，一部分用来增加系统的内能，一部分用来对外做功**。

利用状态方程，可将(12-10)式改写成

$$Q_p=\frac{m}{M}\frac{i}{2}R(T_2-T_1)+\frac{m}{M}R(T_2-T_1)$$

$$=\frac{m}{M}\left(\frac{i}{2}R+R\right)(T_2-T_1)$$

将此式与(12-3)式对照可得定压摩尔热容

$$C_{p,m}=\frac{(dQ)_{p,m}}{dT}=\frac{i}{2}R+R$$

即

$$C_{p,m}=C_{V,m}+R \quad (12-11)$$

(12-11)式叫作**迈耶(Mayer)公式**。说明理想气体的定压摩尔热容比定体摩尔热容大一常量 R，也就是说，在等压过程中，温度升高 1 ℃时，1 mol 理想气体多吸取 8.31 J 的热量，用来转换为膨胀时对外做功。

定压摩尔热容 $C_{p,m}$ 与定体摩尔热容 $C_{V,m}$ 的比值，称为摩尔热容比，工程上称为绝热系数，以 γ 表示，即

$$\gamma=\frac{C_{p,m}}{C_{V,m}} \quad (12-12)$$

由于 $C_{p,m}>C_{V,m}$，所以 γ 恒大于 1。

理想气体的 $C_{p,m}$,$C_{V,m}$,γ 值见表 12.1 和表 12.2.

表 12.1　气体摩尔热容的理论值

($C_{p,m}$,$C_{V,m}$ 单位为 $J \cdot mol^{-1} \cdot K^{-1}$)

原子数	自由度 i	$C_{p,m}=\frac{i}{2}R+R$	$C_{V,m}=\frac{i}{2}R$	C_p-C_V	$\gamma=\frac{C_{p,m}}{C_{V,m}}$
单原子	3	20.78	12.47	8.31	1.67
双原子	5	29.09	20.78	8.31	1.40
多原子	6	38.24	24.93	8.31	1.33

表 12.2　气体摩尔热容的实验数据(室温)

($C_{p,m}$,$C_{V,m}$ 单位为 $J \cdot mol^{-1} \cdot K^{-1}$)

原子数	气体种类	$C_{p,m}$	$C_{V,m}$	$C_{p,m}-C_{V,m}$	$\gamma=\frac{C_{p,m}}{C_{V,m}}$
单原子	氦	20.9	12.5	8.4	1.67
	氩	21.2	12.5	8.7	1.65
双原子	氢	28.8	20.4	8.4	1.41
	氮	28.6	20.4	8.2	1.41
	一氧化碳	29.3	21.2	8.1	1.40
	氧	28.9	21.0	7.9	1.40
多原子	水蒸气	36.2	27.8	8.4	1.31
	甲烷	35.6	27.2	8.4	1.30
	氯仿	72.0	63.7	8.3	1.13
	乙醇	87.5	79.2	8.2	1.11

从表 12.1 和 12.2 可以看出：

(1) 各种气体的($C_{p,m}-C_{V,m}$)值都接近于 R 值；

(2) 室温下单原子分子及双原子分子气体的 $C_{p,m}$,$C_{V,m}$,γ 的实验数据与理论值相近.

这说明经典热容理论近似地反映了客观事实,但是对分子结构较为复杂的气体,即三个原子以上的多原子分子气体,理论值与实验数据显然不等,这是因为 $C_{V,m}$ 是温度的函数而不是定值,在低温时只有平动,在常温时开始有转动,在高温时又出现振动的缘故. 表明经典理论是近似理论,有其局限性,要用近代量子理论才能精确地解决摩尔热容问题,在此不进行深入讨论.

三、等温过程

系统温度保持不变的过程称为等温过程. 等温过程的特征是 T=常量,$dT=0$. 它在 p-V 图上为双曲线的一支,称为等温线. 图 12-6 所示为一等温膨胀过程,曲线 AB 为等温线,等温线把 p-V 图分为两个区域,等温线以上区域的温度大于 T,等温线以下区域的温度小于 T. 由于 $dT=0$,故等温过程中系统的内能保持不变,亦

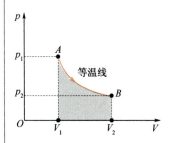

图 12-6　等温膨胀气体
对外做功 W_T

即 $\Delta E = 0$. 在系统由体积 V_1 等温膨胀到体积 V_2 的过程中，系统对外做功

$$W_T = \int_{V_1}^{V_2} p\mathrm{d}V = \frac{m}{M}RT\int_{V_1}^{V_2}\frac{\mathrm{d}V}{V}$$

$$= \frac{m}{M}RT\ln\frac{V_2}{V_1} \qquad (12-13)$$

根据热力学第一定律可得 $Q_T = W_T$，即

$$Q_T = \frac{m}{M}RT\ln\frac{V_2}{V_1} = \frac{m}{M}RT\ln\frac{p_1}{p_2} \qquad (12-14)$$

(12-14)式表明，**在等温过程中，理想气体系统所吸取的热量全部转化为对外界做功，系统内能保持不变**.

若系统对外做功，体积膨胀($V_2 > V_1$)，$Q_T > 0$. 表明系统吸热；若外界对系统做功，系统被压缩($V_2 < V_1$)，$Q_T < 0$，系统向外界放热.

四、绝热过程

系统不与外界交换热量的过程称为绝热过程（adiabatic process），其特征是 $\mathrm{d}Q = 0$.

一个被绝热材料所包围的系统进行的过程，或由于过程进行得很快，系统来不及和外界交换热量的过程，如内燃机中的爆炸过程等，都可近似地看作是准静态绝热过程.

由于绝热过程 $\mathrm{d}Q = 0$，根据热力学第一定律，得

$$W_S = -\Delta E$$

由此可见，**绝热过程中系统对外做功全部是以内能减少为代价的**. 在系统由初态（温度为 T_1）绝热地膨胀到末态（温度为 T_2）过程中，系统对外做功为

$$W_S = -\frac{m}{M}C_{V,m}(T_2 - T_1) \qquad (12-15)$$

从(12-15)式可看出，当系统绝热膨胀对外做功时，系统内能要减少，温度要降低，而压强也在减小，所以绝热过程中，系统的温度、压强、体积三个参量都同时改变. 可以证明对于理想气体的绝热准静态过程，在 p, V, T 三个参量中，任意两个量之间的关系为

$$pV^{\gamma} = 常量 \qquad (12-16)$$
$$V^{\gamma-1}T = 常量 \qquad (12-17)$$
$$p^{\gamma-1}T^{-\gamma} = 常量 \qquad (12-18)$$

这些方程均称为绝热过程方程，简称**绝热方程**. 式中的指数 γ 为 $C_{p,m}$ 与 $C_{V,m}$ 的比值. 3 个方程中的各常量均不相同，使用时可根据问题的要求任意选取一个比较方便的来应用.

(12-16)式常称为绝热过程的**泊松**(Poisson)**方程**. 在 $p-V$ 图上的绝热曲线可根据泊松方程作出. 图 12-7 中实线表示绝热线，虚线表示同一气体的等温线，A 是两线的交点. 由等温过程和绝热

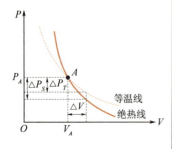

图 12-7 等温线与绝热线的斜率的比较

第 12 章 热力学基础

过程的过程方程可以求得等温线与绝热线在 A 点的斜率分别为

$$\left(\frac{dp}{dV}\right)_T = -\frac{p_A}{V_A},$$

$$\left(\frac{dp}{dV}\right)_S = -\gamma\frac{p_A}{V_A}$$

由于 $\gamma>1$，比较两式，可见绝热线比等温线陡。上述结论可以这样理解，设体积增加 ΔV，在等温过程中压强的减小 Δp_T 仅是体积增大而引起的，而在绝热过程中，压强的减小 Δp_S 是由体积增大和内能减小（温度降低）两个因素而引起的，所以，Δp_S 的值比 Δp_T 的值大。

绝热方程的推导

绝热过程 $dQ=0, dW=-dE$，即

$$pdV = -d\left(\frac{m}{M}\frac{i}{2}RT\right) = -d\left(\frac{i}{2}pV\right) = -\frac{i}{2}pdV - \frac{i}{2}Vdp$$

$$\left(\frac{i}{2}+1\right)pdV = -\frac{i}{2}Vdp$$

因为 $\gamma=\frac{C_{p,m}}{C_{V,m}} = \left(\frac{i}{2}+1\right)/\frac{i}{2}$，代入上式得

$$\gamma\frac{dV}{V} = -\frac{dp}{p}$$

两边积分得

$$\ln p + \gamma\ln V = C$$

即

$$pV^\gamma = 常量$$

将上式与 $pV=\frac{m}{M}RT$ 联立消去 p 或 V 可得(12-17)式和(12-18)式。

表 12.3 列出了理想气体热力学过程的主要公式。

表 12.3 理想气体热力学过程的主要公式

	等体过程	等压过程	等温过程	绝热过程
过程方程	$\frac{p}{T}=C$	$\frac{V}{T}=C$	$pV=C$	$pV^\gamma=C_1$ $V^{\gamma-1}T=C_2$ $p^{\gamma-1}T^{-\gamma}=C_3$
内能增量 $\Delta E=\frac{m}{M}C_{V,m}\Delta T$	$\frac{m}{M}C_{V,m}\times(T_2-T_1)$	$\frac{m}{M}C_{V,m}\times(T_2-T_1)$	0	$\frac{m}{M}C_{V,m}\times(T_2-T_1)$
对外做功 $W=\int pdV$	0	$p(V_2-V_1)$ 或 $\frac{m}{M}R(T_2-T_1)$	$\frac{m}{M}RT\ln\frac{V_2}{V_1}$	$-\frac{m}{M}C_{V,m}(T_2-T_1)$ 或 $\frac{p_1V_1-p_2V_2}{\gamma-1}$
传递热量 $Q=\Delta E+W$	$\frac{m}{M}C_{V,m}\times(T_2-T_1)$	$\frac{m}{M}C_{p,m}(T_2-T_1)$	$\frac{m}{M}RT\ln\frac{V_2}{V_1}$	0

例 12-1

1 mol 单原子理想气体,由状态 $a(p_1,V_1)$,先等压加热至体积增大一倍,再等体加热至压强增大一倍,最后再经绝热膨胀,使其温度降至初始温度.如图 12-8 所示,试求:(1)状态 d 的体积 V_d;(2)整个过程对外所做的功;(3)整个过程吸收的热量.

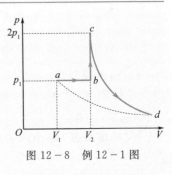

图 12-8 例 12-1 图

解 (1)根据题意 $T_a = T_d$,又根据方程 $pV = \dfrac{m}{M}RT$,得

$$T_d = T_a = \frac{p_1 V_1}{R}$$

$$T_c = \frac{p_c V_c}{R} = \frac{4 p_1 V_1}{R} = 4 T_a$$

再根据绝热方程 $T_c V_c^{\gamma-1} = T_d V_d^{\gamma-1}$,得

$$V_d = \left(\frac{T_c}{T_d}\right)^{\frac{1}{\gamma-1}} V_c = 4^{\frac{1}{1.67-1}} \cdot 2V_1 = 15.8 V_1$$

(2) 先求各分过程的功

$$W_{ab} = p_1(2V_1 - V_1) = p_1 V_1$$
$$W_{bc} = 0$$
$$W_{cd} = -\Delta E_{cd} = C_{V,m}(T_c - T_d)$$
$$= \frac{3}{2}R(4T_a - T_a) = \frac{9}{2}RT_a$$
$$= \frac{9}{2} p_1 V_1$$

所以整个过程的总功为

$$W = W_{ab} + W_{bc} + W_{cd} = \frac{11}{2} p_1 V_1$$

(3) 计算整个过程吸收的总热量有两种方法.

方法一:根据整个过程吸收的总热量等于各分过程吸收热量的和.

$$Q_{ab} = C_{p,m}(T_b - T_a) = \frac{5}{2}R(T_b - T_a)$$
$$= \frac{5}{2}(p_b V_b - p_a V_a) = \frac{5}{2} p_1 V_1$$

$$Q_{bc} = C_{V,m}(T_c - T_b) = \frac{3}{2}R(T_c - T_b)$$
$$= \frac{3}{2}(p_c V_c - p_b V_b) = 3 p_1 V_1$$

$$Q_{cd} = 0$$

所以

$$Q = Q_{ab} + Q_{bc} + Q_{cd} = \frac{11}{2} p_1 V_1$$

方法二:对 $abcd$ 整个过程应用热力学第一定律:

$$Q_{abcd} = W_{abcd} + \Delta E_{ad}$$

由于 $T_a = T_d$

故 $\Delta E_{ad} = 0$

则 $Q_{abcd} = W_{abcd} = \dfrac{11}{2} p_1 V_1$

例 12-2

某理想气体的 p-V 关系如图 12-9 所示,由初态 a 经准静态过程直线 ab 变到终态 b.已知该理想气体的定体摩尔热容量 $C_{V,m} = 3R$,求该理想气体在 ab 过程中的摩尔热容量.

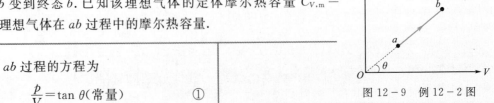

图 12-9 例 12-2 图

解 ab 过程的方程为

$$\frac{p}{V} = \tan\theta \ (\text{常量}) \qquad ①$$

设该过程的摩尔热容量为 C_m，则对 1 mol 理想气体有

$$C_m dT = C_{V,m} dT + p dV \qquad ②$$
$$pV = RT \qquad ③$$

由①与③联立得 $\tan\theta V^2 = RT$，两边微分得

$$2p dV = R dT$$

代入②式有 $C_m dT = C_{V,m} dT + \dfrac{R}{2} dT$

所以得 $C_m = C_{V,m} + \dfrac{R}{2} = \dfrac{7}{2} R$

*五、多方过程

前面所述理想气体的等压、等体、等温三个等值过程，以及绝热过程都是理想的过程，实际上它们都是较难实现的. 实际过程往往与这四个理想过程有所偏离，并不像这四个过程方程那样单纯.

我们设想把绝热过程方程 $pV^\gamma = C$ 推广为

$$pV^n = C \qquad (12-19)$$

其中 n 等于任意实数. 这个方程称作理想气体**多方过程方程**，n 称为**多方指数**.

由(12-19)式可以看出：

(1) 当 $n = \gamma (\gamma = C_{p,m}/C_{V,m})$ 时，(12-19)式为理想气体绝热方程 $pV^\gamma = C_1$；

(2) 当 $n = 1$ 时，(12-19)式为理想气体等温方程 $pV = C_2$；

(3) 当 $n = 0$ 时，(12-19)式为 $pV^0 = p = C_3$，是等压过程；

(4) 如把(12-19)式写成

$$p^{1/n} V = C'$$

则当 $n = \infty$ 时，有 $V = C_4$，这就是理想气体的等体过程.

把上述四种情况用图 12-10 表示出来，从图上可以看出，过点 A 可作四条理想过程曲线. 因此可以说理想气体的多方过程方程是理想气体的等值过程和绝热过程方程的综合和推广. 实际上多方指数 n 可取任意实数，它随具体过程而异，须由实验测定. 多方过程在化学工业、热力工程和喷气发动机等工程技术中有着广泛的应用，因为在这些领域中的热力学过程是多种多样的，不能都视为等值过程和绝热过程.

与理想气体的绝热过程方程相似，理想气体的多方过程方程除具有(12-19)式的形式外，还可写成

$$TV^{n-1} = C \qquad (12-20)$$
$$p^{n-1} T^{-n} = C \qquad (12-21)$$

根据做功的定义 $W = \int_{V_1}^{V_2} p dV$，可以算得理想气体在多方过程中做的功为

$$W = \dfrac{p_1 V_1 - p_2 V_2}{n - 1} \qquad (12-22)$$

多方过程中内能的增量仍为

$$\Delta E = \nu C_{V,m} (T_2 - T_1)$$

这是因为理想气体内能的改变仅与其始末状态有关而与过程无关的缘故. 而在多方过程中吸收的热量则为

$$Q = \nu C_n (T_2 - T_1)$$

式中 C_n 为理想气体多方摩尔热容.

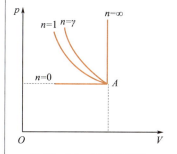

图 12-10 用多方指数表示的多方过程

多方过程实际上可由理想气体状态方程及热力学第一定律得到，简述如下．

将 $dQ=\frac{m}{M}C_n dT$，$dE=\frac{m}{M}C_{V,m}dT$，$dW=pdV$ 代入热力学第一定律 $dQ=dE+dW$，可得

$$pdV=\frac{m}{M}(C_n-C_{V,m})dT$$

将理想气体状态方程 $pV=\frac{m}{M}RT$ 两边微分，得

$$pdV+Vdp=\frac{m}{M}RdT$$

综合以上两式，有

$$\left(1-\frac{R}{C_n-C_{V,m}}\right)pdV+Vdp=0$$

令 $n=1-\frac{R}{C_n-C_{V,m}}$，有

$$npdV+Vdp=0$$

如果在过程中 C_n 保持不变，则 n 将为一常数，两边积分得 $pV^n=C$，这正是多方过程方程(12-19)式．可见在系统变化过程中，只要热容量保持不变，就可称为多方过程．

由 n 的定义式及 $R=C_{p,m}-C_{V,m}=(\gamma-1)C_{V,m}$，可得 C_n 与 $C_{V,m}$ 的关系式：

$$C_n=\frac{n-\gamma}{n-1}C_{V,m} \tag{12-23}$$

对于等压过程，$n=0$，$C_n=C_{p,m}=\gamma C_{V,m}$，这正是绝热系数 γ 的定义式．

§12.3 循环过程和卡诺循环

12.3.1 循环过程

历史上，热力学理论最初是在研究热机(heat engine)工作过程的基础上发展起来的．在热机工作过程中，被用来吸收热量并对外做功的物质，往往都在经历着热力学循环(thermodynamic cycle)．**物质系统经过一系列状态变化过程以后，又回到原来状态的过程叫作循环过程**，简称循环．循环工作的物质系统称为**工作物质**，简称工质．

由于工质的内能是状态的单值函数，工质经历一个循环过程回到初始状态时，内能没有改变，所以循环过程的重要特征是 $\Delta E=0$．在 p-V 图上，准静态循环过程用一条闭合曲线表示．

作为实际应用，经常需要利用工作物质连续不断地把热转化为功，显然，只靠单一的气体膨胀过程无法做到这一点，因为气缸的长度是有限的，膨胀过程不可能无限制地进行下去．即使不切实际地

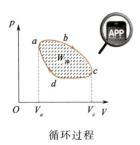

循环过程

把气缸做得很长,当气体内部的压强降到与外界压强相同时,膨胀也无法继续进行.因此,要连续不断地对外做功,只有通过循环过程来实现,即工作物质膨胀做功后,又回到初始状态,然后开始下一次膨胀.我们把通过工质使热量不断转换为功的机器叫作**热机**.例如,蒸汽机、内燃机、汽轮机等都是常用的热机.在 p-V 图上,热机的循环是沿顺时针方向进行的,这种循环称为**正循环**,如图 12-11 所示.

要使膨胀后的气体回到初始状态,需要对气体进行压缩,这必然消耗外界的功.我们将循环过程中,系统对外做的功与消耗的外功之差称为**净功**,用 W 表示.根据热力学第一定律及 $\Delta E=0$,有

$$W = Q_1 - Q_2$$

式中 Q_1、Q_2 分别为构成循环的各过程吸热与放热之总和,显然,在 p-V 图上,净功为循环曲线围成的面积.

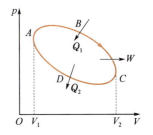

图 12-11　循环过程
（正循环）

作为衡量热机性能的指标,我们定义**热机效率**.

$$\eta = \frac{W}{Q_1} = \frac{Q_1 - Q_2}{Q_1} = 1 - \frac{Q_2}{Q_1} \qquad (12-24)$$

可见,η 表示吸收的热量转化为净功的百分比,显然对于热机来说,η 越大越好.

获得低温的**制冷机**(如冰箱、空调等)也是利用工作物质的循环过程来工作的,与热机相反,制冷机通过消耗外界的功,将热量从低温物体传至高温物体,使得低温物体的温度进一步降低.在 p-V 图上,制冷机的循环沿逆时针方向进行,称为**逆循环**,如图 12-12 所示.在制冷循环中,净功 W 仍等于循环曲线围成的面积,但 $W < 0$,表明制冷的"代价"是必须消耗外界的功.

设制冷机经过一个循环,从低温物体吸取热量 Q_2,向高温物体放热 Q_1,同时消耗了 W 的外功,根据热力学第一定律

$$W = Q_1 - Q_2$$

作为衡量制冷机性能的指标,我们定义**制冷系数**(coefficient of refrigeration)

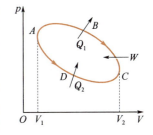

图 12-12　循环过程
（逆循环）

$$e = \frac{Q_2}{W} = \frac{Q_2}{Q_1 - Q_2} \qquad (12-25)$$

制冷系数 e 的物理意义为:消耗单位数量的功从低温物体吸取的热量.对于制冷机来说,e 当然越大越好.

12.3.2　卡诺循环

下面我们研究一种特殊的循环——卡诺循环(Carnot cycle),这种循环过程是 1824 年法国青年工程师卡诺(Carnot)对热机的最大可能效率进行理论研究时提出的,曾为热力学第二定律的确立起了奠基性的作用.

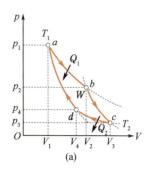

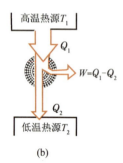

图 12-13 卡诺循环的 $p-V$ 图及工作示意图

准静态的卡诺循环是由两个等温过程和两个绝热过程组成. 在 $p-V$ 图上,为温度分别为 T_1 和 T_2 的两条等温线和两条绝热线构成的封闭曲线,如图 12-13 所示. 我们以理想气体的卡诺循环为例来讨论卡诺循环的效率.

图 12-13(a) 所示为 $p-V$ 图上按正循环沿闭合曲线 $a \to b \to c \to d \to a$ 进行的卡诺循环,在整个循环过程中,气体的内能不变,但气体与外界通过传递热量和做功而有能量交换. 在 $a \to b \to c$ 的膨胀过程中,气体对外做正功,其数值 W_1 等于曲线 $a \to b \to c$ 下面的面积,在 $c \to d \to a$ 的压缩过程中,外界对气体做正功,其数值 W_2 等于曲线 $c \to d \to a$ 下面的面积,气体对外所做净功 $W(W=Q_1-Q_2)$ 为闭合曲线 $a \to b \to c \to d \to a$ 所围面积. 气体只在两个等温过程中与热源有热量交换,也就是在等温膨胀过程 $a \to b$ 中,从高温热源吸取热量 Q_1,即

$$Q_1 = \frac{m}{M} R T_1 \ln \frac{V_2}{V_1}$$

在等温压缩过程 $c \to d$ 中,向低温热源放出热量 Q_2(此处 Q_2 指绝对值),如图 12-13(b)所示.

$$Q_2 = \frac{m}{M} R T_2 \ln \frac{V_3}{V_4}$$

应用绝热方程可知 $T_1 V_2^{\gamma-1} = T_2 V_3^{\gamma-1}$ 和 $T_1 V_1^{\gamma-1} = T_2 V_4^{\gamma-1}$,于是

$$\left(\frac{V_2}{V_1}\right)^{\gamma-1} = \left(\frac{V_3}{V_4}\right)^{\gamma-1} \quad \text{或} \quad \frac{V_2}{V_1} = \frac{V_3}{V_4}$$

所以

$$Q_2 = \frac{m}{M} R T_2 \ln \frac{V_3}{V_4} = \frac{m}{M} R T_2 \ln \frac{V_2}{V_1}$$

将 Q_1,Q_2 代入(12-24)式得卡诺热机的效率为

$$\eta_{卡诺} = 1 - \frac{T_2}{T_1} \tag{12-26}$$

由此可见,要完成一次卡诺循环,必须有高温和低温两个热源,理想气体卡诺循环的效率只与两个热源的温度有关,且卡诺循环的效率总是小于 1.

若气体按逆循环沿 $a \to d \to c \to b \to a$ 进行,如图 12-14(a)所示. 其净结果是系统经一循环内能不变,气体对外做功为 $-W$(即外界对气体做功 W). 如图 12-14(b)所示,气体将从低温热源吸取热量 Q_2,连同外界对气体所做的功 W,即 $Q_1 = W + Q_2$ 一起放出在高温热源.

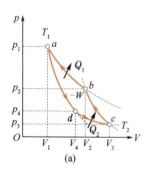

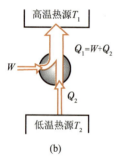

图 12-14 卡诺循环(制冷机)的 $p-V$ 图及工作示意图

将 Q_1、Q_2 的值代入(12-25)式,得卡诺制冷机的制冷系数为

$$e_{卡诺} = \frac{T_2}{T_1 - T_2} \tag{12-27}$$

从上式可以看出,T_2 愈小,$e_{卡诺}$ 也愈小,这说明要从温度愈低的低温热源中吸取热量,就必须消耗愈多的外功.

注意(12-24)式、(12-25)式与(12-26)式、(12-27)式的区别,前两式适用于任何循环,而后两式仅适用于卡诺循环.

家用电冰箱就是一种制冷机,如图12-15所示,压缩机将处在低温低压的气态制冷剂压缩至约 10 atm(1 MPa)的压强,温度升到高于室温(AB 绝热压缩过程);进入散热器放出热量 Q_1,并逐渐液化进入储液器(BC 等压压缩过程);再经过节流阀膨胀降温(CD 绝热膨胀过程);最后进入冷冻室中的蒸发器吸取电冰箱内的热量 Q_2,液态制冷剂汽化(DA 等压膨胀过程),再度被吸入压缩机进行下一个循环.因此整个制冷过程就是压缩机做功 W,将制冷剂由气态变为液态,放出热量 Q_1,再变成气态,吸取热量 Q_2,这样周而复始地循环来达到制冷降温的目的.

以前大多采用氟里昂(CCl_2F_2)作为制冷剂(工质),其沸点为 $-29.8\ ℃$,汽化热为 165 kJ·kg^{-1}.现在,人们正逐步采用无氟的工质取代氟里昂,以保护地球大气层上面的臭氧层.如果臭氧层由于各种原因受到破坏,就会减弱大气层阻止太阳光中紫外线射入地球的能力,久而久之,将会对人类造成极大的危害.

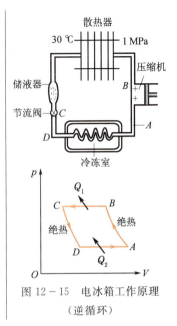

图 12-15 电冰箱工作原理
(逆循环)

例 12-3

研究动力循环是热力学的重要应用之一.以内燃机为例,它以气缸内燃烧的气体为工质.对于四冲程火花塞点燃式汽油发动机来说,它的理想循环是定体加热循环,称为奥托(Otto)循环.而对于四冲程压燃式柴油机来说,它的理想循环是定压加热循环,称为狄塞尔(Diesel)循环.

如图 12-16 所示,往复式内燃机的奥托循环,经历了以下四个冲程:

(1) 吸气冲程(0→1):当活塞由上止点 A 向下止点 B 运行时,进气阀打开,在大气压力下吸入汽油蒸汽和空气的混合气体.

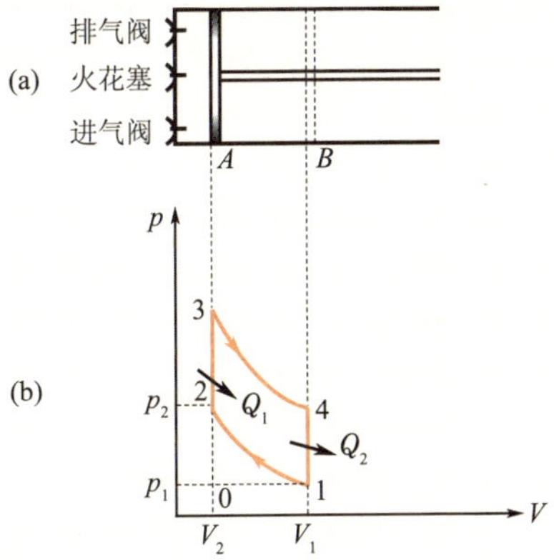

(2) 压缩冲程,进气阀关闭,活塞向左运行,混合气体被绝热压缩(1→2);当活塞移到 A 点时,混合气体被电火花点燃后迅速燃烧,可认为是定体加热过程(2→3),吸收热量 Q_1.

图 12-16 奥托循环

(3) 动力冲程:燃烧气体绝热膨胀,推动活塞对外做功(3→4),然后,气体在定体条件下降压(4→1),放出热量 Q_2.

(4) 排气冲程:活塞向左运行,残余气体从排气阀排出.

假定内燃机中的工质是理想气体并保持定量(而不是不断更新),试求上述奥托循环的效率 η.

解 在奥托循环中,吸热和放热只在两个等体过程中进行,设参与循环的工质为 1 mol,有

$$Q_1 = C_{V,m}(T_3 - T_2)$$

$$Q_2 = C_{V,m}(T_4 - T_1)$$

于是,奥托循环的效率为

$$\eta = 1 - \frac{Q_2}{Q_1} = 1 - \frac{T_4 - T_1}{T_3 - T_2}$$

又因为 1→2 和 3→4 都是绝热过程,所以有
$$T_2 V_2^{\gamma-1} = T_1 V_1^{\gamma-1}$$
$$T_3 V_2^{\gamma-1} = T_4 V_1^{\gamma-1}$$
两式相减,得
$$(T_3 - T_2) V_2^{\gamma-1} = (T_4 - T_1) V_1^{\gamma-1}$$
即
$$\frac{T_3 - T_2}{T_4 - T_1} = \left(\frac{V_1}{V_2}\right)^{\gamma-1}$$

所以
$$\eta = 1 - \frac{T_4 - T_1}{T_3 - T_2} = 1 - \frac{1}{(V_1/V_2)^{\gamma-1}} = 1 - \frac{1}{\varepsilon^{\gamma-1}}$$

式中 $\varepsilon = \dfrac{V_1}{V_2}$ 称为压缩比.因此,奥托循环的效率随着压缩比 ε 的增大而提高.通常汽油机的压缩比 ε 取 6~9 之间,若取 $\varepsilon=8$,$\gamma=1.4$,则 $\eta=56.5\%$.

例 12-4

一卡诺制冷机从温度为 −10 ℃ 的冷库中吸取热量,释放到温度 27 ℃ 的室外空气中,若制冷机耗费的功率是 1.5 kW,求:(1)每分钟从冷库中吸收的热量;(2)每分钟向室外空气中释放的热量.

解 (1)根据卡诺制冷系数有
$$e_{卡诺} = \frac{T_2}{T_1 - T_2} = \frac{263}{300 - 263} = 7.1$$
所以从冷库中吸收的热量为
$$Q_2 = e_{卡诺} W = 7.1 \times 1.5 \times 10^3 \times 60 \text{ J}$$
$$= 6.39 \times 10^5 \text{ J}$$
(2)释放到室外的热量为
$$Q_1 = W + Q_2 = 1.5 \times 10^3 \times 60 + 6.39 \times 10^5 \text{ J}$$
$$= 7.29 \times 10^5 \text{ J}$$

根据制冷机的制冷原理制成的供热机叫**热泵**.在严寒的冬天,把空调机的冷冻器放在室外,散热器放在室内,开动空调机,经电力做功,通过冷冻器从室外吸收热量,通过散热器向室内放热达到供热取暖目的.热泵供热获得的热量大于消耗的电功,如上例中消耗的电功 $W = 1.5 \times 10^3 \times 60 \text{ J} = 9.0 \times 10^4 \text{ J}$,提供热量 $Q_1 = 7.29 \times 10^5 \text{ J}$,$Q_1 > W$,这是最经济的供热方式.在酷热夏天,只需将冷冻器与散热器位置互换,经空调机做功,将吸取室内热量向室外释放,以达到室内降温的目的.可见制冷机可以制冷,也可以供热,供热时即为热泵.

§12.4 热力学第二定律

12.4.1 热力学第二定律

根据热力学第一定律.效率大于 100%($W > Q_1$)的热机,即第一类永动机是不可能制造的.由上节我们看到,作卡诺循环的热机,从高温热源吸取热量,一部分用来做功,另一部分放出在低温热源,

但为什么不能将吸收的热量全部用来做功,而非要放热不可呢?能否制成一种只从单一热源吸热,使其全部变成有用的功,即效率等于100%的热机呢?

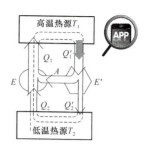

热力学第二定律

热机从单一热源吸热全部变成有用的功,这并不违背能量守恒定律,如果能够实现,人类将永远摆脱能源问题的困扰. 我们可以制造出一种远洋航船,将海水抽上来,从中取出热量来开动发动机,而将生成的冰块抛回大海,有人做过计算,只要使海水的温度降低 0.01K,其热量可供全世界使用上千年;我们还能造出一种汽车和飞机的发动机,它能吸收空气,利用其所含热量作为动力,而把冰冷的气体排出,我们还能……尽管这类机械比不上被热力学第一定律否定的第一类永动机,但总比人们耗费大量人力、物力去开发不可再生的石油、煤碳,去修建水电站、核电站要省事得多,因而这类机械被称为第二类永动机.

遗憾的是,人们制造第二类永动机的努力始终没有成功,可见,尽管各种过程转化必须遵守能量守恒,但能量守恒的过程却不一定能实现。这充分说明除热力学第一定律外,热现象一定还受着另一物理规律的制约. 这便是**热力学第二定律**(the second law of thermodynamics). 克劳修斯(Clausius)于1850年首先提出了热力学第二定律的表述,第二年开尔文(Kelvin)又提出了另一种表述.

(1) 热力学第二定律的克劳修斯表述

不可能把热量从低温物体传到高温物体而不引起其他变化.

(2) 热力学第二定律的开尔文表述

不可能从单一热源吸取热量使之完全变为有用的功而不引起其他变化.

这两种表述都强调了"不引起其他变化". 在存在其他变化的情形下,从单一热源吸取热量并将其全部转化为机械功或者将热量从低温物体传送到高温物体都是可以实现的. 例如,理想气体的等温膨胀就是从单一热源吸热而使之全部转化为机械功的例子,这一过程的"其他变化"是理想气体的体积膨胀了. 制冷机就是把热量从低温物体传到高温物体的例子,这一过程的"其他变化"是把外界所做的功同时转化为热量而传送到高温物体上去了.

从热机效率公式 $\eta = 1 - \dfrac{Q_2}{Q_1}$ 可见,如果向低温热源放出的热量 Q_2 越少,效率 η 就越大. 当 $Q_2 = 0$ 时, $\eta = 100\%$. 也就是说,如果在一个循环中,只从单一热源吸收热量使之完全变成有用的功,而不引起其他变化(放热),循环效率就可达100%,第二类永动机就可以实现. 然而热力学第二定律否定了这种可能性,根据该定律的开尔文表述,热机做功必须有两个热源,一个高温热源,一个低温热源,从海水吸热做功尽管没有违背能量守恒定律,但由于没有用于放热的低温热源,因而无法将其热量用来做功. 这有点类似于有了落差,才能利用水力发电;有了电势差,才能利用电能做功.

因此,热力学第二定律亦可表述为:**第二类永动机是不可能制造的**.

我们再来看看制冷机,如前所述,制冷机从低温热源吸取热量 Q_2 至高温热源,一定以消耗外功为代价.由制冷系数的定义 $e=\dfrac{Q_2}{W}$ 可见,Q_2 一定,W 越小,e 越大,极限情况是,$Q_2\neq 0, W=0, e\to\infty$,此时无需外界做功,热量 Q_2 就自动地从低温物体传至高温物体而未引起其他变化.因而由热力学第二定律的克劳修斯表述可见,制冷机的制冷系数不可能趋于 ∞.

12.4.2 热力学第二定律两种表述的等效性

热力学第二定律的这两种表述,表面上看来各自独立,但其内在实质是统一的,或称为等价的.我们可以采用反证法来证实,即若两种表述之一不成立,则另一表述亦不成立.

(1) 违反开尔文表述,必然违反克劳修斯表述.假如能制造一部违反开尔文表述的装置,如图 12-17(a)所示,它可从高温热源吸收热量 Q 全部变成功 W,我们就可利用这个功来推动一台制冷机,如图 12-17(b)所示,使其从低温热源吸收热量 Q_2,传向高温热源的热量为 Q_1,且 $Q_1=Q_2+W$.现在把这两台机器组合成一台复合机,如图 12-17(c)所示,其最终效果是自低温热源吸收热量 Q_2,全部转移到高温热源处,而没有其他任何变化,这违背了克劳修斯表述.

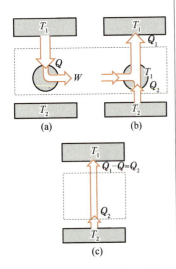

图 12-17 热力学第二定律两种表述等价性证明一

(2) 违反克劳修斯表述,必然违反开尔文表述.图 12-18(a)所示装置违反了克劳修斯表述,即热量 Q_2 可自动地由低温热源传至高温热源;图 12-18(b)为工作热机;图 12-18(c)为复合机,经过一个循环后,低温热源没有发生任何变化,其唯一效果是从高温热源吸收热量 Q_1-Q_2,完全用来做功 W,成为单一热源的热机,这违反了开尔文表述.这样,我们就证明了热力学第二定律的两种表述是等价的.从广泛角度研究表明,热力学第二定律还有多种表述,它们表面上看来毫无联系,但均可依照上面方法证明它们的等价性,即若违反了其中的任何一种表述,可以推断必然会违背其他的表述.

12.4.3 可逆与不可逆过程

为进一步研究热力学第二定律的本质和热力学过程的方向性问题,有必要介绍可逆和不可逆过程的概念.

设在某一过程 P 中,一系统从初状态 A 变为末状态 B,如果我

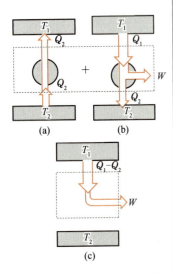

图 12-18 热力学第二定律两种表述等价性证明二

们能使系统进行逆向变化回复到状态 A,同时周围一切也都各自恢复原状,,过程 P 就称为**可逆过程**(reversible process). 如果**系统不能回复至状态 A,或系统虽回复到初状态 A,但对周围的影响不能完全消除**,那么过程 P 就称为**不可逆过程**(irreversible process).

由可逆和不可逆过程的定义,我们再来看热力学第二定律的本质.

热力学第二定律的克劳修斯表述实际是指热量传导不可逆. 我们知道,两个温度不同的物体相互接触时,热量可自动地从高温物体传至低温物体,但热量从低温物体回到高温物体却需要消耗外界的功.

热力学第二定律的开尔文表述实际是指热功转换不可逆,即功可以全部变为热,但热却不能全部变为功.

不可逆过程的例子还有很多,事实上,**自然界发生的一切实际过程都是不可逆的**,其实例不胜枚举.

(1) 岁月流逝不可逆

人从出生,发育成长,最后不可避免地走上衰老,这是任何人都无法抗拒的自然规律. 岁月无情,岁月一去不复返就是对这种不可逆过程的真实写照.

(2) 从宿舍到教室不可逆

表面上看,下课后从教室回到宿舍,这个过程就可逆了,但实际上没那么简单,因为从宿舍到教室要向周围空间放出热量,这个热量返回时无法收回,因而该过程是不可逆过程.

(3) 摩擦生热不可逆

天气很冷时,我们有时会将两手摩擦以升高温度. 但这一过程的逆过程,即温度降低使两手自动摩擦却从未出现过,尽管这并不违背能量守恒定律.

(4) 气体混合不可逆

两种气体能自发地混合成一种混合气体,但却不能自发地再度分离成两种气体.

(5) 固体溶解不可逆

可溶固体放入水中会自行溶解,但再从水中提炼出来时要得付出一定的代价.

可逆过程是一种理想的过程,是不可逆过程在某种理想情形下的极限情况. 例如一单摆,在理想情况下不受空气阻力及其他摩擦力的作用,当它离开某一位置后,经过一个周期,又回到原来的位置,而周围的一切都无变化,因此单摆的摆动是一可逆过程. 若将单摆的摆动过程录像后放映,我们无法区分录像带是顺放还是倒放. 但单摆摆动必然受到摩擦和阻力的作用,其振幅会不断减小,因此实际单摆的摆动是一不可逆过程.

气体迅速膨胀的过程也是不可逆的. 气缸中气体迅速膨胀时,

活塞附近气体的压强小于气体内部的压强. 设气体内部的压强为 p, 气体迅速膨胀一微小体积 ΔV, 则气体所作的功 W_1 将小于 $p\Delta V$. 反之, 将气体压回原来体积, 活塞附近气体的压强不能小于气体内部的压强, 外界所作的功 W_2 不能小于 $p\Delta V$. 因此, 迅速膨胀后, 我们虽然可以将气体压缩, 使它回到原来状态, 但外界必须多做功 $W_2 - W_1$; 这功将增加气体的内能, 而后以热量形式放出. 根据热力学第二定律, 我们不能通过循环过程再将这部分热量全部变为功, 所以气体迅速膨胀的过程也是不可逆过程. 只有当气体膨胀非常缓慢, 活塞附近的压强非常接近于气体内部的压强 p 时, 气体膨胀一微小体积 ΔV 所作的功恰好等于 $p\Delta V$, 那末我们才又可能非常缓慢地对气体做功 $p\Delta V$, 将气体压回原来体积. 所以, 只有无限缓慢的, 亦即**准静态**的膨胀过程, 才是可逆的膨胀过程. 同理, 我们也可以证明, 只有无限缓慢的, 亦即准静态的压缩过程, 才是可逆的压缩过程.

由上可知, 在热力学中, **只有过程进行得无限地缓慢, 没有由于摩擦等引起机械能的耗散, 由一系列无限接近于平衡状态的中间状态所组成的准静态过程, 才是可逆过程**. 当然, 这在实际情况中是办不到的. 我们可以实现的只是与可逆过程非常接近的过程, 也就是说可逆过程只不过是实际过程在某种精确度上的极限情形而已.

实践中遇到的一切过程都是不可逆过程, 或者说只是或多或少地接近可逆过程. 研究可逆过程, 也就是研究从实际情况中抽象出来的理想情况, 可以基本上掌握实际过程的规律性, 并可由此出发去进一步找寻实际过程的更精确的规律.

自然现象中的不可逆过程是多种多样的. 各种不可逆过程之间存在在着内在的联系. 例如, 由热功转化的不可逆性可以证明气体自由膨胀的不可逆性, 就是反映了这种内在联系. 热力学第二定律的含义和实质就在于总结性地指明了这种内在联系.

12.4.4 卡诺定理

我们已经知道, 根据热力学第一定律, $\eta > 100\%$ 的第一类永动机不可能制造; 根据热力学第二定律, $\eta = 100\%$ 的第二类永动机也不可能制造, 但在 $0 < \eta < 100\%$ 的范围内, 我们总可以设法尽量提高热机效率, 需知 η 每提高一个百分点, 意味着可节约大量的能源. 但提高热机效率的途径何在? 其效率的提高是否有个限度? 这些问题的解决需要理论指导.

1824 年, 法国工程师卡诺(S. Carnot)将热机做功的循环抽象为由两个绝热过程和两个等温过程组成的循环——卡诺循环, 并提出了在热机理论中有重要地位的卡诺定理(Carnot theorem).

由于卡诺循环中每个过程都是准静态过程, 所以卡诺循环是理

想的可逆循环,而卡诺定理可从热力学第二定律得到证明(见本节小字部分),其表述如下:

(1) 在相同的高温热源(温度为 T_1)与相同的低温热源(温度为 T_2)之间工作的一切可逆机(即工作物质的循环是可逆的),不论用什么工作物质,效率相等,都等于 $\left(1-\dfrac{T_2}{T_1}\right)$.

(2) 在相同的高温热源和相同的低温热源之间工作的一切不可逆机(即工作物质的循环是不可逆的)的效率,不可能高于(实际上是小于)可逆机,即

$$\eta \leqslant 1-\dfrac{T_2}{T_1}$$

卡诺定理指出了热机效率的极限以及提高热机效率的两条途径:① 使循环尽量接近于可逆循环,这可通过减少摩擦、阻力等不可逆因素来实现;② 尽量提高高温热源和低温热源的温度差.但是应该指出:在实际热机中,如蒸汽机等,低温热源的温度,就是用来冷却蒸汽的冷凝器的温度(一般为环境温度).要想获得更低的低温热源温度,就必须用制冷机,而制冷机要消耗外功,因而用降低低温热源的温度来提高热机的效率是不经济的,所以要提高热机的效率只有从提高高温热源的温度着手.

卡诺定理的证明

(1) 在相同的高温热源和相同的低温热源之间工作的一切可逆机,它们的效率均相等.

设有两热源:高温热源,温度为 T_1;低温热源,温度为 T_2.有一卡诺理想可逆机 E 与另一可逆机 E'(不论用什么工作物质),在此两热源之间工作(见图 12-19).我们设法调节,使两热机可做相等的功 W.现在使两机结合,由可逆机 E' 从高温热源吸取热量 Q_1',向低温热源放出热量 $Q_2'=Q_1'-W$,它的效率为 $\eta'=\dfrac{W}{Q_1'}$.可逆机 E' 所做的功 W 恰好供给卡诺机 E,而使 E 逆向运行,从低温热源吸取热量 $Q_2=Q_1-W$,向高温热源放出热量 Q_1,卡诺机效率为 $\eta=\dfrac{W}{Q_1}$.

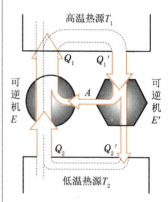

图 12-19 卡诺定理的证明

我们试用反证法,先假设 $\eta'>\eta$.由 $\dfrac{W}{Q_1'}>\dfrac{W}{Q_1}$,可知

$$Q_1'<Q_1$$

由 $Q_1-Q_2=Q_1'-Q_2'$,可知

$$Q_2'<Q_2$$

在两机一起运行时,可把它们看作一部复合机,结果成为外界没有对这复合机做功,而复合机能将热 Q_2-Q_2'($Q_2-Q_2'=Q_1-Q_1'$)从低温热源送至高温热源,这就违反了热力学第二定律.所以 $\eta'>\eta$ 为不可能,即 $\eta\geqslant\eta'$.

反之,使卡诺机 E 正向运行,而使可逆机 E' 逆向运行,则又可证明 $\eta>\eta'$ 为不可能,即 $\eta\leqslant\eta'$.从上述两个结果中,可知 $\eta'>\eta$,或 $\eta>\eta'$ 均不可能,只有 $\eta=\eta'$ 才成立,也就是说,在相同的 T_1 和 T_2 两热源间工作的一切可逆机,其效率均相等.

(2) 在相同的高温热源和相同的低温热源之间工作的不可逆机,其效率

不可能高于可逆机.

如果用一只不可逆机 E'' 来代替上段中所说的 E'. 按同样方法,我们可以证明 $\eta'' > \eta$ 为不可能,即只有 $\eta \geqslant \eta''$. 由于 E'' 是不可逆机,因此,无法证明 $\eta \leqslant \eta''$.

所以结论是 $\eta \geqslant \eta''$,也就是说,在相同的 T_1 和 T_2 两热源间工作的不可逆机,它的效率不可能大于可逆机的效率.

§12.5　热力学第二定律的统计意义　熵

热力学第二定律指出,一切与热现象有关的自发过程都是不可逆过程,它们可以自动地从初态过渡到终态,但不能自动地从终态回到初态,这说明系统的初、终二态存在某种本质的差别,为此我们将引入一个态函数熵 S 来区别系统的初态与终态,用熵变 ΔS 来描述不可逆过程的方向性.

12.5.1　热力学第二定律的统计意义

不可逆过程的初态与终态存在怎样的本质差别呢? 我们从概率的角度来说明这一问题.

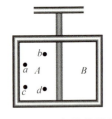

图 12-20　气体分子的自由膨胀

以气体分子的自由膨胀为例,如图 12-20 所示,用隔板将容器分成容积相等的 A、B 两室,给 A 室充以某种气体,B 室为真空. 考虑气体中的任一分子,例如分子 a,在隔板抽掉前,它只能在 A 室运动,隔板抽掉后,它就能在整个容器中运动. 由于 A、B 两室容积相等. 它处于 A、B 两室的机会均等,也就是说,就单个分子而言,膨胀后自动退回到 A 室,即可逆的概率为 $\frac{1}{2}$. 如果我们考虑 4 个分子 a、b、c、d,它们原先都在 A 室. 在抽掉隔板自由膨胀后,它们就可能飞到 B 室,4 个分子在容器中的分布情况如表 12.4 所示. 我们把每个室中不同分布的分子个数称为**宏观态**. 把分子不同的微观组合称为**微观态**. 表中第一行表示有 4+1 种宏观态,例如 A3B1 表示 A 室中 3 个分子,B 室中 1 个分子这种宏观态. 对应于每个宏观态,由于分子的微观组合不同,还可能包含有若干种微观态,例如 A3B1 的宏观态就包含有 4 种微观态. 由表 12.4 可知,该系统的总微观态数为 $\Omega = 16 = 2^4$.

由表 12.4 不难看出,对应于不同的宏观态,所包含的微观态数是不同的. 分子全部自动收缩回 A 室(或 B 室)的宏观态只含一个微观态,即出现这种宏观态(可逆)的概率最小(只有 $\frac{1}{16} = \frac{1}{2^4}$),而两室内分子均匀分布的宏观态 A2B2(平衡态)所含微观态数最多,即出现这种分布的概率最大(有 $\frac{6}{16}$).

表 12.4　4 个分子的可能宏观态及相应的微观态

宏观状态		A4B0	A3B1				A2B2						A1B3				A0B4
微观状态	A	abcd	abc	abd	acd	bcd	ab	ac	ad	bc	bd	cd	a	b	c	d	
	B		d	c	b	a	cd	bd	bc	ad	ac	ab	bcd	acd	abd	abc	abcd
宏观态包含的微观态数		1	4				6						4				1

可以推论，如果一个系统有 N 个分子，其总微观态数应为 2^N 个，N 个分子自动退回 A 室的概率仅为 $1/2^N$，由于一般热力学系统所包含的分子数十分巨大，例如，1 mol 气体的分子自由膨胀后，所有分子退回到 A 室的概率仅为 $1/2^{6.03 \times 10^{23}}$。这个概率如此之小，实际上根本观察不到，因而可以说气体的自由膨胀是一个不可逆过程。

从以上讨论可见，**不可逆过程实质上是一个从概率较小的状态到概率较大的状态的转变过程**。与此相反的过程尽管并非原则上不可能，但因概率非常小，实际上是观察不到的。另外还需指出：所谓不可逆过程是对大量分子组成的系统而言的，个别分子的行为则完全是可逆的。**在一孤立系统内，一切实际过程都向着状态概率增大的方向进行**，只有在理想的可逆过程中，概率才保持不变，这就是热力学第二定律的统计意义。

根据上述结论，可进一步加深对自然界中不可逆过程本质的理解。

排队：一群人整齐排列较之三个一伙、五个一群的分散状态概率小。因而散开容易，自动排起来几乎不可能，即使靠口令（非自动）集合队伍也不容易。

建房：砖头、水泥的规则排列比随意堆放概率小。因而拆房比建房容易得多。

热功转换不可逆：功涉及分子的规则运动，概率小；热是分子的无规则运动，概率大。因而功转化为热是向着概率增大的方向进行，可以全部转换，反过来，热却不能全部变为功。

热量传导不可逆：高温物体分子的平均动能要比低温物体分子的平均动能大，两物体接触时，由于分子的交换或碰撞，能量从高温物体传到低温物体的概率比反向传递的概率大得多。

12.5.2 熵 熵增原理

前已指出,系统的一个宏观态可包含不同数目的微观态,每一微观态出现的概率相等,因而一个宏观态包含的微观态的数目就反映了该宏观态出现的概率.

通常,我们将**任一宏观态所对应的微观态数称为该宏观态的热力学概率(非归一化)**.显然,对于孤立系统,平衡态包含的微观态数最多,因而平衡态对应于热力学概率为最大值的宏观态.当系统偏离平衡态时,热力学第二定律要求系统自发地回复到平衡状态.对于分子数巨大的实际系统,由于非平衡态出现的概率根本观察不到,故**处于平衡态的热力学概率实际上就等于该系统所有可能的微观态数(即总微观态数)**Ω.

为了定量表示不可逆过程中系统的初态与终态的差异,我们定义一个态函数 S,称为**熵**(entropy).熵 S 应具有以下性质:

(1) 从宏观上看,熵 S 应与内能 E 类似:系统的任一宏观态都应有确定的值,即**熵是系统状态的单值函数**;二者均为广延量,具有可加性.由于**熵的可加性**,系统处在任一宏观态的总熵 S 应等于其各部分熵 $S_i(i=1,2,\cdots)$ 的总和,即 $S=\sum S_i$.

(2) 从微观上看,系统的每一宏观态都对应一个确定的热力学概率 Ω,因此,熵 S 应是热力学概率 Ω 的函数,即 $S=f(\Omega)$,而热力学概率遵循概率乘法规则:系统处于某一宏观态的热力学概率 Ω 等于其各部分(即子系统)的热力学概率 $\Omega_i(i=1,2,\cdots)$ 之积,即 $\Omega=\Omega_1\cdot\Omega_2\cdots$.

根据上述分析,为使 S 和 Ω 同时满足加法和乘法规则,f 只能是对数函数,为此定义

$$S=k\ln\Omega \qquad (12-28)$$

k 是玻耳兹曼常数,由(12-28)式可知,熵 S 的单位与 k 的单位相同,都是 $J\cdot K^{-1}$,(12-28)式称为**玻耳兹曼熵公式**或**玻耳兹曼关系式**,它表明一个系统的**熵是该系统的热力学概率(总微观态数)的量度**.这个关系犹如一座横跨宏观与微观、热力学与统计力学之间的桥梁,它的重要意义在于把宏观量熵与热力学概率联系起来,指出系统所处状态的热力学概率越大,则该状态的熵也越大.

具有重要意义的是系统的两状态熵的差值 ΔS,称为熵变(又称熵增).由于熵 S 是态函数,故熵变只取决于初、终态的熵值,而与所经历的过程无关.若有一孤立系统经历一不可逆过程,从状态 I 过渡到状态 II,相应的热力学概率分别为 Ω_1 和 Ω_2,且 $\Omega_2>\Omega_1$,则该过程的熵变

$$\Delta S=k\ln\Omega_2-k\ln\Omega_1=k\ln\frac{\Omega_2}{\Omega_1}>0$$

若孤立系统经历一可逆过程,则其过程中任意两个状态的热力学概率都相等,因而熵也相等.这就是说孤立系统在可逆过程中熵不改变.综合上述分析,可得出结论:**孤立系统内不论进行什么过程,系统的熵不会减少**,即

$$\Delta S \geqslant 0 \qquad (12-29)$$

对于实际过程 $\Delta S > 0$,对于理想可逆过程 $\Delta S = 0$,这一规律称为**熵增原理**(principle of entropy increase).实际过程总是不可逆过程,因此,**一切实际过程只能朝着熵增加的方向进行,直到熵到达最大值为止**.我们也知道,一个孤立系统最终会趋于平衡态,故可据此推断,**平衡态的熵最大**.由于熵增原理与热力学第二定律都能表述自然过程进行的方向和条件,因此,(12-29)**式是热力学第二定律的数学表达式**.这一原理既说明了热力学第二定律的统计意义,又为我们提供了判定过程进行方向的依据.

熵的含义还有更深刻的内涵.如果处在某种宏观态所对应的微观状态数越多,则要确定系统到底处在哪一个微观状态就越困难;反之微观态数少时,相对来说就比较容易.例如,在气体自由膨胀的例子中讨论 4 个分子在 A,B 两室的分布情况时,宏观态 $A4B0$ 只包含一个微观状态.因此,只要我们知道系统处于这样一种宏观态,就可以断定全部 4 个分子的分布情况,这时系统是有序的.当系统处于宏观状态 $A2B2$ 时,此状态包含 6 种微观状态,我们不容易确定系统到底处在哪个微观状态,也不容易确定 4 个标记分子在两室中的确切分布.显然,这时系统显现出无序,或说系统处在一种混乱状态.由此可见,系统所处状态的热力学概率越大或熵值越大,则其真实情况越不容易确定,系统越加无序,越加混乱.例如,我们说这个房间有点乱,那个房间乱七八糟,那么哪个房间更乱呢?只要比较一下它们的熵即可回答.显而易见,平衡态对应的是最无序、最混乱的状态.因此,**熵是系统无序或混乱程度的量度,熵的增加就意味着无序度的增加,平衡态时熵最大(最无序状态)**.正是在这个意义上,熵的内涵变得十分丰富而且充满活力.现在熵的概念以及与之有关的理论,已在物理、化学、气象、生物学、工程技术乃至社会科学领域中获得了广泛的应用.

12.5.3 熵的热力学表示

上面我们从微观角度给出了熵的定义.在实用中多采用热力学方法计算熵变.为此我们寻求熵的热力学表述,阐述熵的宏观意义.设有 $\dfrac{m}{M}$ mol 理想气体,含有 N 个分子,初态为 (V_1,T),经等温自由膨胀(非可逆过程)到达终态 (V_2,T),设想把容器分割成大小相等的许多小体积,则每个分子在任一个小体积中出现的概率均等.假

定 V_1 中包含 n 个小体积，则 V_2 中包含 $\frac{V_2}{V_1}n$ 个小体积. 一个分子在 V_1 中有 n 个微观态，在 V_2 中有 $\frac{V_2}{V_1}n$ 个微观态，那么 N 个分子膨胀后与膨胀前两种宏观态所对应的微观态数之比为

$$\frac{\Omega_2}{\Omega_1} = \left(\frac{V_2}{V_1}\right)^N$$

故在体积由 V_1 到 V_2 的自由膨胀过程中，理想气体的熵变为

$$\Delta S = k\ln\frac{\Omega_2}{\Omega_1} = Nk\ln\frac{V_2}{V_1} = \frac{m}{M}R\ln\frac{V_2}{V_1} \quad (12-30)$$

现在从热力学角度计算上述熵变，由于熵是态函数，其熵变与其所经历的过程无关. 由于上述过程温度未变，故我们可选用可逆等温过程来计算上述自由膨胀过程（不可逆过程）的熵变（二者初、终态相同，故熵变相同）. 在可逆等温过程中理想气体吸收的热量为

$$Q_T = \frac{m}{M}RT\ln\frac{V_2}{V_1}$$

与(12-30)式比较，可得

$$\Delta S = \frac{\frac{m}{M}RT\ln\frac{V_2}{V_1}}{T} = \frac{Q_T}{T}$$

对于无限小的可逆等温过程则有

$$dS = \frac{dQ}{T} \quad (12-31)$$

理论上可以严格证明，(12-31)式具有普遍意义，它表明**在无限小的可逆过程中，系统的熵的元增量等于其热温比**. 对于差异较大的两个平衡态，其可逆过程的熵变为

$$\Delta S = S_2 - S_1 = \int_{1\ R}^{2} \frac{dQ}{T} \quad (12-32)$$

式中 R 表示可逆过程.(12-31)式和(12-32)式即为**熵的宏观定义**或**热力学表述**，通常又称为**克劳修斯熵公式**. 这是实际计算熵变的常用公式.

根据热力学熵变，我们也可得出熵增原理. 热力学理论可以严格证明（见后面小字部分）：对于任意热力学过程，其熵变为

$$\Delta S \geqslant \int_1^2 \frac{dQ}{T} \quad (12-33)$$

其中等式对应于可逆过程，不等式对应不可逆过程. 对于孤立系统，因 $dQ=0$，则其熵变

$$\Delta S \geqslant 0 \quad (12-34)$$

上式表明，对于孤立系统，可逆过程其熵不变；不可逆过程，熵要增加，这就是**熵增原理**. 必须指出，熵增原理的适用条件是孤立系统，也即要求系统的 $dQ=0$，这是在运用熵增原理来判定过程是否能实现的充分条件.

由(12-33)式,对于可逆绝热过程,$\Delta S = 0$,系统的熵保持不变,因而可逆绝热过程又可称为**等熵过程**.

由上面的讨论可知:

(1) 熵和内能一样,是热力学系统的态函数;

(2) 熵的定义只规定了两态的熵差,熵函数中可以有一个任意的相加常数,即某一状态的熵值只有相对意义,与熵的零点选择有关;

(3) 如果过程的始末两态均为平衡态,由于系统的熵变只取决于始、末两态,与过程是否可逆无关,因此,如果始、末两个平衡态间经历一不可逆过程,我们就可先在两态间设计一个可逆过程,由(12-32)式计算熵变;

(4) 由于系统在一个过程中吸收的热量与系统的质量成正比,因此熵值具有可加性,大系统的熵变等于各子系统的熵变之和.

例 12-5

计算理想气体在真空自由膨胀过程中,其内能的增量及熵变.

解 如图 12-21 所示,设气体开始集中于左半部,初态体积为 V_1,温度为 T,容器右半部为真空,打开隔板后,气体均匀分布于整个容器,体积为 V.因系统与外界没有热量传递(迅速膨胀),系统对外不做功(气体向真空膨胀不做功),由热力学第一定律可知

$$\Delta E = 0$$

即

$$E_{初} = E_{末} \qquad T_{末} = T_{初} = T$$

因此,理想气体自由膨胀过程的初态与末态之间内能相等,温度相同.

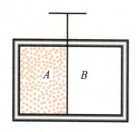

图 12-21 气体的自由膨胀

因自由膨胀是个不可逆过程,由于过程不可逆,在 p-V 图上只能用虚线表示,要计算其熵变必须设想一个可逆过程由初态 a 膨胀到末态 b,如图 12-22 所示.因 $T_a = T_b$,故可设计为等温可逆膨胀,因此,理想气体自由膨胀的熵变为

$$S_b - S_a = \int_a^b \frac{dQ_{可逆}}{T} = \int_a^b \frac{dE + pdV}{T}$$

$$= \int_a^b \frac{pdV}{T} = \frac{m}{M} R \int_{V_1}^{V_2} \frac{dV}{V}$$

$$= \frac{m}{M} R \ln \frac{V_2}{V_1} > 0$$

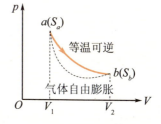

图 12-22 气体自由膨胀的熵变

上面的计算表明,内能和熵均为态函数,但内能无法判别过程的进行方向,而熵将初、末二态区分开来,说明末态熵大于初态熵,不可逆过程朝熵增加的方向进行.

例 12-6

试求 1 kg 的水在标准状况下由 0 ℃的水变到 100 ℃的水蒸汽的熵变. 水的质量热容(比热容) $c = 4.18 \text{ kJ} \cdot \text{kg}^{-1} \cdot \text{K}^{-1}$;汽化热 $\lambda = 2\,253 \text{ kJ} \cdot \text{kg}^{-1}$.

解 根据熵值具有可加性,故总熵变 ΔS 等于由 0 ℃的水(状态 a)等压地变到 100 ℃水的熵变 ΔS_1,加上 100 ℃的水等温地变到 100 ℃水蒸气(末态 b)的熵变 ΔS_2,即

$$\Delta S = S_b - S_a = \Delta S_1 + \Delta S_2$$
$$= \int_a^2 \frac{dQ_1}{T} + \int_b^b \frac{dQ_2}{T} = \int_{T_1}^{T_2} \frac{mc\,dT}{T} + \frac{m\lambda}{T_2}$$
$$= mc\ln\frac{T_2}{T_1} + \frac{m\lambda}{T_2}$$

将 $m = 1$ kg, $T_1 = 273$ K, $T_2 = 373$ K 代入上式,可得

$$S_b - S_a = 1 \times 4.18 \ln\frac{373}{273} + \frac{1 \times 2\,253}{373}$$
$$= 7.34 \text{ kJ} \cdot \text{K}^{-1}$$

计算表明,水升温汽化过程的熵是增加的.

例 12-7

试用熵增原理来说明 0 ℃的冰可以融化成 0 ℃的水,而 0 ℃的水又可凝结成 0 ℃的冰.(上述两个过程均是自然界的实际过程)

解 0 ℃的冰融化成 0 ℃的水须从外界吸收融化热 Q,其熵变为 $\Delta S_1 = \frac{Q}{T}$,设外界温度为 T',且 $T' > T$. 外界放出热量 $-Q$,其熵变为 $\Delta S_2 = \frac{-Q}{T'}$,欲用熵增原理判定上述过程是否能发生,必须将冰和外界组成孤立系统,则该系统 $dQ = 0$,故此系统的熵变为

$$\Delta S = \Delta S_1 + \Delta S_2 = \frac{Q}{T} - \frac{Q}{T'}$$
$$= Q\left(\frac{1}{T} - \frac{1}{T'}\right)$$

因为 $T' > T$,故 $\Delta S > 0$,因而上述冰融解成水的过程可以发生. 请读者自行证明 0 ℃的水凝结成 0 ℃的冰也能发生.

例 12-8

试由熵增原理证明热量传导不可逆.

解 设高温物体温度为 T_1,低温物体温度为 T_2,两物体接触后,热量 Q 由高温物体传至低温物体,将高温物体和低温物体组成一个系统,该系统与外界没有热量的交换,因而可视为孤立系统.

高温物体放出热量 Q,其熵变为

$$\Delta S_1 = \frac{-Q}{T_1}$$

低温物体吸收热量 Q,其熵变为

$$\Delta S_2 = \frac{Q}{T_2}$$

系统的总熵变为

$$\Delta S = \Delta S_1 + \Delta S_2 = Q\left(\frac{1}{T_2} - \frac{1}{T_1}\right)$$

由于 $T_2 < T_1$,所以 $\Delta S > 0$.

故热量由高温物体传至低温物体,熵增加,过程可自动进行. 同理可证:热量由低温物体传至高温物体、熵减少、过程不可自动进行.

熵增原理的推导

卡诺定理指出，工作于高、低温热源 T_1、T_2 之间的卡诺热机的效率为

$$\eta \leqslant 1 - \frac{T_2}{T_1}$$

式中等号对应于可逆卡诺机，不等号对应于不可逆卡诺机。

根据循环效率的定义，无论循环是否可逆，其效率均为

$$\eta = 1 - \frac{Q_2}{Q_1}$$

由上面两式可得

$$1 - \frac{Q_2}{Q_1} \leqslant 1 - \frac{T_2}{T_1}, \quad 即 \quad \frac{Q_1}{T_1} - \frac{Q_2}{T_2} \leqslant 0$$

上式中 Q_1 和 Q_2 分别为卡诺机与热源 T_1 和 T_2 交换的热量，均取正值。现采用通常符号规则，$Q>0$ 表示工质吸热，$Q<0$ 表示工质放热，则 $Q_1>0$，$Q_2<0$，故可将上式改写为

$$\frac{Q_1}{T_1} + \frac{Q_2}{T_2} \leqslant 0 \tag{12-35}$$

(12-35)式表明，工质在任一卡诺循环中，其热量与温度之比（简称热温比）的代数和恒小于或等于零，这个结论具有普遍性。

图 12-23 表示一任意循环过程 $ABCDA$①。对于这样一个过程，可以用无数条等温线和绝热线分成很多卡诺循环，那么，$ABCDA$ 的循环过程等价于所有卡诺循环过程的总和（$ABCDA$ 曲线内的每一条绝热线都互为反向进行两次而相互抵消）。因为对于每一个卡诺循环，(12-35)式总是成立的，所以，对于任意循环 $ABCDA$ 应有

$$\sum_{i=1}^{n} \frac{Q_i}{T_i} \leqslant 0$$

式中 Q_i 为系统从温度为 T_i 的热源吸收的热量。因为 $n \to \infty$，故上式可用积分表述，即

$$\oint \frac{\mathrm{d}Q}{T} \leqslant 0 \tag{12-36}$$

式中 $\oint$ 表示沿一个循环的积分，$\mathrm{d}Q$ 为系统从温度为 T 的热源吸收的热量，等号对应于可逆循环，称为克劳修斯等式；不等号对应于不可逆循环，称为克劳修斯不等式。

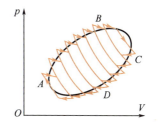

图 12-23　任一循环可看成由一系列卡诺循环组成

可见系统经历一个循环过程，其热温比总是小于或等于零。下面我们分别讨论可逆和不可逆循环：

(1) 可逆循环

由(12-36)式

$$\oint_R \frac{\mathrm{d}Q}{T} = 0$$

式中 R 表示可逆过程。

类似于保守力做功的概念，沿闭合路径积分为 0 等价于积分与路径无关，因而可引入态函数势能的概念。此处可引入另一态函数 S，称为熵，并定义

$$S_B - S_A = \int_{A}^{B} \frac{\mathrm{d}Q}{T} \tag{12-37}$$

这正是克劳修斯熵公式(12-32)式。此式表明，系统经一可逆过程由初态

---

① 如 $ABCDA$ 为不可逆循环，本不能在 $p-V$ 图上表示，但为了叙述方便，仍在图中用同一条曲线示意。

A 变到末态 B 时,系统熵的增量就等于在该可逆过程中系统热温比的总和.

(2) 不可逆循环

由(12-36)式
$$\oint \frac{\mathrm{d}Q}{T} < 0$$

设系统由平衡态 A 经任一不可逆过程 ACB 变化到平衡态 B,尔后经另一可逆过程 BDA 回到状态 A,这样构成一个不可逆循环,如图12-24所示. 根据克劳修斯不等式,有

$$\int_{ACB} \frac{\mathrm{d}Q_{\text{不可逆}}}{T} + \int_{BDA} \frac{\mathrm{d}Q_{\text{可逆}}}{T} < 0$$

由于 BDA 是可逆过程,故有

$$\int_{ACB} \frac{\mathrm{d}Q_{\text{不可逆}}}{T} - \int_{ADB} \frac{\mathrm{d}Q_{\text{可逆}}}{T} < 0$$

即
$$\int_A^B \frac{\mathrm{d}Q_{\text{可逆}}}{T} > \int_A^B \frac{\mathrm{d}Q_{\text{不可逆}}}{T}$$

根据(12-37)式熵变的定义,可得

$$S_B - S_A > \int_A^B \frac{\mathrm{d}Q_{\text{不可逆}}}{T} \tag{12-38}$$

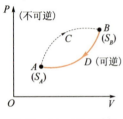

图 12-24 不可逆的循环过程

(12-38)式表示,在不可逆过程中,系统热温比的积分小于熵变.

对于任一微小的不可逆过程

$$\mathrm{d}S > \frac{\mathrm{d}Q_{\text{不可逆}}}{T}$$

将(12-37)式和(12-38)式合并,得

$$\Delta S \geqslant \int_A^B \frac{\mathrm{d}Q}{T} \tag{12-39}$$

(12-39)式中,可逆过程取等号;不可逆过程取不等号,这正是(12-33)式. 对于一个绝热系统或孤立系统,$\mathrm{d}Q=0$,则有

$$\Delta S \geqslant 0 \tag{12-40}$$

(12-40)式表明,孤立系统中的可逆过程,其熵不变;孤立系统中的不可逆过程,其熵要增加,这就是**熵增原理**. 因此,根据熵增原理可以作出判断:**不可逆过程总是朝着熵增加的方向进行的**.

*12.5.4 熵与能量退化 开放系统熵变

一、熵与能量退化

为说明熵的宏观意义和不可逆过程的后果,我们讨论能量退化现象及其量度. 以不可逆的热传导过程为例,设有两个物体 A 和 B,它们的温度分别为 T_A 和 T_B,两者接触后发生一不可逆的热传导过程,使热量 Q 由 A 传向 B(见图12-25). 下面讨论利用这部分热量 Q 能做多少功. 欲利用热量做功只能依靠热机来完成,物体 B 获得此热量 Q 后,利用此热量在 T_B 和 T_0 两热源间工作,则此卡诺机对外做功为

$$W_1 = Q\eta_1 = Q\left(1 - \frac{T_0}{T_B}\right)$$

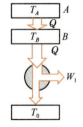

图 12-25 经热传导后热机做功

如果直接以 T_A 和 T_0 分别作为高、低温热源,经一卡诺机吸取 A 物体的热量 Q(见图12-26),此卡诺机对外做功为

$$W_2 = Q\eta_2 = Q\left(1 - \frac{T_0}{T_A}\right)$$

由上面的计算可见,对于同样的热量 Q,经过某一热传导后转变为功的数值要少

$$E_d = W_2 - W_1 = QT_0\left(\frac{1}{T_B} - \frac{1}{T_A}\right)$$

这说明经热传导后,有 E_d 能量不能用来做功,或者说在不可逆过程中,系统有部分内能丧失了做功的能力,我们称 E_d 为**退化能**.

由于不可逆过程中系统产生熵增 ΔS,故 ΔS 与 E_d 密切相关.在上述热传导实例中,系统(A 放热 Q,B 吸热 Q)的熵增为

$$\Delta S = \frac{-Q}{T_A} + \frac{Q}{T_B} = Q\left(\frac{1}{T_B} - \frac{1}{T_A}\right)$$

比较 E_d 和 ΔS 两式可得

$$E_d = T_0 \Delta S \qquad (12-41)$$

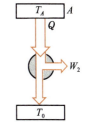

图 12-26 T_A、T_0 间热机做功

(12-41)式表明,**退化能与不可逆过程的熵增成正比**.研究表明,(12-41)式的表述具有普遍性,由此可以得出结论:**熵增是能量退化的量度**.

自然界中不断地发生着各种过程,而一切实际过程又都是不可逆的.因此,虽然变化过程中能量守恒,但能量却在不断地退化,即能量不断地变成不能用来做功的无用能,显然,这是熵增的必然结果.上述结论首先是由开尔文得到的,称之为**能量退化原理**.

二、开放系统的熵变

(1) 熵产生和熵流

开放系统是指与外界有能量或物质交换的系统.对于一个孤立系统,熵增加原理已说明系统内不可能发生从无序到有序的变化,当孤立系统处在一个稳定的平衡态也即最无序的状态时,它的熵取最大值,即使此时有一个微小的扰动(例如涨落),使系统偏离了平衡,引起系统熵值变小,系统仍会经过一个自发的不可逆过程使熵增加,重新回到原来的平衡态.这种由系统内部不可逆过程引起的熵变化称为**熵产生**,用 d_iS 表示.而对于开放系统,系统还有一部分熵变,是由系统与外界交换能量或物质引起的,称为**熵流**(又称**普里高津熵**),用 d_eS 表示.于是开放系统的总熵变为

$$dS = d_iS + d_eS \qquad (12-42)$$

一个系统熵产生 d_iS 恒大于零或等于零.当系统经历可逆过程时,$d_iS=0$;而当系统经历不可逆过程时,$d_iS>0$,于是总有

$$d_iS \geq 0 \qquad (12-43)$$

对于孤立系统,它与外界没有熵的交换,故熵流 d_eS 恒为 0,则

$$dS = d_iS \geq 0 \qquad (12-44)$$

这就是熵增加原理的表达式.

熵流 d_eS 可以有正负,这取决于系统和外界的作用.如果系统与外界的作用使得 $d_eS<0$,我们称之为**负熵流**.当负熵流足够强,足以抵消系统内部的熵产生,即 $|d_eS|>d_iS$ 时,系统的总熵变为

$$dS = d_iS + d_eS < 0$$

即由于负熵流的作用,系统的熵减小了,系统进入比原来更加有序的状态.因此,对于一个开放系统,存在着从无序到有序转化的可能性.

(2) 近平衡态系统的熵变

由第 11 章可知,系统处于近平衡态(偏离平衡态不远)时,会形成某种流,例如热流、质量流等.这是由于外界影响使系统中存在着相应的梯度,如温度梯度、浓度梯度等.这些梯度可以看成是产生流的力.当外界影响不十分强,系

统偏离平衡态很小,流和力成线性关系,这种状态称为线性非平衡态.第 11 章中讨论的输运过程就属于这个范畴.研究表明,近平衡态的系统在一定的条件下也会达到一个宏观性质不随时间变化的稳定状态,我们称之为线性非平衡定态.例如,将一根金属棒一端放在 100℃ 的沸水中,另一端放在 0℃ 的冰水中,保持沸水和冰水的温度不变,则金属棒中温度梯度也必然保持恒定不变,这就是线性非平衡定态.

普里高津对线性非平衡态作了深入的理论研究,提出了**最小熵产生原理**:**在任何线性不可逆过程中,熵产生 p 恒大于零,但其随时间的变化率将不断减小,最后达到极小值**,即

$$\frac{\mathrm{d}p}{\mathrm{d}t} \leqslant 0 \tag{12-45}$$

其中 $\frac{\mathrm{d}p}{\mathrm{d}t}=0$ 对应于平衡态或线性非平衡定态.这表明当系统偏离平衡态时,系统中所进行的不可逆过程而引起的能量耗散将选择一个能量耗散最小,即熵产生最小的状态.如果近平衡态的系统撤消外界作用,它将自动回复到平衡态,故平衡态 $\frac{\mathrm{d}p}{\mathrm{d}t}=0$;如果保持外界条件的约束,则系统的熵产生率 $\frac{\mathrm{d}p}{\mathrm{d}t}<0$,并且向着熵产生取极小值,即 $\frac{\mathrm{d}p}{\mathrm{d}t}=0$ 的非平衡定态演化.

由最小熵产生原理可知,近平衡态的非平衡定态是稳定的.因为任何对该定态的偶然偏离,即使微小扰动,都会使系统的熵产生大于定态的熵产生,根据最小熵产生原理,系统仍然会回到这一非平衡定态,这是一个均匀的无序的状态.当外界影响撤除后,系统将回复到平衡态.由此可见,在线性的非平衡区域,系统的自发过程仍是趋于破坏有序而增加无序,最后达到平衡态或非平衡的定态.

*12.5.5　信息熵

人类自古以来就需要互通消息,而身处信息社会的我们,更是每天都要获取、了解、掌握和利用信息.所谓"信息",不仅包括用语言、文字、符号或图像所传递或交流着的所有知识,还包括我们的五官所感觉到的一切.人类社会赖以生存的基本要素,与物质和能量并列的,就是信息了.1948 年电器工程师香农(C. E. Shannon)创立的"信息论"是以研究信息量为出发点的.怎样确定信息量呢?香农考虑事件可能出现的状态数目及每种状态发生的可能性,从概率的角度给出了信息量的定义.于是"信息量"就与"熵"的概念发生了联系.

一、信息熵

如果有一个问题可能存在多种答案,在没有掌握任何信息时,答案的不确定程度最高;当得到一些信息后,原来可能的答案中的某些答案便会被排除,剩下可供选择的答案数目就减少了;在有了足够的信息时,就将得到唯一的答案.因而,增加信息的效应就是减少回答问题的不确定性,那么,信息也就可以用它排除的不确定性来度量.香农将玻耳兹曼熵的概念加以发展,引入了信息熵的概念,用来描述事件的不确定程度.

如果一个事件有 W 个等概率的状态或结果,每个状态或结果出现的概率 $P=1/W$,定义

$$S = K\ln W = K\ln \frac{1}{P} = -K\ln P \tag{12-46}$$

作为该事件不确定性的量度(或者说是无知或缺乏信息的量度),称之为**信息熵**(imformation entropy).式中 K 为比例系数,其值与信息熵选用的单位有关. 由上式可知,可能的状态数 W 越大(其相应概率 P 越小),则其信息熵 S 越大,事件不确定性越大.一般来说,一个事件的 W 个状态出现的概率并不相等.假如某事件的可能状态和其相应概率如下:

$$\text{可能状态} \longrightarrow W_1, W_2, \cdots, W_i, \cdots, W_N, \text{且} \sum_{i=1}^{N} W_i = W$$

$$\text{出现概率} \longrightarrow P_1, P_2, \cdots, P_i, \cdots, P_N, \text{且} \sum_{i=1}^{N} P_i = \sum_{i=1}^{N} \frac{W_i}{W} = 1$$

则该事件信息熵的加权平均值为

$$\overline{S} = \frac{-K(W_1 \ln P_1 + W_2 \ln P_2 + \cdots + W_i \ln P_i + \cdots + W_N \ln P_N)}{W} = -K \sum_{i=1}^{N} P_i \ln P_i$$

在信息论中,将上述加权平均值定义为**信息熵**(又称香农熵),即

$$S = -K \sum_{i=1}^{N} P_i \ln P_i \tag{12-47}$$

现在让我们用上式来计算一下猜扑克牌的信息熵.某人给出一张无任何信息的面朝下的扑克牌,则它可能是整套扑克 54 张中的任何一张.此时,(12-47)式中的 $N=54$, $P_i = \frac{1}{54} (i=1,2,\cdots,54)$,这种情况下的信息熵为

$$S_1 = -K \sum_{i=1}^{54} P_i \ln P_i = K \ln 54 = 3.99K$$

若被告之是一张"A",则它只能是四个"A"中的任一张.此时,$N=4$, $P_i = \frac{1}{4} (i=1,2,3,4)$,相应的信息熵为

$$S_2 = -K \sum_{i=1}^{4} P_i \ln P_i = K \ln 4 = 1.39K$$

显然,由于获得此信息,不确定度减少,因而信息熵变小.若又被告知是黑桃,则这张牌确定无疑是黑桃 A.此时 $N=1$, $P_i=1$,算出的信息熵

$$S_3 = 0$$

由上例看到,随着掌握信息的逐渐增多,事件可能出现的状态或结果数目越来越少,各种可能性的概率分布就越来越集中.在上面的计算结果中,S_1 是信息熵的最大值,我们把它记作 $S_{\max}$.不同事件的 $S_{\max}$ 当然会有所不同,但只要在具体事件中信息熵达到最大值,不管它究竟是多少,都对应着不确定度最大.

再举一例,看看气象预报中的信息熵.令 $i=1$ 和 2 分别代表下雨和不下雨的情况.如果预报员说"明日降水概率为 60%",这句话的信息熵是多少呢?由此话得知 $P_1=0.60$, $P_2=0.40$,按(12-47)式,得

$$S_1 = -K \sum_{i=1}^{2} P_i \ln P_i = -K(0.60\ln 0.60 + 0.40\ln 0.40) = 0.673K$$

若预报员改说"明日降水概率为 80%",则信息熵为

$$S_2 = -K \sum_{i=1}^{2} P_i \ln P_i = -K(0.80\ln 0.80 + 0.80 + 0.20\ln 0.20) = 0.500K$$

如果没有任何迹象表征明日是倾向于下雨或是不下雨,那么明日下雨与否,情况最不确定,此时 $P_1=P_2=0.50$,信息熵为最大,可算出

$$S_3 = -K \sum_{i=1}^{2} P_i \ln P_i = -K(0.50\ln 0.50 + 0.50\ln 0.50) = 0.693K$$

二、信息量

信息量可以有两种含义:一是从对事件全然无知(不确定度最大,信息熵

最大)到有所知,绝对地获得了多少信息量;二是从掌握了一定素材,已提练出一定信息,到掌握了更多素材,提炼出更多信息,在这两步之间相对地获得了多少信息量. 我们把前者所指的信息量记作 I,后者记作 ΔI,并称后者为信息增量.

如上所述,信息可以用它排除的不确定性来度量,而不确定度又以信息熵为表征,信息有所得,信息熵必有所失,那么,如果规定这里的得失总是相抵的,就可以通过信息熵来计算出信息量 I. 信息论有一定律:一个体系的信息量与信息熵之和保持恒定,并等于该体系在恒定条件下所达到的最多信息量 I_{max} 或最大信息熵 S_{max},即

$$I+S=I_{max}=S_{max} \tag{12-48}$$

按照这一定律,我们就得到:在前述猜扑克牌的例子中,一开始,$S_1=S_{max}$,信息量 $I_1=0$;被告知是一张"A"时,获得的信息量为

$$I_2=S_m-S_2=K\ln 13.5$$

又知道是黑桃时,总信息量为

$$I_3=S_{max}-S_3=K\ln 54=I_m$$

同理,在气象预报的例子中,预报员说"降水概率为 50%"时,信息熵为 $S_3=S_m=0.693K$,信息量为

$$I_3=0$$

说"降水概率为 60%"时,信息量为

$$I_1=S_m-S_1=0.693K-0.673K=0.020K$$

说"降水概率为 80%"时,信息量为

$$I_2=S_m-S_2=0.693K-0.500K=0.193K$$

由(12-48)式得

$$\Delta I=-\Delta S \tag{12-49}$$

这就是说,**信息量的增量等于信息熵的减少**. 例如,天气预报员告诉我们"降水概率为 80%",比之说"降水概率为 60%"时,由信息熵的减少量可以计算出所提供的信息增量

$$\Delta I=-\Delta S=-(S_2-S_1)=-(0.500-0.673)K=0.173K$$

信息量所表示的是事物的有序度、确定度,这和熵(无序度、不确定度)是矛盾的对立面. 当我们获得某些信息后,事件的不确定性降低,或者说熵减少,因而信息即负熵. 一条信息的信息量越大,它所产生的负熵就越多.

本 章 提 要

1. 准静态过程

系统状态发生变化时,其内能的增量可表示为

$$\Delta E=\frac{m}{M}C_{V,m}\Delta T$$

准静态过程中对外界做的功为

$$dW=pdV$$

在一个有限的准静态过程中,系统的体积由 V_1 变为 V_2 时,系统对外界所做的功为

$$W=\int_{V_1}^{V_2}pdV$$

摩尔热容

$$C_m=\frac{(dQ)_m}{dT}$$

对于一微小的变化过程,系统吸热可表示成

$$dQ=\frac{m}{M}C_m dT$$

系统在温度由 T_1 变化到 T_2 的过程中,吸收热量为

$$Q=\int_{T_1}^{T_2}\frac{m}{M}C_m dT=\frac{m}{M}C_m(T_2-T_1)$$

定体摩尔热容 $C_{V,m}$ 与定压摩尔热容 $C_{p,m}$ 二者

之间的关系由迈耶公式给出：
$$C_{p,m} = C_{V,m} + R$$

2. 热力学第一定律及其应用

热力学第一定律的数学表达式为
$$Q = \Delta E + W$$

对于微小变化过程
$$dQ = dE + dW$$

将热力学第一定律应用到理想气体的等体、等压、等温、绝热过程等可得到表 12.3 的一些热力学公式.

3. 循环过程和卡诺循环

(1) 循环过程的特点
$$\Delta E = 0, \quad W = Q_1 - Q_2$$

热机效率
$$\eta = \frac{W}{Q_1} = \frac{Q_1 - Q_2}{Q_1} = 1 - \frac{Q_2}{Q_1}$$

制冷系数
$$e = \frac{Q_2}{W} = \frac{Q_2}{Q_1 - Q_2}$$

热机效率 η 总是小于 1, 而制冷系数 e 则可以大于 1.

(2) 由两条等温线和两条绝热线组成的循环叫作**卡诺循环**.

卡诺热机的效率
$$\eta_{卡诺} = 1 - \frac{Q_2}{Q_1} = 1 - \frac{T_2}{T_1}$$

卡诺制冷机的制冷系数
$$e_{卡诺} = \frac{Q_2}{W} = \frac{T_2}{T_1 - T_2}$$

4. 热力学第二定律、熵

(1) 热力学第二定律的开尔文表述和克劳修斯表述是等价的,它揭示了一切与热现象有关的实际宏观过程都是不可逆的.

(2) 玻耳兹曼熵公式
$$S = k \ln \Omega$$

(3) 系统由状态 a 变到状态 b 时,其熵变为
$$\Delta S = S_b - S_a = \int_a^b \frac{dQ}{T}$$

(4) 熵增原理 对于孤立系统 $\Delta S \geqslant 0$, 孤立系统内部发生的过程,总是沿着熵增加的方向进行,叫作熵增加原理. 它能够判断自发过程进行的方向,是热力学第二定律的数学表述.

(5) 开放系统的总熵变
$$dS = d_i S + d_e S$$

① 当系统经历可逆过程时,熵产生 $d_i S = 0$;

② 当系统经历不可逆过程时,熵产生 $d_i S > 0$;

③ 对于孤立系统,熵流 $d_e S = 0$, $d_i S \geqslant 0$;

④ 最小熵产生原理为 $\frac{dp}{dt} \leqslant 0$, 其中 $\frac{dp}{dt} = 0$ 对应于平衡态或线性非平衡定态.

阅读材料（十二） 麦克斯韦妖与信息

这是一则著名的佯谬,其主人公是麦克斯韦妖.

麦克斯韦提出了一个违反热力学第二定律的假想实验. 见图 Y12-1, 他设想把一个装有气体的容器用一隔板分成两室, 有一个小妖站在嵌了一张活动门的隔墙边. 妖精打开和关闭这张活动门时做的功可忽略不计. 当分子接近活动门时,妖精可以测分子的速率,并且能很快地选择打开和关闭活动门,使高速分子经此门进入某一室,而低速分子进入另一室. 这样, 小妖精无需做功就

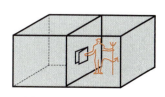

图 Y12-1 麦克斯韦妖

可以使隔板两侧的气体一边愈来愈冷,一边愈来愈热.气体系统发生了从无序到有序的变化,熵降低了,这是违反热力学第二定律的.

麦克斯韦伴谬激起了很多批判性思考,1929 年匈牙利物理学家西拉德(L. Szilard)揭穿了这个伴谬.

麦克斯韦妖有获得和储存分子运动信息的能力,它靠信息来干预系统,使系统过程逆着自然界的自发方向进行.获得信息可减小不确定性,相当于减小熵,因而信息就是负熵,麦克斯韦妖将负熵输入给系统,降低了它的熵.但妖精要获得这些信息,必须通过某种方法.比如使用某种设备来区分分子的速率,具体地说,比如用一个温度与环境不同的光源照亮分子,在这一过程中,光源的熵增加了,小妖吸收了光子,熵也增加了,气体系统的熵的减小量一定比妖精和它的设备的熵的增加量要小.也就是说,考虑所有熵的变化,总熵不会减少,没有违反热力学第二定律.

能量的"品质"　宇宙热寂论

克劳修斯将自然界的热功转化过程精辟地概括为

> 宇宙的能量守恒;
> 宇宙的熵趋极大.

第一句话是热力学第一定律,如果只有这一条定律,我们的宇宙多么完美! 能量虽然不能自行产生,但无论如何转换,总能量是保持守恒的,人类将取之不尽,用之不竭.然而第二句话表述的热力学第二定律,它使我们的宇宙就不是那么美妙了.由于熵增是能量退化的度量,在能量转化过程中"品质"越来越坏,每转换一次就有一部分能量不可挽回地变为无用能而耗散掉.

热力学第一定律反映了能量转化的等值性,而热力学第二定律表明热能和其他形式的能量的不同性,其区别在于其他形式的能量(机械能、电能等)可自动转变为热能,而单纯热能则永远不会全部转变成其他形式的能量.一般地如果甲、乙两种形式的能量间可相互等量转换,则此两形式能量同级;如果甲形式的能量可完全转变成乙形式的能量,而乙形式的能量不能完全转变成甲形式的能量,则甲形式的能量品质高于乙形式的能量品质.显然,热能的品质是最低的.一般来说高品质能量转变成低品质能量是一个不可逆过程,必然有能量退化发生.

宇宙的总能量是守恒值,而宇宙的能量不断转化、不断退化.这就是克劳修斯描述的**宇宙能量法典**,通常称之为**宇宙热寂论**.

宇宙热寂论所描述的宇宙前景令人沮丧,宇宙最终要趋于热平衡而必然导致宇宙的死亡,因此,在哲学上引起了强烈的反对和批判.然而,如何从理论层次阐明宇宙的新法规呢? 20 世纪 60

年代后发展起来的非平衡态热力学,揭示了自然界的耗散结构以及**大爆炸宇宙理论**,使宇宙的前景变得乐观.

热寂论提出后受到许多人的反对和批判.当时批判热寂论的观点中对后世影响较大的有两家.玻耳兹曼提出,热力学第二定律和熵增加原理都是统计性质的规律.熵为极大的状态只是一种最概然的状态.系统中不可避免地会发生或大或小的涨落,宇宙的某些局部甚至可以偶然地出现巨大的涨落,在那里熵没有增加,甚至在减少.恩格斯根据运动守恒定律认为,各种运动形态相互转化的可能性是永不消灭的.因此,他有这样的信念:"放射到太空中去的热一定有可能通过某种途径(指明这一途径,将是以后自然科学的课题),转变为另一种运动形式,在这种运动形式中,它能够重新集结和活动起来."

对于能否把整个宇宙看作孤立系统,许多人持怀疑态度,自从 20 世纪 60 年代后期发现均匀的 2.7K 宇宙背景辐射以来,大爆炸宇宙理论逐渐被人们所接受.据这种观点,宇宙早期温度极高、密度极大,物质成分也是简单的,主要包含极高温度的辐射和某些种类的粒子.宇宙在膨胀,随之密度减小,温度下降.与热寂论的预言不同,大爆炸宇宙论认为,宇宙的演化方向是从物质分布为均匀的状态演化到非均匀、有结构的状态,从温度为均匀的状态演化到非均匀状态.宇宙膨胀是引力理论的结果,在宇宙范围引力占主导地位,宇宙间的天体大多是由自身物质引力维系的系统,它在放出能量时,其温度升高(当然其能量来自于引力势能的减少),具有负的热容量.具有负热容的系统是不稳定的,不存在热力学意义上的平衡态.并且在引力占主导地位的条件下,高密度区域会吸引更多的物质而使密度变得更高,更多的物质会逃离低密度区而使密度变得更低.各种星体就是通过这种非均匀化过程聚集而成的.经典热力学的结论是不考虑引力、在静态空间下证明的,对于宇宙,它从头起就不适用.宇宙不但不会死,反而从早期的"热寂"状态(热平衡态)下生机勃勃地复生.

耗散结构简介

远离平衡的宏观体系中自发产生各种时空有序结构(状态)是十分普遍的自然现象.这类远离平衡态的问题,对应于宏观热力学中的非线性区的不可逆过程.这里所面对的复杂情况为理论工作带来了巨大的困难.比利时自由大学教授普里高津(I. Prigogine)在研究远离平衡态系统的热力学性质的过程中,于 1969 年创立了**"耗散结构理论"**(dissipative structure theory).这一理论目前虽然还不十分完善,但已引起科学界的普遍重视,并在物理、生物、化学、气象、工程乃至哲学等领域开始得到应用.耗散结构理论中使用的许多概念如开放系统、负熵流、非平衡态、突变以及涨落等已成为人们讨论社会经济问题的有力武器.它正在形成一门新的交叉学科,是物理学发展的前沿之一.

1. 自组织现象

根据热力学第二定律,一个孤立系统要朝着均匀、简单、消除差别的方向发展,并最终达到均匀一致的平衡状态.或者说,对于孤立系统,各种自发过程总是使系统的分子或其他单元的运动,从某种有序的状态向无序的状态转化(熵 S 增加),最后达到最无序的平衡态而保持稳定.热力学第二定律又保证了这种最无序状态的稳定性,它再也不能自发地逆向转变为有序的状态了.因此,长期以来,物理学家们认为:自发过程总是使体系趋于平衡的,也即从某种有序向无序化方向的转化.然而在 20 世纪初相继发现在强烈的外界作用下系统远离平衡态时,系统内部会自发地由无序变为有序,这种现象称为**自组织现象**.进一步研究发现自组织现象只能发生在开放系统且远离平衡态的非线性区域内,而且从宇宙、生物、自然界乃至人类社会,自组织现象是极其普遍存在的.现举例如下:

① 贝纳尔对流花样

1900 年法国人贝纳尔(Benard)做了液体从热传导变为热对流的实验.两块相距很近且很大的恒温热源板之间充满某种液体[见图 Y12-2(a)].若两板温度 $T_1 = T_2$,则液体处于平衡态.若从下面加热某一液体薄层时($T_1 > T_2$),液体内就会形成自下而上的温度梯度,液体处于非平衡态,热量不断地从下向上传递,当两板间温度梯度较小时,热量传递是通过热传导进行的,整个液体宏观上保持静止状态.不断加大两板间温差,就使液体越来越偏离平衡态.当温度梯度超过某一临界值时,液体的宏观静止热传导状态被破坏,原来静止的液体中会突然出现许多规则的六角形对流格子,即**贝纳尔对流花纹**.由于花纹状似蜂巢,通常将每一个六角形格子称作**对流胞**,如图 Y12-2(b)所示.图 Y12-2(c)所示为液体内的对流状态.在热传导的状态下,液体分子作杂乱无章的热运动,热量的传递是通过分子间的无规则碰撞而实现的.而在对流状态下,液体中大量的分子恰似被某种力量自动组织起来参与统一的,宏观有规则的流动,以此来更有效地传递热量.

从熵的角度分析对流胞的成因.图 Y12-2 中液体由下而上传递热量,外界流入液体(开放系统)内的熵流为 $d_e S_1 = \dfrac{dQ}{T_1}$,流出液体的熵流为 $d_e S_2 = -\dfrac{dQ}{T_2}$,故液体系统获得的净熵流 $d_e S = d_e S_1 + d_e S_2 = dQ\left(\dfrac{1}{T_1} - \dfrac{1}{T_2}\right) < 0$,这表明系统增加了负熵.温度梯

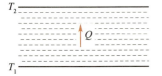

(a) 温度梯度小于临界值,液体静止以热传导方式传递热量

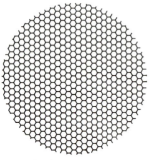

(b) 对流胞的空间图(从由下面加热的液体上方看到的图形)

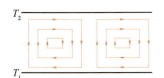

(c) 温度梯度大于临界值,液体以宏观有序的对流传递热量

图 Y12-2 液体中的自组织现象

度越大,系统增加的负熵越大,因此,对流形成是负熵不断增加的过程.当流体内温度梯度大于某一临界值,此时系统远离平衡态,其负熵也必增长达到某一程度,并使系统发生突变形成有序结构——对流胞.在此突变过程中系统耗散了外界能量,使无序的对流运动突变为自组织的有序流动.

大气中经常出现对流现象,大气层下热上冷是一个负熵增长的系统.天空中有时出现鱼鳞状排列的云层(云胞)或带状排列的云层(云街),就是负熵增长到一定程度而形成的有序对流花纹.

② B-Z 反应

从 1958 年开始,前苏联化学家贝鲁索夫(Belousov)和生物化学家扎玻庭斯基(Zhabotinsky)先后以金属铈离子作催化剂进行了柠檬酸和丙二酸的溴酸气化的反应,我们称为 B-Z 反应.在贝鲁索夫实验中,他发现在某些条件下某些组分的浓度会随时间作周期变化,造成反应介质的颜色在黄色和无色之间作周期性的变化;而在扎玻庭斯基的实验中,介质的颜色则在红色与蓝色之间作周期性变换.反应介质一会儿红色,一会儿蓝色,像钟摆一样发生规则的时间振荡,这是一种时间有序结构.

③ 生物界的自组织现象

达尔文的进化论告诉我们,从荒漠的地球上产生出单细胞生物,通过漫长的自然淘汰、竞争、发展成今天各种高级的生物,其中充满了各种由无序到有序的发展和变化,以致产生了人这样一种极不均匀、极不简单的精确有序的机体.客观事实表明,生物体不仅在整体上,而且在各级水平(分子、细胞、组织、个体、群体……)上都可呈现有序现象.例如许多树叶、花朵以及各种动物的皮毛等常呈现出很漂亮的规则图案.生物有序不仅表现在空间特性上,还表现在时间特性上,例如生物振荡现象,即生物过程随时间周期变化的现象.众所周知,所谓的生物钟对生命过程起着重要的作用.我国长江中特有的中华鲟,幼鱼在长江下游生活,而每到秋季,它们就会上溯长江,到长江中游产卵,从而形成一种时间有序结构.

④ 自然界的自组织现象

在自然界中也能观察到许多自发形成宏观有序结构的现象.例如,宇宙的发展经历一个由简单到复杂、由低级到高级的进化过程,有星球的死亡(有的形成黑洞),也有星球的形成和繁衍(星云旋转形成星球),二者并存整个宇宙看不到趋向平衡的迹象,表明宇宙是一个典型的远离平衡态的开放系统.又如,前面所述的有时天空中出现云胞和云街;有些岩石中几种矿物组分能形成非常规则的花纹,等等.

自组织的结果是形成某种空间有序结构或时间有序结构,这种有序结构与处于平衡态的有序结构(如晶体结构)是不同的,它必须消耗,即耗散外界的能量或质量,因而称为**耗散结构**.而由于系统远离平衡态且耗散了外界物质和能量,故耗散结构只能在远离平衡态的开放系统中产生.

2. 耗散结构的形成

①耗散结构的形成

从上面的讨论可以看到,耗散结构只能在开放系统中,非线性的远离平衡态的区域才能出现,这是必要条件,研究表明要产生耗散结构还需有突变和正反馈现象.

观察表明,自组织现象中的有序状态是突然出现的.例如,在贝纳尔对流实验中,当液体中的温度梯度超过某一临界值时,原来静止的液体中会突然出现许多规则的对流格子,这就是一种**突变现象**.突变现象是一种失稳现象.当系统远离平衡时,在一定条件下,它们可以发展到某个不随时间改变的,然而并不稳定的定态.这样的定态不能再用熵这样的态函数来描述了,这时过程的发展方向也不能再依靠纯粹的热力学方法来确定,而是必须同时研究系统的动力学行为.

作为类比,考察一个底部为球面的锥体.当底部球面接触水平面时,如图 Y12-3(a)所示,锥体处于一种稳定平衡状态.当受到微小扰动时,锥体晃动后仍将回到原来的平衡状态.若将锥体倒放,如图 Y12-3(b)所示,尽管这时仍可以找到一个平衡位置,但这是一个不稳定的平衡状态.一旦受到极小的扰动,锥体就会离开这个初始状态而产生突变,这就是失稳现象.

当一个热力学系统远离平衡态时,在一定的条件下也有可能处于不稳定的定态,在微扰作用下,就有可能产生失稳现象并从而发生突变,为耗散结构的产生提供了条件.

热力学系统失稳依靠的是各种正反馈现象.简单地说,正反馈对微弱扰动起放大作用.在贝纳尔对流实验中,当两板间温度梯度超过某一临界值时,如果由于某种原因使得一个流体分子沿某一对流方向运动,这种运动不仅不会由于该分子与其他分子的相互碰撞而消失,反而带动其他分子也沿同一方向运动.如此不断地放大,使得沿这一方向运动的分子越来越多,从而使热力学系统失稳,导致宏观有序结构的形成.

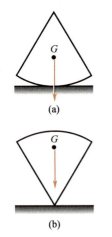

图 Y12-3 锥体的平衡态

②涨落导致有序

不论是平衡态还是非平衡定态,都是在宏观上不随时间改变的状态.实际上,由于组成系统的分子在不停地作无规则运动,系统的状态在局部上经常与宏观平衡态有暂时的偏离,这种自发产生的微小偏离称为**涨落**(fluctuation).系统处于不同的状态时,涨落的作用可以完全不同.一般情况下,涨落相对于平衡态来说是很小的.在稳定态,即使有大的涨落,也会立即耗散掉,系统总会回到平衡态附近.然而,在临界点附近,由于热力学系统已失稳,即使微小的涨落也可能不会被耗散掉,而被正反馈作用放大,导致系统的状态发生根本的变化.如前面所说的底部为球面的锥体,形象地说明了涨落的这种不同作用,当它处于图 Y12-3a 所示的稳定状态时,即使有较大的涨落,也会自生自灭,不会影响锥体的宏观状态;而处于图Y12-3b所示的不稳定平衡态时,即使发生一个微小的涨落,使锥体朝某一方向倾斜,则锥体将在重力作用下使倾斜加剧,最终完全改变系统的状态.这时,涨落没有自生自灭,而是被不稳定的系统放大了.

值得注意的是,**并非所有的涨落都同样地得到放大,而是只有适应系统动力学性质的那些涨落才能得到系统中绝大部分分子的响应而波及整个系统,将系统推进到一种新的有序结构——耗散结构.**

③热力学分支现象

系统的动力学行为可以用图Y12-4所示的形式来表示:横坐标 λ 表示外界对系统的控制参量,它的大小表示外界对系统影响的程度以及系统偏离平衡态的程度,例如,在贝纳尔实验中流体内的温度梯度;纵坐标 x 表示表征系统定态的某个参量,不同的 x 值表示不同的定态.图Y12-4中与 λ_0 对应的定态 x_0 表示平衡态,随着 λ 偏离 λ_0,x 值也就偏离平衡态值 x_0.下面讨论 x 随 λ 变化所对应的物理现象.

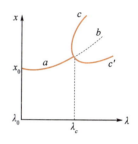

图 Y12-4　分支现象

(1) 线性热力学分支. 当 $\lambda > \lambda_0$,但偏离 λ_0 较小时,系统处于近平衡态.所有表示这种非平衡定态的点形成线段 a,称为**热力学分支**(thermodynamic branch).在这一段热力学分支上,x 与 λ 成线性关系或近似于线性关系,它描述的是线性非平衡定态.因而是稳定的热力学分支.在稳定的热力学分支上,系统的趋向是趋于无序和平衡或尽可能接近平衡,而不会发生自组织现象.前述的输运过程就处于这样一个线性、稳定的热力学分支上.

(2) 耗散结构分支. 当 $\lambda \geqslant \lambda_c$ 时,例如,在贝纳尔对流实验中,当流体的温度梯度达到并超过某一定值时,线段 a 的延伸 b 上各点所示的非平衡态变得很不稳定,这一段称为不稳定的热力学分支.在不稳定的热力学分支上,一个很小的扰动就可以引起系统的突变,使系统的状态离开热力学分支而跃迁到另外两个稳定的分支 c 或 c' 上去,它们的每一点可能对应于某种时空有序状态,称为**耗散结构分支**.在 $\lambda = \lambda_c$ 处,热力学分支开始分叉,这种现象称为**分叉现象**(bifurcation phenomenon).分叉的数目和行为,决定于系统的动力学性质.

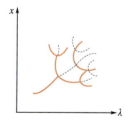

图 Y12-5　高级分支现象

(3) 高级分支——混沌态. 分支理论进一步指出,随着控制参量的进一步改变,各稳定的分支又会变得不稳定,从而导致所谓的二级分支或高级分支现象,如图Y12-5所示.高级分支现象表明,某些系统在远离平衡态时可以有多种可能的有序结构,从而使系统可以表现出复杂的时空行为,例如生物系统的多种复杂行为.在系统偏离平衡态足够远时,分支越来越多,于是系统可以有越来越多的相互不同的可能的耗散结构.由于系统处于哪种耗散结构完全是偶然的,因此系统的瞬时状态不可确定,系统又进入了一种新的无序的状态.这种无序的状态与热力学中平衡的无序状态是不同的,称为**混沌态**(chaos state).

在混沌态,无序所涉及的空间和时间尺度具有宏观的量级;热力学平衡态中无序的时间和空间尺度是分子的特征量级.对于生物来说,混沌状态同样意味着死亡.从这种观点看,生命是存在于这两种无序之间的一种有序,它必须处在远离平衡的非平衡态条件下,但又不能过于远离平衡态,否则混沌无序的出现将完全破坏生物有序,研究这些现象的起因和规律将对我们认识世界起到重要的作用.

思 考 题

12-1 下面的说法是否正确:(1)物体的温度愈高,则热量愈多;(2)物体的温度愈高,则内能愈大;(3)运动物体的动能愈大,则其内能愈大.

12-2 $p-V$ 图上一封闭曲线所包围的面积表示什么?如果该面积越大,是否效率越高?

12-3 摩尔数相同的三种气体:He,N_2,CO_2,都作为理想气体.它们从相同的初态出发,都经过等体吸热过程,如吸收的热量相等,试问:(1)温度的升高是否相等?(2)压强的增加是否相等?

12-4 某理想气体按 $pV^2=$ 常量的规律膨胀,问其升温还是降温,为什么?

12-5 如思考题 12-5 图所示,有三个循环过程,指出每一循环过程所做的功是正的、负的、还是零,说明理由.

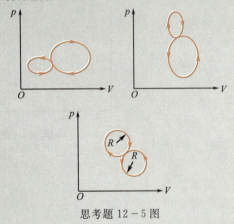

思考题 12-5 图

12-6 一循环过程如思考题 12-6 图所示,试指出:(1)ab,bc,ca 各是什么过程;(2)画出 $p-V$ 图;(3)该循环是否是正循环?(4)该循环做的功是否等于三角形面积?(5)用图中的热量 Q_{ab},Q_{bc},Q_{ca} 表述其热机效率或制冷系数.

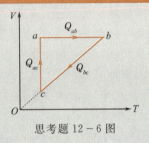

思考题 12-6 图

12-7 两个卡诺循环如思考题 12-7 图所示,它们的循环面积相等,试问:(1)它们吸热和放热的差值是否相同;(2)对外做的净功是否相等;(3)效率是否相同?

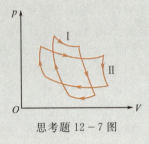

思考题 12-7 图

12-8 夏天将冰箱的门打开,让其中的空气出来为室内降温,这方法可取吗?冬天用空调机或电炉取暖,何者较省电?

12-9 评论下述说法正确与否?(1)功可以完全变成热,但热不能完全变成功;(2)热量只能从高温物体传到低温物体,不能从低温物体传到高温物体.

12-10 在一个可逆卡诺循环中整个系统(工作物质+高温热源+低温热源)的熵是否增加了?这是否是熵增加原理的体现?

12-11 什么叫熵产生和熵流?熵产生 d_iS 为什么不为负值?形成负熵流 $d_eS<0$ 的条件和作用是什么?

习 题

12-1 根据热力学第一定律,下列推论正确的是( ).

(A)系统对外做的功不可能大于系统从外界吸收的热量

(B)系统内能的增量一定等于系统从外界吸收的热量

(C)热机的效率不可能等于1

(D)不可能存在这样的循环过程,在此循环过程中,外界对系统做的功不等于系统传给外界的热量

12-2 关于热力学第二定律,下列表述正确的是( ).

(A)功可以全部转化为热,但热不能全部转化为功

(B)热量可从高温物体传到低温物体,但不能从低温物体传到高温物体

(C)不可逆过程就是不能反向进行的过程

(D)自然界发生的一切实际过程都不可逆

12-3 一定量的理想气体从初态(V_0, T_0)开始,先绝热膨胀到体积为$2V_0$,然后经等容过程使温度恢复到T_0,最后再等温压缩至体积变为V_0.经此循环后,气体系统发生了如下变化( ).

(A)压强减小　　　　(B)内能增加
(C)向外界放热　　　(D)对外界做正功

12-4 一卡诺制冷机,高温热源的温度是低温热源的n倍,若在制冷过程中,外界做功W,则制冷机向高温热源放出的热量为( ).

(A)$\dfrac{n}{n-1}W$　　　　(B)$\dfrac{1}{n}W$

(C)$\dfrac{1}{n-1}W$　　　　(D)$(n-1)W$

12-5 若高温热源的温度为低温热源温度的n倍,以理想气体为工作物质的卡诺机工作于上述高低温热源之间,则从高温热源吸收的热量与向低温热源放出的热量之比为_____.

12-6 两个相同的刚性容器,一个盛有氢气,一个盛有氦气,开始时它们的压强和温度都相同,现将3 J的热量传给氦气,使之升高到一定的温度.若使氢气也升高同样的温度,则应向氢气传递的热量为_____ J.

12-7 一定量的某种理想气体,其分子可视为刚性分子,自由度为i,在等压过程中吸收热量Q,外做功W,内能增加ΔE,则$\dfrac{W}{Q}=$_____;$\dfrac{\Delta E}{Q}=$_____.

12-8 1 mol理想气体等温膨胀,体积由V_0变到$2V_0$,气体的熵变为_____.

12-9 如习题12-9图所示,一系统由状态a沿acb到达状态b的过程中,有350 J热量传入系统,而系统做功126 J.(1)若沿adb时,系统做功42 J,问有多少热量传入系统?(2)若系统由状态b沿曲线ba返回状态a时,外界对系统做功84 J,试问系统是吸热还是放热?热量传递是多少?(3)若$E_d - E_a =$ 168 J,试求沿ad及db各吸收多少热量?

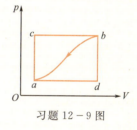

习题12-9图

12-10 1 mol单原子理想气体从300 K加热到350 K,问在下列两过程中吸收了多少热量?增加了多少内能?对外做了多少功?(1)容积保持不变;(2)压强保持不变.

12-11 1 mol氢气在压强为0.1 MPa(即1 atm),温度为20 ℃时,体积为V_0,今使其经以下两个过程达到同一状态,试分别计算以下两种过程中吸收的热量,气体对外做功和内能的增量,并在p-V图上画出上述过程.(1)先保持体积不变,加热使其温度升高到80 ℃,然后令其作等温膨胀,体积变为原体积的2倍.(2)先使其等温膨胀到原体积的2倍,然后保持体积不变,加热到80 ℃.

12-12 0.01 m³氮气在温度为300 K时,由1 atm(即0.1 MPa)压缩到10 MPa.试分别求氮气经等温及绝热压缩后的(1)体积;(2)温度;(3)过程对外所做的功.

12-13 理想气体由初状态(p_0, V_0)经绝热膨胀至末状态(p, V),试证该过程中气体所做的功为

$$W = \dfrac{p_0 V_0 - pV}{\gamma - 1}$$

12-14 1 mol的理想气体的T-V图如习题12-14图所示,ab为直线,延长线通过O点,求ab过程气体对外所做的功.

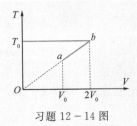

习题 12-14 图

12-15 一卡诺制冷机,从 0 ℃的水中吸取热量,向 27 ℃的房间放热,假定将 50 kg 的 0 ℃的水变成了 0 ℃的冰,试求:(1) 放于房间的热量;(2) 使制冷机运转所需的机械功(冰的熔解热 $\lambda = 3.352 \times 10^5$ J·kg^{-1}).

12-16 图中所示是一定量理想气体的一个循环过程,由它的 T-V 图给出.其中 CA 为绝热过程,状态 $A(T_1, V_1)$、状态 $B(T_1, V_2)$ 为已知.(1) 在 AB,BC 两过程中,工作物质是吸热还是放热?(2) 求状态 C 的 T_C 量值.(设气体的 γ 和物质的量已知)(3) 这个循环是不是卡诺循环?在 T-V 图上卡诺循环应如何表示?(4) 求这个循环的效率.

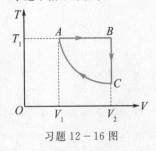

习题 12-16 图

12-17 如习题 12-17 图所示,1 mol 双原子分子理想气体,从初态 $V_1 = 20$ L,$T_1 = 300$ K,经历三种不同的过程到达末态 $V_2 = 40$ L,$T_2 = 300$ K.图中 1→2 为等温线,1→4 为绝热线,4→2 为等压线,1→3 为等压线,3→2 为等体线,试分别沿这三种过程计算气体的熵变.

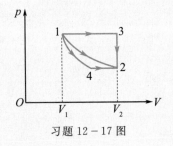

习题 12-17 图

12-18 有两个相同体积的容器,分别装有 1 mol 的水,初始温度分别为 T_1 和 T_2($T_1 > T_2$),令其进行接触,最后达到相同的温度 T,求熵的变化.(设水的摩尔热容为 C_m)

12-19 把 0 ℃的 0.5 kg 的冰块加热到它全部融化成 0 ℃的水,问:(1)水的熵变如何?
(2)若热源是温度为 20 ℃的庞大物体,那么热源的熵变多大?(3)水和热源的总熵变多大?增加还是减少?

12-20 冬季房间热量的流失率为 2.5×10^4 kcal·h^{-1},室温 21 ℃,外界气温 -5 ℃,此过程的熵增加率如何?

12-21 设每一块冰质量为 20 g,温度为 0 ℃,已知水的平均质量定压热容 $c_p = 4.18 \times 10^3$ J·kg^{-1}·K^{-1}.
(1)需加多少块冰才能使 1 L,100 ℃的沸水降温到 40 ℃?(2)在此过程中系统的熵改变了多少?

第五篇　近代物理基础

物理学分为经典物理学和近代物理学两部分,前四篇的所有内容都属经典物理学的范畴.本篇我们将学习近代物理学.

近代物理的出现虽然较经典物理晚,但近代物理却不仅仅是个年代的概念.近代物理学有两大支柱——相对论和量子力学.

从17世纪末到19世纪末,在短短200年的时间内,人类对物理学的研究取得了巨大的成功,建立了一套完整的经典物理理论体系,几乎能解释自然界的一切物理现象及规律.然而,19世纪末,物理学晴朗的天空,却飘来了两朵"乌云",一是迈克耳孙-莫雷实验对"以太"的否定,二是黑体辐射实验规律的解释.

1905年,爱因斯坦彻底挣脱经典物理的束缚,抛弃绝对时间和绝对空间的概念,成功地解释了迈克耳孙-莫雷实验,爱因斯坦对经典物理学绝对时空观的革命最终导致了相对论的建立.

1900年,普朗克对经典物理学中能量连续取值的观念进行了革命,提出了能量"量子化"的概念,圆满地解释了黑体辐射的实验规律.爱因斯坦、康普顿、玻尔、德布罗意等物理学家将"量子论"的概念加以推广和应用,解释了许多经典物理学无法解释的实验现象,最终由薛定谔和海森堡完成了数学表述,这样,一门新的学科——量子力学诞生了.

伴随着相对论和量子力学的创立,漂浮在物理学上空的两朵乌云终被驱散.进一步的研究表明:相对论和量子力学并没有否定经典物理学,而是在更深层次上描述了物质世界的客观规律.至此,物理学终于发展成为一门十分完美的学科,并以此为起点,向着更高、更深的层次延伸,向着更宽广的应用领域拓展.

本篇主要内容有:狭义相对论的基本理论及广义相对论简介,黑体辐射、康普顿效应、玻尔氢原子理论、德布罗意波、薛定谔方程及主要应用、多电子原子系统,以及原子核及粒子物理学简介等.

第 13 章
狭义相对论

牛顿力学在建立后的二百多年内获得了巨大的成功,被认为是普遍完美的理论.其基本信条是:空间和时间都是绝对的.这种观点虽早已深入人心,但它却只是人们的直觉,从未得到证明.直到 19 世纪末 20 世纪初物理学研究深入到高速和微观领域,才发现它已不再适用,因而建立新理论成为需要.爱因斯坦(Albert Einstein)以"相对性原理"和"光速不变原理"为基本假设,于 1905 年建立了狭义相对论(special relativity),1915 年又将其发展成广义相对论(general relativity).本章介绍相对论的基础知识.

§13.1　爱因斯坦基本假设

相对论是在对牛顿力学的基本概念作了深刻分析和根本性变革的基础上建立的,而这些概念的正确性长期以来被认为是不言自明的.我们先分析这些基本概念,然后用实验说明它们的局限性.

13.1.1　力学相对性原理和伽俐略变换

物体的运动是对某个选定参考系而言的,而参考系的选择不是唯一的,自然就出现一个问题,对于不同的参考系,力学的基本规律还相同吗? 早在 1632 年伽俐略(Galileo)在《关于托勒密和哥白尼两大世界体系的对话》一书中就回答了这个问题:在任何惯性系中观察,力学现象都服从相同的规律.他以一艘在水面上作匀速直线运动的封闭大船里发生的事件为例,写道:"在这里(只要船的运动是等速的),你在一切现象中观察不出丝毫的改变,你也不能够根据任何现象来判断船究竟是在运动还是停止.当你在地板上跳跃的时候,你所通过的距离和你在一条静止的船上跳跃时所通过的距离完全相同.另一方面,你向船尾跳时也不会比你向船头跳时跳得更远些,虽然当你跳在空中时,在你下面的地板是在向着和你跳跃相反的方向运动着.当你抛一件东西给你的朋友时,如果你的朋友在船头而你在船尾时,你所费的力并不比你们俩站在相反的位置时所费的力更大.从挂在天花板下的水杯里滴下的水滴,将竖直地落在地板上,没有任何一滴水偏向船尾方面滴落,虽然当水滴尚在空中时,船在向前走.苍蝇自由地四处飞行,它们绝不会向船尾集中,并不因为它们可能长时间留在空中,脱离了船的运动,为了赶上船而显出累的样子."这个结论叫**力学相对性原理**(relativity principle of mechanics)或**伽俐略相对性原理**(Galile. principle of relativity).它还可以有不同的表述:如对于力学规律来说,一切惯性系都是等价的,没有哪一个惯性系比其他的惯性系更优越.或者说,不可能在惯性系内进行任何力学实验来确定该系统作匀速直线运动的速度.如果已知力学规律的数学形式,上述结论还可以表达成:在一切惯性系中力学规律都具有相同的数学形式.

牛顿力学认为空间和时间是绝对空间和绝对时间,即长度的测量和时间间隔的测量与参考系(或观察者)无关.也就是说,同样两点之间的距离或同样两个事件之间的时间间隔;无论在哪个惯性系中测量都是一样的.用牛顿的话说:"绝对空间,就其本性而言,与外界任何事物无关,而永远是相同的和不动的.""绝对的、真正的和数学的时间自己流逝着,并由于它的本性而均匀地与任何外界对象无关地流逝着."牛顿力学中空间的性质是平直、均匀和各向同性的,时间的性质是一维、单向、均匀的,上述观点叫绝对时空观或经典时空观.

在绝对时空观的基础上可以建立同一事件(如一盏灯发出一个闪光)在两个惯性系中的时空坐标的变换关系.

设 S 和 S' 为两个相对作匀速直线运动的参考系,S' 对 S 的速度为 u.两者的坐标轴平行,且 x 轴与 x' 轴重合,原点 O 与 O' 重合时开始计时(见图 13-1).

为了测量时间,假设在两参考系中各处分别安置了钟,这些钟结构完全相同,并经过校准同步.事件发生地点的空间坐标由该处与坐标轴平行的直尺上的刻度数读出,事件发生的时刻由该处的钟读出.设同一事件 P 在 S 系和 S' 系中测得的时空坐标分别为 (x,y,z,t) 和 (x',y',z',t'),由于时间和空间测量的绝对性,有

$$x' = x - ut \tag{13-1}$$
$$y' = y \tag{13-2}$$
$$z' = z \tag{13-3}$$
$$t' = t \tag{13-4}$$

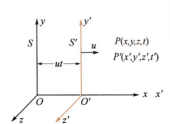

图 13-1 惯性系 S 和 S'

其中 $t = t'$ 是不言而喻的假设.

(13-1)式中 x' 是 S' 系中测量的 P 点到 $y'O'z'$ 面的垂直距离,等于 S 系中测量的 P 点到 $y'O'z'$ 面的垂直距离.所以 S 系中测量的 P 点到 yOz 的垂直距离 $x = ut + x'$.(13-1)式~(13-4)式叫**伽利略坐标变换**(Galileo coordinate transformation),是绝对时空观的数学表述.其逆变换($S' \to S$)为

$$x = x' + ut \tag{13-1}'$$
$$y = y' \tag{13-2}'$$
$$z = z' \tag{13-3}'$$
$$t = t' \tag{13-4}'$$

将(13-1)式~(13-3)式对时间 t 求导,并考虑 $t = t'$,可得**伽俐略速度变换**(Galileo velocity transformation)

$$v'_x = v_x - u \tag{13-5}$$
$$v'_y = v_y \tag{13-6}$$
$$v'_z = v_z \tag{13-7}$$

其中 $v'_x = \dfrac{\mathrm{d}x'}{\mathrm{d}t'} = \dfrac{\mathrm{d}x'}{\mathrm{d}t}$,$v_x = \dfrac{\mathrm{d}x}{\mathrm{d}t}$,余类推.

将(13-5)式~(13-7)式再对时间求导,考虑到 u 为常数,可得加速度变换

$$a'_x = a_x$$
$$a'_y = a_y$$
$$a'_z = a_z$$

即
$$a' = a \tag{13-8}$$
这说明同一质点在不同的惯性系中测量有相同的加速度.

坐标、速度和加速度变换在相对运动一节已作了介绍,由上述分析可知它们成立的前提是绝对时空观.

牛顿力学认为物体的质量是不变的恒量,与参考系的选择无关,即 $m=m'$. 从实验发现力与参考系的选择也无关,例如弹簧弹性力 $F=-kx$ 中的形变量 x,万有引力 $F=-G\frac{m_1 m_2}{r^2}$ 中的距离的 r,由于空间的绝对性,在不同的参考系中测量的值相同,因而 $\boldsymbol{F}=\boldsymbol{F}'$. 所以,如果对惯性系 S 有
$$\boldsymbol{F} = m\boldsymbol{a} \tag{13-9}$$
则对惯性系 S' 必有
$$\boldsymbol{F}' = m'\boldsymbol{a}' \tag{13-10}$$
即在不同的惯性系中牛顿定律的数学形式相同. 或者说牛顿定律经伽俐略变换后数学形式不变. 由于力学规律中的其他定律都可由牛顿定律推得,因而我们可以得出结论:**力学规律在一切惯性系中具有相同的数学形式. 这就是力学相对性原理**.

13.1.2 狭义相对论产生的实验基础和历史背景

狭义相对论的产生有深远的历史根源,它是电磁理论发展的必然结果. 用爱因斯坦的话说:"是一条可以回溯几个世纪的路线的自然继续.""是对麦克斯韦(Maxwell)和洛伦兹(Lorentz)的伟大构思画了最后一笔."

19 世纪中叶建立了电磁现象的普遍理论——麦克斯韦方程组. 它预言了光是电磁波,不久也被实验证实. 从麦克斯韦方程组可以得出两条结论:

(1) **光在真空中的速度是一个恒量,与参考系的选择无关**. 该理论给出 $c = \frac{1}{\sqrt{\varepsilon_0 \mu_0}} = 2.99 \times 10^8$ m·s^{-1},其中 $\varepsilon_0 = 8.85 \times 10^{-12}$ C^2·N^{-1}·m^{-2},是真空的介电常数,$\mu_0 = 4\pi \times 10^{-7}$ N·s^2·C^{-2},是真空的磁导率. 由于 ε_0、μ_0 与参考系无关,因此 c 也应该与参考系无关.

(2) **电磁现象服从相对性原理**. 麦克斯韦方程组的基础是电磁实验定律,而电磁实验是在地球上的实验室里做的,所以麦克斯韦方程组对地球参考系(惯性系)成立. 有理由相信,对相对地球作匀速直线运动的所有其他惯性系,麦克斯韦方程组仍然成立. 当时已经发现这方面的实例. 例如在电磁感应现象中,决定线圈内产生感应电动势的只是磁体和线圈的相对运动. 即无论以磁体为参考系还是以线圈为参考系. 感应电动势都相同. 这说明电磁感应现象在相对作匀速直线运动的不同惯性系里的规律是相同的.

这两个结论与伽俐略变换是根本冲突的.按照伽俐略速度变换式,设 c 是惯性系 S 中测得的光在真空中的速度,那么在相对 S 系以速度 u 运动的惯性系 S' 中,沿着光线运动时测得的光速 $c'=c-u$,逆着光线运动时测得的光速 $c'=c+u$,光速与参考系选择有关.另一方面,若对麦克斯韦方程组作伽俐略变换,发现它的数学形式要发生变化,如果认为伽俐略变换是坐标变换的唯一形式,电磁现象就不服从相对性原理.是电磁现象不服从相对性原理,还是伽俐略变换(实际上是绝对时空概念)应该修改?就成了严重的问题.解决问题的出路有两条:一条是肯定由电磁理论得出的结论,修改伽俐略变换;另一条是坚持伽俐略变换是正确的,在此基础上说明麦克斯韦方程组.历史上先选择了第二条道路,屡遭失败.后来爱因斯坦选择了第一条道路.

下面举几个历史上重要的事件,说明狭义相对论建立的实验基础和历史条件.

一、迈克耳孙—莫雷实验

如前所述,牛顿定律成立的参考系称为惯性系,所有相对于该系作匀速直线运动的参考系均为惯性系,那么,在所有这些惯性系中,是否应该存在一个绝对静止的参考系呢?显然,如果能找到这样一个绝对静止的参考系,对许多问题的描述就可大为简化.

但这一问题似乎不那么简单,因为描述地面物体的运动,我们一般以地球为参考系,但地球并非绝对静止.同样,太阳、银河系中心也不是绝对静止的,于是,人们想到了"以太"(aether).

那么什么是以太呢?

我们知道,机械波的传播需要媒介(如在真空中,声波不能传播),但电磁波即便在真空中也能传播,因此,起初人们认为:宇宙空间充满了能传播电磁波的某种物质,这种物质就被称为以太.由于以太无处不在,它当然只能绝对静止,也就是说,找到了以太,自然找到了绝对静止的参考系.

然而,用什么方法能证明以太的存在呢?

按照力学相对性原理,力学规律在一切惯性系中具有相同的数学形式,换言之,根据力学规律无法区分该惯性系绝对静止或匀速直线运动,或者说,依靠力学规律,我们无法证明以太的存在.

既然用力学规律无法找到以太,那么电磁学(光是一种电磁波)的方法是否可行呢?

1881 年迈克耳孙(Michelson)用他自己发明的干涉仪作了以太漂移效应实验.如图 13-2 所示,从光源 S 发出的单色钠黄光被分光镜 G 分成两束.光束 1 被反射镜 M_1 反射回到 G,再被 G 反射到 T;光束 2 被反射镜 M_2 反射回到 G,再透过 G 到 T.光束 1、2 在 T 相遇产生干涉条纹.设光相对于以太的速度为 c,干涉仪(地球)相对

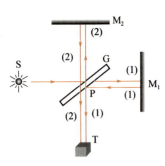

图 13-2 迈克耳孙干涉仪

以太的漂移速度为 u，干涉仪两臂长度为 L，则光束 1 往返对地的速度分别为 $c-u$ 和 $c+u$，往返一次的时间为

$$t_1 = \frac{L}{c-u} + \frac{L}{c+u} = \frac{2cL}{c^2-u^2} = \frac{2L}{c} \frac{1}{1-\dfrac{u^2}{c^2}} \quad (13-11)$$

光束 2 在 $P-M_2 \rightarrow P$ 间所经路径实际上是如图 13-3 所示的等腰三角形的两腰之和，其往返对地的速度均为 $\sqrt{c^2-u^2}$，往返一次的时间为

$$t_2 = \frac{2L}{\sqrt{c^2-u^2}} = \frac{2L}{c} \frac{1}{\sqrt{1-\dfrac{u^2}{c^2}}} \quad (13-12)$$

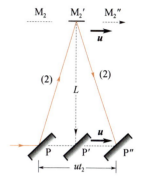

图 13-3　光束 2 的实际路径

光束 1、2 从 G 到 T 的时间差为

$$\Delta t = t_1 - t_2 = \frac{2L}{c}\left(\frac{1}{1-\dfrac{u^2}{c^2}} - \frac{1}{\sqrt{1-\dfrac{u^2}{c^2}}} \right) \quad (13-13)$$

将干涉仪转 90° 后，光束 1、2 互换，时间差为

$$\Delta t' = t_1' - t_2' = \frac{2L}{c}\left(\frac{1}{\sqrt{1-\dfrac{u^2}{c^2}}} - \frac{1}{1-\dfrac{u^2}{c^2}} \right) \quad (13-14)$$

于是干涉仪转动前后，时间差的改变量为

$$\Delta = \Delta t - \Delta t' = 2\Delta t = \frac{4L}{c}\left(\frac{1}{1-\dfrac{u^2}{c^2}} - \frac{1}{\sqrt{1-\dfrac{u^2}{c^2}}} \right) \quad (13-15)$$

考虑到 $\dfrac{u}{c}$ 是小量，有

$$\frac{1}{1-\dfrac{u^2}{c^2}} \approx 1 + \frac{u^2}{c^2}, \quad \frac{1}{\sqrt{1-\dfrac{u^2}{c^2}}} \approx 1 + \frac{u^2}{2c^2}$$

$$\Delta = \frac{4L}{c} \frac{u^2}{2c^2} = \frac{2Lu^2}{c^3} \quad (13-16)$$

干涉条纹应移动的数目

$$\Delta N = \frac{c\Delta}{\lambda} = \frac{2Lu^2}{\lambda c^2} \quad (13-17)$$

迈克耳孙根据地球的公转速度 $u=30 \text{ km} \cdot \text{s}^{-1}$，$L=1.2 \text{ m}$，$\lambda=5896 \times 10^{-10} \text{ m}$ 得出 $\Delta N=0.04$ 条。实验结果出乎意料，没有观察到条纹移动。1887 年他与莫雷（Morley）合作，进一步改进干涉实验，光路经过多次反射，光程 L 延长到 11 m，预计可以测得 0.4 条条纹移动，但是仍然没有观察到。为了避免公转速度与太阳系运动速度正好抵消这种可能性，迈克耳孙和莫雷半年后又重复实验，仍然没有观察到条纹的移动。之后许多人在地球的不同地点、不同季节里重复迈克耳孙—莫雷实验，结果都相同，无法测出地球相对于以太的漂移速度。这个被称为"零结果"的效应是以太学说无法解释的，后来成为狭义相对论的实验基础之一。

二、洛伦兹的"收缩假设"与变换理论

1892 年洛伦兹(Lorentz)提出了"收缩假设"来解释以太漂移效应实验的零结果。他假定物体在运动方向的长度有收缩效应，如果收缩的因子是 $\sqrt{1-\dfrac{u^2}{c^2}}$，便能得出条纹移动量的零结果。他认为长度收缩的原因是物体的平移改变了分子间的作用力。

为了说明其他问题，他还提出了"变换理论"。他认为麦克斯韦方程组在所有惯性系中有相同的数学形式，并得出了变换的表达式——洛伦兹变换式，同时他认为光在所有惯性系中的速度都相同。但洛伦兹依然保留了以太，认为真实的、普遍的空间和时间坐标是相对于静止以太参考系的坐标 (x,y,z,t)（即绝对时空观），他把变换出来的坐标 (x',y',z',t') 中的 t' 叫作"地方时"，并认为它只是个数学辅助量。由于坚持绝对时空观，洛伦兹在他的理论中引入了大量的假设，致使概念繁琐、理论庞杂、缺乏逻辑性，终于不能跳出旧的理论框架。洛伦兹的理论对爱因斯坦产生了重要影响，光速不变和洛伦变换式后来成为爱因斯坦狭义相对论中的重要组成部分。

三、庞加莱的相对性原理

1895 年庞加莱(Poincare)提出了反对绝对运动的观点，他说："从各种经验事实得出的结论能够概括为下述断言：要证明物质的绝对运动，或者更确切地讲要证明可称量物质相对于以太的运动是不可能的。"之后的十年间，他又发展了相对运动的思想，并指出建立新的理论必须引入新的原理。1904 年他提出了相对性原理，他说："按照相对性原理，物理现象的规律对于一个固定的观察者与对于一个相对他作匀速平移运动的观察者而言是相同的。"所以我们没有也不可能有任何方法辨别我们是不是处于这样一个匀速运动系中。他还断言："也许我们应该建立一门新的力学，对这门力学我们只能窥见它的一鳞半爪，在这门力学中，惯性随着速度增加，光速将会成为一个不可逾越的界限。"庞加莱已经很接近构成狭义相对论的基本要素了，但他下不了决心放弃以太，它的讨论是以洛伦兹的理论为依据的，他仍坚持"真实时间"与"地方时间"的区别，认为物体的长度收缩是实际收缩，而没有认识到这是不同惯性系之间进行时间测量特别是同时性的相对性的结果。伟大的物理学家爱因斯坦，最终完成了这一时空观念的重大革命。

13.1.3 爱因斯坦基本假设(狭义相对论基本原理)

建立在绝对时空观基础上的牛顿力学和其他理论，都不能圆满解释电磁实验(包括光学实验)的结果，在这种背景下爱因斯坦提出

了两个基本假设.从这两个假设出发他推出了一系列结论,都被实验证实,这两个假设也就成为狭义相对论的两个基本原理,现叙述如下:

(1)(狭义)相对性原理(special relativity principle) **在一切惯性系中物理规律都相同,或者说在一切惯性系中物理规律都具有相同的数学形式.**

(2)光速不变原理(principle of constancy of light velocity) **在一切惯性系中,光在真空中的速率都相等,恒为 c.**

(狭义)相对性原理是力学相对性原理在整个物理学领域的合理推广,说明在任何惯性系中,不但是力学实验,而且任何物理实验(如电磁实验、光学实验等)都不能确定该惯性系的匀速直线运动状态,它也间接地指明:不论用什么物理实验方法都不能找到绝对参考系,也就是说,绝对静止的参考系(以太)是不存在的,因而迈克耳孙—莫雷实验的出发点本身就是没有意义的.

光速不变原理说明无论光源或观察者运动与否,真空中光沿任何方向的速率恒为 c,这一原理显然与伽利略变换不相容,但却与实验结果一致.例如在迈克耳孙—莫雷实验中,根据光速不变原理,1、2 两束光根本就没有光程差,当然也就观察不到干涉条纹的移动.

§13.2 洛伦兹变换

13.2.1 洛伦兹坐标变换

应该说,牛顿力学和与之相适应的伽利略变换在一定范围内被实验反复证明是正确的,由于光速不变原理否定了伽利略变换,因此需要寻找一个能够满足相对论基本原理的变换式,同时能够包含伽利略变换.洛伦兹变换是洛伦兹于 1904 年提出的,它包含了伽利略变换,但它不是从相对论的基本原理得出的.爱因斯坦从相对论的两个基本原理推导出了洛伦兹变换.

仍然设 S、S' 两个惯性系.如图 13-1 所示.S' 以速度 u 相对 S 运动,二者原点 O、O' 在 $t=t'=0$ 时重合.我们分几步导出洛伦兹变换式.

(1)变换是线性的

根据相对性原理,自由质点相对 S 系作匀速直线运动,相对 S' 系也作匀速直线运动,所以变换是线性的.有

$$x'=ax+bt+c \tag{13-18}$$

(2) 考虑 a、b、c 为常数

特殊事件 O, O' 重合时, $x=x'$, $t=t'=0$, 所以 $c=0$. 原点 O' 发生的事件 $x'=0$, $x=ut$, 有

$$0=aut+bt, \quad b=-au$$

所以

$$x'=a(x-ut) \tag{13-19}$$

(3) 逆变换式

根据相对性原理,所有惯性系都是等价的,因此由 $S\to S'$ 和由 $S'\to S$ 的变换式形式相同. 由于相对运动, S 对 S' 的速度为 $-u$, 所以逆变换式为

$$x=a(x'+ut') \tag{13-20}$$

(4) 光速不变原理

设计两个特殊事件,由光速不变原理确定常数 a.

事件1:在 $t=t'=0$ 时刻,从 O, O' 发出一闪光, x, t 和 x', t' 坐标均为 $(0,0)$.

事件2:闪光传到 P 点,在 S 系中坐标为 (x,t), 在 S' 系中坐标为 (x',t'), 有

$$x=ct, \quad x'=ct' \tag{13-21}$$

由于 $x\ne x'$, 所以 $t\ne t'$. 可见,洛伦兹变换与伽俐略变换的根本区别在于:在洛伦兹变换中,光速是绝对的,时间是相对的;而在伽俐略变换中,光速是相对的,时间是绝对的.

(13-19)式乘以(13-20)式得

$$xx'=a^2(x-ut)(x'+ut')$$

将(13-21)式代入上式得

$$c^2t't=a^2(c-u)(c+u)tt'$$

$$a=\sqrt{\frac{c^2}{c^2-u^2}}=\frac{1}{\sqrt{1-\dfrac{u^2}{c^2}}} \tag{13-22}$$

将(13-22)式代入(13-19)式和(13-20)式得

$$x'=\frac{x-ut}{\sqrt{1-\dfrac{u^2}{c^2}}} \tag{13-23}$$

$$x=\frac{x'+ut'}{\sqrt{1-\dfrac{u^2}{c^2}}} \tag{13-24}$$

将(13-23)式代入(13-24)式得

$$t'=\frac{t-\dfrac{u}{c^2}x}{\sqrt{1-\dfrac{u^2}{c^2}}} \tag{13-25}$$

将(13-24)式代入(13-23)式得

$$t = \frac{t' + \frac{u}{c^2}x'}{\sqrt{1 - \frac{u^2}{c^2}}} \tag{13-26}$$

总结一下，便可得到两个惯性系之间的时空坐标变换关系

正变换 (S→S′) $\begin{cases} x' = \dfrac{x - ut}{\sqrt{1 - \dfrac{u^2}{c^2}}} \\ y' = y \\ z' = z \\ t' = \dfrac{t - \dfrac{u}{c^2}x}{\sqrt{1 - \dfrac{u^2}{c^2}}} \end{cases}$

逆变换 (S′→S) $\begin{cases} x = \dfrac{x' + ut'}{\sqrt{1 - \dfrac{u^2}{c^2}}} \\ y = y' \\ z = z' \\ t = \dfrac{t' + \dfrac{u}{c^2}x'}{\sqrt{1 - \dfrac{u^2}{c^2}}} \end{cases}$

上列式子叫作洛伦兹坐标变换式 (Galileo coordinate transformation)，为尽量简化表达式，可令 $\beta = \dfrac{u}{c}$，$\gamma = \dfrac{1}{\sqrt{1 - \dfrac{u^2}{c^2}}} = \dfrac{1}{\sqrt{1 - \beta^2}}$.

$y' = y, z' = z$ 表示垂直于运动方向的长度不变，火车钻山洞的假想实验能对此作出很好的说明：

设火车静止时与山洞等高，火车开动时高度变小。以山洞为参考系观察，火车高度变小，可以通过山洞；以火车为参考系，山洞运动高度变低（相对性原理），不能让火车通过。这与前面火车能通过山洞的结论是相矛盾的。若假设火车开动时高度变大，也会得出相互矛盾的结论。所以火车的高度在运动时不变。

洛伦兹变换正确与否应由实验决定，迄今为止，所有实验都直接或间接地证实了洛伦兹变换的正确性。

洛伦兹变换的意义可概括为以下四点：

(1) 洛伦兹变换是不同惯性系中时空坐标变换的普遍关系。

当惯性系间的相对速度远小于光速时，它就回到伽利略变换，因而洛伦兹变换并没有否定，而是包含了伽利略变换。伽利略变换是洛伦兹变换在低速情况下的近似。

当 $u \ll c$ 时，$\dfrac{u}{c} \to 0$，洛伦兹变换变为

$$x' = x - ut$$
$$y' = y$$
$$z' = z$$
$$t' = t$$

这就是伽俐略变换.

(2) 洛伦兹变换揭示了时间和空间与物质运动密不可分的联系.

伽俐略变换中,空间坐标的变换与时间坐标有关,但时间坐标的变换与空间坐标无关,数学形式上是不对称的,实质上是把时间看成独立于空间、独立于运动的外在参量.洛伦兹变换中时间坐标和空间坐标是相互联系的一个整体;统称为**时空坐标**.时空坐标又与相对速度 u 相互联系,说明时间和空间与物质运动密不可分.而且在不同的参考系中有各自不同的时空坐标,时空是相对的不是绝对的.关于这一点在下一节中还要进一步讨论.

(3) 洛伦兹变换揭示了光速是一切物体运动速度的极限.

在洛伦兹变换中,若 $u > c$,则 $\sqrt{1 - \dfrac{u^2}{c^2}}$ 为虚数,时空坐标的值便会失去物理意义,所以**光速是物体运动速度的极限**,这与牛顿力学不符,但却为大量实验事实所证明.在牛顿力学看来,只要能给物体足够的能量,物体的速率可以无限增大.在现代高能粒子物理实验中,电子、质子或其他有一定质量的基本粒子被加速到很高的能量时,它们的速率可能接近光速,但从来没有观察到超过光速的实例.

(4) 相对论要求物理规律经洛伦兹变换后,数学形式不变.

洛伦兹变换是相对论基本原理的反映,所以经洛伦兹变换后数学形式不变的物理规律是相对论性的规律.否则,就需要改造,使之符合狭义相对性原理.

例 13-1

地面参考系 S 中,在 $x = 1.0 \times 10^6$ m 处,于 $t = 0.02$ s 时刻爆炸了一颗炸弹.如果有一沿 x 轴正方向、以 $u = 0.75c$ 速率运动的飞船,试求在飞船参考系 S' 中测得这颗炸弹爆炸的空间坐标和时间坐标.

解 由洛伦兹变换,可求出在飞船参考系 S' 中测得炸弹爆炸的空间、时间坐标分别为

$$x' = \frac{x - ut}{\sqrt{1 - \dfrac{u^2}{c^2}}} = \frac{1 \times 10^6 - 0.75 \times 3 \times 10^8 \times 0.02}{\sqrt{1 - (0.75)^2}} \text{ m}$$

$$= -5.29 \times 10^6 \text{ m}$$

$$t' = \frac{t - \dfrac{u}{c^2}x}{\sqrt{1 - \dfrac{u^2}{c^2}}} = \frac{0.02 - \dfrac{0.75 \times 1 \times 10^6}{3 \times 10^8}}{\sqrt{1 - (0.75)^2}} \text{ s}$$

$$= 0.0265 \text{ s}$$

$x' < 0$,说明在 S' 系中观察爆炸地点在原点 O' 的负侧. $t' \neq t$,说明在两惯性系中测得的爆炸时间不同.

例 13 – 2

一短跑选手,在地球上以 10 s 的时间跑完 100 m,在飞行速率为 $0.98c$ 的飞船上的观察者看来,这个选手跑了多长时间和多长距离(设飞船沿跑道的竞跑方向飞行)?

解 设地面为 S 参考系,飞船为 S' 参考系.本题要研究起跑(事件 1)和跑到终点(事件 2)这两个事件的时间间隔和空间间隔(距离).根据题意

$$\Delta x = x_2 - x_1 = 100 \text{ m}, \quad \Delta t = t_2 - t_1 = 10 \text{ s}$$

由洛伦兹变换得

$$\Delta x' = x_2' - x_1' = \frac{x_2 - x_1 - u(t_2 - t_1)}{\sqrt{1 - \frac{u^2}{c^2}}}$$

$$= \frac{100 - 0.98 \times 3 \times 10^8 \times 10}{\sqrt{1 - 0.98^2}}$$

$$= -1.48 \times 10^{10} \text{ m} = -1.48 \times 10^7 \text{ km}$$

$$\Delta t' = t_2' - t_1' = \frac{t_2 - t_1 - \frac{u}{c^2}(x_2 - x_1)}{\sqrt{1 - \frac{u^2}{c^2}}}$$

$$= \frac{10 - \frac{0.98 \times 100}{3 \times 10^8}}{\sqrt{1 - 0.98^2}} = 50.25 \text{ s}$$

飞船中的观察者看到短跑选手在 50.25 s 的时间内沿 x' 轴方向后退 1.47×10^7 km.

13.2.2 洛伦兹速度变换

在讨论速度变换时,我们首先要注意到速度分量的定义:

在 S 系中 $\quad v_x = \dfrac{\mathrm{d}x}{\mathrm{d}t}, \quad v_y = \dfrac{\mathrm{d}y}{\mathrm{d}t}, \quad v_z = \dfrac{\mathrm{d}z}{\mathrm{d}t}$

在 S' 系中 $\quad v_x' = \dfrac{\mathrm{d}x'}{\mathrm{d}t'}, \quad v_y' = \dfrac{\mathrm{d}y'}{\mathrm{d}t'}, \quad v_z' = \dfrac{\mathrm{d}z'}{\mathrm{d}t'}$

再取洛伦兹坐标变换式的微分,得

$$\mathrm{d}x' = \frac{\mathrm{d}x - u\mathrm{d}t}{\sqrt{1 - \frac{u^2}{c^2}}}$$

$$\mathrm{d}y' = \mathrm{d}y$$

$$\mathrm{d}z' = \mathrm{d}z$$

$$\mathrm{d}t' = \frac{\mathrm{d}t - \frac{u}{c^2}\mathrm{d}x}{\sqrt{1 - \frac{u^2}{c^2}}} = \frac{\left(1 - \frac{u}{c^2}\frac{\mathrm{d}x}{\mathrm{d}t}\right)\mathrm{d}t}{\sqrt{1 - \frac{u^2}{c^2}}}$$

将以上各量代入上面速度分量的定义式中,即得

$$v_x' = \frac{\mathrm{d}x'}{\mathrm{d}t'} = \frac{v_x - u}{1 - \frac{u}{c^2}v_x} \qquad (13-27)$$

$$v'_y = \frac{dy'}{dt'} = \frac{v_y\sqrt{1-\dfrac{u^2}{c^2}}}{1-\dfrac{u}{c^2}v_x} \tag{13-28}$$

$$v'_z = \frac{dz'}{dt'} = \frac{v_z\sqrt{1-\dfrac{u^2}{c^2}}}{1-\dfrac{u}{c^2}v_x} \tag{13-29}$$

这就是洛伦兹速度变换式（Lorentz velocity transformation）($S \to S'$). 从中可以看到，在时空坐标变换中，与运动方向垂直的坐标保持不变，而速度是变的，这是因为时间发生了变化. 上式的逆变换可根据相对性原理得到.

容易看出，当 $u \ll c$ 时，洛伦兹速度变换自然约化为伽利略速度变换式. 在 v 平行于 x,x' 轴的特殊情况下，$v_y=v_z=0$，(13-27)式简化为

$$v' = \frac{v-u}{1-\dfrac{u}{c^2}v} \tag{13-30}$$

若将 u 换成 $-u$，v' 与 v 互换，便得到速度逆变换式($S' \to S$)

$$v = \frac{v'+u}{1+\dfrac{u}{c^2}v'} \tag{13-31}$$

根据(13-31)式，设 $v'=c$ 为光速，同样有

$$v = \frac{c+u}{1+\dfrac{uc}{c^2}} = c$$

即无论两参考系相对速度 u 为何值，光速在两惯性系中恒为 c. 这正是狭义相对论的基本假设之一. 洛伦兹速度变换在低速($\dfrac{u}{c} \ll 1$)情况下回到伽利略速度变换，并与光速不变原理相吻合.

例 13-3

假设一艘以 $0.9c$ 的速率离开地球的宇宙飞船，以相对于自己 $0.9c$ 的速率向前发射一枚导弹，求该导弹相对于地球的速率.

解 以地球为 S 系，宇宙飞船为 S' 系，则该题是从 S' 系到 S 系的速度变换. 由 (13-31)式得

$$v = \frac{v'+u}{1+\dfrac{u}{c^2}v'} = \frac{0.9c+0.9c}{1+0.9\times 0.9} = 0.994c$$

导弹相对于地球的速率仍然小于 c.

§13.3 狭义相对论时空观

牛顿力学认为在一个惯性系中同时发生的两个事件,在另一个惯性系中也是同时发生的,即同时是绝对的.同样,两事件的时间间隔和空间间隔(空间两点之间的距离)也是绝对的,与参考系无关.狭义相对论则认为同时是相对的,两事件的时间间隔与空间间隔也是相对的,与参考系的选择有关.爱因斯坦由洛伦兹变换导出了上述结论,建立了狭义相对论的时空观.这些结论虽与我们的生活常识大相径庭,却更深刻的揭示了时间和空间与运动密不可分的关系,并为大量实验所证实.

同时的相对性

13.3.1 "同时性"的相对性

我们先做一个理想实验,说明同时是相对的.

设想有一车厢在地面上以高速 u 匀速行驶(见图 13-4),车厢正中处有一光源 M,光源发出一个闪光,光信号向车厢两端传去.根据光速不变原理,在车厢上(S' 系)的观察者测得光信号同时到达车厢的两端 A 和 B,即光信号到达车厢两端 A 和 B 这两个事件是同时发生的.然而对地面上(S 系)的观察者来说,光信号离开光源后仍然以光速 c 向前后传播.由于光信号到达车厢两端需要一段时间,在这段时间内车厢向前运动了一段距离,故在地面上看来,光信号先到达 A 端,后到达 B 端,所以两事件不是同时发生的.

如果把车厢固定在地面上(S 系),地面上的观察者观察到光同时到达 A 端和 B 端,在相对地以速度 u 匀速运动的列车上(S' 系)的观察者,同样认为光到达 A 端和 B 端不是同时的.

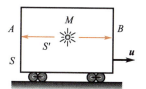

(a) 车上观察者测得光同时到达 A 和 B

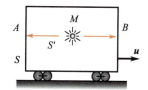

(b) 地面上观察者测得光先到达 A 后到达 B

图 13-4

用洛伦兹变换分析,在 S' 系中,事件 A 发生的时空坐标为 t'_1、x'_1,事件 B 发生的时空坐标为 t'_2、x'_2,A、B 两事件同时发生表明 $\Delta t' = t'_2 - t'_1 = 0$. 在 S 系看来,设两事件 A、B 发生的时空坐标分别为 t_1、x_1 和 t_2、x_2,有

$$\Delta t = t_2 - t_1 = \frac{t'_2 - t'_1 + \frac{u}{c^2}(x'_2 - x'_1)}{\sqrt{1 - \frac{u^2}{c^2}}} = \frac{\frac{u}{c^2}(x'_2 - x'_1)}{\sqrt{1 - \frac{u^2}{c^2}}} > 0$$

事件 A 先发生,事件 B 后发生,两事件不同时发生.

上面的讨论说明,在一个惯性系中不同地点同时发生的两个事件,在另一个惯性系中肯定是不同时的,也就是说**同时性是相对的**.

当 $x'_1 = x'_2$ 时,$\Delta t = 0$. 即在一个惯性系中同一地点同时发生的两个事件,在另一个惯性系中也是同时的,即同地事件的同时性是绝对的.

13.3.2 时间膨胀

现在讨论两个事件的时间间隔,在不同惯性系中测量结果之间的关系.

在一个惯性系(S'系)中同一地点先后发生的两个事件 A 和 B 的时间间隔叫**固有时**(proper time),用 τ_0 表示.它是由静止于此参考系中的一只钟测出的.在另一个参考系看来,事件 A 和事件 B 是异地事件,它们的时间间隔叫运动时,用 τ 表示.它是由静止于此参考系中的两只同步的钟测出的(见图 13-5).

事件 A 发生时,S' 系的钟测得的时间为 t'_1,S 系的钟测得的时间为 t_1;事件 B 发生时,S' 系的钟测得的时间为 t'_2,S 系的钟测得的时间为 t_2.

因
$$\tau_0 = t'_2 - t'_1, \quad x'_1 = x'_2$$

所以
$$\tau = t_2 - t_1 = \frac{t'_2 - t'_1 + \frac{u}{c^2}(x'_2 - x'_1)}{\sqrt{1 - \frac{u^2}{c^2}}} = \frac{t'_2 - t'_1}{\sqrt{1 - \frac{u^2}{c^2}}} = \frac{\tau_0}{\sqrt{1 - \frac{u^2}{c^2}}}$$
(13-32)

上式表明:**固有时最短**.

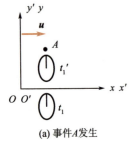

(a) 事件A发生

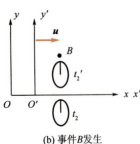

(b) 事件B发生

图 13-5

这个效应叫运动的时钟变慢或时间延缓(time dilation).在 S' 系中时钟测出的是固有时,S 系的时钟测出的是运动时,与 S 系的钟比较,S' 系的钟走得慢了,在 S 系看来 S' 系的钟是运动的,所以说运动的时钟变慢.时钟变慢效应是相对的,S' 系的观察者也认为 S 系的钟是运动的,比自己参考系的钟走得慢.

动钟变慢或时间延缓(膨胀)效应说明时间间隔的测量是相对的,与参考系有关,这在现代粒子物理的研究中得到了大量的实验证明.

注意,时间膨胀或动钟变慢完全是相对性的时空效应,是时空的基本属性之一,与钟表的具体运转无关.不仅对时钟(包括摆的振动周期或晶格振荡频率等)如此,对高速运动涉及的一切物理过程,甚至对生长变化过程(如生物钟,心跳频率等)同样如此.

由(13-32)式还可以看出,当 $u \ll c$ 时,$\tau = \tau_0$,同样两个事件的时间间隔在各参考系中测得的结果相同,与参考系无关,这就是牛顿的绝对时间概念.由此可知,绝对时间的概念是相对论时间概念在低速情况下的近似.

例 13-4

一飞船以 $u = 9 \times 10^3 \text{ m} \cdot \text{s}^{-1}$ 的速率相对地面匀速飞行,设飞船上的钟走了 5 s 的时间,问地面上的钟走了多少时间?

解 设地面为 S 系,飞船为 S' 系. 飞船上钟走的时间为固有时间 $\tau_0 = 5$ s,地面上钟走的是运动时 τ,由(13-32)式有

$$\tau = \frac{\tau_0}{\sqrt{1 - \dfrac{u^2}{c^2}}} = \frac{5}{\sqrt{1 - (9 \times 10^3 / 3 \times 10^8)^2}}$$

$$\approx 5\left[1 + \frac{1}{2} \times (3 \times 10^{-5})^2\right] \text{ s}$$

$$= 5.000\,000\,002 \text{ s}$$

这个结果说明对于飞船这样的速率,时间延缓效应实际上是很难测量出来的.

例 13-5

μ 子是一种不稳定的粒子,在其静止的参考系中观察,它的平均寿命为 2.0×10^{-6} s,随后就衰变为电子和中微子. 高能宇宙射线中 μ 子的速率为 $0.998c$,μ 子可穿透 9 000 m 的大气层到达地面. 理论计算与这些观察结果是否一致?

解 用牛顿力学进行计算,μ 子的寿命 $\Delta t = 2.0 \times 10^{-6}$ s,速率 $u = 0.998c$,通过的距离

$$L = u\Delta t = 0.998 \times 3 \times 10^8 \times 2.0 \times 10^{-6} \text{ m}$$
$$= 599 \text{ m}$$

在到达地面之前,μ 子早已衰变,理论计算与观测结果不符.

考虑相对论的时间延缓效应,μ 子的固有寿命 $\tau_0 = 2.0 \times 10^{-6}$ s,以地面为参考系时,μ 子的"运动寿命"为

$$\tau = \frac{\tau_0}{\sqrt{1 - \dfrac{u^2}{c^2}}} = \frac{2.0 \times 10^{-6}}{\sqrt{1 - 0.998^2}} \text{ s} = 3.16 \times 10^{-5} \text{ s}$$

μ 子在地面参考系中通过的距离为

$$L = u\tau = 0.998 \times 3 \times 10^8 \times 3.16 \times 10^{-5} \text{ m}$$
$$= 9\,461 \text{ m}$$

显然,这一距离已大于大气层的厚度,因而在地面可以观测到 μ 子的存在.

• 孪生子佯谬

设想有一对风华正茂的孪生兄弟,哥哥欲乘坐接近光速的光子火箭去星际旅行,哥哥告别弟弟,登上访问牛郎织女的旅程. 归来时,哥哥仍是风度翩翩的少年,而前来迎接他的胞弟却已是白发苍苍的老翁. 这正应了古代神话里"天上一日,地上一年"的说法. 这可能吗? 回答是否定的. 因为按照相对论,运动是相对的,上面的结论是从"天"看"地",若从"地"看"天",也应有同样的效果. 那么,哥哥和弟弟究竟谁更"年轻"呢? 这便是所谓的"孪生子佯谬"(twin paradox).

事实上,这一佯谬并不存在,因为这里"天"(航天器)、"地"(地球)两个参考系并不对称. 原则上讲,"地"可以作为一个惯性参考系,而"天"却不能,否则它将一去不复返,兄弟永别了,谁也不再有机会直接看到对方的年龄."天"之所以能返回,必有加速度,这就超出狭义相对论的理论范围,需要用广义相对论去讨论. 广义相对论对上述被看作"佯谬"的效应是肯定的,认为这种现象能够发生.

真人去星际旅行在今天仍然是一个幻想. 有了高精度的原子钟,用仪器来模拟"孪生子效应"已成为可能. 1971年,哈菲尔(Hafele)和凯廷(Keating)完成了这一实验. 他们把四个在地面上调整同步的铯原子钟分别放在两架飞机上,两架飞机都在赤道面附近高速飞行,一架向东,一架向西. 在飞机绕地球一周回到地面后,将飞机上的钟和留在地面上的铯原子钟进行比较,去掉引力场所产生的效应(这部分效应要用广义相对论计算)以后,在实验误差允许的范围内,实验结果与狭义相对论的动钟变慢理论预言值完全符合. 表13.1是实验值与理论预言值的比较.

表 13.1 飞机载钟环球航行实验结果

		飞机钟读数减地面钟读数/10^{-9} s	
		向东航行	向西航行
实验结果	原子钟编号 120	−57	+277
	361	−74	+284
	408	−55	+266
	447	−51	+266
	平均值	−59±10	+273±7
理论预言	引力效应	−144±14	+179±18
	运动学效应	−184±18	+96±10
	总的净效应	−40±23	+275±21

要注意的是,由于地球从西往东转,地面不是惯性系,表13.1中的数据是相对太阳参考系的. 无论相对地球向东还是向西飞行的飞机,在太阳惯性系中都是向东运动的,只是前者速率大,后者速率小,而地面钟速率介于二者之间. 实验结果表明,相对于惯性系,速率越大的钟走得越慢,与狭义相对论动钟变慢效应相符合.

13.3.3 长度收缩

牛顿力学中物体的长度不会因物体运动而改变,长度是绝对的. 而在狭义相对论中物体的长度与物体运动的速度有关,长度是相对的. 为了说明这个问题,我们先给长度下一个明确的定义.

物体的长度,是指对物体的两端同时进行测量,所得的坐标值之差. 如图13-6所示,假设直尺固定在 S' 系,在 S' 系测得它的 A、B 两端的时空坐标为 x_1'、t_1' 和 x_2'、t_2',它的长度 $L_0=x_2'-x_1'$ 叫直尺的固有长度(proper length)(或静止长度,简称静长). 实际上 t_1' 与 t_2' 是否同时与物体静止长度的测量是无关的,因为它两端的坐标在静止参考系中不会改变. 在 S 系中的观察者测得直尺 A、B 两端的时空坐标为 x_1、t_1 和 x_2、t_2,它的长度 $L=x_2-x_1$ 叫直尺的运动长度(简称动长). 测量运动直尺的长度,同时性是必须的,即 $t_1=t_2$. 现在的问题是:运动长度 L 与固有长度 L_0 之间存在怎样的关系?

根据洛伦兹变换得

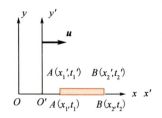

图 13-6 长度收缩效应

$$L_0 = x'_2 - x'_1 = \frac{x_2 - x_1 - u(t_2 - t_1)}{\sqrt{1 - \frac{u^2}{c^2}}} = \frac{x_2 - x_1}{\sqrt{1 - \frac{u^2}{c^2}}} = \frac{L}{\sqrt{1 - \frac{u^2}{c^2}}}$$

或

$$L = L_0 \sqrt{1 - \frac{u^2}{c^2}} \qquad (13-33)$$

显然运动长度小于固有长度 L_0,这表明:物体沿运动方向的长度缩短了,固有长度最长,这叫长度收缩效应(length contraction effect).长度收缩效应是相对的,如果在 S 系有一把固定的直尺,则 S' 系中的观察者同样认为它的长度因为运动也缩短了.

由(13-33)式可以看出,当 $u \ll c$ 时,$L = L_0$,这又回到了牛顿的绝对空间概念:长度的测量与参考系无关.这说明牛顿的绝对空间概念是相对论空间概念在低速情况下的近似.

例 13-6

固有长度为 5 m 的飞船,以 $u = 9 \times 10^3$ m·s^{-1} 的速率相对于地面匀速飞行.
(1)求地面上测量的飞船长度;(2)若飞船的长度收缩一半,求飞船的速率.

解 (1)由长度收缩公式(13-33)式,得地面上测量的长度

$$L = L_0 \sqrt{1 - \frac{u^2}{c^2}} = 5\sqrt{1 - (9 \times 10^3 / 3 \times 10^8)^2} \text{ m}$$

$= 4.999\,999\,998$ m

这个结果与固有长度 5 m 的差别是难以测出的.

(2)根据题意 $\dfrac{L_0}{2} = L_0 \sqrt{1 - \dfrac{u^2}{c^2}}$

可得飞船速率 $u = \dfrac{\sqrt{3}}{2} c = 0.866 c$.

例 13-7

飞船上天线长 1 m,与运动方向成 45°的夹角.设飞船以 $u = \dfrac{\sqrt{3}}{2} c$ 的匀速率平行于地面飞行,求地面上测量的天线长度和天线与水平方向的夹角.

解 如图 13-7 所示,飞船为 S' 系,地面为 S 系,根据长度收缩效应,在地面上观察,天线水平方向的长度缩短,垂直方向的长度不变,所以天线变短,与水平方向的夹角变大.

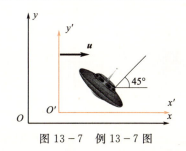

图 13-7 例 13-7 图

在飞船上测量

$$L'_x = L_0 \cos 45° = \frac{\sqrt{2}}{2} L_0$$

$$L'_y = L_0 \sin 45° = \frac{\sqrt{2}}{2} L_0$$

在地面上测量

$$L_x = L'_x \sqrt{1 - \frac{u^2}{c^2}} = L'_x \sqrt{1 - \left(\frac{\sqrt{3}}{2}\right)^2}$$

$$= \frac{1}{2} L'_x = \frac{\sqrt{2}}{4} L_0$$

$$L_y = L'_y = \frac{\sqrt{2}}{2} L_0$$

长度

$$L = \sqrt{L_x^2 + L_y^2} = \sqrt{\left(\frac{\sqrt{2}}{4} L_0\right)^2 + \left(\frac{\sqrt{2}}{2} L_0\right)^2}$$

$$= \sqrt{\frac{5}{8}} L_0 = 0.791 \text{ m}$$

与水平方向的夹角

$$\theta = \arctan \frac{L_y}{L_x} = \arctan 2 = 63°26'$$

13.3.4 因果关系的绝对性

对于有因果关系的事件,它们的因果关系即事件发生的先后次序,不会因为参考系的改变而颠倒. 狭义相对论同样符合因果关系的要求. 下面作一简要的说明.

所谓 A、B 两个事件有因果关系,或者说 B 事件是 A 事件引起的,则 A 事件必然先于 B 事件发生. 例如:

(1) 某处枪口射出子弹(A 事件),另一处靶被子弹击中(B 事件);

(2) 地面某处发射电磁波(A 事件),地面另一处接收电磁波(B 事件).

A 事件引起 B 事件可看作 A 事件(发生地)向 B 事件(发生地)传递了某种"信号",如上例中的"子弹"和"电磁波". 在 S 系中观察,"信号"的传递速度为

$$v_S = \frac{x_2 - x_1}{t_2 - t_1} \leqslant c$$

由洛伦兹变换得 S' 系测量的时间间隔

$$t'_2 - t'_1 = \frac{t_2 - t_1 - \frac{u}{c^2}(x_2 - x_1)}{\sqrt{1 - \frac{u^2}{c^2}}} = \frac{t_2 - t_1}{\sqrt{1 - \frac{u^2}{c^2}}} \left[1 - \frac{u}{c^2} \frac{x_2 - x_1}{t_2 - t_1}\right]$$

$$= \frac{t_2 - t_1}{\sqrt{1 - \frac{u^2}{c^2}}} \left[1 - \frac{u v_S}{c^2}\right]$$

因 $u < c$,所以 $\frac{u v_S}{c^2} < 1$,$t'_2 - t'_1$ 与 $t_2 - t_1$ 是同号的. 也就是说,两事件的先后次序在 S 系中观察与在 S' 系中观察是一样的,即因果关系是绝对的.

必须指出:因果关系的绝对性是以物体的运动速度不能超过光

速为前提,即 $u<c, v_S \leqslant c$,若物体的运动速度超过光速,$\frac{uv_S}{c^2}$ 就可大于 1,则 $t_2'-t_1'$ 就有可能与 t_2-t_1 异号,即因果关系发生了倒转,在一个参考系中为原因的事件,在另一参考系中就可能成为结果,这将是十分荒唐的.因此,为保证因果关系的绝对性,物体的运动速度不能超过光速,这也从另一角度说明:光速是物体运动速度的极限.

比较牛顿力学的绝对时空观与狭义相对论的相对时空观,它们根本的区别是对"绝对性"与"相对性"的认识不同.牛顿力学的观点是时间、空间是绝对的,物体的运动(位矢、位移、速度和加速度等)是相对的;狭义相对论的观点则是相对性原理和光速不变原理是绝对的,而时间、空间和物体的运动是相对的.在认识上狭义相对论比牛顿力学更深刻、更具有普遍性.

*洛伦兹不变量

在经典力学中我们采用了欧几里得三维几何空间和一维时间分别作为经典时空的构形表象.伽利略变换是关于欧几里得空间的三个坐标的变换关系,这种欧几里得空间与时间是完全不相关的,时间是绝对的,长度也是绝对的,这正好表述了经典时空的性质.相对论揭示了时间与空间是相互依存的,空间与时间有关,时间也与空间有关,时间是相对的,长度是相对的.显然欧几里得空间已不适于描述相对论的时空性质.为此,我们必须构建能够表述相对论时空性质的几何表象空间

1908 年,闵可夫斯基(H. Minkowski)创立了表述狭义相对论时空性质的几何表象空间.它是在欧几里得三维空间的基础上再增加一个时间维度,并改写成 ict(称作光时,用虚数表述),共同构成四维 (x,y,z,ict) 几何空间.这样的四维时空称为**闵可夫斯基空间**(Minkowski space),这种空间中的点称为世界点(world point),一个事件对应一个世界点.

我们知道,欧几里得空间中的位置矢量、位移矢量、速度、动量等都是三维矢量,有着三维矢量的共性.对应地,在闵可夫斯基空间中也可以定义位矢、速度、动量等,它们都具有四维矢量的共性.

在闵氏空间中,定义世界点的位矢为

$$\boldsymbol{s}=(x_1,x_2,x_3,x_4)=(x,y,z,ict) \quad (13-34)$$

上式中,$x_1=x, x_2=y, x_3=z, x_4=ict$.显然,位矢 $\boldsymbol{s}$ 是一个四维矢量.$\boldsymbol{s}$ 的模方即为时空点与原点间的时空间隔的平方

$$\boldsymbol{s} \cdot \boldsymbol{s} = |s^2| = x_1^2+x_2^2+x_3^2+x_4^2 = \sum_{i=1}^{4}x_i^2 \quad (13-35)$$

可以证明,四维位矢 $\boldsymbol{s}$ 的模方 s^2 或四维矢量 $\Delta \boldsymbol{s}$ 的模方 Δs^2 在洛伦兹变换下均与参考系无关,称为**洛伦兹不变量**,即

$$x^2+y^2+z^2-(ct)^2 = x'^2+y'^2+z'^2-(ct')^2$$
$$\Delta x^2+\Delta y^2+\Delta z^2-c^2\Delta t^2 = \Delta x'^2+\Delta y'^2+\Delta z'^2-c^2\Delta t'^2$$

或
$$s^2 = s'^2$$
$$\Delta s^2 = \Delta s'^2 \quad (13-36)$$

在相对论体系内,还有四维速度、四维电流密度、四维电磁矢势等,所有这些四维矢量均遵循洛伦兹变换,它们的模的平方也都是洛伦兹变换下的不变量.这些变换构成洛伦兹群.

§13.4 相对论动力学基础

前面讨论了洛伦兹变换和狭义相对论的时空观,建立了狭义相对论的运动学.相对论要求,物理规律经洛伦兹变换后数学形式不变,或者说物理规律对洛伦兹变换具有不变性.而牛顿定律、动量定理等力学规律显然不满足这个要求,因为它们都只对伽俐略变换具有不变性.因此,建立狭义相对论的动力学,就需要对这些动力学规律进行修改,使之成为相对论性的规律,同时要求它们在低速情况下回到牛顿力学中的形式,因为牛顿力学的理论经过无数的实验事实检验,其正确性是不容置疑的.

13.4.1 相对论质速关系

在牛顿力学中,最基本、也是最重要的物理量是动量,因而力学规律的修改也就先从动量入手.

按照动量的定义:$\boldsymbol{p}=m\boldsymbol{v}$,其中 m 为物体的质量,是个不随运动状态改变的常量.

显然,动量的修改有两条途径.一是修改动量的定义,但 m 仍为常量;二是不改变动量的定义,但放弃 m 不随运动状态改变的传统观念.理论分析和实验观察都表明:第一条途径是行不通的,因而只能走第二条途径.

实际上,质量不随运动状态改变与光速是物体运动速度的极限是矛盾的.因为按牛顿定律,$\boldsymbol{p}=m\boldsymbol{a}$,如果 m 为常量,一个物体只要受到外力的作用,就会产生加速度,其运动速度就会增加.因而不管外力多小,只要作用时间足够长,物体的运动速度终会达到甚至超过光速,可见物体的质量一定会与运动状态有关.

可以证明,在相对论中,只需重新定义质量 m,它不再是常数,而是与物体的运动速度有如下关系:

$$m = \frac{m_0}{\sqrt{1-\dfrac{v^2}{c^2}}} \qquad (13-37)$$

式中 v 为物体相对于惯性系的速度,m 称为物体的**相对论质量**,显然 $v=0, m=m_0$,因而 m_0 为物体静止时的质量,称为**静质量**(rest mass).

考虑质速关系(13-37)式后,动量的定义形式上不变(实质发生了改变)

$$p = mv = \frac{m_0}{\sqrt{1-\frac{v^2}{c^2}}} v \qquad (13-38)$$

当 $v \ll c$ 时，$m = m_0$，$p = m_0 v$，这正是牛顿力学中的质量和动量表达式．日常生活中，我们之所以习惯于质量不变，是由于通常情况下，物体的运动速度总是远小于光速的．但在近代粒子物理实验中，将微观粒子的运动速度加速至趋近于光速已不是很困难的事情，大量实验事实证明，质速关系(13-37)式是正确的．

图 13-8 是质速关系示意图，可见当物体速度与光速相比很小时，质量几乎不变；当速度与光速可比拟时，质量随速度的增加显著增大．

设 $v = 0.98c$，则

$$m = \frac{m_0}{\sqrt{1-\frac{v^2}{c^2}}} = \frac{m_0}{\sqrt{1-0.98^2}} = 5.03\, m_0$$

这时质量随速度的变化就不能不考虑了．

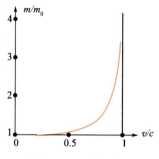

图 13-8 质速关系

*质速关系(13-37)式的推导

设物体相对于参考系静止时的质量为 m_0，而物体相对于参考系以速率 v 运动时的质量为 m．下面通过全同粒子的实例来寻求 m 的表达式．如图 13-9 所示，两个全同粒子 A，B 发生完全非弹性碰撞后结合成一个复合粒子，在此过程中，从固定于 B 的 S 系看来，碰撞前 B 粒子静止，其质量为 m_0，A 粒子以速率 v 沿 x 轴向右运动，其质量为 m；碰撞后，复合粒子以速率 v_x 运动，质量为 $m_{合}$．由质量守恒定律和动量守恒定律有

$$m_0 + m = m_{合}$$
$$0 + mv = m_{合} v_x$$

以上两式解得

$$v_x = \frac{mv}{m_0 + m}$$

在固定于 A 的 S' 系看来，碰撞前 A 粒子静止，其质量为 m_0，B 粒子以速率 v 沿 x 轴向左运动，其质量为 m；碰撞后，复合粒子以速率 v_x' 运动，质量为 $m_{合}$．对 S' 系同样有

$$m_0 + m = m_{合}$$
$$0 - mv = m_{合} v_x'$$

解得

$$v_x' = -\frac{mv}{m_0 + m}$$

而 v_x 和 v_x' 分别是从惯性系 S 和 S' 观测复合粒子速度的结果，它们之间应遵从相对论速度变换式：

$$v_x' = \frac{v_x - v}{1 - \frac{v v_x}{c^2}}$$

将 v_x 和 v_x' 代入其中，得

$$m = \frac{m_0}{\sqrt{1-\frac{v^2}{c^2}}}$$

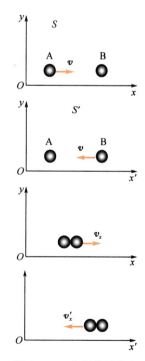

图 13-9 全同粒子完全非弹性碰撞

13.4.2 相对论动力学的基本方程

在相对论力学中,将动量修改成(13-38)式后,可将牛顿第二定律修改成

$$F = \frac{\mathrm{d}\boldsymbol{p}}{\mathrm{d}t} = \frac{\mathrm{d}}{\mathrm{d}t}\left(\frac{m_0 \boldsymbol{v}}{\sqrt{1-\frac{v^2}{c^2}}}\right) \quad (13-39)$$

这便是相对论动力学的基本方程.

(13-39)式对洛伦兹变换具有不变性,而且在 $v \ll c$ 时约化为牛顿第二定律.需要说明,经洛伦兹变换后,质量、速度都发生了变化,因而力在不同惯性系中也是不相同的.可由速度变换公式导出质量、动量和力的变换公式.

由(13-39)式得

$$F = \frac{\mathrm{d}}{\mathrm{d}t}(m\boldsymbol{v}) = m\frac{\mathrm{d}\boldsymbol{v}}{\mathrm{d}t} + \frac{\mathrm{d}m}{\mathrm{d}t}\boldsymbol{v} \quad (13-40)$$

上式表明,力不仅可改变速度,还可改变质量,物体在恒力作用下,不会有恒定的加速度,且加速度 $\dfrac{\mathrm{d}\boldsymbol{v}}{\mathrm{d}t}$ 与力 F 的方向也不一致.随着物体速率的增加,加速度量值不断减小.当 $v \to c$ 时,$m \to \infty$,则 $\dfrac{\mathrm{d}v}{\mathrm{d}t} \to 0$,这说明,无论使用多大的力,力持续时间有多长,都不可能把物体加速到速度等于或大于光速,所以光速是物体运动速度的极限.

13.4.3 相对论动能

在相对论中,动能定理仍然成立.设质点速度为 $\boldsymbol{v}$,在外力 F 作用下发生位移 $\mathrm{d}\boldsymbol{r}$,质点动能的增量等于外力所做的功,即

$$\mathrm{d}E_k = F \cdot \mathrm{d}\boldsymbol{r} = \frac{\mathrm{d}(m\boldsymbol{v})}{\mathrm{d}t} \cdot \boldsymbol{v}\mathrm{d}t = \mathrm{d}(m\boldsymbol{v}) \cdot \boldsymbol{v}$$

$$= \mathrm{d}m\boldsymbol{v} \cdot \boldsymbol{v} + m\mathrm{d}\boldsymbol{v} \cdot \boldsymbol{v} = \mathrm{d}mv^2 + \frac{1}{2}m\mathrm{d}(\boldsymbol{v} \cdot \boldsymbol{v})$$

$$= v^2\mathrm{d}m + \frac{1}{2}m\mathrm{d}v^2$$

$$= v^2\mathrm{d}m + mv\mathrm{d}v$$

由(13-37)式得

$$m^2c^2 - m^2v^2 = m_0^2c^2$$

两边微分得

$$2mc^2\mathrm{d}m - 2mv^2\mathrm{d}m - 2m^2v\mathrm{d}v = 0$$

即

$$c^2\mathrm{d}m = v^2\mathrm{d}m + mv\mathrm{d}v$$

所以

$$\mathrm{d}E_k = c^2\mathrm{d}m$$

当 $v=0$ 时，$m=m_0$，$E_k=0$，对上式积分

$$\int_0^{E_k} dE_k = \int_{m_0}^{m} c^2 dm$$

得

$$E_k = mc^2 - m_0 c^2 \qquad (13-41)$$

这就是相对论的动能表达式．

当 $v \ll c$ 时，有

$$E_k = m_0 c^2 \left(1 - \frac{v^2}{c^2}\right)^{-\frac{1}{2}} - m_0 c^2 \approx m_0 c^2 \left(1 + \frac{v^2}{2c^2}\right) - m_0 c^2 \approx \frac{1}{2} m_0 v^2$$

回到牛顿力学的动能公式．

13.4.4 静能、总能和质能关系

因 E_k 等于 mc^2 与 $m_0 c^2$ 两项的差，由量纲分析知 mc^2 和 $m_0 c^2$ 具有能量的量纲，故定义

$$E_0 = m_0 c^2 \qquad (13-42)$$

为物体静止的能量，简称**静能**（rest energy）；而 $mc^2 = m_0 c^2 + E_k$ 为物体的静能和动能之和，称为物体的**总能量**，表示为

$$E = mc^2 \qquad (13-43)$$

上式便是著名的**爱因斯坦质能关系**（mass-energy relation），是狭义相对论的一个极为重要的推论．它揭示了物质的两个基本属性——质量和能量之间不可分割的联系和对应关系：一定的质量相应于一定的能量，二者的数值只相差一个恒定的因子 c^2．当质量发生变化时，能量也随之发生变化；反之，当能量发生变化时，质量也一定发生变化．(13-43)式已成为原子能利用的理论基础，原子能时代也可以说是随同这一关系的发现而到来的．

物体的静能实际上是物体内能的总和，包括分子运动的动能，分子间相互作用的势能，分子内部各原子的动能和相互作用的势能，以及原子内部、原子核内部乃至质子、中子内部……各组成粒子的动能和粒子间的相互作用能量，等等．

由于质能关系，牛顿力学中的质量（静止质量）守恒定律和能量守恒定律在相对论中统一成一个守恒定律．即在一个孤立系统内，所有粒子的相对论能量的总和在相互作用过程中保持不变．这称为**质能守恒定律**（law of conservation of mass-energy）．用数学式表示为

$$\sum_i E_i = \sum_i m_i c^2 = \sum_i (m_{i0} c^2 + E_{ki}) = 恒量 \qquad (13-44)$$

由于真空中的光速是一个常量，故上式可以写成

$$\sum_i m_i = 恒量 \qquad (13-45)$$

即粒子在相互作用过程中相对论质量保持不变．这称为**相对论质量**

守恒定律，是质能守恒定律的等价表述.

质量亏损必然释放能量是狭义相对论的另一个重要推论. 在核反应中，以 m_{01} 和 m_{02} 分别表示反应粒子和生成粒子的总质量，以 E_{k1} 和 E_{k2} 分别表示反应前后它们的总动量，根据质能守恒定律应有

$$m_{01}c^2+E_{k1}=m_{02}c^2+E_{k2}$$

由此可得

$$E_{k2}-E_{k1}=(m_{01}-m_{02})c^2$$

上式左边是核反应后粒子总动能的增加 ΔE_k，也就是核反应释放的能量. $m_{01}-m_{02}$ 表示经过核反应后粒子的总静质量的减少，我们把系统的静质量减少叫**质量亏损**(mass defect)，用 Δm_0 表示，这样便得到原子核反应中释放的核能与质量亏损的基本关系式

$$\Delta E_k=\Delta m_0 c^2 \tag{13-46}$$

重原子核裂变成中等质量的原子核(原子弹、核裂变反应堆)或轻原子核聚变成中等质量的原子核(氢弹、核聚变反应堆)时，总静质量减少，因而释放大量的能量. 质量减少并不意味着物质消失，而是物质的两种存在形式——实物和场之间的相互转换.

例 13-8

氢弹爆炸中核聚变反应式为

$${}_1^2\mathrm{H}+{}_1^3\mathrm{He}\rightarrow{}_2^4\mathrm{He}+{}_0^1\mathrm{n}$$

各种粒子的静质量分别为：氘核(${}_1^2\mathrm{H}$)$m_D=3.347\times10^{-27}$ kg，氚核(${}_1^3\mathrm{He}$)$m_T=5.004\,9\times10^{-27}$ kg，氦核(${}_2^4\mathrm{He}$)$m_{He}=6.642\,5\times10^{-27}$ kg，中子 $m_n=1.675\,0\times10^{-27}$ kg. 求这一热核反应所释放的能量.

解 这一反应的质量亏损为

$$\begin{aligned}\Delta m&=(m_D+m_T)-(m_{He}+m_n)\\&=[(3.343\,7+5.004\,9)-(6.642\,5+1.675\,0)]\times10^{-27}\text{ kg}\\&=0.031\,1\times10^{-27}\text{ kg}\end{aligned}$$

反应所释放的能量为

$$\begin{aligned}\Delta E_k=\Delta m_0c^2&=0.031\,1\times10^{-27}\times9\times10^{16}\text{ J}\\&=2.799\times10^{-12}\text{ J}\end{aligned}$$

1 kg 的这种燃料所释放的能量为

$$\begin{aligned}\frac{\Delta E_k}{m_D+m_T}&=\frac{2.799\times10^{-12}}{8.348\,6\times10^{-27}}\text{ J}\cdot\text{kg}^{-1}\\&=3.35\times10^{14}\text{ J}\cdot\text{kg}^{-1}\end{aligned}$$

这相当于 1.145×10^4 t 标准煤燃烧时放出的热量.

例 13-9

两个静质量为 m_0 的粒子，以速率 v 相向运动，作完全非弹性碰撞，如图 13-9 所示. 求复合粒子的质量和能量.

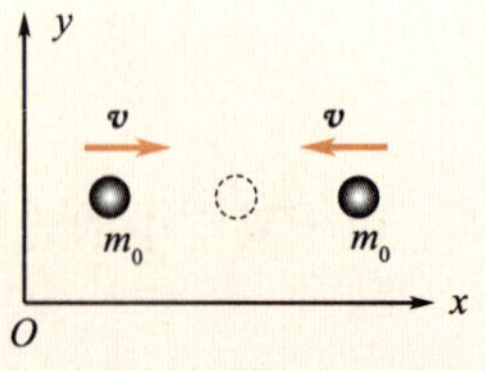

图 13-9 例 13-9 图

解 设复合粒子的静质量为 M_0，速率为 V，则碰撞前后两粒子的总动量和总能量守恒.

由动量守恒
$$MV = mv - mv = 0$$
得 $V=0$，即复合粒子静止．

由能量守恒
$$M_0 c^2 = 2mc^2$$
得 $M_0 = 2m = \dfrac{2m_0}{\sqrt{1-\dfrac{v^2}{c^2}}} > 2m_0$，静质量增加（质量过剩）．

碰撞过程中两粒子的动能转化成复合粒子的内能
$$\Delta E_内 = E_k = 2(mc^2 - m_0 c^2) = (2m - 2m_0)c^2$$
$$= (M_0 - 2m_0)c^2$$
$\Delta m_0' = M_0 - 2m_0$ 叫质量过剩．

13.4.5 能量和动量的关系

将相对论动量的定义式 $\boldsymbol{p} = m\boldsymbol{v}$ 平方，得
$$p^2 = m^2 v^2$$
再取质能关系式 $E = mc^2$ 平方，并运算，得
$$E^2 = m^2 c^4 = m^2 c^4 - m^2 v^2 c^2 + m^2 v^2 c^2$$
$$= m^2 c^4 \left(1 - \dfrac{v^2}{c^2}\right) + p^2 c^2 = m_0^2 c^4 + p^2 c^2$$
即
$$E^2 = p^2 c^2 + m_0^2 c^4 = (pc)^2 + (m_0 c^2)^2 \quad (13-47)$$

这就是相对论中总能量和动量的关系式．可以用一个直角三角形的勾股弦形象地表示这一关系，如图 13-10 所示．

(13-47)式虽然表面上与经典力学公式大不相同，但可以证明，当 $v \ll c$ 时，该式仍可还原为经典力学中动能和动量的关系式 $E_k = \dfrac{p^2}{2m_0}$（见习题 13-27）．

由(13-37)式，当物体运动速度接近于光速（$v \to c$）时，如 $m_0 \neq 0$，$m \to \infty$，说明对静质量不为 0 的粒子．以光速运动是不可能的，或者说，以光速运动的粒子，其静质量必为 0，因此对于光子，$m_0 = 0$，则
$$p = \dfrac{E}{c} = \dfrac{mc^2}{c} = mc$$
$$m = E/c^2$$

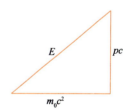

图 13-10 总能量与动量的关系

可见，光子只是其静止质量为 0，运动质量则不为 0，实际上光子也不可能静止．

最后，必须再次强调，相对论并没有否定牛顿力学，在低速情况下，即 $v \ll c$ 时，除总能量和静能在经典力学中没有对应的关系式外，其余都能一一还原为经典力学中相应的式子．充分说明相对论比经典力学更深刻、更真实地反映了物质世界的客观规律．

*§13.5 广义相对论简介

一、广义相对论的两条基本原理

狭义相对论虽说相对于牛顿力学来说是一个进步,但进一步放宽视野分析,仍有其局限性.

第一,狭义相对论只对惯性系适用.在一切彼此相对作匀速运动的惯性系中物理定律的形式相同.但在加速参考系,即非惯性系中,物理定律的形式与惯性系中并不相同.人们不禁要问,为什么速度只有相对意义而加速度却是"绝对"的? 为什么惯性系具有比非惯性系更优越的地位?

第二,在狭义相对论建立以后,许多人致力于研究各种物理定律在洛伦兹变换下的不变形式并取得了很大的成功.但是,企图把牛顿的引力理论纳入狭义相对论框架的努力却遭到了失败.在牛顿万有引力定律 $F=Gmm'/r^2$ 中,r 为两质点间的距离,即在给定时刻,两个质点间的瞬时距离.然而,从狭义相对论的观点看来,同时性是相对的:如果 S 系中的观察者认为太阳和地球某瞬间处在两个确定的位置上,那么相对于 S 系运动的 S' 系中的观察者就会认为它们在这两个位置上并不处于同一时刻.因此,并不存在对所有惯性系都相同的、绝对的"在给定时刻的两个质点间的距离".而且,由质速关系可知,对于不同惯性系中的观察者,万有引力定律中的质量 m 具有不相同的数值.于是狭义相对论不包容引力定律.

为了解决上述问题,爱因斯坦努力寻求更深刻、更本质的规律,提出广义相对论的两条基本原理:

1. 广义相对性原理

一切参考系,无论其运动状态如何,对物理定律等价.也就是说,无论在惯性系还是非惯性系中,物理定律的数学形式相同.广义相对性原理取消了惯性系在参考系中的优越地位.

2. 等效原理

对于一切物理过程,引力场与匀加速运动的参考系局部等效.即引力与惯性力局部等效.

我们用爱因斯坦升降机的理想实验来说明等效原理.如图 13-11 所示,假定有一个密闭的升降机,其中有甲、乙两个观察者,他们只能通过内部的物理实验来检查升降机的运动情况.

实验一:升降机中的观察者看到手中的球被释放后不会落到地板上而是悬浮在空中不动.观察者甲认为球不自由下落的原因是升降机没有处于引力场中,它一定在离各个星球都很远的自由空间作匀速直线运动;而乙认为升降机正在地球引力场中自由下落,球不落下的原因是它既受向下引力,又受向上惯性力,二者平衡.

实验二:升降机中的观察者看到手中的球被释放后加速落向底板.甲认为球加速下落的原因是由于升降机正在离各个星球都很远的自由空间加速上

升,球受到向下的惯性力的作用;而乙认为升降机在一个方向向下的引力场中静止或匀速直线运动,球由于受引力作用而下落.

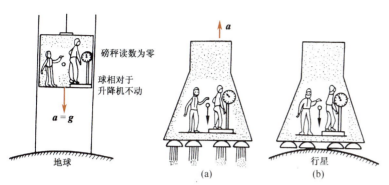

对乘客来说,自由下落的升降机是一个惯性系,在此加速参考系中,向上的惯性力与向下的引力平衡,因而不能将它与在无引力空间中自由漂浮的惯性系区分开来.

乘客无法区分自己是处于无引力空间中的一个加速飞船(a)中,还是处在行星引力场里的静止飞船(b)中,当然,一定要选择这样的行星,使得在它表面附近自由下落的加速度 g 与前一艘飞船的加速度 a 相等.

图 13-11　引力与惯性力等效

他们中谁的结论正确呢? 他们谁也不能证明对方和自己谁对谁错. 总之,通过任何实验,人们无法在升降机内区分一个参考系是无引力的惯性参考系呢,还是有引力的加速参考系(如实验一);同样无法区分一个参考系是无引力的加速参考系呢,还是有引力的惯性参考系(如实验二). 如果我们把一个在引力作用下自由下落的参考系叫作局部惯性系,爱因斯坦指出:"在一个局部惯性系中,重力的效应消失了,在这样的参考系中,所有物理定律和太空中远离任何引力物体的真正的惯性系中的一样. 反过来说,在一个太空中加速的参考系中将会出现表观的引力,在这样的参考系中,物理定律就和该参考系静止在一个引力物体附近一样."也就是说,我们无法区分. 引力和惯性力之间的差别,引力场与加速参考系二者等价. 由于一般引力场都是非均匀分布的,在较大范围内,各处的引力场强 g 的大小和方向就可能显著不同. 那么通过参考系的加速运动就不可能同时消除其中所有地方的引力影响. 所以,引力场与加速参考系的这种等价只能是一种局部的等效.

二、广义相对论的重要结论

爱因斯坦引力理论使用的数学手段已经超出了本课程的范围,在此不进一步讨论爱因斯坦的引力场方程,而直接介绍由此得出的重要结论.

1. 引力使光线弯曲

仍以爱因斯坦升降机为例,先设升降机在无引力空间中静止,此时升降机为一个惯性系. 设有一束光从 A' 处水平射入,则光将沿着水平线到达 A 点,轨迹为一条直线 $A'A$[见图 13-12(a)]. 然后设升降机加速上升,由于光以有限速率传播,这时从 A' 处水平射入的光线将不再到达 A 点,而是到达 B 点[见图 13-12(b)]. 我们看到,在加速上升的升降机参考系中观察,真空中的光线弯

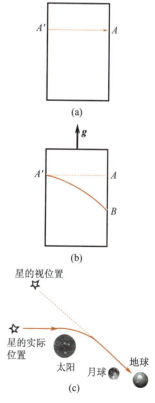

图 13-12　光线弯曲

曲了.根据等效原理,由加速升降机中光线的弯曲,立即可以肯定在引力场中光线也弯曲.我们还可以这样理解:因为光具有能量,从而也具有质量.而任何质量都要受到引力场的吸引,所以光在引力场中轨道弯曲.这正如地面上平抛物体的路径会弯曲一样.科学家们利用日全食的机会观测了约 380 颗恒量,用正巧落在昏暗太阳圆面附近的恒星的表观视角位置与它六个月以前在夜间的视角位置相比较,测得由于太阳引力引起的光线偏折角为 1.70″±0.10″.近年来测得类星体发射的无线电波经过太阳表面附近时发生的偏折(1.761±0.016)″,与广义相对论预言值 1.75″符合得相当好.

2. 引力对时间的影响 引力红移

我们用旋转着的圆盘来说明加速参考系中的时间测量.在图 13-13 中,放在转盘中心处的钟相对地面不动,所以它与地面上的钟快慢相同.但边缘上的钟相对地球在运动,所以它比地面上的钟走得慢些.于是,图中的两个钟并不同步运行.在地面观察者看来,边缘的钟走慢是由于它相对地面运动的结果.而在圆盘上的观察者看来,两个钟都没有运动,两个钟快慢不同是由于它们所处的环境不同:边缘上的钟要受惯性离心力的作用,而且,在离中心越远的地方,惯性离心力越大,钟就越慢.根据加速参考系与引力场等效原理,惯性离心力越大相当引力场越强.他立即得出,强引力场中的钟比弱引力场中的钟走得更慢.这种效应叫作引力时间延缓,也叫作"时间弯曲".

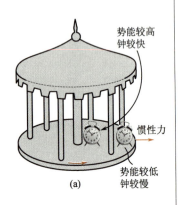

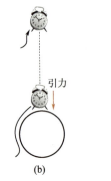

图 13-13 动钟变慢

引力时间延缓效应已经得到实验的证实.1971 年由哈费尔和凯廷完成了铯原子钟环球飞行实验:他们将一只铯原子钟放在地球的赤道上,将另外四只铯钟分别放在赤道上空约 10 000 m 处由西向东和由东向西的喷气式飞机上.飞机绕地球飞行一周后,将高空的钟与地面的钟进行比较,扣除由于运动引起的狭义相对论时间延缓效应,得到高空的钟比地面的钟快 1.5×10^{-7} s,与广义相对论引力时间延缓的计算结果相符.1976 年还进行了用火箭把原子钟带到 10^7 米高空来测引力时间效应的实验,在这一高度的钟比地面的钟快 4.5×10^{-10},与理论值只相差 0.01%.

引力时间延缓的一个可观测的效应是光频率的引力红移.当光波在稳定的引力场中传播,不同地点静止的观察者测得不同的频率,离星体越远光的频率越低,这叫光频率的引力红移.说明如下:从星体表面处(引力场最强)物体发出周期为 T、频率为 ν 的光波,传播至远处时(引力场较弱),周期变长为 $T' > T$,频率变低为 $\nu' < \nu$,即波长变长,发生红移.离星体越远,光的频率越低、波长越长.对太阳光谱的分析看到了这一效应.由于原子发光时的反冲也要引起发光频率降低,这为定量观测引力红移现象带来很大困难,直到 1957 年穆斯堡尔发现了完全消除反冲红移的方法才使得确切地验证引力红移现象成为可能.1960 年哈佛大学的庞德首先得出实验结果.在 3% 的精度内证实了爱因斯坦的预言.以后的实验误差又降到 1%.在他们的实验中所用的竖井深度为 21 m,根据广义相对论算出的引力对频率的影响大约为 $2/10^{15}$.这个小得几乎不可想象的影响相当于在 1 500 万年内下面的钟比上面的钟落后 1 s.这是实验科学史上所测量过的最微小的效应.

3. 引力对空间的影响 空间弯曲

用旋转着的圆盘可以说明引力对长度测量的影响.在地面的观察者看来,

沿圆盘周边放置的尺发生收缩,而靠近中心的尺运动速度慢得多,其长度几乎不受影响,即在离中心距离 r 越大处,周长缩短得越多.但圆盘半径 R 与运动方向垂直,其测量结果不受影响.于是,周长 $L = 2\pi R$ 的关系不再成立(见图 13-14),于是,圆盘不再是一个平面,而是发生了弯曲.根据等效原理,圆盘边缘加速度大,相当于强引力场.而靠近中心处相当于弱引力场.所以,引力使空间发生弯曲.引力场越强,弯曲越厉害.在引力场中,欧几里得几何不再成立.

对太阳和地球来说,广义相对论所预言的空间弯曲是太小了,无法用直接测量来验证,而只能通过它的影响间接地显示出来.显示空间弯曲的一个典型现象是水星近日点的运动.人们早已发现水星绕日的运动轨迹不是严格的在一个平面上的椭圆.在计算其他行星对水星运动的摄动效应以后,还有每百年 43″ 的剩余旋进是无法用牛顿引力理论加以解释的.广义相对论用空间弯曲对这一现象作了模拟说明(见图 13-15),并从理论上算出水星近日点方位角的变化率是每百年 43″.1967 年发现太阳不是理想的球体,日扁率对水星旋进率的贡献是 3″.所以广义相对论的计算值与实际观测值稍有偏离.

图 13-14 在转动参考系中(或者在非均匀引力场中),欧氏几何方程 $L = 2\pi R$ 不再严格成立.

反映空间弯曲的另一个现象是雷达回波延迟.1964 年到 1968 年间,美国科学家向金星发射了雷达波并接收其反射波.当太阳行将跨过金星和地球之间时,雷达波在往返的路上都要经过太阳附近.测出在这种情况下,雷达波往返所用的时间比雷达波不经过太阳附近时要长一些.这是因为雷达波经过太阳附近时,由于空间弯曲距离变长了,而光速不变.所得的数据在 10% 的误差范围内与广义相对论预言的数值相符.

4. 引力波

早在 1918 年,爱因斯坦就预言了引力波的存在.他认为正如带电物体加速运动时会辐射电磁波那样,具有质量的物体加速运动时也会辐射引力波.广义相对论预言的引力波的主要特征为:是横波,在真空中以光速传播,辐射强度极弱,贯穿性极强等.

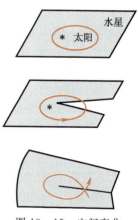

图 13-15 空间弯曲

由于引力波与物质的相互作用极弱,因而极难探测.美国的韦伯设计了一种引力波探测器,这是一对长 1.5 m、质量 1.4 t 的圆筒形天线,用铜线将它们悬挂起来,可以检测出普通原子核尺度的 1/10 的波振幅.1969 年曾发现天线的异常振动,他们认为是来自银河系中心的引力波引起的,但未得到科学界的公认.在这以后,世界各地架设了几十台这样的装置,并作了许多改进.如采用 4K 的冷冻天线,利用超导技术来检测微小信号,可以检测到振幅为原子核尺度的 1/100 至 1/1 000 的引力波.至 20 世纪 70 年代,引力波仍未被探测到.

然而,在地球实验室中无法施行的实验,在天然的"宇宙实验室"中,却有可能实现.宇宙间大致有三种类型的引力波:第一种是引力波背景辐射,它由宇宙各时期中各种物理过程遗留下来的引力辐射叠加而成.这种引力波的作用有如一种"噪声",它与其它噪声极难区分.第二种是脉冲式或扰动式引力波.超新星爆发、致密天体坍缩、活动星系核中的剧烈扰动都可以发出这种引力波.其特征是强度较大但时间短暂,频带很宽.1987 年 2 月 23 日在离我们最近的河外星系"大麦哲伦云"中出现一颗超新星(SN1987A),它距离地球 16 万光年,其内核坍缩时发出的引力辐射理应能被人们探测到,国外的一个研究小组也曾宣称接收到了来自 SN1987A 的引力辐射,可惜当时世界上其余引力波探测器均未处于理想工作状态,无法对此结果作出旁证.第三种是稳定的、频率确定的引力波,例如:双星的两颗子星互相绕转时发生的引力辐射.倘若双星的两个子星质量都足够大,彼此距离足够近,那么它们互相绕转的速度和加速度就很大,由于辐射引力波而失去能量,因而轨道缩小、周期变短的效果就会相当明显.观测此类双星轨道周期变化率,就能间接地检验引力波的存在及其特征.美国天文学家泰勒和赫尔斯发现了脉冲双星(双星中有一颗子星为脉冲星)PSR1913+16,并测出其脉冲周期和轨道运动周期,从而为引力波的探测提供了新的机会,他们为此获得1993年诺贝尔物理奖.若引力波探测成功,不但可以进一步证实广义相对论的正确性,还将极大地推进现代天文学、宇宙学的研究.

5. 广义相对论的宇宙模型

随着科学技术的发展,人类的观测水平不断提高,视界不断扩大,对我们生活的宇宙的认识也不断发展.哥白尼的宇宙是有限有边的,它就是我们的太阳系.牛顿的宇宙是无限无边且高度均匀的.1917年,爱因斯坦发表了《根据广义相对论对宇宙的考察》,提出了有限无边的宇宙模型.即宇宙的体积有限而又没有边界.最初人们很难接受这种观念,认为它自相矛盾.既然大小有限,为什么又没有边界呢?在这个有限的宇宙外又是什么呢?但是爱因斯坦的宇宙是没有外面的,因为若有外面,就有里面,里外之间就是边界,然而爱因斯坦的宇宙模型是无边界的.在这种模型中,任何空间的点都彼此平等,没有哪些点更靠近边缘,也没有哪些点更接近中心.因为既不存在边缘,也就不存在中心.如何理解爱因斯坦的宇宙模型呢?可以设想一个肥皂泡,爱因斯坦的宇宙既不是肥皂泡的内部,也不是它的外部,而是它的表面.普通的肥皂泡是两维的,而爱因斯坦的宇宙是四维的.尽管它比普通肥皂泡多了两维,但在几何性质上非常相似都具有非欧几里得几何的性质和有限无边的特点.当然,我们很难想象这个四维肥皂泡的实际样子.

爱因斯坦认为宇宙是静态的,这是为了使模型尽量简单化.为此他不惜修改引力场方程,在其中加入了使宇宙稳定的项.后来,弗里德曼和勒梅特对爱因斯坦引力场方程进行研究,分别发现当把方程用于均匀各向同性的物质分布空间时可以找到一个不稳定的方程解,说明爱因斯坦的有限无边宇宙具有不断膨胀的性质.哈勃等人的天文观测证明了这个结论.1948年伽莫夫在此基础上提出宇宙起源的大爆炸学说.1965年彭齐亚斯和威尔孙发现了大爆炸学说预言的剩余物——微波背景辐射.另一方面,克尔、霍金、彭罗塞等人又从广义相对论出发,提出和证明了一系列关于黑洞的定理.所谓黑洞,是引力场极强的区域,连光进入这个区域也不能再逃逸出来.现已发现了第一个黑洞天鹅座 X-1,可以说,广义相对论开创了黑洞物理学和相对论宇宙学这两门崭新的物理学分支.

总之,由广义相对论的基本原理得出了引力导致时空弯曲,时空弯曲取决于物质的分布和运动并可以用引力场来描述.引力场方程指出每一时空点的曲率与该处物质的动量—能量密度成正比,揭示了时间、空间与物质运动的相互关联.寻求爱因斯坦引力场方程的解十分艰巨,至今只找到少数几个特殊解.广义相对论还处在不断地接受验证和发展完善的过程之中.

第 13 章 狭义相对论

本章提要

1. 力学相对性原理

在一切惯性系中,力学现象的规律都是相同的,即具有相同的数学形式.

2. 绝对时空观和伽利略变换

时间和长度的测量与参考系(或观察者)无关,叫绝对时空观.

伽利略坐标变换 $(S \to S')$
$$\begin{cases} x' = x - ut \\ y' = y \\ z' = z \\ t' = t \end{cases}$$

伽利略速度变换 $(S \to S')$
$$\begin{cases} v_x' = v_x - u \\ v_y' = v_y \\ v_z' = v_z \end{cases}$$

力学相对性原理可表述为:经伽利略变换后牛顿定律的数学形式不变.

3. 狭义相对论的两个基本原理

(狭义)相对性原理:在一切惯性系中,所有物理规律都是相同的,即具有相同的数学形式.

光速不变原理:在一切惯性系中,光在真空中的速度都相同,恒为 c.

4. 洛伦兹变换

洛伦兹坐标变换 $(S \to S')$
$$\begin{cases} x' = \dfrac{x - ut}{\sqrt{1 - \dfrac{u^2}{c^2}}} \\ y' = y \\ z' = z \\ t' = \dfrac{t - \dfrac{u}{c^2}x}{\sqrt{1 - \dfrac{u^2}{c^2}}} \end{cases}$$

洛伦兹速度变换 $(S \to S')$
$$\begin{cases} v_x' = \dfrac{v_x - u}{1 - \dfrac{uv_x}{c^2}} \\ v_y' = \dfrac{v_y \sqrt{1 - \dfrac{u^2}{c^2}}}{1 - \dfrac{uv_x}{c^2}} \\ v_z' = \dfrac{v_z \sqrt{1 - \dfrac{u^2}{c^2}}}{1 - \dfrac{uv_x}{c^2}} \end{cases}$$

(狭义)相对性原理可表述为:经洛伦变换后物理规律的数学形式不变.

5. 狭义相对论的时空观

同时性是相对的.

时钟变慢(时间延缓)

$$\tau = \frac{\tau_0}{\sqrt{1 - \dfrac{v^2}{c^2}}} \quad (\tau_0 \text{ 为固有时})$$

长度收缩

$$L = L_0 \sqrt{1 - \dfrac{v^2}{c^2}} \quad (L_0 \text{ 为固有长度})$$

因果关系是绝对的.

6. 相对论质量和相对论动量

$$m = \frac{m_0}{\sqrt{1 - \dfrac{v^2}{c^2}}} \qquad \boldsymbol{p} = m\boldsymbol{v} = \frac{m_0 \boldsymbol{v}}{\sqrt{1 - \dfrac{v^2}{c^2}}}$$

相对论动力学方程

$$\boldsymbol{F} = \frac{d\boldsymbol{p}}{dt} = m\frac{d\boldsymbol{v}}{dt} + \frac{dm}{dt}\boldsymbol{v}$$

7. 相对论中的能量

相对论动能　　$E_k = mc^2 - m_0 c^2$

总能量　　　　$E = mc^2$

静能　　　　　$E_0 = m_0 c^2$

静能释放:$\Delta E_k = \Delta m_0 c^2$,$\Delta m_0$ 叫质量亏损

质能守恒定律:在一个孤立系统内,

$$\sum_i m_i c^2 = \sum_i (E_{ki} + m_{i0} c^2) = 恒量$$

相对论质量守恒定律:在一个孤立系统内,$\sum_i m_i = 恒量$

8. 动量和能量的关系

$$E^2 = p^2 c^2 + m_0^2 c^4$$

阅读材料(十三)　　宇宙与大爆炸

宇宙有多大？形状如何？结构如何？又是如何发展的？从大尺度上研究宇宙的这些问题的科学叫宇宙学.

很早以前,人们就发现浩瀚的太空里,有许多发出光的亮片,并把这些亮片叫作"星云".后来,用更大的望远镜观察,发现这些星云实际上也是由许多星组成,因此改称为星系.到目前为止,用大的望远镜(包括光学的和无线电的)观测,在我们的银河系之外已经发现了约 10^{11} 个星系,其中大的包括 10^{13} 颗恒星,小的也有 10^6 颗恒星.星系又组成星系团,星系团还可能组成超星系团.天上有许多星,人用肉眼可以看到的不过 2 000 颗.银河系属于一个叫作"本星系群"的小星系团.观测指出,银河系大约包含 10^{11} 颗星,这些星聚集成铁饼的形状(见图 Y13-1),太阳系就处在这块铁饼之中.由于在地球上只能从侧面看到这一群星,再加上肉眼不能细辨,所以看上去像一条亮河.

图 Y13-1　从侧面看到的银河系

星系的形状有球形、椭球形、涡旋状、棒旋状,此外还有许多稀奇古怪不规则形状.这些星系离我们都在百万光年以上,近年来又发现有"红移"异常的"类星体",它们离我们更远.

哈勃曾对天空各个方向的不同空间体积计算过遥远星系的数目.他发现体积越大,所包含的星系越多,并且星系的分布几乎不随方向改变.后来的观测又说明宇宙中星系的分布在大尺度上是均匀的.宇宙的质量分布在大尺度上均匀这一结论叫作宇宙学原理.

一、宇宙膨胀和大爆炸理论

在 20 世纪最初的 20 年里,斯里夫尔(V. Slipher)仔细地研究过星系的光谱,发现整个光谱结构向光谱红色一端偏移,即所谓的红移.红移现象可以用多普勒效应加以解释,它起源于星系的退行,即离开我们的运动.从红移的大小还可以算出这种退行的速度.根据这种解释,斯里夫尔就发现了绝大多数星系都以不同的速度离我们远去.

1929 年,哈勃把他所测得的各星系的距离和它们各自的退行速度画成了一张图(见图 Y13-2).他发现,在大尺度上,星系的退行速度和它们离开我们的距离成正比,越远的星系退行得越快.这一正比关系叫作哈勃定律,它的数学表达式为

$$v_0 = H_0 r \qquad (Y13-1)$$

式中比例系数 H_0 叫哈勃常量.目前对 H_0 的最好的估计值为

$$H_0 = 2.2 \times 10^{-18} \text{ s}^{-1}$$

由于远处星系距离的不确定性,这一常量的误差至少有 25%.

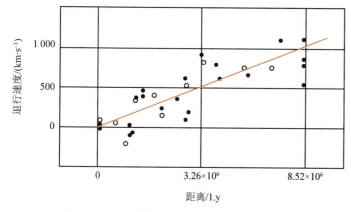

图 Y13-2 哈勃的星系退行速度与距离图

根据哈勃的理论,宇宙膨胀可用图 Y13-3 来表示.图中 O 是我们的银河系,其他的星系都离我们而去.需要指出的是银河系在 10^{11} 个星系中并没有占据任何特殊的地位,其他星系也并非只是离我们而去,而是彼此离去.从任何一个星系上看,其他星系都离开它而退行.宇宙的膨胀没有中心.

宇宙膨胀是宇宙本身的膨胀,不能想象成一个什么实体在一个更大的"空间"内膨胀.在时间和空间上,宇宙是无边际的.宇宙膨胀的图景可以用一个简单的类比来描述.当手榴弹在空中爆炸后,弹片向各方向飞散,不同的碎片可以有不同的速度.从爆炸开始经过一段时间 t,速度为 v 的碎片离开爆炸中心的距离为

$$r = vt$$

将此公式改写成

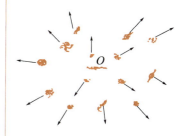

图 Y13-3 宇宙膨胀图景示意

$$v = \frac{1}{t} r \qquad (Y13-2)$$

就可以看出,在任意时刻,碎片的飞散速度与离爆炸点的距离成正比.除去手榴弹爆炸有一个爆炸中心而星系退行没有中心外,上式和哈勃定律的表达式完全一样.这意味着星系的运动可能是

许多年前的一次爆炸引起的,宇宙的那一次起始的爆炸就叫大爆炸. 大爆炸的概念是比利时数学家勒默策(G. E. Lemaitre)于1927年最先提出来的. 他认为宇宙起源于一个致密的"宇宙蛋",它有无限高的温度和无限大的密度,它的爆炸产生了我们今天的宇宙.

如此,我们可以算出宇宙从大爆炸开始到现在的时间,即宇宙的年龄. 在(Y13-2)式中,t 表示从爆炸开始的时间. 和(Y13-1)式对比,可知哈勃公式(Y13-1)中的 H_0 的倒数就应该是宇宙的年龄 T_0,即

$$T_0 = \frac{1}{H_0} = \frac{1}{2.2 \times 10^{-18}} \text{s} = 4.5 \times 10^{17} \text{ s} = 1.4 \times 10^{10} \text{ a}$$

考虑到 H_0 有 25% 的误差,宇宙年龄大约在 $1 \times 10^{10} \sim 1.8 \times 10^{10}$ a,即 100 到 200 亿年之间.

从哈勃常量还可导出宇宙的大小. 按相对论的结论,光速是宇宙中最大的速度,在宇宙年龄 140 亿年这段时间里,光走过的距离 R_0 就应是 140 亿光年,即

$$R_0 = 1.4 \times 10^{10} \text{ l. y.}$$

R_0 作为宇宙大小的量度,它叫作可观察的宇宙的半径. 只要有足够大的望远镜,在这一范围内的任何星体我们都能看到,当然看到的是它们百万年甚至百亿年前的情况. 超出这个范围的星体,我们就都看不到了,因为它们发出的光还没有到达我们这里. 值得注意的是,随着时间的推移,R_0 越来越大,可观察的宇宙也将包括整个宇宙越来越多的部分.

二、宇宙的未来

宇宙的未来如何呢? 是继续像现今这样永远膨胀下去,还是有一天会收缩呢? 要知道,收缩是可能的,因为各星系间存在万有引力. 万有引力会减小星系的退行速度,可能有一天退行速度减小到零,而此后由于万有引力作用,星系开始聚拢,宇宙开始收缩,收缩到一定时候会回到一个奇点,于是又一次大爆炸开始. 这实际上可能吗?

宇宙在大尺度上是均匀的. 如果考虑某一个半径为 r_0 的球体内的星系(见图 Y13-4). 由于周围星系均匀分布,它们对球内星系的引力互相抵消. 球内星系的膨胀将只受到它们自己相互的万有引力的约束. 在这一球体边界上的星体的逃逸速度是

$$v = \sqrt{\frac{2Gm_0}{r_0}} \tag{Y13-3}$$

图 Y13-4 星系逃逸速度的计算

其中 m_0 是球内星系的总质量. 如果现今星系的退行速度 $v_0 \geq v$,则星系将互相逃逸而宇宙将永远膨胀下去. 现今的退行速度可以取哈勃公式给出的速度,即

$$v_0 = H_0 r_0$$

这样,宇宙永远膨胀下去的条件就是 $v_0 \geqslant v$,即

$$H_0 r_0 \geqslant \sqrt{\frac{2Gm_0}{r_0}}$$

以 ρ_0 表示宇宙现时的平均密度,则 $m_0 = \frac{4}{3}\pi r_0^3 \rho_0$,代入上式,消去 r_0 后可得宇宙永远膨胀下去的条件是

$$\rho_0 \leqslant \frac{3}{8\pi G} H_0^2$$

以 $H_0 = 2.2 \times 10^{-18} \text{s}^{-1}$ 代入上式可得

$$\rho_0 \leqslant 1 \times 10^{-26} \text{ kg} \cdot \text{m}^{-3} \quad (Y13-4)$$

1×10^{-26} kg·m^{-3} 这一数值叫**临界密度**. 这样,我们就可以根据现时宇宙的平均密度来预言宇宙的前途了. 那么,现时宇宙的平均密度是多大呢?

测量与估算现今宇宙的平均密度是个相当复杂而困难的事情. 对于星系质量,目前还只能通过它们发的光(包括无线电波、X射线等)来估计. 现今估计出的发光物质的密度不超过临界密度的 1/10 或 1/100. 因此,宇宙似乎将要永远膨胀下去.

但是,人们相信,宇宙中除了发光的星体外,一定还有不发光的物质——暗物质. 这些物质包括宇宙尘、黑洞、中微子等(中微子也可能有质量,即使它只有电子质量的 $1/10^5$,那它们的总质量就会比所有质子和氦核的质量大). 近年来,天文学家趋向于认为宇宙中主要是不发光的物质. 例如,在我们的银河系内就有可能多到 80% 或 90% 的物质是不发光的. 如果是这样,宇宙将来就可能收缩.

宇宙将来到底如何,是膨胀还是收缩?目前的数据还不足以完全肯定地回答这一问题,我们只能期望将来的研究. 因此,在图 Y13-5 中画出了宇宙前途的各种设想. 图中横轴表示时间 t,纵轴表示星系间的距离 s. 直线 a 表示宇宙以恒速膨胀. 曲线 b 表示永远膨胀,是 ρ_0 小于临界密度的情况. 曲线 c 表示膨胀速度越来越慢,但最后不会出现收缩,即 ρ_0 等于临界密度的情况. 曲线 d 表示宇宙将有一天要开始收缩而且继续收缩,这是 ρ_0 大于临界密度的情况. 不同的设想还回溯着不同的过去,给出不同的迄今为止的宇宙的年龄. 例如,膨胀模型给出的宇宙年龄是哈勃时间 $1/H_0$ 的 2/3.

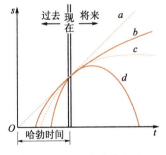

图 Y13-5 宇宙发展的各种设想

大爆炸理论虽然得到了重要的观测支持,但也还有不少观测与它给出的结果不符(如极少的星系有蓝移现象). 除大爆炸理论外,还提出了一些其他的宇宙发展理论,如"混沌暴涨论"等. 宇宙在不断地演化,人们对它的认识也在不断地深化.

思考题

13-1 根据力学相对性原理判断下列说法哪些是正确的？
(1)在一切惯性系中,力学现象完全相同,即描述运动的各运动学量和各动力学量都相同；
(2)在一切惯性系中,力学规律是相同的,即运动学规律和动力学规律都是相同的；
(3)在一切惯性系中,力学规律的数学表达式都是相同的.

13-2 根据力学相对性原理证明,对于两个质点组成的系统,动量守恒定律经过伽利略变换后形式不变.

13-3 你能用狭义相对论的两个基本原理说明迈克耳孙-莫雷实验吗？

13-4 狭义相对论中同时性是相对的,为什么会有这种相对性？如果光速是无限大,是否还有同时性的相对性？

13-5 前进中的一列火车的车头和车尾各遭到一次闪电轰击.据车内观察者测定这两次轰击是同时发生的.试问,据地面上的观察者测定它们是否仍同时？如果不同时,何处先遭到轰击？

13-6 (1)物体的长度与空间间隔有何不同？它们分别是怎样测量的？(2)固有的时间间隔与时间间隔有何不同？它们又分别是怎样测量的？

13-7 在例13-2中,(1)跑道长100 m,在飞船中的观察者观测此跑道多长？你的结论与此例中的计算 $\Delta x' = -1.47 \times 10^{-10}$ m 是否矛盾？为什么 $\Delta x'$ 没有沿运动方向收缩？试解释之？(2)在飞船中的观察者测量该选手所跑的时间可用时间延缓公式计算吗？为什么？

13-8 为了使牛顿力学的规律符合相对论的要求,对动力学公式和有关物理量作了哪些修改？

13-9 相对论力学基本方程与牛顿第二定律有什么主要区别与联系？

13-10 经典力学的动能定理与相对论的动能定理有什么相同和不同之处？

13-11 一个具有能量的粒子是否一定具有动量？静质量为零的粒子,有何独特的性质？

13-12 什么叫质量亏损？它和原子能的释放有何关系？

习 题

13-1 一光子以速度 c 运动,一飞船的运动速度为 $0.9c$,方向与光子运动方向相同,则飞船中的观察者测得此光子的速度为（　）．
(A)$0.1c$ (B)c
(C)$1.9c$ (D)$0.9c$

13-2 静系中测得一棒的质量线密度为 λ_0,若此棒沿其长度方向以速度 v 运动,其质量线密度 λ 等于（　）．
(A)$\lambda_0 \sqrt{1-\dfrac{v^2}{c^2}}$ (B)$\dfrac{\lambda_0}{\sqrt{1-\dfrac{v^2}{c^2}}}$
(C)$\dfrac{\lambda_0}{1-\dfrac{v^2}{c^2}}$ (D)$\lambda_0\left(1-\dfrac{v^2}{c^2}\right)$

13-3 有两个事件 A 和 B,从 S 系测得它们是同时、但在不同地点发生的,那么,在 S' 系看来（　）．
(A)两事件仍是同时发生的
(B)两事件不是同时发生的
(C)事件 A 一定超前于事件 B
(D)事件 A 一定落后于事件 B

13-4 一高速运动电子的总能量为其静能的 k 倍,此电子的运动速度为（　）．
(A)kc (B)$\dfrac{c}{k}$
(C)$\dfrac{c}{k}\sqrt{1-k^2}$ (D)$\dfrac{c}{k}\sqrt{k^2-1}$

13-5 S' 系相对于 S 沿 x 轴匀速运动的速度为 $0.8c$,在 S' 系中观察,两个事件的时间间隔 $\Delta t' = 5 \times 10^{-7}$ s,空间间隔 $\Delta x' = -120$ m,则在 S 系中测得两事件的空间间隔 $\Delta x=$ _____ m；时间间隔 $\Delta t=$ _____ s.

13-6 设在正负电子对撞机中,电子和正电子以速度 $0.90c$ 相向飞行,它们之间的相对速度为 _____ .

13-7 某粒子的动能为 E_k,动量为 p,则该粒子的静止能量为 _____ .

13-8 静质量为 M 的静止粒子自发地分裂成

静质量和速度分别为 m_1、$\boldsymbol{v}_1$ 和 m_2、$\boldsymbol{v}_2$ 两部分，按相对论，有 M _____ (m_1+m_2).（填 ">"、"=" 或 "<"）

13-9 设 S' 系相对 S 系的速度 $u=0.6c$，在 S 系中事件 A 发生于 $x_A=10$ m，$t_A=5.0\times10^{-7}$ s，$y_A=z_A=0$；事件 B 发生 $x_B=50$ m，$t_B=3.0\times10^{-7}$ s，$y_B=z_B=0$，求在 S' 系中这两个事件的空间间隔与时间间隔.

13-10 A、B 两地直线相距 1 200 km. 在某一时刻从两地同时向对方飞出直航班机. 现有一艘飞船从 A 到 B 方向在高空掠过，速率恒有 $u=0.999c$. 求宇航员测得：(1)两班机出发的时间间隔；(2)哪一地的班机先起飞？

13-11 一宇航员要到离地球为 5 光年的星球去旅行，如果宇航员希望把这段路程缩短为 3 光年，则他所乘的火箭相对于地球的速度是多少？

13-12 设在 S 系中边长为 a 的正方形，在 S' 系中观测者测得是 1:2 的长方形，试求 S' 系相对于 S 系的运动速度.

13-13 长度 $L_0=1$ m 的米尺静止于 S' 系中，与 x' 轴的夹角 $\theta'=30°$，S' 系相对 S 系沿 x 轴运动，在 S 系中观测者测得米尺与 x 轴夹角为 $\theta=45°$. 试求：(1)S' 系和 S 系的相对运动速度；(2)S 系中测得的米尺长度.

13-14 等边三角形固有边长为 a，在相对于三角形以速率 $u=\frac{\sqrt{3}}{2}c$ 运动的另一个惯性系中观测，此三角形周长为多少？假设：(1)运动的惯性系沿着三角形的角平分线运动；(2)运动惯性系沿着三角形的一条边运动.

13-15 在惯性系 S 中观察到有两个事件发生在同一地点，其时间间隔为 4.0 s，从另一惯性系 S' 中观察到这两个事件的时间间隔为 6.0 s，试问从 S' 系测量到这两个事件的空间间隔是多少？设 S' 系以恒定速率相对 S 系沿 xx' 轴运动.

13-16 静长为 100 m 的宇宙火箭以 $0.6c$ 速度向右作直线飞行，一流星从船头飞向船尾，宇航员测得的时间间隔为 1.2×10^{-6} s，求：(1)地面上观测者测得的时间间隔；(2)在此时间内流星飞过的距离.

13-17 一粒子以 $0.050c$ 的速率相对实验室参考系运动，此粒子衰变时发射一个电子，电子的速率为 $0.80c$，速度方向与粒子运动方向相同. 求电子相对实验室参考系的速度.

13-18 火箭 A 以 $0.8c$ 的速度相对于地球向东飞行，火箭 B 以 $0.6c$ 的速度相对于地球向西飞行. 求由火箭 B 测得火箭 A 的速度的大小和方向.

13-19 一个静质量为 m_0 的质点在恒力 $\boldsymbol{F}=F\boldsymbol{i}$(N) 的作用下从静止开始运动，经过时间 t，它的速度 v 是多少？
(1)用经典力学计算；
(2)用相对论力学计算；
(3)在 $t\ll m_0c/F$ 和 $t\gg m_0c/F$ 两种极端情况下，v 的值各为多少？

13-20 观察者乙以 $\frac{4}{5}c$ 的速度相对于静止的观察者甲运动. 求：(1)乙带着质量为 1 kg 的物体，甲测得此物体质量为多少？(2)甲、乙分别测得该物体的总能量为多少？(3)乙带着一长为 l_0，质量为 m 的棒，该棒沿运动方向放置，甲、乙分别测得该棒的线密度是多少？

13-21 电子的静质量为 9.1×10^{-31} kg，以 $0.8c$ 速度运动，求它的相对论总能量、动量、动能各为多少？

13-22 在北京正负电子对撞机中，电子可以被加速到动能 $E_k=4.59\times10^6$ eV，求：(1)该电子总能量为多少？(2)运动中电子的相对论质量是静质量的多少倍？(3)该电子速度与光速相差多少？

13-23 欲将静质量为 m_0 的粒子从速度 $0.6c$ 增加到 $0.8c$，需对它做多少功？

13-24 静质量各为 m_0 的两个粒子，分别以速度 $0.8c$ 和 $0.6c$ 相互靠近，并形成一个复合粒子. 试求复合粒子的动量、总能量、静质量、动能.

13-25 质子静质量 $m_p=1.672\,62\times10^{-27}$ kg，中子静质量 $m_n=1.674\,93\times10^{-27}$ kg，中子和质子结合成氘核的静质量为 $m_0=3.343\,65\times10^{-27}$ kg. 求结合过程中放出的能量是多少 MeV？这能量叫氘核结合能，它是氘核静能的百分之几？

13-26 太阳的辐射能来自其内部的核聚变反应，太阳每秒向周围空间辐射出的能量约为 5×10^{26} J·s^{-1}，由于这个原因，太阳每秒减少多少质量？把这个质量同太阳目前的质量(2×10^{30} kg)作比较.

13-27 证明：(1)相对论中的动能与动量的关系为 $E_k=p^2/(m+m_0)$，m_0 为粒子的静质量，m 为粒子的相对论质量；(2)$E^2=p^2c^2+E_0^2$，在 $v\ll c$ 时，可以转化成经典表达式 $E_k=p^2/2m_0$；(3)一粒子的相对论动量可以写成 $p=\frac{(2E_0E_k+E_k^2)^{1/2}}{c}$.

第 14 章
量子力学基础

量子力学起源于一系列实验事实,而这些实验现象是经典物理理论无法解释的.

1900 年普朗克首次提出了能量量子化的假说,并成功地解释了黑体辐射规律,开创了量子理论的新纪元.此后,1905 年爱因斯坦提出光量子概念,成功解释了光电效应.1913 年玻尔提出氢原子的量子论,解释了氢原子光谱的规律.1923 年康普顿通过实验进一步证实了光的量子性.这一时期的量子论对微观粒子的本质还缺乏全面认识,称为早期量子论.

直到 1924 年,德布罗意在光具有波粒二象性的启发下提出微观粒子也具有波粒二象性的假设,这一假设不久为戴维孙和革末的电子衍射实验所证实.随后,薛定谔、海森伯、玻恩、狄拉克在此基础上建立起描述微观粒子运动的量子理论.量子理论和相对论一起,是 20 世纪初的重大理论成果,是近代物理学的理论基石.

量子力学的建立,揭示了微观世界的基本规律,使人们对自然界的认识从宏观到微观产生了一个大飞跃,引发了一场新的技术革命,如晶体管、集成电路、激光、超导材料等,促进了生产力的发展.同时,量子力学还深入到其他学科领域,形成许多边缘学科,如量子化学、分子生物学等.可以说量子力学是许多高新技术的物理基础,量子力学为现代科学技术的发展作出了重大贡献.

§14.1 黑体辐射和普朗克量子假设

14.1.1 黑体辐射

任何物体在任何温度下,都向外辐射各种波长的电磁波.在不同的温度下辐射出的各种电磁波的能量按波长的分布而不同,这种能量按波长的分布随温度而不同的电磁辐射叫**热辐射**(heat radiation).在一般温度下,物体的热辐射主要集中在人眼观测不到的红外区.例如加热一铁块,起初只感觉到它发热,看不见发光,随着温度不断升高,发出暗红色的可见光,继而转为赤红、橙色、黄白色,在温度极高时变为青白色,在此过程中向外发射的能量越来越大.其他物体加热时发光的颜色也有类似的随温度而改变的现象.

为了定量描述某物体在一定温度下辐射的能量按波长的分布,引入**单色辐出度**的概念,即在单位时间内,从物体表面单位面积上所发射的波长在 λ 附近单位波长间隔内的辐射能,用 $M_\lambda(T)$ 表示.

$$M_\lambda(T) = \frac{dM_\lambda}{d\lambda}$$

式中 dM_λ 表示单位时间内,从物体表面单位面积上所发射的波长在 λ 到 $\lambda+d\lambda$ 范围内的辐射能.单色辐出度反映了物体在不同温度下辐射能按波长分布的情况,在国际单位制中单位为瓦特·米$^{-3}$(W·m^{-3}).

单位时间内从物体表面单位面积上所发射的各种波长的总辐射能称为物体的**辐射出射度**(简称**辐出度**).显然,辐出度(radiant exitance)只是温度的函数,用 $M(T)$ 表示,国际单位制中其单位为瓦特·米$^{-2}$(W·m^{-2}).在一定温度下,物体的辐出度与单色辐出度的关系为

$$M(T) = \int_0^\infty M_\lambda d\lambda$$

物体在辐射电磁波的同时,还吸收电磁波.如果在同一时间内从物体表面辐射电磁波的能量和它吸收电磁波的能量相等,这时物体就处于温度一定的热平衡状态,称为**平衡热辐射**.辐射本领大的物体,吸收本领也一定大,否则物体就达不到热平衡.能全部吸收照射到它上面的各种波长的电磁波的物体叫作**绝对黑体**,简称**黑体**(black-body).黑体的吸收本领最大,辐射本领也最大.自然界中没有理想的黑体,即使是煤烟,也只能吸收 99% 的入射光能,所以黑体就如质点、刚体、理想气体等模型一样,是一种理想化的模型.

我们可以用不透明材料制成一空腔,在腔壁上开一个小孔,入

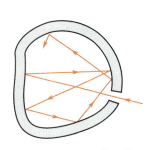

图 14-1 绝对黑体的模型

射光从小孔射入空腔,在空腔内进行多次反射,每反射一次,空腔内壁将吸收一部分的辐射能,因为孔很小,经过多次反射,进入小孔的辐射几乎完全被腔壁吸收,射入小孔的光很难有机会再从小孔出来.所以空腔就相当于一个黑体,如图14-1所示.例如,白天看远处建筑物的窗口特别黑暗,就是这个道理.加热这样的空腔到不同温度,就成了不同温度下的黑体.

利用黑体模型,由实验可测得它发出的电磁波的能量按波长的分布,图14-2表示黑体的单色辐出度 $M_\lambda(T)$ 随 λ 和 T 变化的实验曲线.根据实验结果,可得到有关黑体辐射的两条普遍定律:

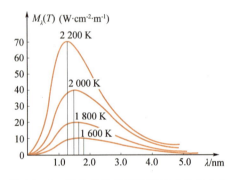

图 14-2 黑体单色辐出度按波长分布曲线

(1)斯特藩(J. Stefan)-玻耳兹曼(L. Boltzmamn)定律

图 14-2 中每一条曲线下的面积等于黑体在一定温度下的辐射出射度,即

$$M(T) = \int_0^\infty M_\lambda(T) d\lambda$$

由图可见,$M(T)$ 随温度升高而迅速增加,与温度的关系为

$$M(T) = \sigma T^4 \tag{14-1}$$

式中 $\sigma = 5.67 \times 10^{-8}$ W·m^{-2}·K^{-4},称为斯特藩常量.这一规律称为**斯特藩-玻耳兹曼定律**.

(2)维恩(W. Wien)位移定律

在每条曲线上,单色辐出度都有一最大值(峰值),这个最大值对应的波长用 λ_m 表示,称为峰值波长.随着温度的升高,λ_m 向短波方向移动,两者的关系为

$$T\lambda_m = b \tag{14-2}$$

式中 $b = 2.897 \times 10^{-3}$ m·K,称为维恩常量.这一规律称为**维恩位移定律**.

这两个定律反映了热辐射的功率随着温度的升高而迅速增加,而热辐射的峰值波长,随着温度的增加而向短波方向移动,说明温度越高,短波成分越多.例如,在可见光范围内,低温火炉所发出的辐射能较多地分布在波长较长的红光中,而高温度的白炽灯发出的辐射能则较多地分布在波长较短的蓝光中.热辐射的规律已广泛应用于现代科学技术中,它是测高温、遥感、红外追踪等技术的理论基础.

例 14-1

太阳辐射单色辐出度的峰值波长在 465 nm 处. 假定太阳是一个黑体, 试计算太阳表面的温度和单位面积辐射的功率.

解 根据维恩位移定律
$$\lambda_m T = b$$
可得太阳表面的温度为
$$T = \frac{b}{\lambda_m} = \frac{2.897 \times 10^{-3}}{465 \times 10^{-9}} \text{ K} = 6\ 230 \text{ K}$$

根据斯特藩-玻耳兹曼定律, 太阳单位面积所辐射的功率为
$$M = \sigma T^4 = 5.670 \times 10^{-8} \times (6\ 230)^4 \text{ W} \cdot \text{m}^{-2}$$
$$= 8.542 \times 10^7 \text{ W} \cdot \text{m}^{-2}$$

14.1.2 普朗克量子假设和普朗克公式

为了从理论上找出符合黑体辐射实验曲线的函数关系式, 19 世纪末, 许多物理学家在经典物理学的基础上作了相当大的努力, 结果都没有成功, 其中最典型的是瑞利-金斯公式和维恩公式.

经典物理学中, 将组成黑体空腔壁的分子或原子看作带电的线性谐振子. 1896 年, 维恩从经典的热力学理论及实验数据分析, 假定谐振子能量按频率分布类似于麦克斯韦速率分布, 导出的理论公式为

$$M_\lambda(T) = c_1 \lambda^{-5} e^{\frac{c_2}{\lambda T}}$$

式中 c_1, c_2 是两个常量, 上式称为**维恩公式**. 这一公式给出的结果, 在短波部分和实验结果符合得很好, 但在长波区域则与实验有较大的偏差. 1900 年, 瑞利 (Lord Rayleigh) 和金斯 (J. H. Jeans) 将统计物理学中的能量按自由度均分定理应用于电磁辐射, 得到如下公式

$$M_\lambda(T) = c_3 \lambda^{-4} T$$

式中 c_3 是常量, 上式称为**瑞利-金斯公式**. 这个公式在长波区域内与实验曲线比较接近, 但在短波紫外光区, $M_\lambda(T)$ 将随波长减小而趋于无穷大, 与实验结果完全不符, 物理学史上称之为"紫外灾难". 图 14-3 给出了理论计算值与实验结果的比较.

维恩公式和瑞利-金斯公式都是用经典物理学的方法来研究热辐射得到的结果, 都与实验不相符合, 暴露出经典物理学的缺陷, 开尔文称黑体辐射实验是物理学晴朗天空中一朵令人不安的乌云.

1900 年, 普朗克 (Max Planck) 推导出了一个新的公式

$$M_\lambda(T) = 2\pi hc^2 \lambda^{-5} \frac{1}{e^{hc/\lambda kT} - 1} \qquad (14-3)$$

称为**普朗克公式** (Planck formula), 式中 c 是光速, k 是玻耳兹曼常量, h 为**普朗克常量** (Planck constant), 是一个普适常量, 其值为 $h = 6.626\ 075\ 5 \times 10^{-34}$ J·s, 普朗克公式与实验结果符合得很好

(见图 14-3).

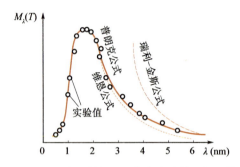

图 14-3 热辐射的理论值与实验结果的比较

为了得到上述公式,普朗克提出能量量子化假设,认为黑体辐射分子、原子的振动可看作线性谐振子,这些谐振子可以发射和吸收辐射能,与周围的电磁场交换能量.这些谐振子具有的能量不能连续变化,而只能取一些离散的值,这些离散值是某一最小能量 ε 的整数倍,即

$$\varepsilon, 2\varepsilon, 3\varepsilon, \cdots, n\varepsilon, \cdots$$

n 为正整数,称为量子数.对于频率为 ν 的谐振子来说,最小能量为

$$\varepsilon = h\nu \tag{14-4}$$

称为**能量子**(energy quantum),h 就是普朗克常量.故谐振子的能量为

$$E = nh\nu \quad (n=1,2,3\cdots) \tag{14-5}$$

由普朗克公式可以推导出黑体辐射的两条基本定律,说明理论与实验符合得很好.

普朗克的能量量子化假设是对经典能量观念的一次革命,从经典物理学看来,能量是连续的,能量子的假设是不可思议的.就连普朗克本人在提出量子概念后,还长期试图用经典物理学来解释其由来,这导致他对量子理论的发展,没有做出进一步的贡献.但无论如何,普朗克给物理学引进作用量子,第一次揭示了微观物体与宏观物体有着根本不同的性质,使人们对微观世界的认识大大地深入了一步,具有深刻的革命意义.

例 14-2

设有一音叉质量为 0.050 kg,振动频率为 $\nu = 480$ Hz,振幅 $A = 1.0$ mm. 求:
(1) 音叉振动的量子数;
(2) 当量子数由 n 增加到 $n+1$ 时,振幅的变化是多少?

解 (1) 由机械振动可知音叉的振动能量为

$$E = \frac{1}{2}m\omega^2 A^2 = \frac{1}{2}m(2\pi\nu)^2 A^2$$

将已知数值代入,得

$$E = \frac{1}{2} \times 0.050 \times (2\pi \times 480)^2 \times (1.0 \times 10^{-3})^2 \text{ J}$$
$$= 0.227 \text{ J}$$

由 $E = nh\nu$ 可得,音叉能量为 E 时的量子数为

$$n = \frac{E}{h\nu} = \frac{0.227}{6.63 \times 10^{-34} \times 480} = 7.13 \times 10^{29}$$

可见音叉这个宏观物体振动的量子数是非常巨大的.

(2) 由 E 的表达式,有

$$A^2 = \frac{E}{2\pi^2 m \nu^2}$$

将 $E = nh\nu$ 代入上式得

$$A^2 = \frac{nh}{2\pi^2 m \nu}$$

两边取微分,有

$$2A\text{d}A = \frac{h}{2\pi^2 m \nu}\text{d}n$$

上式两边同除以 A^2,并改写为微小有限大小变化的情形,可得

$$\Delta A = \frac{\Delta n}{n}\frac{A}{2}$$

把已知数据及 $\Delta n = 1$,代入上式,有

$$\Delta A = \frac{1}{7.13 \times 10^{29}}\frac{1.0 \times 10^{-3}}{2} \text{ m}$$
$$= 7.01 \times 10^{-34} \text{ m}$$

可见音叉振幅的变化是极其微小的,难以觉察到.这也表明,对于宏观运动,能量量子化的效应可忽略不计,即宏观物体的能量完全可视作是连续的.

例 14-3

试从普朗克公式推导斯特藩-玻耳兹曼定律及维恩位移定律.

解 为简便起见,引入

$$c_1 = 2\pi hc^2, \quad x = \frac{hc}{k\lambda T}$$

即

$$\text{d}x = -\frac{hc}{k\lambda^2 T}\text{d}\lambda = -\frac{k}{hc}Tx^2\text{d}\lambda$$

而普朗克公式为

$$M_\lambda(x, T) = \frac{c_1 k^5 T^5}{h^5 c^5}\frac{x^5}{\text{e}^x - 1} \qquad ①$$

所以

$$M(T) = \int_0^\infty M_\lambda(\lambda, T)\text{d}\lambda$$
$$= \frac{c_1 k^4}{h^4 c^4}T^4 \int_0^\infty \frac{x^3 \text{d}x}{\text{e}^x - 1}$$

由

$$\int_0^\infty \frac{x^3}{\text{e}^x - 1}\text{d}x = 6.494$$

可得

$$M(T) = 6.494\frac{c_1 k^4}{h^4 c^4}T^4 = \sigma T^4$$

这就是斯特藩-玻耳兹曼定律.代入有关常数

可算出

$$\sigma = 5.67 \times 10^{-8} \text{ W} \cdot \text{m}^{-2} \cdot \text{K}^{-4}$$

要推导维恩位移定律,仅须求出式①中极大值的位置,即

$$\frac{\text{d}M_\lambda(x, T)}{\text{d}x} = \frac{c_1 k^5 T^5}{h^5 c^5}\frac{(\text{e}^x - 1)5x^4 - x^5 \text{e}^x}{(\text{e}^x - 1)^2} = 0$$

由此得

$$5\text{e}^x - x\text{e}^x - 5 = 0$$

解此式得

$$x_m = 4.965$$

则

$$\lambda_m = \frac{hc}{kTx_m} = \frac{hc}{k \times 4.965}\frac{1}{T}$$

即

$$\lambda_m T = b$$

这就是维恩位移定律,其中 $b = \frac{hc}{4.965k} = 2.897 \times 10^{-3} \text{ m} \cdot \text{K}$.

§14.2 光的量子性

14.2.1 光电效应

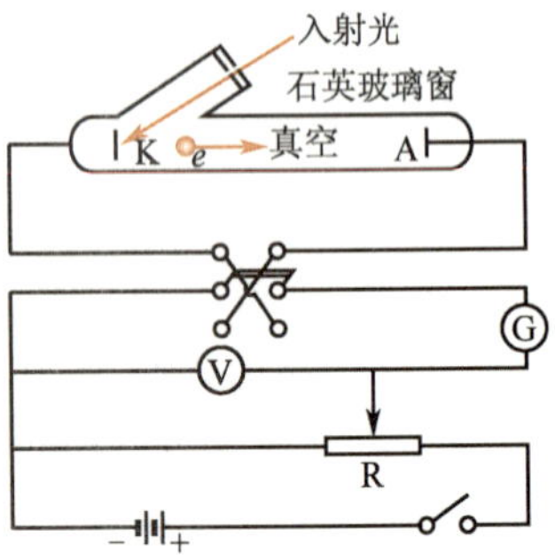

当光照射到金属表面上时，电子会从表面逸出，这种现象称为**光电效应**（photoelectric effect）.光电效应是由赫兹于 1887 年首先发现的.

图 14-4 为研究光电效应的实验装置图.一个抽成真空的容器，当光通过石英窗口照射阴极 K 时，就有电子从阴极表面逸出. 逸出的电子称为**光电子**. 在 AK 两端加上电势差，光电子在电场加速下向阳极 A 运动，就形成**光电流**（photocurrent），光电流的强弱由电流计读出.光电效应的实验结果总结如下：

（1）饱和光电流

入射光频率一定且光强一定时，光电流 I 和 AK 两极之间的电势差 U 关系如图 14-5 中的曲线所示，当 U 较小时，光电流 I 随电势差 U 增加而增加，但当 U 增加到一定值时，光电流却不再增加，而是达到一饱和值 I_S，这意味着从阴极 K 发射出的电子全部飞到阳极 A 上.在相同的加速电势差下，如果增加光的强度，光电流及相应的 I_S 也增大，说明从阴极 K 逸出的电子数增加了，即**单位时间内从阴极逸出的光电子数与入射光的强度成正比**.

（2）遏止电势差

当加速电势差减小，光电流也随之减小，但加速电势差为零时，光电流并不为零，表明从阴极 K 逸出的电子具有初动能.当加反向电势差并到达某一数值时，光电流才等于零.这一电势差的绝对值 U_a 称为**遏止电势差**（retarding potential）.遏止电势差的存在说明这时从阴极逸出的具有最大速度 v_m 的电子也不能到达阳极 A，即光电子的初动能具有最大值，它与遏止电势差的关系为

$$\frac{1}{2}mv_m^2 = eU_a \tag{14-6}$$

其中 m、e 分别是电子的质量和电量.由此得到结论：**光电子从金属表面逸出时具有一定的动能，最大初动能等于电子的电量和遏止电势差的乘积，与入射光的强度无关.**

（3）红限频率

实验指出，遏止电势差与入射光的频率之间具有线性关系（见图 14-6），即

$$U_a = K\nu - U_0 \tag{14-7}$$

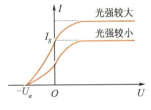

图 14-4 光电效应实验装置图

图 14-5 光电效应的伏安特性曲线

式中 K、U_0 均为正数，K 是与金属材料无关的普适常量，U_0 对同一金属是一个常量，不同金属的 U_0 不同．将(14-6)式代入(14-7)式，得

$$\frac{1}{2}mv_m^2 = eK\nu - eU_0 \qquad (14-8)$$

(14-8)式表明**光电子从金属表面逸出时的最大初动能随入射光的频率 ν 线性地增加**．因为逸出电子的最大初动能 $\frac{1}{2}mv_m^2$ 必须是非负数，所以入射光的频率 ν 必须满足 $\nu \geqslant \frac{U_0}{K}$ 的条件，即当 $\nu > \nu_0 = \frac{U_0}{K}$ 时，才有光电子逸出．ν_0 就称为光电效应的**红限频率**（red-limit frequency），不同金属具有不同的红限频率．当入射光的频率小于 ν_0 时，不管入射光的强度多大，都不会产生光电效应．表 14.1 列出了几种金属的红限频率和逸出功（电子克服引力作用逸出金属表面所需的功）．

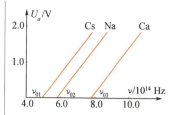

图 14-6　遏止电势差与频率的关系

表 14.1　几种金属的红限频率和逸出功

金　属	钨	钙	钠	钾	铷	铯
红限频率 ν_0（$\times 10^{14}$ Hz）	10.95	7.73	5.53	5.44	5.15	4.69
逸出功 W（eV）	4.54	3.20	2.29	2.25	2.13	1.94

(4) 光电效应的瞬时性

实验发现，无论光的强度如何，从入射光照射至金属表面到光电子的逸出，几乎是同时发生的，延迟时间不超过 10^{-9} s．

光电效应的实验事实是波动光学无法解释的．按照光的波动说，光照射金属，金属中的电子从入射光中吸收能量，从而逸出表面．逸出时的动能应决定于光的强度，无论入射光的频率多么低，只要光照时间足够长，电子就能从入射光中获得足够的能量而脱离金属表面，即光电效应只与入射光的强度、光照时间有关，而与入射光频率无关．但实验事实并非如此，光电子的逸出不仅存在一红限频率，而且逸出光电子的初动能随频率线性增加，与入射光的强度无关．根据波动光学，金属中电子从入射光中吸收能量，必须积累到一定值，才能逸出金属表面；显然入射光越弱，能量积累的时间就越长，即从开始照射到电子逸出的时间就越长．但实验事实是，只要入射光频率大于红限频率，不论光强多么弱，光电子几乎是立刻逸出的．

1905 年，爱因斯坦在普朗克能量子假设的启发下，提出了光子理论，成功地解释了光电效应．光子理论认为：光在空间传播时，也具有粒子性．一束光是一束以光速 c 运动的粒子流，这些粒子称为**光量子**（light quantum），简称为**光子**（photon）．每一个光子的能量就是 $\varepsilon = h\nu$，不同频率的光子具有不同的能量．

按照光子理论，用频率为 ν 的单色光照射金属时，金属中一个自由电子从入射光中吸收一个光子后就获得 $h\nu$ 的能量，若 $h\nu$ 大于电子逸出金属表面所需的逸出功 W，这个电子就能从金属表面逸出，剩余的那部分能量就成为电子离开金属表面后的最大初动能。根据能量守恒定律，得到

$$h\nu = \frac{1}{2} m v_m^2 + W \qquad (14-9)$$

(14-9)式称为**爱因斯坦光电效应方程**(Einstein photo-electric effect formula).利用该方程，光电效应的 4 条实验规律可得到圆满的解释：

(1) 入射光强度增加时，照射到阴极的光子数增多，逸出的光电子数也增加，饱和光电流也随之增大，因而饱和光电流与入射光的强度成正比。

(2) 由方程(14-9)式可见，光电子的最大初动能随入射光的频率线性增加，因而遏止电势差决定于入射光的频率，与入射光的强度无关。

(3) 由于 $\frac{1}{2} m v_m^2 \geq 0$，因而 $h\nu \geq W$。当 $h\nu < W$ 时，即使电子吸收光子后，其能量仍不足以克服逸出功而脱离金属表面。只有当 $h\nu \geq W$，即 $\nu \geq \frac{W}{h}$ 时，才有可能产生光电效应，$\nu_0 = \frac{W}{h}$ 给出能使电子逸出金属表面的最低频率，即红限频率。显然，红限频率与电子逸出功有关。电子在不同金属表面的逸出功不同，因而红限频率也不同。

(4) 由于电子对光子的能量一次性整体吸收，几乎不需要积累能量的时间，因而光电效应的延迟时间非常短，几乎是瞬时的。

光电效应中的光电流与入射光强成正比，因此可以利用它实现光信号与电信号的相互转换，用于电影、电视及其他现代通信技术。光电效应的瞬时性在自动控制、自动计数等方面也有极为广泛的用途。以下介绍两个光电效应的应用实例。

利用光电管制成的光控继电器，可以用于自动控制，如自动计数、自动报警、自动跟踪等。图 14-7 是光控继电器的示意图，它的工作原理是：当光照在光电管上时，光电管电路中产生光电流，经过放大器放大，使电磁铁 M 磁化，而把衔铁 N 吸住。当光电管上没有光照时，光电管电路中没有电流。电磁铁 M 就把衔铁 N 放开。将衔铁和控制机构相连接，就可以进行自动控制。

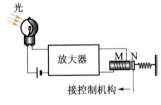

图 14-7 光控继电器示意图

利用光电倍增管可以测量非常微弱的光。图 14-8 是光电倍增管的大致结构，它的管内除有一个阴极 K 和一个阳极 A 外，还有若干个倍增电极 K_1、K_2、K_3、K_4、K_5 等。使用时不但要在阴极和阳极之间加上电压，各倍增电极也要加上电压，使阴极电势最低，各个倍增电极的电势依次升高，阳极电势最高。这样，相邻两个电极之间都有加速电场。当阴极受到光的照射时，就发射光电子，并在加速电场

的作用下,以较大的动能撞击到第一个倍增电极上.光电子能从这个倍增电极上激发出较多的电子,这些电子在电场的作用下,又撞击到第二个倍增电极上,从而激发出更多的电子.这样,激发出的电子数不断增加,最后阳极收集到的电子数将比最初从阴极发射的电子数增加了很多倍(一般为 $10^5 \sim 10^8$ 倍).因而,这种管子只要受到很微弱的光照,就能产生很大的电流,它在工程、天文、军事等方面都有重要的应用.

人们通过光的干涉、衍射现象已认识到光是一种波动,进入 20 世纪,又认识到光是粒子流,可见,光既具有波动性,又具有粒子性,即光具有**波粒二象性**(wave-particle duality).当光在空间传播时,波动性较为明显,当光与物质相互作用时,则更多地显示出其粒子性.

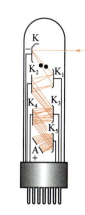

图 14-8 光电倍增管

一个光子的能量为

$$\varepsilon = h\nu \quad (14-10)$$

根据相对论的质能关系 $E = mc^2$,一个光子的质量为

$$m = \frac{h\nu}{c^2} = \frac{h}{c\lambda} \quad (14-11)$$

由相对论质速关系式

$$m = \frac{m_0}{\sqrt{1 - \frac{v^2}{c^2}}}$$

光子是以光速运动的,但 m 是有限的,所以只能 $m_0 = 0$,即光子是静质量为零的一种粒子.根据相对论能量和动量的关系式 $E^2 = p^2c^2 + m_0^2c^4$,光子的动量为

$$p = \frac{\varepsilon}{c} = \frac{h\nu}{c} \quad \text{或} \quad p = \frac{h}{\lambda} \quad (14-12)$$

在描述光的性质的基本关系式中 p、ε 描述了光的粒子性,ν、λ 则描述了光的波动性,这两种性质是通过普朗克常量 h 联系在一起的.

例 14-4

钾的光电效应红限波长是 550 nm,求:
(1)钾电子的逸出功;(2)当用波长 $\lambda = 300$ nm 的紫外光照射时,钾的遏止电势差 U_a.

解 由爱因斯坦光电效应方程

$$h\nu = \frac{1}{2}mv_m^2 + W$$

(1) 当 $\frac{1}{2}mv_m^2 = 0$ 时

$$W = h\nu_0 = h\frac{c}{\lambda_0} = \frac{6.63 \times 10^{-34} \times 3 \times 10^8}{550 \times 10^{-9}} \text{ J}$$

$$= 3.616 \times 10^{-19} \text{ J} = 2.26 \text{ eV}$$

(2)

$$eU_a = \frac{1}{2}mv_m^2 = \frac{hc}{\lambda} - W$$

$$= \frac{6.63 \times 10^{-34} \times 3 \times 10^8}{300 \times 10^{-9}} - 3.616 \times 10^{-19} \text{ J}$$

$$= 3.014 \times 10^{-19} \text{ J} = 1.88 \text{ eV}$$

所以遏止电势差 $U_a = 1.88$ V.

14.2.2 康普顿效应

1923年美国物理学家康普顿(A. H. Compton)研究了 X 射线经物质散射的实验. 实验发现, 在散射的 X 射线中, 除了有与原射线相同波长的成分外, 还有波长较长的成分. 这种有波长改变的散射称为**康普顿散射**(Compton scattering)或**康普顿效应**(Compton effect). 康普顿效应可用光子理论圆满地解释, 从而进一步证实了爱因斯坦光子理论的正确性.

康普顿实验装置如图 14-9 所示, X 射线管发射波长为 λ_0 的 X 射线, 经光阑 B_1、B_2 成为一细束, 射到石墨上, 经石墨散射后, 其中一束以散射角 φ (散射方向与入射方向之间的夹角)进入 X 射线谱仪, 改变散射角进行同样的测量. 实验结果指出, 在散射的 X 射线中除有与入射 X 射线波长 λ_0 相同的射线外, 还有 $\lambda > \lambda_0$ 的 X 射线, 如图 14-10 所示, 而且波长的偏移 $\Delta\lambda = \lambda - \lambda_0$ 随散射角 φ 的增加而增加. 在同一散射角下, 对于所有散射物质, 波长的偏移 $\Delta\lambda$ 都相同.

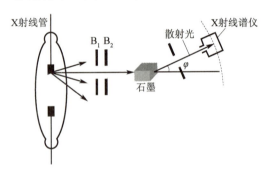

图 14-9 康普顿实验简图

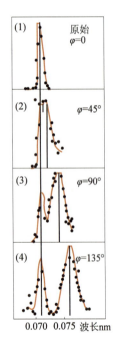

图 14-10 石墨的康普顿效应实验结果

按照波动理论, 入射波通过物体时将引起物体中电子作受迫振动, 电子振动频率与入射波频率相同, 发射出的波长与入射波波长必定相同, 不应该出现与入射波波长不同的成份. 康普顿利用光子理论成功解释了上述实验结果. 根据光子理论, X 射线的散射实质上是单个光子和单个电子发生弹性碰撞所致. 散射物中原子核对外层电子的束缚较弱, 外层电子可看作自由电子, 光子与外层电子相碰时, 光子的一部分能量转化成电子的动能, 因此散射光子比入射光子能量小, 散射光的频率要比入射光频率小(即波长 $\lambda > \lambda_0$). 由于光子的散射实际上是由外层自由电子引起的, 与散射物质无关, 因而对于所有散射物质, 波长的改变量 $\Delta\lambda$ 相同. 至于散射中出现原波长成分的现象是由于光子与内层电子相碰的结果. 内层电子与原子核束缚紧密, 光子相当于和整个原子作弹性碰撞, 因为原子的质量要比光子大得多. 按照碰撞理论, 入射光子传给内层电子的能量很小, 几乎保持自己的能量不变, 这样散射光中就保留了原波长 λ_0 的谱线.

下面定量分析康普顿效应波长偏移的表达式. 如图 14-11 所示,由于外层电子热运动的平均动能(约百分之几电子伏特)比入射的 X 射线光子的能量($10^4 \sim 10^5$ 电子伏特)小得多,因此电子在碰撞前可以看作是静止的. 一个波长为 λ_0 的光子与一个静止电子作弹性碰撞,碰撞后,光子的散射角为 φ,波长为 λ,电子沿某一角度 θ 方向飞出,能量变为 mc^2,动量为 $m\boldsymbol{v}$. 根据能量守恒和动量守恒,有

$$h\nu_0 + m_0 c^2 = h\nu + mc^2 \quad \text{①}$$

$$\frac{h\nu_0}{c} = \frac{h\nu}{c}\cos\varphi + mv\cos\theta \quad \text{②}$$

$$0 = \frac{h\nu}{c}\sin\varphi - mv\sin\theta \quad \text{③}$$

式中 $m = \dfrac{m_0}{\sqrt{1-v^2/c^2}}$,$\lambda_0 = \dfrac{c}{\nu_0}$,$\lambda = \dfrac{c}{\nu}$.

由①、②、③式解得

$$\Delta\lambda = \lambda - \lambda_0 = \frac{2h}{m_0 c}\sin^2\frac{\varphi}{2} = 2\lambda_c \sin^2\frac{\varphi}{2} \quad (14-13)$$

式中 $\lambda_c = \dfrac{h}{m_0 c} = 2.43 \times 10^{-12}$ m,称为电子的**康普顿波长**(Compton wave length),大小与 X 射线波长相当. (14-13)式称为**康普顿散射公式**,表明波长的偏移与散射物的种类及入射光的波长无关,只与散射角 φ 有关,随着 φ 增大,$\Delta\lambda$ 也增大.

康普顿散射的理论和实验完全相符,不仅有力地证明了光的量子性,而且还证实了光子和微观粒子的相互作用过程中,能量守恒和动量守恒仍然适用. 由(14-13)式可见,康普顿散射只有在入射波的波长与电子的康普顿波长可以比拟时才比较显著.

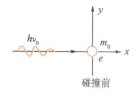
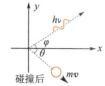
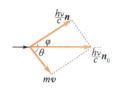

图 14-11 光子与静止的自由电子碰撞

例 14-5

波长为 0.05 nm 的 X 射线与自由电子碰撞,在与入射线成 60°方向观察散射的 X 射线. 求:(1)散射 X 射线的波长;(2)电子获得的动能.

解 (1)由康普顿散射公式

$$\Delta\lambda = 2\lambda_c \sin^2\frac{\varphi}{2} = 2 \times 0.00243 \times \sin^2 30° \text{ nm}$$

$$= 0.00122 \text{ nm}$$

故散射 X 射线的波长为

$$\lambda = \lambda_0 + \Delta\lambda = 0.05 + 0.00122 \text{ nm}$$

$$= 0.05122 \text{ nm}$$

(2)由能量守恒,电子获得的动能为

$$E_k = \frac{hc}{\lambda_0} - \frac{hc}{\lambda} = 6.626 \times 10^{-34} \times 3.0 \times 10^8 \left(\frac{10^{10}}{0.5} - \frac{10^{10}}{0.5122}\right) \text{ eV}$$

$$= 582 \text{ eV}$$

§14.3 玻尔的氢原子理论

14.3.1 氢原子光谱

原子会发光.每种原子均辐射具有一定频率成分的特征光谱,不同原子辐射的特征光谱也不同.原子光谱为研究原子内部结构提供了重要信息.氢原子是结构最简单的原子,在可见光和近紫外区,氢原子的光谱如图 14-12,谱线是线状分立的.1885 年,巴耳末(J. J. Balmer)首先将氢原子光谱线的波长"凑"成简单的公式表示

$$\lambda = B \frac{n^2}{n^2 - 4} \tag{14-14}$$

式中 $B = 364.57$ nm, n 为正整数, $n = 3, 4, 5, \cdots$.

在光谱学中常用**波数**(波长的倒数)$\tilde{\nu} = \frac{1}{\lambda}$ 来表征谱线,它的意义是单位长度内所包含完整波长的数目.则(14-14)式可改写为

$$\tilde{\nu} = \frac{1}{\lambda} = \frac{4}{B}\left(\frac{1}{2^2} - \frac{1}{n^2}\right) = R\left(\frac{1}{2^2} - \frac{1}{n^2}\right) \tag{14-15}$$

上式称为**巴耳末公式**,式中 $R = \frac{4}{B} = 1.096\,775\,8 \times 10^7$ m^{-1},称为里德伯常量(Rydberg constant). 巴耳末公式所表达的一组谱线称为氢原子光谱的**巴耳末系**(Balmer series). 氢原子光谱其他谱线系为

赖曼系 $\tilde{\nu} = R\left(\frac{1}{1^2} - \frac{1}{n^2}\right)$, $n = 2, 3, 4, \cdots$ 紫外区

帕邢系 $\tilde{\nu} = R\left(\frac{1}{3^2} - \frac{1}{n^2}\right)$, $n = 4, 5, 6, \cdots$ 近红外区

布拉开系 $\tilde{\nu} = R\left(\frac{1}{4^2} - \frac{1}{n^2}\right)$, $n = 5, 6, 7, \cdots$ 红外区

普芳德系 $\tilde{\nu} = R\left(\frac{1}{5^2} - \frac{1}{n^2}\right)$, $n = 6, 7, 8, \cdots$ 红外区

这些线系可用一个公式表示

$$\tilde{\nu} = R\left(\frac{1}{k^2} - \frac{1}{n^2}\right) \quad k = 1, 2, 3, \cdots \quad n = k+1, k+2, k+3, \cdots \tag{14-16}$$

称为**广义巴耳末公式**,通常也写成

$$\tilde{\nu} = T(k) - T(n) \tag{14-17}$$

式中 $T(k)$ 和 $T(n)$ 称为**光谱项**. k 值不同,对应不同的谱线系;对同一 k 值,不同的 n 值给出同一谱系的不同谱线.

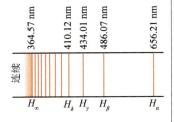

图 14-12 氢原子光谱巴耳末系谱线图

14.3.2 经典原子模型的困难

原子光谱的实验规律确定之后,许多物理学家尝试为原子的内部结构建立一个模型,以解释光谱的实验规律.

一、卢瑟福原子模型

关于原子内部结构问题,在 19 世纪末 20 世纪初曾有过许多设想,但均被实验所否定. 著名的 α 粒子散射实验表明,大多数的 α 粒子通过金箔后不偏折或虽有偏折但散射角很小,可是却有近 1/8 000 的 α 粒子的散射角大于 $90°$,有的甚至接近 $180°$.

卢瑟福(E. Rutherford)认真分析了 α 粒子散射的实验结果,于 1911 年提出了原子的核式模型. 他认为原子具有与太阳系类似的结构. 原子中心是一个带正电荷的原子核,电子绕原子核旋转,实验测出,原子核的半径约为 10^{-14} m. 原子核集中了几乎整个原子的质量,原子核所带正电荷的电荷量和外面围绕着它的所有电子所带的负电荷的电荷量相等,整个原子呈电中性. 这样原子中有相当大的空间,大多数 α 粒子可沿直线通过金属箔,但当某一个 α 粒子进入原子核区域,α 粒子受到强电场力的作用,就出现了大角度散射的现象.

二、经典理论的困难

大量的实验事实表明:原子系统是稳定的,原子的有核模型是正确的,但该模型却无法解释氢原子光谱的实验规律. 经典理论计算结果表明,原子核外单个电子的运动轨道一般是椭圆轨道,其半长轴 a 愈大,电子的动能也愈大,运动周期 T 也愈长,T 与 a 的定量关系是 $T \propto a^{3/2}$. 然而,在经典电磁学看来,电子绕核的运动是加速运动,加速运动应该辐射电磁波,所辐射电磁波的频率等于电子绕核转动的频率. 由于电子辐射电磁波,电子能量逐渐减少,运动轨道越来越小,相应的转动频率越来越高,所以原子光谱应该是连续谱. 电子应最终坠入核中,这个过程的时间一般在 10^{-10} s,因此原子系统应该是一个不稳定系统. 但实验事实表明原子光谱是线状光谱,原子一般处于某一稳定状态. 可见经典理论不可能找到原子光谱和原子内部电子运动的联系,所以用经典理论解释氢原子光谱时遇到了困难.

14.3.3 玻尔氢原子理论

为了解释氢原子光谱的实验规律,1913 年玻尔(N. Bohr)在原子核式模型的基础上,将量子化概念应用于原子系统,提出了三条基本假设.

(1) 定态假设

原子系统只能处于一系列不连续的能量状态,这些状态为原子的稳定状态,简称**定态**(stationary state).原子中处于定态的电子虽然绕核运动,但不辐射能量,定态的能量分别为 $E_1, E_2, E_3, \cdots$.

(2) 频率假设

当原子从一个具有较大能量 E_n 的定态跃迁到另一个具有较低能量 E_k 的定态时,原子辐射一个光子,光子的频率满足

$$E_n - E_k = h\nu \tag{14-18}$$

反之,原子从 E_k 跃迁到 E_n,则需要吸收一个能量为 $h\nu$ 的光子,(14-18) 式称为**频率公式**.

(3) 轨道角动量量子化假设

原子中电子绕核运动的轨道角动量 L 只能是 $\dfrac{h}{2\pi}$ 的整数倍,即

$$L = n\frac{h}{2\pi} \quad n = 1, 2, 3, \cdots \tag{14-19}$$

n 称为量子数,(14-19) 式称为**轨道角动量量子化条件**.

玻尔将上述假设应用于氢原子,计算了氢原子在定态中的轨道半径和能量.他认为电子以核为中心作半径为 r 的圆周运动,向心力为库仑引力.应用库仑定律和牛顿第二定律,有

$$\frac{e^2}{4\pi\varepsilon_0 r^2} = m\frac{v^2}{r} \quad \text{①}$$

又根据角动量量子化条件

$$L = mvr = n\frac{h}{2\pi} \quad n = 1, 2, 3, \cdots \quad \text{②}$$

联立①、②式,消去 v,以 r_n 代替 r,r_n 表示第 n 个定态对应的电子的轨道半径,得

$$r_n = n^2\left(\frac{\varepsilon_0 h^2}{\pi m e^2}\right) \quad n = 1, 2, 3, \cdots \tag{14-20}$$

由 (14-20) 式可知电子轨道半径与量子数 n 的平方成正比,且取值不连续.当 $n=1$ 时,$r_1 = 5.29 \times 10^{-11}$ m,这是氢原子核外电子的最小轨道半径,称为**玻尔半径**(Bohr radius).

当原子以 r_n 为半径绕核运动时,氢原子系统的能量等于电子动能和原子核与电子系统的势能之和,即

$$E_n = \frac{1}{2}mv_n^2 - \frac{e^2}{4\pi\varepsilon_0 r_n} = -\frac{1}{n^2}\left(\frac{me^4}{8\varepsilon_0^2 h^2}\right) \quad n = 1, 2, 3, \cdots$$

$$\tag{14-21}$$

可见,氢原子的定态能量与量子数平方成反比,其能量是量子化的.这种量子化的能量值称为能级.当 $n=1$ 时,有

$$E_1 = -\frac{me^4}{8\varepsilon_0^2 h^2} = -13.6 \text{ eV}$$

这是氢原子的最低能级,称为**基态能级**. $n = 2, 3, 4, \cdots$ 对应的能量称

为**激发态能级**. 氢原子的能量均为负值, 表明原子中的电子处于束缚态, n 值越大, 相邻能级差越小, 能级越密, 当 $n\to\infty$ 时, $E_\infty=0$, 称为**电离态**, 这时电子脱离原子核的束缚而成为自由电子. 因此, 电子从基态到脱离原子核的束缚所需的能量(称为**电离能**)为 13.6 eV, 图 14-13 为氢原子的能级图.

根据玻尔的频率条件和能量公式, 得

$$\nu = \frac{E_n - E_k}{h} = \frac{me^4}{8\varepsilon_0^2 h^3}\left(\frac{1}{k^2} - \frac{1}{n^2}\right)$$

用波数表示

$$\tilde{\nu} = \frac{\nu}{c} = \frac{me^4}{8\varepsilon_0^2 h^3 c}\left(\frac{1}{k^2} - \frac{1}{n^2}\right)$$

式中 $R = \frac{me^4}{8\varepsilon_0^2 h^3 c} = 1.097373 \times 10^7 \text{ m}^{-1}$, 是里德伯常数的理论值, 与实验值符合得很好. 图 14-14 为氢原子能级跃迁图, 图中可见, 从 $n>1$ 的能级跃迁到 $k=1$ 时, 产生赖曼系, 当 $n>2$ 的能级跃迁到 $k=2$ 时, 产生巴耳末系, 其余线系依此类推.

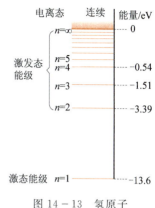

图 14-13 氢原子的能级图

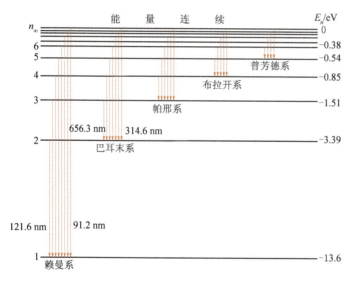

图 14-14 氢原子能级跃迁图

玻尔理论不仅成功地解释了氢原子光谱, 对类氢离子(只有一个电子绕核转动的离子, 如 He^+, Li^{2+}, Be^{3+}, ⋯)的光谱也能很好地说明. 但玻尔理论也有很大的局限性. 首先对于复杂原子(多于一个电子, 如 He、Li 等)光谱, 玻尔理论无法定量处理, 即使对氢原子光谱也不能解决谱线的强度、宽度、偏振等问题. 其根本原因是玻尔理论本身并没有完全脱离经典理论的束缚. 它一方面按经典理论计算电子轨道, 同时又人为地加上与经典物理根本不相容的量子化条件, 对于为什么要加入这一量子化条件, 给不出合理的解释. 因而玻尔理论只能说是半量子、半经典的混合物.

例 14-6

以动能为 12.2 eV 的电子通过碰撞使基态氢原子激发时,最高激发到哪一能级?当回到基态时能产生哪些谱线?分别属于什么线系?

解 设氢原子吸收了 12.2 eV 的能量后由基态跃迁到 E_n 态能级,则

$$E_n = E_1 + 12.2 \text{ eV} = -13.6 + 12.2 \text{ eV}$$
$$= -1.4 \text{ eV}$$

且 $E_n = \dfrac{E_1}{n^2}$,故

$$n = \sqrt{\dfrac{E_1}{E_n}} = \sqrt{\dfrac{-13.6}{-1.4}} = 3.12$$

n 只能取正整数,这表明该原子最高能被激发到 $n=3$ 的激发态。处于激发态的氢原子不稳定,在向低能态跃迁过程中可发出三条不同谱线,这就是从 $n=3$ 的定态到 $n=2$ 的定态,从 $n=2$ 和 $n=3$ 的定态到基态三种跃迁,其波长由(14-16)式可得

$$\tilde{\nu}_1 = 1.097 \times 10^7 \left(\dfrac{1}{2^2} - \dfrac{1}{3^2}\right),$$

$$\lambda_1 = \dfrac{1}{\tilde{\nu}_1} = 657.1 \text{ nm}$$

$$\tilde{\nu}_2 = 1.097 \times 10^7 \left(\dfrac{1}{1^2} - \dfrac{1}{2^2}\right),$$

$$\lambda_2 = \dfrac{1}{\tilde{\nu}_2} = 121.7 \text{ nm}$$

$$\tilde{\nu}_3 = 1.097 \times 10^7 \left(\dfrac{1}{1^2} - \dfrac{1}{3^2}\right),$$

$$\lambda_3 = \dfrac{1}{\tilde{\nu}_3} = 102.7 \text{ nm}$$

λ_1 属于巴耳末系,在可见光区,而 λ_2 和 λ_3 属于赖曼系,在紫外区。

§14.4 实物粒子的波粒二象性

14.4.1 德布罗意波

1924 年,法国青年物理学家德布罗意(L. V. de Broglie)受光的波粒二象性的启发,提出一个大胆的设想。德布罗意认为:一个世纪以来,对光的研究,人们过于强调了其波动性,而忽略了其粒子性,结果导致光电效应、康普顿效应等实验事实无法得到解释。而在对实物粒子的研究上,人们可能犯了完全相反的错误,即过于强调了其粒子性,而忽略了波动性的一面。

基于这种思想,他提出了一个大胆的假设:一切实物粒子(如电子、质子、中子等)都和光子一样,具有**波粒二象性**(wave-particle duality)。将反映光子波粒二象性的公式加以推广,即有

$$E = h\nu = mc^2 \tag{14-22}$$

$$p = \dfrac{h}{\lambda} = mv \tag{14-23}$$

(14-22)式和(14-23)式将描述粒子性的物理量(能量和动量)与

描述波动性的物理量(频率和波长)通过普朗克常量联系起来,称为德布罗意公式或德布罗意假设.和物质粒子相联系的波称为**德布罗意波**(de Broglie wave)或**物质波**(matter wave).实物粒子的运动,既可用能量、动量来描述,也可用频率、波长来描述,有时粒子性表现得突出些,有时波动性表现得突出些.和光波类似,波长越短,粒子性越明显;波长越长,波动性越明显.

根据德布罗意假设,一静质量为 m_0 的粒子(包括宏观粒子和微观粒子),当速度 v 较光速小很多($v \ll c$)时,其德布罗意波长为

$$\lambda = \frac{h}{m_0 v}$$

当速度 v 与光速 c 可以比较时($v \sim c$)时,其德布罗意波长为

$$\lambda = \frac{h}{p} = \frac{h}{m_0 v}\sqrt{1-\frac{v^2}{c^2}}$$

例 14-7

计算下列情况下粒子的德布罗意波长:(1)质量 $m=10$ g,速度 $v=100$ m·s^{-1} 的小球;(2)动能 $E_k = 100$ eV 的电子.

解 (1) 小球的德布罗意波长为

$$\lambda = \frac{h}{m_0 v} = \frac{6.63 \times 10^{-34}}{10 \times 10^{-3} \times 100} \text{ m}$$
$$= 6.63 \times 10^{-34} \text{ m}$$

(2) 因电子动能 E_k(100 eV)远小于电子静能(0.51 MeV),因而该电子可当作非相对论粒子处理

$$\lambda = \frac{h}{\sqrt{2m_0 E_k}}$$
$$= \frac{6.63 \times 10^{-34}}{\sqrt{2 \times 9.1 \times 10^{-31} \times 100 \times 1.6 \times 10^{-19}}} \text{ m}$$
$$= 1.23 \times 10^{-10} \text{ m} = 0.123 \text{ nm}$$

可见,宏观物体的德布罗意波长太短,与其线度不可比拟,因而显示不出其波动性;而对于质量很小的微观粒子,其德布罗意波长已与原子尺度(1 nm 左右)数量级相同,因而波动性已变得非常明显.

14.4.2 德布罗意波的实验证明

德布罗意假设的正确与否,有赖于实验的检验.

衍射现象是波动特有的性质.若能得到实物粒子的衍射图样,也就证实了德布罗意波的存在.

例 14-7 的计算表明,动能数量级为 100 eV 的电子,其德布罗意波长与晶体点阵常数为同一数量级,因此可以利用晶体作为天然光栅来观察电子的衍射现象.

1927 年,戴维孙(C. J. Davisson)和革末(L. A. Germer)通过电子束在晶体表面上散射的实验,观察到了和 X 射线衍射类似的电

子衍射现象,首先证实了电子的波动性.实验装置如图 14-15(a)所示.

电子从灯丝 K 射出,经电压 U 加速后,通过栏板 D 成为一束很细的电子束投射到单晶体 M 上,在晶体表面上反射后,用集电极 B 接收,其电流强度 I 可用与 B 相连的电流计 G 测量.实验中,保持电子束的掠射角 φ 不变,改变加速电压 U,测出相应的电流强度 I,以 $\sqrt{U}$ 为横坐标,I 为纵坐标,实验结果如图 14-15(b)中的 I-$\sqrt{U}$ 曲线所示.

由图可见,电流 I 并不随电势差单调地增大,只有当电压具有某些特定值时电流才有极大值.这一结果是经典粒子理论无法解释的.因为如认为电子是一种粒子,电流与电压的关系不会有若干峰值出现.

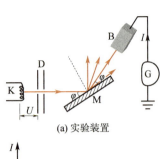

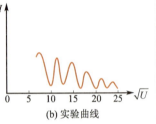

图 14-15 戴维孙-革末实验示意图

如认为电子具有波动性,上述实验事实可获得很好的解释.由于电子的德布罗意波长与 X 射线相近,电子在晶体表面上的反射规律应类似于 X 射线,满足布拉格公式:

$$2d\sin\varphi = k\lambda \qquad k=1,2,\cdots$$

式中 λ 为电子的德布罗意波长,根据德布罗意假设,λ 与加速电压的关系为

$$\lambda = \frac{h}{p} = \frac{h}{\sqrt{2mE_k}} = \frac{h}{\sqrt{2meU}}$$

代入布拉格公式得

$$2d\sin\varphi = k\frac{h}{\sqrt{2me}}\frac{1}{\sqrt{U}} \qquad k=1,2,3,\cdots$$

即加速电压 U 满足上式时,电流强度 I 出现极大值.计算结果表明:满足上式中各个加速电压的特定值与实验结果相符合,从而证实了电子确具有波动性.

同年,汤姆孙(G. P. Thomson)通过电子束透过薄金属箔的实验,观察到了与劳厄斑类似的透射电子衍射图样.进一步证实了德布罗意假设.

此后,人们陆续发现:不仅电子具有波动性,中子、质子、原子、甚至分子等都具有波动性,德布罗意公式对这些粒子同样正确.许多实验事实证明:**一切微观粒子都具有波粒二象性**,德布罗意公式就是描述微观粒子波粒二象性的基本公式.

14.4.3 德布罗意波的应用

在光学中,我们知道:由于受分辨率的制约,光学仪器的放大倍数受到限制.而分辨率与波长成反比,即波长越短,分辨率越高.微观粒子因其波长较短,因而在许多方面有着重要的应用.

电子的德布罗意波长(约为 $10^{-2} \sim 10^{-3}$ nm)比可见光波长(约

500 nm)短得多,若以电子取代可见光作为光源,将大大提高仪器的放大倍数. 以电子为光源的显微镜称为**电子显微镜**(electron microscope). 电子显微镜的放大倍数可达 100 万倍,分辨能力可达 10^{-1} nm 的数量级,在材料科学和医学领域有着广泛的应用,为研究分子结构、晶体缺陷、表面形貌、病毒、细胞等提供了先进的分析手段.

除电子显微镜外,还有很多德布罗意波的应用实例. 例如,由于低能电子穿透深度较 X 光小,所以低能电子衍射被广泛地用于固体表面性质的研究. 由于中子易被氢原子散射,所以中子衍射就被用来研究含氢的晶体等.

14.4.4 德布罗意波的统计解释

在经典物理学中,波和粒子,一个是连续的,一个是分立的,两者是完全不能相容的、截然对立的概念. 所以当德布罗意在他的博士学位论文中首次提出物质波的假设时,许多物理学家都认为这不过是形式上的类比,并没有什么物理上的实质内容. 只有爱因斯坦等少数几人则预感到这一假设的重大意义. 爱因斯坦在得知德布罗意的假设后评论说:"我相信这一假设的意义远远超出了单纯的类比".

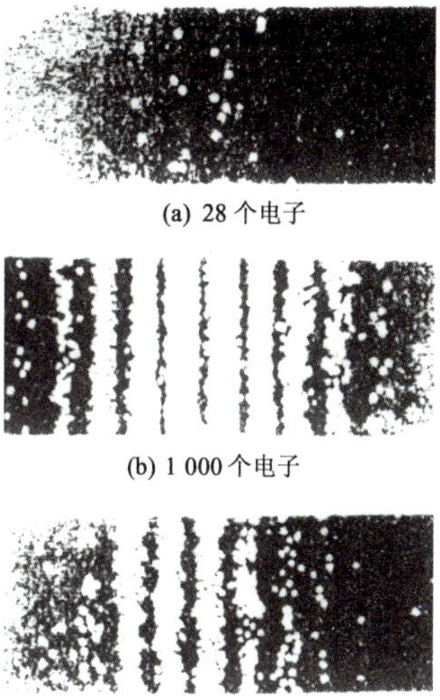

(a) 28 个电子

(b) 1 000 个电子

对德布罗意波的令人信服的解释是玻恩(M. Born)在 1926 年提出的. 此前,爱因斯坦在论述光和电磁波的关系时曾提出电磁场是一种"鬼场",这种场引导光子的运动,而各处电磁波振幅的平方决定在各处单位体积内一个光子存在的概率. 玻恩发展了爱因斯坦的思想,用类似的观点来分析戴维孙-革末实验(即电子衍射图样). 他认为电子流峰值出现(或衍射图样上出现亮条纹)处电子出现的概率大,而不在峰值处电子出现的概率小. 对其他微观粒子衍射图样也可做同样的解释. 个别粒子在何处出现有一定的偶然性,大量粒子在空间不同位置处出现的概率就服从一定的规律,并且形成一些连续的衍射条纹(见图 14-16). 所以微观粒子的空间分布表现为具有连续特征的波动性. 也就是说:**德布罗意波是概率波**. 这就是德布罗意波或微观粒子波动性的统计解释.

(c) 10 000 个电子

图 14-16 电子的双缝衍射照片

§14.5 不确定关系

在经典力学中,质点的运动都沿着一定的轨道,任意时刻质点在轨道上的位置和动量是可以同时确定的. 一般说来,一旦知道了某一时刻粒子的位置和动量,原则上还可以精确地预言在此之后任意时刻粒子的位置和动量. 事实上,在经典力学中,也正是用位置和动量来描述质点的运动状态.

然而,由于实物粒子的波粒二象性,我们已不可能仍用位置和动量来描述其运动状态.因为对于一个粒子,可以谈论其位置和动量;而对于一个概率波,则只能给出粒子在各处出现的概率.也就是说:对于微观粒子,我们只能给出在一定范围内找到粒子的概率,而不能确定粒子一定出现在什么地方.与此相联系,粒子在各时刻的动量也具有不确定的值.粒子位置的不确定量与动量的不确定量之间的关系,可通过电子单缝衍射实验来大致地推导.

如图 14-17 所示,一束电子沿 y 轴方向垂直射入单缝,由于电子具有波动性,经单缝后在检测屏上可以观察到电子衍射图样(类似于单缝衍射光强分布),设单缝宽度为 Δx,根据单缝衍射公式,第一级暗纹对应的衍射角满足下列条件:

$$\Delta x \sin\theta = \lambda \qquad ①$$

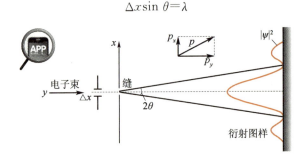

图 14-17 单缝衍射示意图

考虑一个电子通过单缝时的位置和动量,对单个电子来说,我们只知道它是从宽为 Δx 的缝中过去,而无法确切地说它是从缝中哪一点通过的,因此它在 x 方向上的位置不确定量为 Δx.设电子沿 y 轴运动,即它在缝前动量的 x 分量 $p_x=0$.显然,通过缝后,p_x 就不再为零了,否则电子就要沿原方向前进而不会发生衍射现象.通过缝后的电子,我们仍然无法确定它究竟会落在检测屏上何处,它可以出现在中央明条纹范围内的任何地方,还可以出现在一级或二级明条纹内.作为近似,我们先假定电子落在中央明纹范围内,设电子的总动量为 p,x 方向动量为 p_x,其取值范围为

$$0 \leqslant p_x \leqslant p\sin\theta$$

则 p_x 的不确定量为

$$\Delta p_x = p\sin\theta$$

如果把其他次级明纹也考虑进去,则有

$$\Delta p_x \geqslant p\sin\theta \qquad ②$$

由(1)式及德布罗意关系式 $\sin\theta = \dfrac{\lambda}{\Delta x}$,$p = \dfrac{h}{\lambda}$,代入②式得

$$\Delta p_x \geqslant \dfrac{h}{\lambda} \dfrac{\lambda}{\Delta x}$$

即

第 14 章 量子力学基础

$$\Delta x \Delta p_x \geqslant h$$

用量子力学的理论可以更为严格的证明

$$\Delta x \Delta p_x \geqslant \frac{\hbar}{2}$$

其中 $\hbar = \frac{h}{2\pi} = 1.0545887 \times 10^{-34}$ J·s，称为**约化普朗克常量**. 同理，对于其他两个分量，可得类似的关系式，即坐标的不确定量和同方向动量的不确定量满足下列关系式：

$$\Delta x \Delta p_x \geqslant \frac{\hbar}{2} \qquad (14-24)$$

$$\Delta y \Delta p_y \geqslant \frac{\hbar}{2} \qquad (14-25)$$

$$\Delta z \Delta p_z \geqslant \frac{\hbar}{2} \qquad (14-26)$$

这三个公式称为坐标和动量的**不确定关系**（uncertainty relation）. 它表明粒子的位置坐标不确定量越小，则同方向的动量不确定量越大. 同样，某方向上的动量不确定量越小，则此方向上位置的不确定量越大. 如一维运动的自由粒子，其动量 p_x 完全确定，其坐标则完全不能确定. 总之，在确定或测量粒子的位置和动量时，它们的精度存在着一个终极的不可逾越的限制.

根据位置和动量的不确定关系，还可得出时间与能量之间也存在不确定关系.

设粒子动量为 p，能量为 E，根据相对论，有

$$p^2 c^2 = E^2 - m_0^2 c^4$$

其动量的不确定量为

$$\Delta p = \Delta \frac{1}{c} \sqrt{E^2 - m_0^2 c^4} = \frac{E}{c^2 p} \Delta E$$

Δt 时间内，粒子可能发生的位移为 $v \Delta t = \frac{p}{m} \Delta t$，该位移也就是在这段时间内粒子位置坐标的不确定量，即

$$\Delta x = \frac{p}{m} \Delta t$$

将上两式相乘，得

$$\Delta x \Delta p = \frac{E}{mc^2} \Delta E \Delta t$$

由于 $E = mc^2$，再根据不确定关系(14-24)式，可得时间和能量的不确定关系为

$$\Delta E \Delta t \geqslant \frac{\hbar}{2} \qquad (14-27)$$

需要强调的是：所谓不确定关系，仅仅是对于同方向的坐标和动量而言的. 对于不同方向的坐标和动量，不确定关系并不成立，即它们是可以同时有确定值的. 如 $\Delta x \Delta p_y = 0$；$\Delta y \Delta p_z = 0$；…

不确定关系是海森伯(W. Heisenberg)于1927年提出的,因此常被称为海森伯不确定关系或不确定原理,它是微观粒子波粒二象性的必然反映.微观粒子因具有波粒二象性,其运动状态已不能用坐标和动量来描述.若非要用坐标和动量来描述,则因存在不确定关系使这种描述变得不准确,甚至失去意义.

考虑用光来观察粒子的运动轨道,有助于我们对不确定关系的直观理解.表面上看,粒子的运动轨道或抛物线或椭圆可以准确观测.但实际情况并非这么简单,因为光子一旦击中粒子,粒子就会反冲而改变其速度,若逐点观测,我们就会发现由于光子的碰撞,粒子实际上在沿一条曲折的路径运动.假设光的波长可以任意增加,波长越长,光子的能量越低,对粒子的干扰也就越小,但这时又产生了新的困难,光的波长越长,衍射现象越明显,粒子的准确位置也就越不能确定,因而我们始终无法准确观测到粒子的运动轨迹.

例 14-8

质量为 10 g 的子弹,具有 200 m·s^{-1} 的速率,设速率的测量误差为 0.01%,问子弹位置的不确定量有多大?

解 子弹的动量为

$$p = mv = 0.01 \times 200 \text{ kg·m·s}^{-1}$$
$$= 2 \text{ kg·m·s}^{-1}$$

动量的不确定量为

$$\Delta p = m\Delta v = 0.01\% \, p$$
$$= 1.0 \times 10^{-4} \times 2 \text{ kg·m·s}^{-1}$$
$$= 2 \times 10^{-4} \text{ kg·m·s}^{-1}$$

由不确定关系式,可得子弹位置的不确定量为

$$\Delta x \geq \frac{\hbar}{2}\frac{1}{\Delta p} = \frac{6.63 \times 10^{-34}}{4\pi \times 2 \times 10^{-4}} \text{ m} = 2.6 \times 10^{-31} \text{ m}$$

这一不确定量是无法用仪器测出的,因此对于宏观物体,不确定关系实际上不起作用,其运动状态完全可以用坐标和动量来准确描述.

例 14-9

氢原子中的电子在轨道上运动,运动速度 $v = 10^6$ m·s^{-1},位置不确定量 $\Delta x = 10^{-10}$ m(原子半径),求电子速度的不确定量.

解 根据不确定关系

$$\Delta v \geq \frac{\hbar}{2m\Delta x} = \frac{6.63 \times 10^{-34}}{4\pi \times 9.1 \times 10^{-31} \times 10^{-10}} \text{ m·s}^{-1}$$
$$= 0.58 \times 10^6 \text{ m·s}^{-1}$$

这一速度不确定量已与电子本身的速度同一数量级,这表明所谓电子速度的概念实际上已失去了意义.也就是说,微观粒子的运动状态已不能用坐标和动量来准确地描述.

例 14 – 10

(1) J/Ψ 粒子的静能为 3 100 MeV，寿命为 $5.2×10^{-21}$ s，它的能量不确定量多大？占静能的几分之几？(2) ρ 介子的静能是 765 MeV，寿命是 $2.2×10^{-24}$ s，它的能量不确定量多大？又占静能的几分之几？

解 由（14 – 27）式，取等号可得 $\Delta E = \dfrac{\hbar}{2\Delta t}$，此处 Δt 即粒子的寿命．

(1) 对 J/Ψ 粒子

$$\Delta E = \dfrac{\hbar}{2\Delta t} = \dfrac{1.05×10^{-34}}{2×5.2×10^{-21}×1.6×10^{-13}} \text{ MeV}$$
$$= 0.063 \text{ MeV}$$

$$\dfrac{\Delta E}{E} = \dfrac{0.063}{3\ 100} = 2.0×10^{-5}$$

(2) 对 ρ 介子

$$\Delta E = \dfrac{\hbar}{2\Delta t} = \dfrac{1.05×10^{-34}}{2×2.2×10^{-24}×1.6×10^{-13}} \text{ MeV}$$
$$= 150 \text{ MeV}$$

$$\dfrac{\Delta E}{E} = \dfrac{150}{765} = 0.20$$

可见，粒子的寿命越长（Δt 越大），即时间的不确定量越大，能量的不确定量越小；反之，粒子的寿命越短（Δt 越小），能量的不确定量越大．

§14.6 薛定谔方程

14.6.1 波函数 概率密度

一、波函数

由于微观粒子的波粒二象性，已不能用描述经典粒子运动状态的物理量——位置和动量来准确描述其运动状态，那么如何描述微观粒子的运动状态呢？

波的行为通常用波函数来描述，由波动理论，平面谐波的波函数为

$$Y(x,t) = A\cos 2\pi\left(\nu t - \dfrac{x}{\lambda}\right)$$

写成复数形式

$$Y(x,t) = A\mathrm{e}^{-\mathrm{i}2\pi(\nu t - \frac{x}{\lambda})}$$

式中 $Y(x,t)$ 视波的类型不同而代表不同的物理量．对于机械波，Y 代表位移；对于电磁波，Y 代表电场强度 E 或磁场强度 H．但对于物质波，Y 又代表什么呢？

一个具有动量 p 和能量 E 的自由粒子，其德布罗意波的波长和频率可表示为

$$\lambda = \frac{h}{p}; \quad \nu = \frac{E}{h}$$

将反映粒子性的物理量 p、E 代替上述波动方程中的 ν 和 λ，将 $Y(x,t)$ 换成 $\psi(x,t)$ 得

$$\psi(x,t) = A e^{-i\frac{2\pi}{h}(Et-px)} = A e^{-\frac{i}{\hbar}(Et-px)} \quad (14-28)$$

若所考虑的自由粒子不是沿 x 方向运动，而是作三维运动，则其波函数为

$$\psi(\boldsymbol{r},t) = A e^{-\frac{i}{\hbar}(Et-\boldsymbol{p}\cdot\boldsymbol{r})} \quad (14-29)$$

式中 $\psi(\boldsymbol{r},t)$ 称为波函数(wave function)，它是位置和时间的函数，A 是波函数的振幅。由(14-29)式可见，波函数中既有反映波动性的波函数形式，又有反映粒子性的物理量 E 和 p，因此可用以描述具有波粒二象性的微观粒子的运动状态。

二、概率密度

如前所述，德布罗意波是概率波，但如何定量地描述微观粒子的空间概率分布呢？

玻恩在提出德布罗意波的统计解释时就解决了这一问题。玻恩假定：波函数的平方代表粒子的概率密度，即在时刻 t，点 (x,y,z) 附近单位体积内发现粒子的概率。写成数学表达式如下：

$$w = \frac{dW}{dV} = |\psi(x,y,z,t)|^2 = \psi\psi^* \quad (14-30)$$

其中 w 代表概率密度，W 代表概率，因 ψ 为复数，$|\psi|^2$ 等于波函数与其共轭复数的乘积。这就是玻恩对物质波波函数的完整表述。由此可见，经典波和物质波有着本质的区别，经典波波函数有自身的物理意义且可直接测量；而物质波波函数本身并没有什么直观的物理内容，也无法由实验直接测量，只有 $|\psi|^2$ 才有具体的物理意义。

三、波函数的标准化条件

由(14-30)式，dV 体积内粒子出现的概率为

$$dW = w dV = |\psi|^2 dV = \psi\psi^* dV$$

积分可得粒子在某一体积 V 内出现的概率为

$$W = \int dW = \iiint_V |\psi|^2 dV \quad (14-31)$$

若积分区域 V 遍及整个空间，粒子出现的概率当然等于1，即

$$\iiint_V |\psi|^2 dV = 1 \quad (14-32)$$

(14-32)式称为波函数的**归一化**条件。

由于在空间某处粒子出现的概率只能有一个值，且该值不能无限大，所以波函数必须是单值有限的；又由于概率不会在某处发生突变，因此波函数应该是连续的。

波函数必须是**单值**、**有限**、**连续**函数，称为波函数的**标准化**条件.

由于$|\psi|^2$代表物质波的概率密度，因而任何一个常数与波函数之积$C\psi$和ψ表示相同的概率分布(两者相对概率相同).因此，$C\psi$与ψ描述的是同一个物质波，其区别仅仅是归一化与非归一化而已.这一点也与经典波不同，若经典波波幅增加C倍，其能量为原来的C^2倍，两者是完全不同的波动状态.

14.6.2　薛定谔方程

一、薛定谔方程的引入

既然波函数可用以描述微观粒子的运动状态，那么如何得到波函数的具体形式就成了解决微观粒子运动问题的关键所在.

要求解波函数，当然先要列出波函数所满足的微分方程，1925年，薛定谔(E. Schrödinger)连"猜"带"凑"，得出了这一方程，称为薛定谔方程(Schrödinger equation).

薛定谔方程之所以需要连"猜"带"凑"，而不能严格推导，是因为薛定谔方程在量子力学中的地位和作用相当于牛顿方程在经典力学中的地位和作用，作为量子力学最基本的方程，不可能由其他方程推导出来，它只能先作为一个基本假设提出，然后通过实验来检验假设的正确与否.

下面我们从一维运动的自由粒子波函数入手引入薛定谔方程.

一维自由粒子的波函数为

$$\psi(x,t)=A\mathrm{e}^{-\frac{\mathrm{i}}{\hbar}(Et-px)}$$

对上式分别求x的二阶导数及t的一阶导数，得

$$\frac{\partial^2\psi}{\partial x^2}=-\frac{p^2}{\hbar^2}\psi$$

$$\frac{\partial\psi}{\partial t}=-\frac{\mathrm{i}}{\hbar}E\psi$$

在非相对论情况下，$E=\dfrac{p^2}{2m}$，代入以上两式得

$$\mathrm{i}\hbar\frac{\partial\psi}{\partial t}=-\frac{\hbar^2}{2m}\frac{\partial^2\psi}{\partial x^2} \quad (14-33)$$

这就是一维自由粒子波函数所遵循的微分方程，称为一维自由粒子含时的薛定谔方程.

若粒子处于外力场中(非自由粒子)，粒子的总能量E应是动能和势能之和，即

$$E=\frac{p^2}{2m}+U(x,t)$$

作类似的运算，可得

$$i\hbar \frac{\partial \psi}{\partial t} = -\frac{\hbar^2}{2m}\frac{\partial^2 \psi}{\partial x^2} + U\psi \qquad (14-34)$$

(14-34)式称为外力场中一维运动粒子的含时薛定谔方程. 可将其推广至三维的情况, 得三维运动粒子的薛定谔方程为

$$i\hbar \frac{\partial \psi}{\partial t} = -\frac{\hbar^2}{2m}\nabla^2 \psi + U\psi \qquad (14-35)$$

式中 ∇^2 称为拉普拉斯算符, 在直角坐标系中, $\nabla^2 = \frac{\partial^2}{\partial x^2} + \frac{\partial^2}{\partial y^2} + \frac{\partial^2}{\partial z^2}$. $U = U(\mathbf{r}, t) = U(x, y, z, t)$, 令

$$\hat{H} = -\frac{\hbar}{2m}\nabla^2 + U(x, y, z, t)$$

称为**哈密顿算符**(Hamiton operator), 则薛定谔方程可简写为

$$i\hbar \frac{\partial}{\partial t}\psi(x, y, z, t) = \hat{H}\psi(x, y, z, t) \qquad (14-36)$$

只要势能函数 $U(x, y, z, t)$ 的具体形式已知, 原则上就可根据薛定谔方程及初始和边界条件求解波函数, 从而给出粒子在不同时刻、不同位置处出现的概率密度.

薛定谔方程提出后不久, 就被应用于解决电子、原子、分子运动等许多实际问题中, 均获得了成功. 迄今为止, 对于低能量的(非相对论)微观系统, 由薛定谔方程所得出的所有结论都与实验相符. 充分说明作为量子力学的基本方程, 当描述**微观低速**物体的运动规律时, 薛定谔方程的正确性勿容置疑.

二、定态薛定谔方程

当势能函数与时间无关时, 即 $U = U(x, y, z)$, 可将波函数分离变量, 则 $\psi(x, y, z, t)$ 可写成空间部分和时间部分的乘积.

$$\psi(x, y, z, t) = \Psi(x, y, z) f(t) \qquad (14-37)$$

代入(14-35)式, 整理可得

$$\left[-\frac{\hbar^2}{2m}\nabla^2 \Psi + U(x, y, z)\Psi(x, y, z)\right]\frac{1}{\Psi(x, y, z)} = i\hbar \frac{\partial f(t)}{\partial t}\frac{1}{f(t)}$$

等式左边仅是坐标的函数, 右边仅是时间的函数, 要使等式恒成立, 只有两边都等于同一常数才有可能, 以 E 表示这一常数, 则有

$$i\hbar \frac{\partial f(t)}{\partial t}\frac{1}{f(t)} = E \qquad (14-38)$$

$$\left[-\frac{\hbar^2}{2m}\nabla^2 \Psi + U(x, y, z)\Psi(x, y, z)\right]\frac{1}{\Psi(x, y, z)} = E \qquad (14-39)$$

解方程(14-38)式可得波函数的时间部分

$$f(t) = c e^{-\frac{i}{\hbar}Et} \qquad (14-40)$$

与一维运动自由粒子的波函数(14-28)式对比可知, E 实际上代表粒子的能量.

由(14-39)式可得波函数的空间部分满足的方程为：

$$-\frac{\hbar^2}{2m}\nabla^2\Psi(x,y,z)+U(x,y,z)\Psi(x,y,z)=E\Psi(x,y,z)$$

或

$$\hat{H}\Psi(x,y,z)=E\Psi(x,y,z) \quad (14-41)$$

显然，只有已知势能函数的具体形式 $U(x,y,z)$，才能求解 $\Psi(x,y,z)$. 将(14-40)式代入(14-37)式，并将常数 c 并入 $\Psi(x,y,z)$ 得

$$\psi(x,y,z,t)=\Psi(x,y,z)e^{-\frac{i}{\hbar}Et} \quad (14-42)$$

则粒子在空间出现的概率密度为

$$|\psi(x,y,z,t)|^2=\psi\psi^*=|\Psi(x,y,z)|^2$$

上式与时间无关，表明在空间中任一点发现粒子的概率是定值，这种波函数描述粒子的稳定态，简称**定态**(stationary state)，相应的波函数称为**定态波函数**(stationary state wave function)，方程(14-41)式则称为**定态薛定谔方程**. 对于定态而言，由于波函数的时间部分都相同. 因而只需求其空间部分即可.

14.6.3 一维无限深方势阱

由上面的讨论可知，已知势能函数的具体形式，原则上就可由薛定谔方程求出波函数. 但实际上，当 $U(x,y,z)$ 的形式较为复杂时，薛定谔方程的数学求解十分困难. 因此，为使薛定谔方程变得可解，经常需要通过一些简化的物理模型，先将势能函数的形式简化.

金属中的电子被限定在金属内部自由运动，如要逸出金属表面则必须克服正电荷的引力做功，因而并不是完全自由的. 从势能的角度，我们可以将其抽象为下列物理模型：在金属内部，势能为 0，而在表面处势能突然增至电子无法逾越的无穷大. 因而金属中的自由电子可以认为处于以金属表面为边界的无限深势阱中. 因此，一维无限深方势阱的势能函数为

$$U(x)=\begin{cases} 0 & 0<x<a \\ \infty & x\leqslant 0, x\geqslant a \end{cases}$$

其中 a 称为势阱宽度，其势能曲线如图 14-18 所示.

对于一维无限深势阱中运动的粒子，位于阱外的概率为 0，即

$$\Psi(x)=0 \quad (x\leqslant 0, x\geqslant a)$$

在阱内，以 $U=0$ 代入一维定态薛定谔方程得

$$-\frac{\hbar^2}{2m}\frac{d^2\Psi}{dx^2}=E\Psi$$

令

$$k^2=\frac{2mE}{\hbar^2} \quad ①$$

方程可改写为

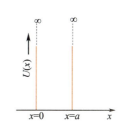

图 14-18 一维无限深势阱示意图

$$\frac{d^2\Psi}{dx^2}+k^2\Psi=0$$

其通解为

$$\Psi(x)=A\sin(kx+\delta) \qquad ②$$

式中 A,δ 为两个待定常数,由波函数的标准化条件及归一化性质决定.因为在阱壁上波函数必须连续,即

$\Psi(0)=0$ $\Psi(a)=0$ 代入②得

$\Psi(0)=A\sin\delta=0$ 即 $\delta=0$

$\Psi(a)=A\sin ka=0$ 即 $ka=n\pi$, $(n=1,2,3,\cdots)$

将波函数归一化

$$\int_{-\infty}^{\infty}|\Psi(x)|^2 dx=\int_{0}^{a}|\Psi(x)|^2 dx=A^2\int_{0}^{a}\sin^2\frac{n\pi x}{a}dx=1$$

可得 $A=\sqrt{\frac{2}{a}}$,可见一维无限深势阱中运动的粒子,其归一化定态波函数为

$$\Psi(x)=0 \qquad x\leqslant 0,x\geqslant a$$
$$\Psi(x)=\sqrt{\frac{2}{a}}\sin\frac{n\pi x}{a} \qquad 0<x<a \qquad (14-43)$$

将 k 值代入①中,得到能量的表达式

$$E_n=\frac{\hbar^2 k^2}{2m}=\frac{n^2\pi^2\hbar^2}{2ma^2} \qquad n=1,2,3,\cdots \qquad (14-44)$$

(14-44)式说明:一维无限深势阱中运动的粒子,其能量是量子化的.注意此处的量子化是求解薛定谔方程时波函数必须满足标准化条件的自然结果,而不是人为的假设.

图 14-19 给出了 $n=1,2,3,4$ 时波函数 $\Psi(x)$,概率密度 $|\Psi|^2$ 和能级的关系曲线.实线表示 $\Psi-x$ 关系,虚线表示 $|\Psi|^2-x$ 关系,由图可见,尽管在阱内粒子是自由的,但在阱中不同位置粒子出现的概率并不相同,波函数在阱中形成驻波,在阱壁处只能为波节.

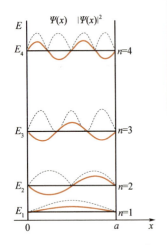

图 14-19 一维无限深势阱中的波函数、概率密度和能级

14.6.4 一维方势垒 隧道效应

粒子处在外场中,势能函数为

$$U(x)=\begin{cases}U_0 & 0\leqslant x\leqslant a \\ 0 & x<0,x>a\end{cases}$$

势能曲线如图 14-20 所示,其中 a 为势垒宽度,U_0 为势垒高度,势能分布被形象地称为一维方势垒.虽然方势垒只是一种简化的模型,但却是计算一维运动粒子被任意势场散射的基础.

设质量为 m,能量为 E 的粒子沿 x 轴定向入射势垒,若 $E>U_0$,无论经典力学或量子力学都将得出粒子可以从 I 区越过势垒到达 III 区的结论,因而我们只讨论 $E<U_0$ 的情况.

根据势能函数,列出三个区域内的定态薛定谔方程分别为

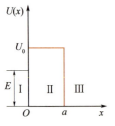

图 14-20 一维方势垒

Ⅰ 区 $-\dfrac{\hbar^2}{2m}\dfrac{d^2\Psi_1}{dx^2}=E\Psi_1$ $x<0$

Ⅱ 区 $-\dfrac{\hbar^2}{2m}\dfrac{d^2\Psi_2}{dx^2}+U_0\Psi_2=E\Psi_2$ $0<x<a$

Ⅲ 区 $-\dfrac{\hbar^2}{2m}\dfrac{d^2\Psi_3}{dx^2}=E\Psi_3$ $x>a$

令 $k_1^2=\dfrac{2mE}{\hbar^2}$，$k_2^2=\dfrac{2m(U_0-E)}{\hbar^2}$ 代入方程整理，得

$$\begin{cases}\dfrac{d^2\Psi_1}{dx^2}+k_1^2\Psi_1=0\\ \dfrac{d^2\Psi_2}{dx^2}-k_2^2\Psi_2=0\\ \dfrac{d^2\Psi_3}{dx^2}+k_1^2\Psi_3=0\end{cases}$$

其通解为

$$\Psi_1(x)=Ae^{ik_1x}+A'e^{-ik_1x} \qquad (14-45a)$$
$$\Psi_2(x)=Be^{k_2x}+B'e^{-k_2x} \qquad (14-45b)$$
$$\Psi_3(x)=Ce^{ik_1x}+C'e^{-ik_1x} \qquad (14-45c)$$

连同波函数的时间部分，(14-45a)式、(14-45c)式中的第一项均表示沿 x 轴正方向传播的平面波，第二项均表示沿 x 轴负方向传播的反射波，由于粒子到达Ⅲ区后不会再有反射，因此 $C'=0$，其他 5 个常数可由波函数的标准化条件求得。值得注意的是 $C\neq 0$，即 $\Psi_3\neq 0$，表明粒子有一定的概率穿过势垒。这一点与经典力学有显著的区别，在经典力学中，若粒子的能量小于势垒高度，即 $E<U_0$，粒子是不可能穿越势垒的。

粒子能穿透比其能量更大的势垒的现象称为**隧道效应**(tunneling effect)，图 14-21 表示粒子在 3 个区域中波函数的情况，通常用透射系数表征粒子穿透势垒的概率，透射系数定义为 $x=a$ 处透射波模平方与入射波模平方之比，计算可得

$$T=\dfrac{C^2}{A^2}\propto e^{-\dfrac{2a}{\hbar}\sqrt{2m(U_0-E)}} \qquad (14-46)$$

可见，势垒宽度 a 越小，粒子的质量 m 越小或势垒高度与粒子的能量差 (U_0-E) 越小时，粒子的透射系数就越大；当势垒很宽，粒子质量很大或能量差很大时，粒子穿透势垒的概率几乎为 0，量子力学与经典力学的结论趋于一致。

微观粒子的隧道效应已被大量实验所证实，并已广泛应用于现代科技中。例如，α 粒子从放射性核中释放出来就是隧道效应的结果，电子的冷发射(在强电场作用下电子从金属内逸出)，半导体和超导体隧道器件(隧道二极管等)，以及扫描隧穿显微镜等，其基本原理都是隧道效应。

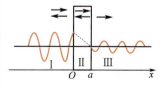

图 14-21 隧道效应

14.6.5 一维线性谐振子 *宇称

谐振子是量子理论中一个很有用的模型,广泛应用于固体中分子、原子振动的研究.

一维线性谐振子的势能函数为

$$U = \frac{1}{2}kx^2 = \frac{1}{2}m\omega^2 x^2$$

其中 k 为劲度系数;m 为振子质量;$\omega = \sqrt{\frac{k}{m}}$ 为振子的角频率.

因势能函数 U 不显含时间,因而属于定态问题,一维谐振子的定态薛定谔方程为

$$-\frac{\hbar^2}{2m}\frac{d^2\Psi}{dx^2} + \frac{1}{2}kx^2\Psi = E\Psi \quad (14-47)$$

因数学求解相当复杂,此处从略,这里直接给出计算结果.

满足(14-47)式的归一化定态波函数为

$$\Psi_n = \left(\frac{\alpha}{2^n n! \sqrt{\pi}}\right)^{\frac{1}{2}} (-1)^n e^{\frac{1}{2}\alpha^2 x^2} \frac{d^n}{d(\alpha x)^n}(e^{-\alpha^2 x^2}) \quad (14-48)$$

式中

$$\alpha = \sqrt{\frac{m\omega}{\hbar}}$$

同时,为使波函数满足标准化条件,谐振子的能量必须满足下列量子化条件:

$$E_n = \left(n + \frac{1}{2}\right)\hbar\omega = \left(n + \frac{1}{2}\right)h\nu \quad n = 0, 1, 2, \cdots \quad (14-49)$$

由(14-48)式和(14-49)式,可给出一维谐振子各态的能量及波函数(见表 14.2).

表 14.2 一维谐振子几个低能态的能量和波函数

量子态	量子数	能量	波函数
基态	$n=0$	$E_0 = \frac{1}{2}\hbar\omega$	$\Psi_0 = \sqrt{\frac{\alpha}{\sqrt{\pi}}} e^{-\frac{1}{2}\alpha^2 x^2}$
第一激发态	$n=1$	$E_1 = \frac{3}{2}\hbar\omega$	$\Psi_1 = \sqrt{\frac{\alpha}{2\sqrt{\pi}}} e^{-\frac{1}{2}\alpha^2 x^2} \cdot 2\alpha x$
第二激发态	$n=2$	$E_2 = \frac{5}{2}\hbar\omega$	$\Psi_2 = \sqrt{\frac{\alpha}{2\sqrt{\pi}}} e^{-\frac{1}{2}\alpha^2 x^2} \cdot (2\alpha^2 x^2 - 1)$
…	…	…	…

由上表可见,Ψ_0、Ψ_2 等波函数是 x 的偶函数,即 $\Psi(x) = \Psi(-x)$.我们称这些波函数具有**偶宇称**(even parity);而 Ψ_1、Ψ_3 等波函数是 x 的奇函数,即 $\Psi(-x) = -\Psi(x)$,我们称这些波函数具有**奇宇称**(odd parity).上述定义可以推广至多个粒子组成的体系及三

维运动的情况. 若
$$\psi(-\boldsymbol{r}_1,-\boldsymbol{r}_2,\cdots,t)=\psi(\boldsymbol{r}_1,\boldsymbol{r}_2,\cdots t)$$
则称该波函数具有偶宇称, 如果有
$$\psi(-\boldsymbol{r}_1,-\boldsymbol{r}_2,\cdots,t)=-\psi(\boldsymbol{r}_1,\boldsymbol{r}_2,\cdots,t)$$
则称该波函数具有奇宇称.

由表 14.2 可见, 微观谐振子与经典谐振子有很大的不同, 经典谐振子的能量是连续的, 且最小能量为 0, 此时经典谐振子静止在平衡位置处; 而微观谐振子的能量只能取分立的值, 最小能量为 $E_0=\frac{1}{2}\hbar\omega$, 称为谐振子的**零点能**(zero-point energy). 说明微观谐振子即使在绝对零度时, 其能量也不等于 0, 即微观谐振子不可能完全静止. 由 (14-49) 式还可看出: 虽然普朗克的能量量子化假设解释了黑体辐射问题, 为量子力学的创立迈出了革命性的第一步, 但普朗克的假设并不完全准确. 按照普朗克假设, 振子能量为 $n\hbar\omega$, 与量子力学的计算结果有 $\frac{1}{2}\hbar\omega$ 的偏差. 但由于普朗克假设得出能量改变只能是 $\hbar\omega$ 的整数倍的结论与量子力学一致, 因而普朗克的理论仍然能够很好地解释黑体辐射能谱.

量子力学理论的进一步分析表明: 当量子数 n 较小时, 量子力学与经典力学差别明显, 但当 n 很大时, 量子力学与经典力学的结论趋于一致, 且 n 越大, 两者的差别越小. 以能量 $E_n=\left(n+\frac{1}{2}\right)\hbar\omega$ 为例, 当 n 很大时, 其能量的改变量 $\hbar\omega$ 相对于 E_n 而言微不足道, 这时当然可以认为能量是连续变化的, 而这正是经典力学的结论. 可见量子力学和相对论一样, 并未否定经典力学, 而是在更深层次上描述了物质世界的客观规律.

§14.7 算符与平均值

14.7.1 算符的本征值和本征函数

通俗地说, 算符就是一种运算符号, 常用字母上方加 "∧" 表示, 例如 $\hat{P},\hat{T}$ 等. 当把算符作用在函数 u 上后, 可使该函数变成另一个函数 v, 写成
$$\hat{P}u=v \tag{14-50}$$
例如 $\frac{\mathrm{d}}{\mathrm{d}x}$, $\sqrt{}$ 等都是算符.

如果算符 $\hat{Q}$ 作用在函数 Ψ_i 上的结果, 等于常数 λ 乘同一函数,

即
$$\hat{Q}\Psi_i = \lambda \Psi_i \qquad (14-51)$$

则称常数 λ 为算符 $\hat{Q}$ 的**本征值**(eigen value),函数 Ψ_i 为算符 $\hat{Q}$ 的**本征函数**,方程(14-51)称为算符 $\hat{Q}$ 的**本征方程**. 如果算符 $\hat{Q}$ 中含有对变量 x 的微商,则 $\hat{Q}$ 的本征方程就是一个微分方程. 因此,如果已知算符 $\hat{Q}$ 的具体形式要求 $\hat{Q}$ 的本征函数 Ψ_i,实际上就是解 $\hat{Q}$ 的本征方程. 但对于具体的物理问题,往往要求 Ψ_i 必须满足一定的边界条件,这样常数 λ 的取值就不一定是任意的,可能仅仅对 λ 的某些特定值,方程(14-51)才有符合边界条件的非零解. 因此,算符的本征值和本征函数可在解本征方程(14-51)的过程中同时求出. 对于每一个本征值 λ_i,算符 $\hat{Q}$ 就有一个(或几个)本征函数 Ψ_i,我们称 Ψ_i 是算符 $\hat{Q}$ 的属于本征值 λ_i 的本征函数. 如在薛定谔方程 $\hat{H}\Psi_i = E_i \Psi_i$ 中,Ψ_i 就是算符 $\hat{H}$ 的属于本征值 E_i 的本征函数.

14.7.2 力学量的算符表示

一、对应原理

有了前面关于算符的知识,我们再来介绍力学量的算符表示.

为此,先从动量为确定值 p_x 的一维自由粒子入手进行讨论. 动量为确定值 p_x 的一维自由粒子的波函数为

$$\Psi_{p_x}(x) = A e^{\frac{i}{\hbar}p_x x}$$

由于属于定态,此处略去了波函数中的时间因子部分. 对上式两边求导,得

$$\frac{\partial \Psi_{p_x}(x)}{\partial x} = \frac{i}{\hbar} p_x \Psi_{p_x}(x)$$

或写作

$$\left(-i\hbar \frac{\partial}{\partial x}\right)\Psi_{p_x}(x) = p_x \Psi_{p_x}(x) \qquad (14-52)$$

(14-52)式正是算符 $\left(-i\hbar \dfrac{\partial}{\partial x}\right)$ 的本征方程,而 $\Psi_{p_x}(x)$ 是算符 $-i\hbar \dfrac{\partial}{\partial x}$ 属于本征值 p_x 的本征函数. 可见,动量的 x 分量 p_x 和算符 $\left(-i\hbar \dfrac{\partial}{\partial x}\right)$ 相对应.

令 $\hat{p}_x = -i\hbar \dfrac{\partial}{\partial x}$,称为动量的 x 分量算符,则上述对应关系可表达为

$$p_x \to \hat{p}_x = -i\hbar \frac{\partial}{\partial x} \qquad (14-53a)$$

同理可得动量的 y 分量和 z 分量算符分别为

$$\hat{p}_y = -i\hbar \frac{\partial}{\partial y} \qquad (14-53b)$$

$$\hat{p}_z = -i\hbar \frac{\partial}{\partial z} \quad (14-53c)$$

故动量算符为 $\hat{\boldsymbol{p}} = \hat{p}_x \boldsymbol{i} + \hat{p}_y \boldsymbol{j} + \hat{p}_z \boldsymbol{k} = -i\hbar \left(\frac{\partial}{\partial x} \boldsymbol{i} + \frac{\partial}{\partial y} \boldsymbol{j} + \frac{\partial}{\partial z} \boldsymbol{k} \right)$, 即

$$\hat{\boldsymbol{p}} = -i\hbar \nabla \quad (14-54)$$

显然,坐标算符就是坐标本身,即

$$\hat{x} = x, \quad \hat{y} = y, \quad \hat{z} = z \quad (14-55)$$

或

$$\hat{\boldsymbol{r}} = \boldsymbol{r}$$

经典力学中,任何力学量 Q 均可表述为坐标和动量的函数,即 $Q = Q(\boldsymbol{r}, \boldsymbol{p})$,因而任何力学量总可以用一个对应的算符 $\hat{Q}$ 来表示,可见力学量与算符存在着普遍的对应关系.

二、力学量算符

力学量算符 $\hat{Q}$ 的构成十分简单,只要先写出经典力学中力学量 Q 与基本力学量 $\boldsymbol{r}, \boldsymbol{p}$ 之间的关系 $Q(\boldsymbol{r}, \boldsymbol{p})$,然后把基本力学量 $\boldsymbol{r}$ 和 $\boldsymbol{p}$ 统统换上与之对应的算符 $\boldsymbol{r}$ 和 $-i\hbar \nabla$,就可得到与力学量 $Q(\boldsymbol{r}, \boldsymbol{p})$ 对应的算符 $\hat{Q}(\boldsymbol{r}, -i\hbar \nabla)$. 据此我们很容易导出一些常用的力学量算符.

动能算符:由 $T = \frac{p^2}{2m}$ 得, $\hat{T} = \frac{\hat{p}^2}{2m} = \frac{(-i\hbar \nabla) \cdot (-i\hbar \nabla)}{2m}$

即

$$\hat{T} = -\frac{\hbar^2 \nabla^2}{2m} \quad (14-56)$$

势能算符: $\quad \hat{U}(\boldsymbol{r}) = U(\boldsymbol{r}) \quad (14-57)$

能量算符:由 $H = T + U$,得

$$\hat{H} = \hat{T} + \hat{U} = -\frac{\hbar^2 \nabla^2}{2m} + U \quad (14-58)$$

角动量及其分量算符:由 $\boldsymbol{L} = \boldsymbol{r} \times \boldsymbol{p}$,及 $L_x = yp_z - zp_y, L_y = zp_x - xp_z, L_z = xp_y - yp_x$,得

$$\hat{\boldsymbol{L}} = \boldsymbol{r} \times (-i\hbar \nabla) = -i\hbar (\boldsymbol{r} \times \nabla) \quad (14-59)$$

$$\hat{L}_x = y\hat{p}_z - z\hat{p}_y = -i\hbar \left(y \frac{\partial}{\partial z} - z \frac{\partial}{\partial y} \right)$$

$$\hat{L}_y = z\hat{p}_x - x\hat{p}_z = -i\hbar \left(z \frac{\partial}{\partial x} - x \frac{\partial}{\partial z} \right) \quad (14-60)$$

$$\hat{L}_z = x\hat{p}_y - y\hat{p}_x = -i\hbar \left(x \frac{\partial}{\partial y} - y \frac{\partial}{\partial x} \right)$$

利用力学量算符,可将本征方程写成更为简单明了的形式.

如动量 x 分量算符的本征方程(14-52)式可简写为

$$\hat{p}_x \Psi = p_x \Psi \quad (14-61)$$

能量算符的本征方程为

$$\hat{H} \Psi = E \Psi$$

这正是定态薛定谔方程(14-41)式.

例 14-11

证明一维自由粒子的定态波函数 $\Psi_{p_x}(x) = A e^{\frac{i}{\hbar} p_x x}$ 是动能算符 $\hat{T}$ 的本征函数,并求出 $\hat{T}$ 的本征值.

证明 据(14-56)式,一维运动粒子的动能算符为 $\hat{T} = -\frac{\hbar^2}{2m} \frac{d^2}{dx^2}$,将其作用于 $\Psi_{p_x}(x)$ 上可得

$$\hat{T} \Psi_{p_x}(x) = -\frac{\hbar^2}{2m} \frac{d^2}{dx^2}(A e^{\frac{i}{\hbar} p_x x}) = \frac{p_x^2}{2m} \Psi_{p_x}(x)$$

显然,这正是动能算符 $\hat{T}$ 的本征方程,Ψ_{p_x} 为本征函数,$\frac{p_x^2}{2m}$ 为本征值. 可见 $\Psi_{p_x}(x)$ 既是动量算符 $\hat{p}_x$ 的本征函数,又是动能算符 $\hat{T}$ 的本征函数.

14.7.3 态叠加原理

薛定谔方程是一个线性微分方程,因此如果 $\Psi_1, \Psi_2, \cdots$,分别是方程的解,则它们的线性组合

$$\Psi = c_1 \Psi_1 + c_2 \Psi_2 + \cdots + c_n \Psi_n = \sum_{i=1}^n c_i \Psi_i \quad (14-62)$$

也一定是方程的解,式中 $c_1, c_2, \cdots, c_n$ 是任意常数. (14-62)式的物理意义是:如果 $\Psi_1, \Psi_2, \cdots, \Psi_n$ 所描写的都是体系可能实现的状态,那么它们的线性叠加所描写的也是体系的一个可能实现的状态. 这就是量子力学中的态叠加原理.

态叠加原理可以这样来理解:假设在 Ψ_1 中测量体系的某力学量 Q,结果只能测得一个特定值 λ_1,而在状态 Ψ_2 中只能测得另一个特定值 λ_2,态叠加原理的含义就是:在叠加态

$$\Psi = c_1 \Psi_1 + c_2 \Psi_2 \quad (14-63)$$

中,测得 Q 的值有可能是 λ_1,也有可能是 λ_2,但决不会是其他的值. 例如在一维无限深势阱中,粒子的波函数为 $\Psi_n = \sqrt{\frac{2}{a}} \sin \frac{n\pi x}{a}$,在状态 $\Psi_1 = \sqrt{\frac{2}{a}} \sin \frac{\pi x}{a}$ 中,粒子的能量值为 $E_1 = \frac{\pi^2 \hbar^2}{2ma^2}$,在状态 $\Psi_2 = \sqrt{\frac{2}{a}} \sin \frac{2\pi x}{a}$ 中,粒子的能量值为 $\frac{2^2 \pi^2 \hbar^2}{2ma^2}$. 那么,根据态叠加原理,$\Psi = c_1 \sqrt{\frac{2}{a}} \sin \frac{\pi x}{a} + c_2 \sqrt{\frac{2}{a}} \sin \frac{2\pi x}{a}$ 也是粒子的可能态,并且在该状态中,能量只有可能取 E_1 或 E_2 值.

在(14-63)式中,若 $\Psi_1 = \Psi_2$,则 $\Psi = (c_1 + c_2) \Psi_1$,如前所述,此时 Ψ 和 Ψ_1 表示的是同一个状态,即一个态和其自身叠加不能形成任何新的态. 这和经典波的叠加是不同的,两列相同经典波的叠加,因其振幅增加一倍而形成新的波.

14.7.4 力学量测量结果概率 平均值

一、力学量测量结果的概率

在(14-51)式中,我们已经通过本征方程

$$\hat{Q}\Psi_i = \lambda\Psi_i$$

建立了算符 $\hat{Q}$ 与力学量 Q 之间的对应关系. 如果微观体系处在 $\hat{Q}$ 的某一本征态 Ψ_i 中,当我们进行力学量测量时,只能得到唯一的值 λ. 但是如果体系处在任一状态 Ψ 中,而 Ψ 不是 $\hat{Q}$ 的本征态,此时若进行力学量 Q 的测量,将得不到确定的数值.

设 Ψ_1 和 Ψ_2 分别是 $\hat{Q}$ 的属于本征值 λ_1 和 λ_2 的两个本征态,且 $\lambda_1 \neq \lambda_2$,即

$$\hat{Q}\Psi_1 = \lambda_1 \Psi_1$$
$$\hat{Q}\Psi_2 = \lambda_2 \Psi_2$$

根据态叠加原理,$\Psi = c_1\Psi_1 + c_2\Psi_2$ 也一定是体系一个可能的状态,但因为

$$\hat{Q}\Psi = \hat{Q}(c_1\Psi_1 + c_2\Psi_2) = c_1\lambda_1\Psi_1 + c_2\lambda_2\Psi_2$$

不能写成 $\hat{Q}\Psi = \lambda\Psi$ 的形式,因而 Ψ 并不是 $\hat{Q}$ 的本征态,这就是说,若体系处在状态 Ψ 中,当我们进行力学量 Q 的测量时,将得不到确定的值. 但由于 Ψ 是本征态 Ψ_1 和 Ψ_2 的线性叠加,因而测量的结果或 λ_1 或 λ_2,不可能有其他的值,那么测得 λ_1 和 λ_2 的概率各是多少呢?

量子力学的理论可以证明:当粒子处于本征态 Ψ_1 和 Ψ_2 的线性叠加态 Ψ 时,测得 λ_1 和 λ_2 的概率分别为

$$w_1^2 = |c_1|^2, \quad w_2^2 = |c_2|^2$$

上述结论可以推广至更一般的情况. 若体系处于任一状态 Ψ 中,一般说来,它未必是 $\hat{Q}$ 的本征态,但我们可根据态叠加原理将 Ψ 写成 $\hat{Q}$ 的本征函数的线性叠加,即

$$\Psi = c_1\Psi_1 + c_2\Psi_2 + \cdots + c_n\Psi_n = \sum_{i=1}^{n} c_i\Psi_i \quad (14-64)$$

在此状态中如果进行力学量 Q 的测量,可能测得的数值将是 $\lambda_1, \lambda_2, \cdots, \lambda_n$,但不会是这些本征值以外的其他值,测得这些本征值的概率分别为

$$w_1 = |c_1|^2, w_2 = |c_2|^2, \cdots, w_i = |c_i|^2, \cdots, w_n = |c_n|^2$$
$$(14-65)$$

即按态叠加原理(14-64)式,展开项的系数 c_i 的模平方即代表粒子处于本征态 Ψ_i,也就是测得本征值为 λ_i 的概率. 可见,一旦确定了波函数 Ψ 的具体形式,不仅粒子空间分布的概率密度完全确定,而且任何一个力学量 Q 取多种可能值的概率 $|c_i|^2 (i=1,2,\cdots)$ 也完

全确定了. 所以说波函数完全描述了微观粒子的运动状态.

二、平均值

量子力学中用波函数描述粒子的运动状态, 而波函数是概率波, 我们实际只能得到力学量的统计平均值. 按照由概率求平均值的法则, 可以求得力学量 Q 在 Ψ 态的平均值为

$$\overline{Q} = \sum_{i=1}^{n} \lambda_i |c_i|^2 \qquad (14-66)$$

由量子力学的理论可以证明, 上式可改写成下列形式：

$$\overline{Q} = \int_{-\infty}^{\infty} \Psi^* \hat{Q} \Psi \mathrm{d}V \qquad (14-67)$$

(14-67)式中, Ψ 是归一化波函数, 如果 Ψ 未被归一化, 则上式应改写为

$$\overline{Q} = \frac{\int_{-\infty}^{\infty} \Psi^* \hat{Q} \Psi \mathrm{d}V}{\int_{-\infty}^{\infty} \Psi^* \Psi \mathrm{d}V} \qquad (14-68)$$

例 14-12

当粒子处于一维无限深势阱的基态时, 试求该粒子的动量、动量平方及动能的平均值.

解 粒子处于一维无限深势阱中的归一化基态波函数为 $\Psi_1 = \sqrt{\dfrac{2}{a}} \sin \dfrac{\pi x}{a}$, x 分量的动量算符为 $\hat{p}_x = -\mathrm{i}\hbar \dfrac{\mathrm{d}}{\mathrm{d}x}$, 动量平方算符为 $\hat{p}_x^2 = -\hbar^2 \dfrac{\mathrm{d}^2}{\mathrm{d}x^2}$, 代入 (14-67) 式得

$$\overline{p_x} = \int_{-\infty}^{\infty} \Psi^* \hat{p}_x \Psi \mathrm{d}x$$
$$= \frac{2}{a} \int_0^a \sin \frac{\pi x}{a} \left(-\mathrm{i}\hbar \frac{\mathrm{d}}{\mathrm{d}x}\right) \sin \frac{\pi x}{a} \mathrm{d}x$$
$$= -\mathrm{i}\hbar \frac{2\pi}{a^2} \int_0^a \sin \frac{\pi x}{a} \cos \frac{\pi x}{a} \mathrm{d}x = 0$$

$$\overline{p_x^2} = \int_{-\infty}^{\infty} \Psi^* \hat{p}_x^2 \Psi \mathrm{d}x$$
$$= \frac{2}{a} \int_0^a \sin \frac{\pi x}{a} \left(-\hbar^2 \frac{\mathrm{d}^2}{\mathrm{d}x^2}\right) \sin \frac{\pi x}{a} \mathrm{d}x$$
$$= \frac{2}{a} \cdot \frac{\pi^2 \hbar^2}{a^2} \int_0^a \sin^2 \frac{\pi x}{a} \mathrm{d}x = \frac{\pi^2 \hbar^2}{a^2}$$

$$\overline{T} = \frac{\overline{p_x^2}}{2m} = \frac{\pi^2 \hbar^2}{2ma^2}$$

与 (14-44) 式对比可见, 这正是一维无限深势阱中运动粒子的基态能量 E_1.

14.7.5 算符的对易和不确定关系

由于微观粒子具有波粒二象性, 所以存在不确定关系. 这就使得微观体系有些力学量不能同时有确定值, 而有些力学量却可以同时有确定值. 那么如何判断哪些力学量之间存在不确定关系呢?

利用力学量和算符的对应关系, 可使这一问题得到解决, 下面

从两个特例入手加以说明.

当用位置算符 $\hat{x}=x$ 和动量算符 $\hat{p}_x=-i\hbar\dfrac{\partial}{\partial x}$ 作用于某一态函数 Ψ 上,会因作用顺序的不同而产生差异.

以 $\hat{p}_x$ 先作用,$\hat{x}$ 后作用,有

$$\hat{x}\hat{p}_x\Psi=x\left(-i\hbar\dfrac{\partial \Psi}{\partial x}\right)$$

而当 $\hat{x}$ 先作用,$\hat{p}_x$ 后作用时,有

$$\hat{p}_x\hat{x}\Psi=-i\hbar\dfrac{\partial}{\partial x}(x\Psi)=x\left(-i\hbar\dfrac{\partial \Psi}{\partial x}\right)-i\hbar\Psi$$

以上两式相减得

$$(\hat{x}\hat{p}_x-\hat{p}_x\hat{x})\Psi=i\hbar\Psi$$

即

$$\hat{x}\hat{p}_x-\hat{p}_x\hat{x}=i\hbar \tag{14-69}$$

可见坐标算符 $\hat{x}$ 和动量算符 $\hat{p}_x$ 作用的次序不可交换,我们称 $\hat{x}$ 和 $\hat{p}_x$ 不可对易.

用类似的分析方法可得下式

$$\hat{y}\hat{p}_x-\hat{p}_x\hat{y}=0 \tag{14-70}$$

即坐标算符 $\hat{y}$ 与动量算符 $\hat{p}_x$ 的作用次序可以互换,我们称 $\hat{y}$ 和 $\hat{p}_x$ 可以对易.

我们已经知道,坐标 x 和同方向的动量 p_x 存在不确定关系,而坐标 y 和不同方向的动量 p_x 不存在不确定关系,(14-69)式和(14-70)式给我们以启示,或许算符的对易与否与不确定关系有某种联系.

我们将两个力学量算符 $\hat{L}$ 和 $\hat{G}$ 的对易关系表述为

$$[\hat{L},\hat{G}]=\hat{L}\hat{G}-\hat{G}\hat{L} \tag{14-71}$$

量子力学的理论可严格证明:若 $[\hat{L},\hat{G}]=0$,相应的力学量可以同时具有确定值;如果 $[\hat{L},\hat{G}]\neq 0$,则相应的力学量具有不确定关系.上述结论可语言表述为:**算符可对易的两个力学量可以同时具有确定值,算符不可对易的两个力学量存在不确定关系**.

与(14-69)式和(14-70)式的计算过程类似,我们可以得到下面一组关系式:

$$\begin{cases}[\hat{x},\hat{p}_x]=i\hbar & [\hat{x},\hat{p}_y]=0 & [\hat{x},\hat{p}_z]=0 \\ [\hat{y},\hat{p}_x]=0 & [\hat{y},\hat{p}_y]=i\hbar & [\hat{y},\hat{p}_z]=0 \\ [\hat{z},\hat{p}_x]=0 & [\hat{z},\hat{p}_y]=0 & [\hat{z},\hat{p}_z]=i\hbar\end{cases} \tag{14-72}$$

(14-72)式表明:同方向坐标和动量具有不确定关系,而不同方向的坐标和动量则可同时有确定值.

例 14-13

证明不同方向的动量可同时有确定值.

证明 将 $\hat{p}_x\hat{p}_y$ 及 $\hat{p}_y\hat{p}_x$ 分别作用于某一态函数 Ψ 可得

$$\hat{p}_x\hat{p}_y\Psi = -\hbar^2 \frac{\partial^2 \Psi}{\partial x \partial y}$$

$$\hat{p}_y\hat{p}_x\Psi = -\hbar^2 \frac{\partial^2 \Psi}{\partial y \partial x}$$

以上两式对任意 Ψ 都成立,两式相减得

$$\hat{p}_x\hat{p}_y - \hat{p}_y\hat{p}_x = 0$$

同理

$$\hat{p}_y\hat{p}_z - \hat{p}_z\hat{p}_y = 0$$
$$\hat{p}_z\hat{p}_x - \hat{p}_x\hat{p}_z = 0$$

可见任意两方向的动量算符可对易,因而 p_x、p_y、p_z 可同时有确定值.

§14.8 氢原子的量子理论

前面指出:玻尔的氢原子理论只是半经典、半量子的理论,对氢原子光谱规律的解释并不完美,量子力学使这一问题得到了圆满的解决.

14.8.1 氢原子的薛定谔方程

氢原子中的电子在原子核的库仑场中运动,其势能函数为

$$U = -\frac{e^2}{4\pi\varepsilon_0 r}$$

因而氢原子的哈密顿算符为

$$\hat{H} = \frac{\hat{p}^2}{2m} + U = -\frac{\hbar^2 \nabla^2}{2m} - \frac{e^2}{4\pi\varepsilon_0 r}$$

由于 $\hat{H}$ 不显含时间,所以氢原子问题仍是一个定态问题,定态薛定谔方程即 $\hat{H}$ 的本征方程:

$$\hat{H}\Psi = E\Psi \qquad (14-73)$$

求出 $\hat{H}$ 的本征值 E 和本征函数 Ψ,即可得氢原子的能量和波函数,这就是求解氢原子问题的基本思路.

氢原子中的电子在有心力场中运动,角动量占有特别重要的地位,又由于势能具有球对称性,采用球坐标 (r,θ,φ) 代替直角坐标更为方便.因而在讨论求解方程(14-73)式之前,先给出有关算符在球坐标系中的表达式,由于计算较为复杂,有些过程不得不省略.

球坐标和直角坐标的变换关系为

$$x = r\sin\theta\cos\varphi, \quad y = r\sin\theta\cos\varphi, \quad z = r\cos\theta$$

由此可得有关算符的变换关系为

角动量 z 分量算符：

$$\hat{L}_z = x\hat{p}_y - y\hat{p}_x = -i\hbar\frac{\partial}{\partial \varphi} \tag{14-74}$$

角动量平方算符：

$$\hat{L}^2 = \hat{L}_x^2 + \hat{L}_y^2 + \hat{L}_z^2 = -\hbar^2\left[\frac{1}{\sin\theta}\frac{\partial}{\partial\theta}\left(\sin\theta\frac{\partial}{\partial\theta}\right) + \frac{1}{\sin^2\theta}\frac{\partial^2}{\partial\varphi^2}\right] \tag{14-75}$$

拉普拉斯算符：

$$\nabla^2 = \frac{\partial}{\partial x^2} + \frac{\partial^2}{\partial y^2} + \frac{\partial^2}{\partial z^2} = \frac{1}{r^2}\frac{\partial}{\partial r}\left(r^2\frac{\partial}{\partial r}\right) - \frac{\hat{L}^2}{\hbar^2 r^2} \tag{14-76}$$

代入(14-73)式得氢原子的薛定谔方程在球坐标系中的表达式为

$$\left[-\frac{\hbar^2}{2mr^2}\frac{\partial}{\partial r}\left(r^2\frac{\partial}{\partial r}\right) + \frac{\hat{L}^2}{2mr^2} - \frac{e^2}{4\pi\varepsilon_0 r}\right]\Psi(r,\theta,\varphi) = E\Psi(r,\theta,\varphi) \tag{14-77}$$

14.8.2 $\hat{L}_z$ 及 $\hat{L}^2$ 的本征值及本征函数

根据力学量和算符相对应的关系，欲求 $\hat{L}_z$ 的本征值和本征函数，需解 $\hat{L}_z$ 的本征方程：

$$\hat{L}_z\Phi = L_z\Phi \tag{14-78}$$

在球坐标中可写成

$$-i\hbar\frac{\partial\Phi}{\partial\varphi} = L_z\Phi \tag{14-79}$$

令 $m_l = \dfrac{L_z}{\hbar}$，即 $L_z = m_l\hbar$。(14-79)式的通解为

$$\Phi(\varphi) = Ae^{im_l\varphi}$$

式中 A 为任意常数，根据波函数的标准化条件，$\Phi(\varphi)$ 必须是单值函数，即

$$\Phi(\varphi) = \Phi(\varphi + 2\pi)$$

或

$$Ae^{im_l\varphi} = Ae^{im_l(\varphi+2\pi)}$$

要使以上等式成立，m_l 只能取整数，即

$$m_l = 0, \pm 1, \pm 2, \cdots$$

代入 L_z 的表达式，得 $\hat{L}_z$ 的本征值 L_z 为

$$L_z = m_l\hbar \quad m_l = 0, \pm 1, \pm 2, \cdots \tag{14-80}$$

m_l 通常被称为**磁量子数**，故电子角动量 L 在 z 轴方向的投影 L_z 是量子化的。在通常情况下，自由空间是各向同性的，z 轴可以取任意方向，因此，(14-80)式表明，微观体系的角动量在空间任何方向的投影都只能是 0 或 $\hbar$ 的整数倍。如果将原子放入外磁场中，则磁场方向就是一个特定的方向，取磁场方向为 z 方向，m_l 不能任意取值就意味着电子角动量在外磁场方向的投影是量子化的（这也就是为

什么称 m_l 为磁量子数的原因),这种角动量空间取向量子化的现象称为空间量子化.这一结论是求解 $\hat{L}_z$ 的本征方程的自然结果,并不需要人为的假设.

波函数 $\Phi(\varphi)$ 中的任意常数 A 可由归一化条件求得

$$\int_0^{2\pi} \Phi^* \Phi \mathrm{d}\varphi = A^2 \int_0^{2\pi} \mathrm{d}\varphi = 1$$

$$A = \frac{1}{\sqrt{2\pi}}$$

故 $\hat{L}_z$ 的本征函数为

$$\Phi_{m_l}(\varphi) = \frac{1}{\sqrt{2\pi}} \mathrm{e}^{\mathrm{i}m_l\varphi}, \quad m_l = 0, \pm 1, \pm 2, \cdots \quad (14-81)$$

现在我们再来求角动量平方算符 $\hat{L}^2$ 的本征值和本征函数,为此需解 $\hat{L}^2$ 的本征方程.

$$\hat{L}^2 Y = L^2 Y \quad (14-82)$$

以(14-75)式代入,得球坐标中, $\hat{L}^2$ 的本征方程为

$$-\hbar^2 \left[\frac{1}{\sin\theta} \frac{\partial}{\partial\theta}\left(\sin\theta \frac{\partial}{\partial\theta}\right) + \frac{1}{\sin^2\theta} \frac{\partial^2}{\partial\varphi^2} \right] Y = L^2 Y \quad (14-83)$$

令 $\lambda = \frac{L^2}{\hbar^2}$, 即

$$L^2 = \lambda \hbar^2 \quad (14-84)$$

并将 Y 分离变量

$$Y(\theta, \varphi) = \Theta(\theta)\Phi(\varphi)$$

代入(14-83)式得

$$\frac{\sin\theta}{\Theta(\theta)} \frac{\mathrm{d}}{\mathrm{d}\theta}\left(\sin\theta \frac{\mathrm{d}\Theta}{\mathrm{d}\theta}\right) + \lambda\sin^2\theta = -\frac{1}{\Phi} \frac{\mathrm{d}^2\Phi}{\mathrm{d}\varphi^2}$$

上式左边只与 θ 有关,右边只与 φ 有关,要使等式恒成立,只有两边等于与 Θ 和 φ 都无关的同一常数才有可能,若以 m_l^2 表示这一常数,则有

$$\frac{\mathrm{d}^2\Phi}{\mathrm{d}\varphi^2} + m_l^2 \Phi = 0 \quad (14-85)$$

$$\frac{1}{\sin\theta} \frac{\mathrm{d}}{\mathrm{d}\theta}\left(\sin\theta \frac{\mathrm{d}\Theta}{\mathrm{d}\theta}\right) + \left(\lambda - \frac{m_l^2}{\sin^2\theta}\right)\Theta = 0 \quad (14-86)$$

解方程(14-85)式,考虑波函数的标准化条件及归一化要求,其解正是 $\hat{L}_z$ 的本征函数(14-81)式.

求解方程(14-86)式的基本步骤与前面的讨论类似,即在解方程时,为使波函数满足标准条件.参数 λ 便不能任取,它必须满足下述条件.

$$\lambda = l(l+1) \quad l = 0, 1, 2, \cdots \quad (14-87)$$

且

$$l \geqslant |m_l| \quad (14-88)$$

l 称为**角量子数**(azimuthal quantum number).

将(14-87)式代入(14-84)式得

$$L^2 = l(l+1)\hbar^2$$
$$L = \sqrt{l(l+1)}\hbar \quad l = 0,1,2,\cdots \quad (14-89)$$

说明微观体系的角动量不仅空间取向是量子化的,其大小也是量子化的,它只能取 $0, \sqrt{2}\hbar, \sqrt{6}\hbar, \cdots$ 等分立的值,而不可能取这些数值以外的值.

将(14-89)式与玻尔理论相比较,可见两者并非完全相同,在玻尔理论中, $L = n\hbar$, n 的最小值为 1;量子理论中, l 从 0 开始, L 的取值也并不等于 $\hbar$ 的整数倍,只有当角动量很大时,两者才趋于一致.实验结果表明:量子力学的结果更为准确.而且在量子理论中,角动量量子化是求解 $\hat{L}^2$ 的本征方程自然得出的结论,而玻尔理论则需要人为的硬性假设.

根据(14-87)式和(14-88)式,我们已确定了方程(14-86)中的两个量子数 l 和 m_l,它们只能取如下诸值:
$$l = 0,1,2,3,\cdots \quad (14-90)$$
$$m_l = 0, \pm 1, \pm 2, \cdots, \pm l$$

每次各取 l 和 m_l 一个确定值,就可相应地求出方程(14-86)式的一个符合标准条件的解 $\Theta_{lm_l}(\theta)$. 由于需要专门的数学知识且比较繁琐,求解过程此处不再详述.

14.8.3 径向波函数的求解

现在我们再回过头来讨论本节的中心问题——氢原子的量子理论.

氢原子的定态薛定谔方程为
$$-\frac{\hbar^2}{2m}\nabla^2\Psi - \frac{e^2}{4\pi\varepsilon_0 r}\Psi = E\Psi$$

在球坐标系中,方程写成如下形式:
$$-\frac{\hbar^2}{2mr^2}\left[\frac{\partial}{\partial r}\left(r^2\frac{\partial}{\partial r}\right) + \frac{1}{\sin\theta}\frac{\partial}{\partial \theta}\left(\sin\theta\frac{\partial}{\partial \theta}\right) + \frac{1}{\sin^2\theta}\frac{\partial^2}{\partial \varphi^2}\right]\Psi - \frac{e^2}{4\pi\varepsilon_0 r}\Psi = E\Psi \quad (14-91)$$

将 Ψ 分离变量,即
$$\Psi(r,\theta,\varphi) = R(r)Y(\theta,\varphi) \quad (14-92)$$

代入(14-91)式整理得
$$\frac{1}{R}\frac{d}{dr}\left(r^2\frac{dR}{dr}\right) + \frac{2mr^2}{\hbar^2}\left(E + \frac{e^2}{4\pi\varepsilon_0 r}\right) = -\frac{1}{Y}\left[\frac{1}{\sin\theta}\frac{\partial}{\partial \theta}\left(\sin\theta\frac{\partial Y}{\partial \theta}\right) + \frac{1}{\sin^2\theta}\frac{\partial^2 Y}{\partial \varphi^2}\right]$$

上式左边只是 r 的函数,而右边只是 θ 和 φ 的函数,要使等式成立,必须两边都等于同一与 r 及 θ 和 φ 都无关的常数,以 λ 表示这一常数,则有
$$\frac{1}{\sin\theta}\frac{\partial}{\partial \theta}\left(\sin\theta\frac{\partial Y}{\partial \theta}\right) + \frac{1}{\sin^2\theta}\frac{\partial^2 Y}{\partial \varphi^2} = -\lambda Y \quad (14-93)$$

$$\frac{1}{r^2}\frac{\mathrm{d}}{\mathrm{d}r}\left(r^2\frac{\mathrm{d}R}{\mathrm{d}r}\right)+\left[\frac{2m}{\hbar^2}\left(E+\frac{e^2}{4\pi\varepsilon_0 r}\right)-\frac{\lambda}{r^2}\right]R=0 \quad (14-94)$$

将(14-93)式与(14-83)式对比可见,(14-93)式正是 $\hat{L}^2$ 的本征方程,如前所述,只有当参数 λ 为

$$\lambda = l(l+1) \quad (l=0,1,2,\cdots)$$

时,方程才有符合标准条件的非零解

$$Y_{lm_l}(\theta,\varphi) = \Theta_{lm_l}(\theta)\Phi_{m_l}(\varphi) \quad (m_l=0,\pm1,\pm2,\cdots,\pm l)$$

$Y_{lm_l}(\theta,\varphi)$ 称为**球谐函数**.

将 λ 的值代入方程(14-94)式,则得径向波函数 $R(r)$ 满足的方程为

$$\frac{1}{r^2}\frac{\mathrm{d}}{\mathrm{d}r}\left(r^2\frac{\mathrm{d}R}{\mathrm{d}r}\right)+\left[\frac{2m}{\hbar^2}\left(E+\frac{\mathrm{e}^2}{4\pi\varepsilon_0 r}\right)-\frac{l(l+1)}{r^2}\right]R=0$$
$$(14-95)$$

该方程的求解十分复杂,只能从略,此处直接给出计算结果.

当 $E>0$ 时,不管 E 取何值,方程(14-95)式都有符合标准条件的解.或者说能量可连续取值,这对应于氢原子中电子被电离的情况.这和经典力学的结论是一致的,在经典力学中,对于不受束缚的自由电子,能量是连续的.

当 $E<0$ 时,要使方程(14-95)式有满足标准条件的解,E 便不能任意取值,而只能取

$$E_n = -\frac{m\mathrm{e}^4}{8\varepsilon_0^2 h^2}\frac{1}{n^2} = -\frac{m\mathrm{e}^4}{32\pi^2\varepsilon_0^2 \hbar^2}\frac{1}{n^2} \quad (n=1,2,3,\cdots)$$
$$(14-96)$$

且 $\quad\quad\quad\quad\quad\quad\quad n \geqslant l+1$
即 $\quad\quad\quad\quad\quad\quad l=0,1,2,\cdots,n-1$

此即为束缚态氢原子的能量量子化公式,它和玻尔理论得到的公式是一致的,因而我们仍把 n 称为**主量子数**.

以不同的 n 和 l 值代入方程(14-95)式,便可解得相应的**径向波函数**,记作 $R_{nl}(r)$.

由(14-96)式可见,氢原子的能级只与主量子数有关,n 相同而 l,m_l 不同的状态能量是相同的,称该能级是**简并**的,具有同一能级的各状态称为**简并态**(degenerate state),该能级的量子态数目称为能级的**简并度**.

14.8.4 三个量子数

由以上讨论可知,氢原子核外电子的运动状态可由 n,l,m_l 三个量子数来描述,它们分别决定氢原子的能级、角动量以及角动量在外磁场方向的分量,具体关系总结如下.

(1) 主量子数 n，决定氢原子的能量：

$$E_n = -\frac{me^4}{32\pi^2\varepsilon_0^2\hbar^2 n^2} \quad (n=1,2,3,\cdots)$$

(2) 角量子数 l，决定电子绕核转动角动量的大小：

$$L = \sqrt{l(l+1)}\,\hbar \quad (l=0,1,2,\cdots,n-1)$$

习惯上用一些小写字母表示电子具有不同 l 值的量子态，规定如下：

$$l = 0,1,2,3,4,5,6,\cdots$$

记号 $\quad\quad\quad s, p, d, f, g, h, i, \cdots\cdots$

电子的状态可用主量子数和代表不同 l 值的小写字母来表示，如 $1s$ 态电子表示 $n=1, l=0$；$3p$ 电子则表示 $n=3, l=1$；余类推.

(3) 磁量子数 m_l，决定电子角动量在外磁场方向的分量

$$L_z = m_l \hbar \quad\quad m_l = 0, \pm 1, \pm 2, \cdots, \pm l$$

说明不仅角动量的大小是量子化的，空间取向也是量子化的，图 14-22 给出了 $l=1,2,3$ 时电子角动量空间取向量子化示意图.

电子的波函数也与 n, l, m_l 三个量子数有关. 不同的 n, l 值对应不同的径向波函数 $R_{nl}(r)$，而不同的 l, m_l 值则对应不同的球谐函数 $Y_{lm_l}(\theta,\varphi)$，因此，电子波函数可写为

$$\Psi_{nlm_l}(r,\theta,\varphi) = R_{nl}(r) Y_{lm_l}(\theta,\varphi)$$

可见，n, l, m_l 三个量子数不仅决定了氢原子核外电子的能量、角动量的大小及空间取向，而且还决定了电子波函数，因此，为简单起见，氢原子的状态可以用三个量子数来描述.

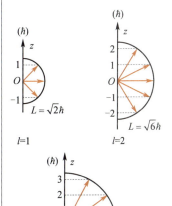

图 14-22 角动量空间取向量子化

14.8.5 氢原子的波函数

为了对氢原子的量子理论有更好的理解，我们先来具体研究最简单的基态氢原子的情况.

对于基态氢原子，描述其运动状态的三个量子数分别为 $n=1, l=0, m_l=0$，波函数为

$$\Psi_{100}(r,\theta,\varphi) = R_{10}(r) Y_{00}(\theta,\varphi) = R_{10}(r) \Theta_{00}(\theta) \Phi_0(\varphi)$$

由 (14-81) 式可见，$\Phi_0(\varphi) = \dfrac{1}{\sqrt{2\pi}}$. $\Theta_{00}(\theta)$ 可由 (14-86) 式求得，在 (14-86) 式中，令 $\lambda=0, m_l=0$，有

$$\frac{1}{\sin\theta}\frac{\mathrm{d}}{\mathrm{d}\theta}\left(\sin\theta\,\frac{\mathrm{d}\Theta}{\mathrm{d}\theta}\right) = 0$$

此式的精确求解有一定困难，但我们至少可以肯定，$\Theta=$ 常数是该方程的一个特解，由更为严格的理论可得

$$\Theta_{00}(\theta) = \frac{1}{\sqrt{2}}$$

故对于基态氢原子，其球谐函数为

$$Y_{00} = \frac{1}{\sqrt{4\pi}} \qquad (14-97)$$

径向波函数可由(14-95)式得到,虽然精确求解有一定困难,但我们可以通过试探的方式得到一个特解.设试探解为

$$R(r) = A e^{-\frac{r}{a_0}}$$

其中 A 和 a_0 为任意常数,显然 $a_0 > 0$,否则 $r \to \infty$ 时,$R(r) \to \infty$,这不符合波函数标准条件.

将试探解代入(14-95)式得

$$\left(\frac{1}{a_0^2} + \frac{2mE}{\hbar^2}\right) + \left(\frac{me^2}{2\pi\varepsilon_0 \hbar^2} - \frac{2}{a_0}\right)\frac{1}{r} - \frac{l(l+1)}{r^2} = 0$$

要使此式对任意 r 值均成立,必须使等式右边 r 的任意次幂的系数为 0.

由 r^{-2} 系数为 0,得

$$l = 0$$

由 r^{-1} 的系数为 0,得

$$a_0 = \frac{4\pi\varepsilon_0 \hbar^2}{me^2}$$

可见试探解 $R(r)$ 中的待定常数 a_0 正是第一玻尔轨道半径,再由 r^0 的系数为 0,得

$$E = -\frac{\hbar^2}{2ma_0^2} = -\frac{me^4}{32\pi^2\varepsilon_0^2 \hbar^2}$$

这正是能量表达式中 $n=1$ 的情况,即基态能级 E_1.

由上述讨论可见,基态氢原子的径向波函数为

$$R_{10}(r) = A e^{-\frac{r}{a_0}} \qquad (14-98)$$

其中 a_0 为第一玻尔半径,A 可由归一化条件求得,而基态氢原子的波函数为

$$\Psi_{100}(r,\theta,\varphi) = \frac{1}{\sqrt{4\pi}} A e^{-r/a_0} \qquad (14-99)$$

对于氢原子的其他状态,由于计算复杂而不再赘述.作为例子,下面直接给出前面几个球谐函数和径向波函数的具体形式.

前几个球谐函数 $Y_{lm_l}(\theta,\varphi)(l=0,1,2)$ 如下:

$$Y_{0,0} = \frac{1}{\sqrt{4\pi}}$$

$$Y_{1,1} = \sqrt{\frac{3}{8\pi}} \sin\theta e^{i\varphi}$$

$$Y_{1,0} = \sqrt{\frac{3}{4\pi}} \cos\theta$$

$$Y_{1,-1} = \sqrt{\frac{3}{8\pi}} \sin\theta e^{-i\varphi}$$

$$Y_{2,2} = \sqrt{\frac{15}{32\pi}} \sin^2\theta e^{2i\varphi}$$

$$Y_{2,1}=\sqrt{\frac{15}{8\pi}}\sin\theta\cos\theta e^{i\varphi}$$

$$Y_{2,0}=\sqrt{\frac{5}{16\pi}}(3\cos^2\theta-1)$$

$$Y_{2,-1}=\sqrt{\frac{15}{8\pi}}\sin\theta\cos\theta e^{-i\varphi}$$

$$Y_{2,-2}=\sqrt{\frac{15}{32\pi}}\sin^2\theta e^{-2i\varphi}$$

前几个径向波函数 $R_{nl}(r)(n=1,2,3)$ 如下：

$$R_{1,0}(r)=\left(\frac{1}{a_0}\right)^{\frac{3}{2}}2\exp\left(-\frac{r}{a_0}\right)$$

$$R_{2,0}(r)=\left(\frac{1}{2a_0}\right)^{\frac{3}{2}}\left(2-\frac{r}{a_0}\right)\exp\left(-\frac{r}{2a_0}\right)$$

$$R_{2,1}(r)=\left(\frac{1}{2a_0}\right)^{\frac{3}{2}}\frac{r}{a_0\sqrt{3}}\exp\left(-\frac{r}{2a_0}\right)$$

$$R_{3,0}(r)=\left(\frac{1}{3a_0}\right)^{\frac{3}{2}}\left[2-\frac{4r}{3a_0}+\frac{4}{27}\left(\frac{r}{a_0}\right)^2\right]\exp\left(-\frac{r}{3a_0}\right)$$

$$R_{3,1}(r)=\left(\frac{2}{a_0}\right)^{\frac{3}{2}}\left(\frac{2}{27\sqrt{3}}-\frac{r}{81a_0\sqrt{3}}\right)\frac{r}{a_0}\exp\left(-\frac{r}{3a_0}\right)$$

$$R_{3,2}(r)=\left(\frac{2}{a_0}\right)^{\frac{3}{2}}\frac{1}{81\sqrt{15}}\left(\frac{r}{a_0}\right)^2\exp\left(-\frac{r}{3a_0}\right)$$

14.8.6 电子云

一、电子的分布概率

按波函数的统计解释，氢原子中电子出现在球坐标空间体积元的概率为

$$w_{nlm_l}(r,\theta,\varphi)dV=|\Psi_{nlm_l}(r,\theta,\varphi)|^2 r^2\sin\theta drd\theta d\varphi$$
$$=|R_{nl}(r)|^2|\Theta_{lm_l}(\theta)|^2|\Phi_{m_l}(\varphi)|^2 r^2\sin\theta drd\theta d\varphi \qquad(14-100)$$

波函数的归一化条件可写为

$$\int|\Psi|^2 dV=\int_0^\infty|R_{nl}(r)|^2 r^2 dr\int_0^\pi|\Theta_{lm_l}(\theta)|^2\sin\theta d\theta\int_0^{2\pi}|\Phi_{m_l}(\varphi)|^2 d\varphi=1$$

为保证上式成立，可分别对 R,Θ 和 Φ 归一化，即

$$\int_0^\infty|R_{nl}(r)|^2 r^2 dr=1 \qquad(14-101)$$

$$\int_0^\pi|\Theta_{lm_l}(\theta)|^2\sin\theta d\theta=1 \qquad(14-102)$$

$$\int_0^{2\pi}|\Phi_{m_l}(\varphi)|^2 d\varphi=1 \qquad(14-103)$$

将(14-100)式对 θ 和 φ 积分,可得电子出现在 $r \to r+dr$ 球壳内的概率为

$$w_{nl}(r)dr = |rR_{nl}(r)|^2 dr \qquad (14-104)$$

同理,将(14-100)式对 r 积分,可得在 (θ,φ) 附近立体角 $(d\Omega = \sin\theta d\theta d\varphi)$ 内电子出现的概率为

$$w_{lm_l}(\theta,\varphi)d\Omega = |\Theta_{lm_l}(\theta)|^2 |\Phi_{m_l}(\varphi)|^2 \sin\theta d\theta d\varphi = \frac{1}{2\pi}|\Theta_{lm_l}(\theta)|^2 d\Omega \qquad (14-105)$$

二、电子云

在量子力学中,既然电子的运动状态用波函数来描述,经典力学中轨道的概念也就失去了意义.因电子原则上可出现在概率不为0的任何位置,而不是仅被限定在几条轨道上,我们常常形象地把电子的这种概率分布称为"**电子云**"(electron cloud).图 14-23 给出了氢原子几个量子态的电子径向相对概率分布图.

图 14-24 给出了 s,p,d 及 f 态电子的角向概率分布图——即 $w_{lm_l}(\theta,\varphi)$ 对 θ 的函数关系.如果从原点出发,引出与 z 轴成 θ 角的射线,图中阴影部分所截射线的长度就代表 $w_{lm_l}(\theta)$ 的大小.由(14-105)式可见,$w_{lm_l}(\theta,\varphi)$ 与 φ 无关,所以这些图形实际是绕 z 轴旋转对称的立体图形.

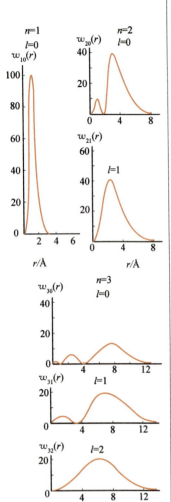

图 14-23 氢原子中电子径向相对概率分布图
(1 Å = 0.1 nm)

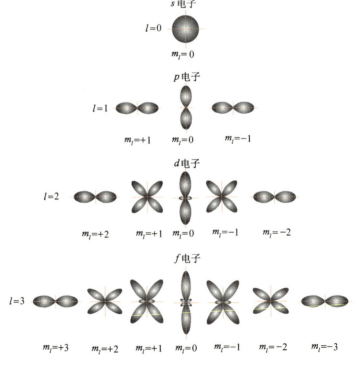

图 14-24 s,p,d,f 态电子的角分布 $w_{lm_l}(\theta)$

研究一下基态氢原子的概率分布,有助于我们对电子云概念的

理解,由(14-97)式可知,$w_{00}(\theta,\varphi)=Y_{00}{}^2=\dfrac{1}{4\pi}$为一与$\theta$无关的常数,故在图中为一球面,也就是说基态氢原子的"电子云"是球对称的.

由(14-101)式,可求得(14-98)式中基态氢原子径向波函数的归一化常数A,即

$$A^2\int_0^\infty r^2 e^{-2r/a_0}\,dr=1$$

$$A=2\left(\dfrac{1}{a_0}\right)^{3/2}$$

故基态氢原子的归一化径向波函数为

$$R_{10}(r)=2\left(\dfrac{1}{a_0}\right)^{3/2}e^{-r/a_0} \qquad (14-106)$$

代入(14-104)式得

$$w_{10}(r)=|rR_{10}(r)|^2=\dfrac{4}{a_0^3}r^2 e^{-2r/a_0} \qquad (14-107)$$

可见,除$r=0$和$r\to\infty$之外,其余各处电子出现的概率均不为0.

将(14-107)式对r求导,可求得概率最大之处,令

$$\dfrac{dw_{10}(r)}{dr}=0$$

得

$$r=a_0$$

这正是第一玻尔半径,说明虽然量子理论抛弃了玻尔理论中轨道半径的概念,但二者也有相似之处,对于基态氢原子而言,其轨道半径只不过是量子力学理论中电子径向分布概率取最大值处.用类似的方法,可得电子的$2p$态$(n=2,l=1)$,$3d$态$(n=3,l=2)$电子径向分布概率的最大值处,分别对应于玻尔理论中第一激发态$(n=2)$和第二激发态$(n=3)$的轨道半径$4a_0$和$9a_0$,如图14-23所示.

§14.9 多电子原子中的电子分布

14.9.1 电子自旋 自旋量子数

1921年,施特恩(O. Stern)和格拉赫(W. Gerlach)为验证电子角动量空间取向的量子化进行了一个实验,其实验装置如图14-25所示.从加热炉O中出来的原子束,经准直狭缝B后穿过非均匀磁场打在照相底片P上.磁场增加的方向竖直向下,则原子会因其电子受力不同而偏转(偏转的程度取决于L_z),由于角动量的空间取向是量子化的,因此底片P上将出现若干条水平的分立

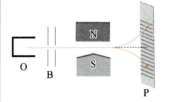

图14-25 施特恩—格拉赫实验装置示意图

条纹.

实验结果条纹确是分立的,说明角动量的确是空间量子化的,然而条纹数目却与由角动量空间量子化推出的数目不符.根据角动量理论,一个确定的角量子数 l 对应着 $2l+1$ 个磁量子数,因而条纹数目应为奇数,然而实验结果却为偶数.施特恩和格拉赫曾用温度较低的银原子做实验,由于绝大多数银原子在温度较低时处于基态($n=1$),l 及 m_l 只能等于 0,原子束在非均匀磁场中不应发生偏转,而只在中心位置出现一条条纹[见图 14-26(a)].然而实验结果却是:中心位置没有条纹,上下两处却对称地出现两条条纹,如图 14-26(b)所示.

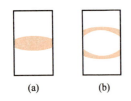

图 14-26 基态银原子条纹分布理论与实验比较

为解释上述实验及其他一些实验,两位荷兰青年学生乌伦贝克(G. E. Uhlenbeck)和高德施密特(S. A. Goudsmit)于 1925 年提出了电子自旋的假设.认为电子除绕核的轨道运动外还存在一种自旋(spin)运动,其自旋角动量 S 也是量子化的,其值为

$$S=\sqrt{s(s+1)}\hbar \qquad (14-108)$$

其中 s 叫**自旋量子数**,只能取 $\frac{1}{2}$,因而自旋角动量的大小只能为 $S=\frac{\sqrt{3}}{2}\hbar$,他们还假定自旋角动量的空间取向也是量子化的,即 S 在外磁场方向上的分量为:

$$S_z=m_s\hbar \qquad (14-109)$$

式中 m_s 称为**自旋磁量子数**,只能取 $\frac{1}{2}$ 和 $-\frac{1}{2}$ 两个值,即 $S_z=\pm\frac{1}{2}\hbar$,表示自旋角动量在外场方向上只有两个分量.

14.9.2 多电子原子中的电子分布

在多电子原子中,电子的状态可由 (n,l,m_l,m_s) 四个量子数来确定.

(1) **主量子数** n

$n=1,2,3,\cdots$,大体决定原子中电子的能量.

(2) **角量子数** l

$l=0,1,2,\cdots,n-1$,决定角动量的大小,由更为精确的理论可得,n 相同,l 不同的电子,能量稍有不同.

(3) **磁量子数** m_l

$m_l=0,\pm1,\pm2,\cdots,\pm l$,决定角动量在外磁场方向上的分量.

(4) **自旋磁量子数** m_s

$m_s=\pm\frac{1}{2}$,决定电子自旋角动量在外磁场方向上的分量.

1916 年柯塞尔(W. Kossel)提出原子核外电子壳层分布模型,主量子数 n 相同的电子属于同一个壳层,对应于 $n=1,2,3,4,5,6$,

…的壳层分别用大写字母 K,L,M,N,O,P,…来表示,主量子数相同,角量子数不同的电子组成一个分壳层,对应于 $l=0,1,2,3,4,5,$…分别用小写字母 s,p,d,f,g,h,…来表示. 原子处于基态时,各电子究竟处于哪个状态,由下面两条原理决定:

(1) 泡利不相容原理(Pauli exclusion principle)

泡利指出:在一个原子系统内,不可能有两个或两个以上的电子处于完全相同的状态,即**不可能有两个或两个以上的电子具有完全相同的四个量子数**. 以基态 He 原子为例,它的两个电子都处于 $1s$ 态,其 (n,l,m_l) 三个量子数相同,均为 $(1,0,0)$,故第 4 个量子数——自旋量子数肯定不同,即 m_s 分别等于 $+\dfrac{1}{2}$ 和 $-\dfrac{1}{2}$.

当 n 给定时,l 有 $0,1,2,\cdots,n-1$ 共 n 个可能取值,当 l 给定时,m_l 有 $0,\pm 1,\pm 2,\cdots,\pm l$ 共 $2l+1$ 个可能取值,当 n,l,m_l 都确定时,m_s 还有 $\pm\dfrac{1}{2}$ 两个可能取值,因此,在原子中具有相同主量子数的电子数目最多为

$$Z_n = \sum_{l=0}^{n-1} 2(2l+1) = 2n^2 \qquad (14-110)$$

即原子中主量子数为 n 的壳层中,最多能容纳 $2n^2$ 个电子,表 14.3 列出了原子中各壳层最多容纳的电子数和各分壳层上最多可能有的电子数.

表 14.3　原子中各壳层和分壳层最多可容纳的电子数

l n	0 s	1 p	2 d	3 f	4 g	5 h	6 i	$Z_n=2n^2$
1K	2	/	/	/	/	/	/	2
2L	2	6	/	/	/	/	/	8
3M	2	6	10	/	/	/	/	18
4N	2	6	10	14	/	/	/	32
5O	2	6	10	14	18	/	/	50
6P	2	6	10	14	18	22	/	72
7Q	2	6	10	14	18	22	26	98

(2) 能量最小原理(principle of least energy)

原子系统处于正常态时,每个电子趋向占有最低的能级.

能级主要由主量子数 n 决定,n 越小,能级越低. 因此电子首先填充离核近的壳层. 例如氦原子有两个电子,正好排满 K 层;锂原子有三个电子,两个排在 K 层,第三个排在 L 层……图 14-27 为一些多电子原子结构的示意图. 原子的最外层电子叫作价电子. 如锂原子有一个价电子,铍原子有两个价电子,钠原子有一个价电子.

同一壳层中,角量子数 l 对能级也稍有影响. 对于原子的外层电子而言,一条经验规律是:**能级高低由 $(n+0.7l)$ 的值来确定**. 该值越大,能级越高,因而有时 n 较小的壳层尚未填满,而 n 较大的壳

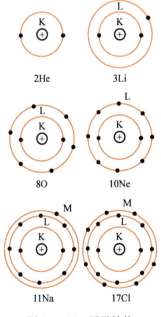

图 14-27　原子结构的示意图

层上却开始填充电子了. 例如, $4s$ 和 $3d$ 两个状态, $4s$ 的 $(n+0.7l)=4$, $3d$ 的 $(n+0.7l)=4.4$, 故电子先占据 $4s$ 态, 然后再填入 $3d$ 态.

按上述两条原理, 可得出所有元素的核外电子壳层分布, 并由此排出元素周期表. 表 14.4 为元素周期表.

表14.4 元素周期表

周期	IA	IIA	IIIB	IVB	VB	VIB	VIIB	VIIIB			IB	IIB	IIIA	IVA	VA	VIA	VIIA	0
1	1 氢 H $1s^1$																	2 氦 He $1s^2$
2	3 锂 Li $2s^1$	4 铍 Be $2s^2$											5 硼 B $2s^22p^1$	6 碳 C $2s^22p^2$	7 氮 N $2s^22p^3$	8 氧 O $2s^22p^4$	9 氟 F $2s^22p^5$	10 氖 Ne $2s^22p^6$
3	11 钠 Na $3s^1$	12 镁 Mg $3s^2$											13 铝 Al $3s^23p^1$	14 硅 Si $3s^23p^2$	15 磷 P $3s^23p^3$	16 硫 S $3s^23p^4$	17 氯 Cl $3s^23p^5$	18 氩 Ar $3s^23p^6$
4	19 钾 K $4s^1$	20 钙 Ca $4s^2$	21 钪 Sc $3d^14s^2$	22 钛 Ti $3d^24s^2$	23 钒 V $3d^34s^2$	24 铬 Cr $3d^54s^1$	25 锰 Mn $3d^54s^2$	26 铁 Fe $3d^64s^2$	27 钴 Co $3d^74s^2$	28 镍 Ni $3d^84s^2$	29 铜 Cu $3d^{10}4s^1$	30 锌 Zn $3d^{10}4s^2$	31 镓 Ga $4s^24p^1$	32 锗 Ge $4s^24p^2$	33 砷 As $4s^24p^3$	34 硒 Se $4s^24p^4$	35 溴 Br $4s^24p^5$	36 氪 Kr $4s^24p^6$
5	37 铷 Rb $5s^1$	38 锶 Sr $5s^2$	39 钇 Y $4d^15s^2$	40 锆 Zr $4d^25s^2$	41 铌 Nb $4d^45s^1$	42 钼 Mo $4d^55s^1$	43 锝 Tc $4d^55s^2$	44 钌 Ru $4d^75s^1$	45 铑 Rh $4d^85s^1$	46 钯 Pd $4d^{10}$	47 银 Ag $4d^{10}5s^1$	48 镉 Cd $4d^{10}5s^2$	49 铟 In $5s^25p^1$	50 锡 Sn $5s^25p^2$	51 锑 Sb $5s^25p^3$	52 碲 Te $5s^25p^4$	53 碘 I $5s^25p^5$	54 氙 Xe $5s^25p^6$
6	55 铯 Cs $6s^1$	56 钡 Ba $6s^2$	57-71 La-Lu (镧系)	72 铪 Hf $5d^26s^2$	73 钽 Ta $5d^36s^2$	74 钨 W $5d^46s^2$	75 铼 Re $5d^56s^2$	76 锇 Os $5d^66s^2$	77 铱 Ir $5d^76s^2$	78 铂 Pt $5d^96s^1$	79 金 Au $5d^{10}6s^1$	80 汞 Hg $5d^{10}6s^2$	81 铊 Tl $6s^26p^1$	82 铅 Pb $6s^26p^2$	83 铋 Bi $6s^26p^3$	84 钋 Po $6s^26p^4$	85 砹 At $6s^26p^5$	86 氡 Rn $6s^26p^6$
7	87 钫 Fr $7s^1$	88 镭 Ra $7s^2$	89-103 Ac-Lr (锕系)	104 鑪* Rf $(6d^27s^2)$	105 𬭊* Db $(6d^37s^2)$	106 𬭳* Sg	107 𬭛* Bh	108 𬭶* Hs	109 鿏* Mt	110 * Uun	111 * Uuu	112 * Uub						

57-71 镧系元素	57 镧 La $5d^16s^2$	58 铈 Ce $4f^15d^16s^2$	59 镨 Pr $4f^36s^2$	60 钕 Nd $4f^46s^2$	61 钷 Pm $4f^56s^2$	62 钐 Sm $4f^66s^2$	63 铕 Eu $4f^76s^2$	64 钆 Gd $4f^75d^16s^2$	65 铽 Tb $4f^96s^2$	66 镝 Dy $4f^{10}6s^2$	67 钬 Ho $4f^{11}6s^2$	68 铒 Er $4f^{12}6s^2$	69 铥 Tm $4f^{13}6s^2$	70 镱 Yb $4f^{14}6s^2$	71 镥 Lu $4f^{14}5d^16s^2$
89-103 锕系元素	89 锕 Ac $6d^17s^2$	90 钍 Th $6d^27s^2$	91 镤 Pa $5f^26d^17s^2$	92 铀 U $5f^36d^17s^2$	93 镎 Np $5f^46d^17s^2$	94 钚 Pu $5f^67s^2$	95 镅 Am $5f^77s^2$	96 锔 Cm $5f^76d^17s^2$	97 锫 Bk $5f^97s^2$	98 锎 Cf $5f^{10}7s^2$	99 锿 Es $5f^{11}7s^2$	100 镄 Fm $5f^{12}7s^2$	101 钔 Md $(5f^{13}7s^2)$	102 锘 No $(5f^{14}7s^2)$	103 铹 Lr $(5f^{14}6d^17s^2)$

表 14.5 则是由泡利不相容原理和最小能量原理得出的周期表中原子序数为 1~36 的元素的电子组态分布.

表 14.5　原子序数 1～36 的元素的基态电子组态

原子序数及元素	电子组态
1H(氢)	1s
2He(氦)	$1s^2$
3Li(锂)	$1s^2 2s$
4Be(铍)	$1s^2 2s^2$
5B(硼)	$1s^2 2s^2 2p$
6C(碳)	$1s^2 2s^2 2p^2$
7N(氮)	$1s^2 2s^2 2p^3$
8O(氧)	$1s^2 2s^2 2p^4$
9F(氟)	$1s^2 2s^2 2p^5$
10Ne(氖)	$1s^2 2s^2 2p^6$
11Na(钠)	$1s^2 2s^2 2p^6 3s$
12Mg(镁)	$1s^2 2s^2 2p^6 3s^2$
13Al(铝)	$1s^2 2s^2 2p^6 3s^2 3p$
14Si(硅)	$1s^2 2s^2 2p^6 3s^2 3p^2$
15P(磷)	$1s^2 2s^2 2p^6 3s^2 3p^3$
16S(硫)	$1s^2 2s^2 2p^6 3s^2 3p^4$
17Cl(氯)	$1s^2 2s^2 2p^6 3s^2 3p^5$
18Ar(氩)	$1s^2 2s^2 2p^6 3s^2 3p^6$
19K(钾)	$1s^2 2s^2 2p^6 3s^2 3p^6 4s$
20Ca(钙)	$1s^2 2s^2 2p^6 3s^2 3p^6 4s^2$
21Sc(钪)	$1s^2 2s^2 2p^6 3s^2 3p^6 3d 4s^2$
22Ti(钛)	$1s^2 2s^2 2p^6 3s^2 3p^6 3d^2 4s^2$
23V(钒)	$1s^2 2s^2 2p^6 3s^2 3p^6 3d^3 4s^2$
24Cr(铬)	$1s^2 2s^2 2p^6 3s^2 3p^6 3d^5 4s$
25Mn(锰)	$1s^2 2s^2 2p^6 3s^2 3p^6 3d^5 4s^2$
26Fe(铁)	$1s^2 2s^2 2p^6 3s^2 3p^6 3d^6 4s^2$
27Co(钴)	$1s^2 2s^2 2p^6 3s^2 3p^6 3d^7 4s^2$
28Ni(镍)	$1s^2 2s^2 2p^6 3s^2 3p^6 3d^8 4s^2$
29Cu(铜)	$1s^2 2s^2 2p^6 3s^2 3p^6 3d^{10} 4s$
30Zn(锌)	$1s^2 2s^2 2p^6 3s^2 3p^6 3d^{10} 4s^2$
31Ga(镓)	$1s^2 2s^2 2p^6 3s^2 3p^6 3d^{10} 4s^2 4p$
32Ge(锗)	$1s^2 2s^2 2p^6 3s^2 3p^6 3d^{10} 4s^2 4p^2$
33As(砷)	$1s^2 2s^2 2p^6 3s^2 3p^6 3d^{10} 4s^2 4p^3$
34Se(硒)	$1s^2 2s^2 2p^6 3s^2 3p^6 3d^{10} 4s^2 4p^4$
35Br(溴)	$1s^2 2s^2 2p^6 3s^2 3p^6 3d^{10} 4s^2 4p^5$
36Kr(氪)	$1s^2 2s^2 2p^6 3s^2 3p^6 3d^{10} 4s^2 4p^6$

*§14.10 激光原理

激光(Laser)是受激辐射光放大(light amplification by stimulated emission of radiation)的简称,是一种单色性、方向性、相干性都很好的强光光束.第一台激光器是1960年英国休斯飞机公司实验室的梅曼(T. H. Maiman)首先制成的.激光现今已得到了极为广泛的应用.从光缆的信息传输到光盘的读写,从视网膜的修复到大地的测量,从工件的焊接到热核反应的引发等都可利用激光.

14.10.1 激光的特性

与普通光相比,激光有四大特征:高度单色性、高度相干性、高度准直性、高亮度.

(1) 高度单色性

由于谐振腔的选频作用,激光的谱线宽度很窄,单色性很好.如 He-Ne 激光器的632.8 nm谱线,线宽只有 10^{-9} nm,甚至更小.在普通光源中,单色性最好的氪灯,谱线宽度为$4.7×10^{-3}$ nm.利用激光单色性好的特性,可用激光波长作为长度标准进行精密测量,还可用于光纤激光通信、等离子体测试等.

(2) 高度相干性

由德布罗意关系知,谱线宽度越窄,动量不确定性越小($\Delta\lambda = \frac{h}{p^2}\Delta p$);由不确定关系知,光子的位置不确定性越大,光的波列长度越长($\Delta x \geqslant \frac{h}{2\Delta p_x}$).所以激光光波有很长的相干长度(可达 10^5 m),相干性好.然而,由普通光源发出光波的相干长度小于 1 m.利用激光相干性好这一特性,可制成激光干涉仪,对大型工件进行高精度的快速测量.此外,用激光作光源,由于相干性好,使全息摄影术得以实现,现已发展为信息储存(全息片)、全息干涉度量等专门技术.

(3) 高度准直性

激光光束的发散角非常小,例如常在教室中用于演示的 He-Ne 激光器,它所发激光的发散角约为 10^{-3} rad.激光束每行进 200 km,其扩散直径小于 1 m,而普通光源,如配备抛物形反射面的探照灯,每行进 1 km,其扩散直径达几十米.激光的高度准直性可用于定位、导航和测距.科学家们曾利用阿波罗航天器送上月球的反射镜对激光的反射来测量地月之间的距离,其精度达到几个厘米.

(4) 高亮度

普通光源发出的光是不相干的,所发光的强度是各原子所发光的非相干叠加.激光发射时,由于各原子发光是相干的,其强度是各原子发光的相干叠加,因而和普通光源发出的光相比,激光光强可以大得惊人.例如经过会聚的激光强度可达 10^{17} W·cm^{-2},而氧炔焰的强度不过 10^3 W·cm^{-2}.针头大的半导体激光器的功率可达 200 mW,连续功率达 1 kW 的激光器已经制成,而用于热核反应实验的激光器的脉冲平均功率已达 10^{14} W(约为目前全世界所有电站总功率的 100 倍),可以产生 10^8 K 的高温以引发氘-氚燃料微粒发生聚变.

14.10.2 原子的激发、辐射与吸收

一、原子的激发

将原子从低能态 E_1 激发到高能态 E_2 的过程称为**原子的激发**. 欲使原子激发,外界必须以某种方式向原子系统提供能量. 例如,提供热能、电能和光能等,分别形成热激发、电激发和光激发等.

激光的产生要求原子(或分子)系统处于非平衡态,因此一般不采用热激发的方式. 在气体激光器中,通常采用气体放电的激发方式. 由于强电场的作用,激光管中的原子因与电子或原子间的非弹性碰撞而获得能量,从而跃迁到高能级形成受激原子. 在固体激光器中,大都采用光激发方式,使原子吸收入射光子的能量而跃迁到高能级成为受激原子.

二、原子的辐射

处在高能级的原子是不稳定的,它会从高能级向低能级跃迁,并伴随着发射光子,这个过程称为**原子的辐射**(或称为原子发光). 一般说来,原子辐射有两种:自发辐射和受激辐射.

(1) 自发辐射.

在没有任何外界作用下,激发态原子自发地从高能级 E_2 向低能级 E_1 跃迁,同时辐射出一光子,这种过程称为**自发辐射**(spontaneous radiation). 自发辐射跃迁满足条件 $h\nu = E_2 - E_1$,如图 14-28 所示.

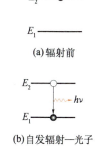

图 14-28 自发辐射过程

自发辐射是一个随机过程,我们采用概率描述. 设时刻 t,处于能级 E_2 上的原子数密度为 n_2,则单位时间内从高能级 E_2 自发跃迁到低能级 E_1 的原子数密度 $\dfrac{dn_{21}}{dt}$ 与 n_2 成正比,即

$$\left(\frac{dn_{21}}{dt}\right)_{自} = A_{21} n_2$$

$$A_{21} = \left(\frac{dn_{21}}{dt}\right)_{自} \frac{1}{n_2} \quad (14-111)$$

A_{21} 称为**自发辐射系数**,又称**自发跃迁概率**. 它表示一个原子在单位时间内从 E_2 自发辐射跃迁到 E_1 的概率.

自发辐射过程中各个原子辐射出的光子的相位、偏振状态、传播方向等彼此独立,因而自发辐射的光是非相干光. 普通光源发光就属于这种自发辐射.

(2) 受激辐射.

处于高能级 E_2 上的原子,受到能量为 $h\nu = E_2 - E_1$ 的外来光子的激励,由高能级 E_2 受激跃迁到低能级 E_1,同时辐射出一个与激励光子全同(即频率、相位、偏振状态、传播方向等均同)的光子. 这一过程称为**受激辐射**(stimulated radiation),如图 14-29(a)所示.

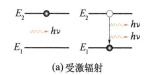

(a)受激辐射

(b)受激辐射的光放大

图 14-29 受激辐射和光放大

受激辐射是激发态原子在外来光子的同步作用下的辐射过程,所辐射的光子和外来光子的状态相同. 一个光子入射原子系统后,可以由于受激辐射变为两个全同的光子,这两个光子又可变为四个……从而产生一连串全同光子

雪崩似地发射,形成所谓的光放大,如图 14-29(b)所示.受激辐射这种光放大是激光产生的基本机制.

受激辐射也是一个随机过程.设时刻 t,处于 E_2 能级上的原子数密度为 n_2,激励光强为 I,则单位时间内从高能级 E_2 受激跃迁到低能级 E_1 的原子数密度 $(\frac{dn_{21}}{dt})_{受}$ 与 I,n_2 成正比,即

$$(\frac{dn_{21}}{dt})_{受} = KB_{21}In_2$$

K 为比例系数,B_{21} 称为**受激辐射系数**,由原子本身的性质决定.若令 $W_{21} = KB_{21}I$,则

$$W_{21} = (\frac{dn_{21}}{dt})_{受} \cdot \frac{1}{n_2} \quad (14-112)$$

W_{21} 称为**受激辐射跃迁概率**,它表示一个原子在单位时间内从能级 E_2 受激辐射跃迁到 E_1 的概率.

三、受激吸收

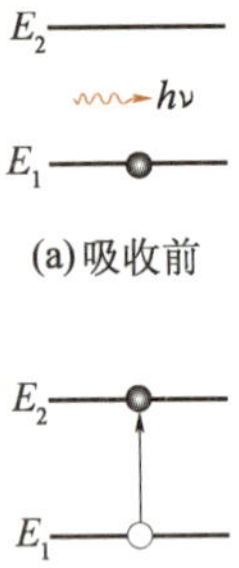

能量为 $h\nu = E_2 - E_1$ 的光子入射原子系统时,原子吸收此光子从低能级 E_1 跃迁到高能级 E_2,这一过程称为**受激吸收**,又叫**共振吸收**(resonance absorption),或称为**光的吸收**,如图 14-30 所示.

受激吸收也是一个随机过程.设时刻 t,处于能级 E_1 的原子数密度为 n_1,入射光强为 I,则单位时间由于吸收光子从 E_1 跃迁到 E_2 的原子数密度 $(\frac{dn_{12}}{dt})_{吸}$ 与 I 及 n_1 成正比,即

$$(\frac{dn_{12}}{dt})_{吸} = KB_{12}In_1$$

(a)吸收前

(b)吸收后

图 14-30 共振吸收

K 为比例系数,B_{12} 称为**受激吸收系数**,由原子本身性质决定.若令 $W_{12} = KB_{12}I$,则

$$W_{12} = (\frac{dn_{12}}{dt})_{吸} \cdot \frac{1}{n_1} \quad (14-113)$$

W_{12} 称为**受激吸收跃迁概率**,它表示一个原子在单位时间内从能级 E_1 发生受激吸收跃迁到 E_2 的概率.

设有一处于热平衡态的 E_1 和 E_2 两能级原子系统,根据能量守恒,单位体积单位时间内原子系统的辐射能量应等于吸收能量,则有

$$(\frac{dn_{21}}{dt})_{自}h\nu + (\frac{dn_{21}}{dt})_{受}h\nu = (\frac{dn_{12}}{dt})_{吸}h\nu$$

将(14-111)式,(14-112)式,(14-113)式代入上式可得

$$A_{21}n_2 + W_{21}n_2 = W_{12}n_1 \quad (14-114)$$

根据辐射理论可以严格证明,原子的受激辐射跃迁概率等于受激吸收跃迁概率,即 $W_{12} = W_{21}$,也即 $KB_{12}I = KB_{21}I$,由此可得

$$B_{21} = B_{12} = B \quad (14-115)$$

(14-115)式表明原子的受激辐射系数与受激吸收跃迁系数相等.

14.10.3 粒子数反转分布

激光是通过受激辐射来实现光的放大.但是光和原子系统相互作用时,总

是同时存在着吸收、自发辐射和受激辐射三种过程. 下面分析怎样才能使受激辐射超过吸收和自发辐射, 而占据主导地位.

首先看受激吸收和受激辐射的关系. 当光照射原子系统时, 如果吸收的光子数多于受激辐射的光子数, 总的效果是光的减弱. 显然只有当受激辐射光子数多于被吸收的光子数时, 才能实现光放大. 单位时间单位体积内受激辐射和受激吸收的光子数之差, 即 $(\frac{dn_{21}}{dt})_{受} - (\frac{dn_{12}}{dt})_{吸}$ 为净增辐射光子数. 利用 (14-112) 式, (14-113) 式和 (14-115) 式可得

$$(\frac{dn_{21}}{dt})_{受} - (\frac{dn_{12}}{dt})_{吸} = W_{21} n_2 - W_{12} n_1 = KIB(n_2 - n_1) \quad (14-116)$$

(14-116) 式表明, 只是当 $n_2 > n_1$, 或 $N_2 > N_1$ (N_1, N_2 分别为 E_1 和 E_2 能级上的总粒子数) 时, 受激辐射的光子数才能多于被吸收的光子数, 而使受激辐射超过受激吸收.

根据玻耳兹曼能量分布律, 估算在室温 $T = 300$ K 的平衡态时, 原子处于高能级 E_2 和低能级 E_1 的粒子数量比值为

$$\frac{N_2}{N_1} = e^{-(E_2 - E_1)/kT}$$

由于 $T = 300$ K 时, $kT \approx 0.025$ eV, 常温下大多数原子的基态 E_1 与第一激发态 E_2 之间的能量差 $E_2 - E_1 \approx 1$ eV, 因此在常温下可得 $N_2/N_1 \approx e^{-40}$, 这表明在热动平衡下, $N_2 \ll N_1$, 即处于高能级的原子数大大少于低能级的原子数. 这种分布叫作**粒子数的正常分布**. 在正常状态下, 原子大部分处于基态或低能级, 如图 14-31(a) 所示. 因此, 在正常分布时, 受激吸收过程比受激辐射过程要占优势. 这就是在正常情况下难以产生连续受激辐射的原因.

由 (14-116) 式可知, 为了使受激辐射处于支配地位, 必须使高能级上的粒子数超过低能级上的粒子数, 这种分布称为**粒子数反转** (population inversion), 如图 13-31(b) 所示. 那么如何才能实现粒子数反转呢? 研究表明, 首先要有实现粒子数反转分布的物质, 这种物质具有适当能级结构; 其次必须从外界输入能量, 使工作物质中尽可能多的粒子处于激发态. 这个过程叫作激励. 常用的激励方法有光激励、电激励和化学激励等.

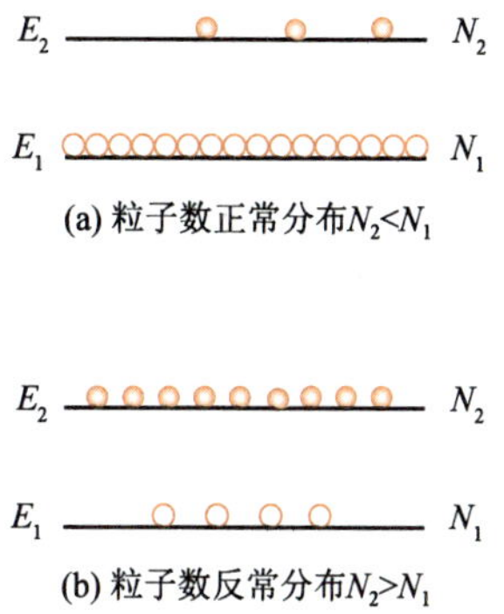

实验表明, 原子处于激发态的时间 (即激发寿命) 一般约为 10^{-8} s 左右, 所以激发态是极不稳定的. 除基态和激发态外, 有些物质还具有亚稳态. 亚稳态是平均寿命较长 (大于 10^{-8} s) 的激发态, 它不如基态稳定, 但比一般激发态要稳定得多. 在氦原子、氖原子、氩原子、钕原子、二氧化碳等粒子中都存在亚稳态, 其能级结构为三能级或四能级系统, 因此, **只有具有亚稳态的工作物质才能实现粒子数反转**. 下面以 He-Ne 为例, 说明怎样实现粒子数反转.

He-Ne 激光器中是由稀薄的氦和氖按一定比例 (约 5∶1~10∶1) 混合作为工作物质, 起发光作用的是 Ne (激活介质), He 是辅助物质. 与产生激光有关的能级图如图 14-32 所示. 图中 2s, 3s 是 He 原子的两个亚稳态, 与 Ne 原子的 4s, 5s 能级十分接近.

He-Ne 激光器是用气体放电方式激励的. 放电管中的电子在电场作用下而加速, 因为 Ne 原子吸收电子能量被激发的概率小, 所以高速运动的电子首先把 He 原子通过碰撞激发到它的两个亚稳态. 然后处于亚稳态的 He 原子与基态 Ne 原子碰撞, 将能量转移给 Ne 原子, 并使其激发到 4s 和 5s 能级. 4s, 5s 能级也是两个亚稳态, 原子处于 4s, 5s 能级的寿命较处于 3p, 4p 能级的寿命长. 又因为 He 原子比 Ne 原子密度高, 这样就有较多亚稳态的 He 原子与 Ne

E_2 ———○○○——— N_2
E_1 —○○○○○○— N_1
(a) 粒子数正常分布 $N_2 < N_1$

E_2 —○○○○○○— N_2
E_1 ———○○○——— N_1
(b) 粒子数反常分布 $N_2 > N_1$

图 14-31 粒子数的分布示意图

原子碰撞,使较多的 Ne 原子处于 4s,5s 能态. 由(14-114)式可知,原子受激吸收系数 B_{12} 小时,自发辐射系数 A_{21} 也小,而 Ne 原子正是这样,从 4s,5s 自发辐射的概率较小,这就实现了 Ne 原子的 4s,5s 能级相对 3p,4p 能级的粒子数反转. 当适当频率的光子入射时,就会产生相应能级间受激辐射光放大,分别发出 3.39 μm,632.8 nm,1.15 μm 波长的激光. 如果采用适当的措施(制作多层介质反射镜或置入棱镜)抑制其中的两种辐射,就可以输出单一波长的激光.

在激光发射过程中,必须不断维持粒子数反转状态. 由于 3p 和 4p 能级寿命短,处于 3p 和 4p 能级的原子通过自发辐射和碰撞很快回到基态,从而维持 4s 和 5s 能级相对 3p,4p 能级的粒子数反转.

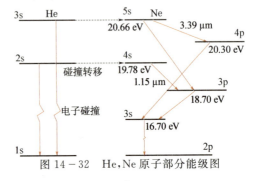

图 14-32 He,Ne 原子部分能级图

综上所述,实现粒子数反转必须在激活介质内有亚稳态,以及激励能源.

由于激活介质的亚稳态能级寿命长,所以自发辐射的概率小,这样,与受激辐射比较,自发辐射是次要的,可见选用具有亚稳态能级结构的激活介质就可以使受激辐射最终处于优势.

14.10.4 光学谐振腔

处于激发态的原子,可以通过自发辐射和受激辐射两种过程回到基态. 在实现了粒子数反转分布的激活介质内,初始光信号来源于自发辐射,而原子的自发辐射是随机的,因而在这样的光信号激励下产生的受激辐射也是随机的,所辐射的光的相位、偏振状态、频率、传播方向都是互不相关的、随机的. 如何将其他方向和频率的信号抑制住,而使某一方向和一定频率的信号享有最优越的条件进行放大,最终获得单色性、方向性都很好的激光呢? **光学谐振腔**就是为此目的而设计的一种装置.

图 14-33 是光学谐振腔的示意图,它是由放置在工作物质两端的两个镀有多层介质的平行平面反射镜或球面反射镜所组成,其中之一是全反射镜,另一个为部分透光的反射镜. 谐振腔的工作机理是:腔内受激发射光子,凡是其传播方向偏离管轴方向的,就逸出管外而被淘汰掉,只有沿管轴方向传播的光子经反射镜来回反射. 这就是谐振腔对光束方向的选择作用. 由于沿管轴方向的光在工作物质中不断得到放大增强,从而得到很强的光束,这种现象叫作光振荡放大. 当光的放大作用与光的损耗作用(光的输出、工作物质对光的吸收等)达到动态平衡时,就形成了稳定的激光,此时,可由部分透光反射镜输出方向性很好的激光束.

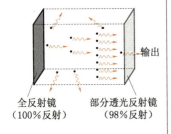

图 14-33 光学谐振腔示意图

综上所述,激活介质和谐振腔结合在一起,加上激励源就成为一台激光器,在外界能源激励下就可以产生激光. 现在就激光器的三个基本组成部分及

其作用概述如下:

激活介质(工作物质):具有亚稳态能级结构,在外界激励下能实现粒子数反转分布,形成光放大.

光学谐振腔:维持光振荡,输出激光.

激励能源:供给能量.

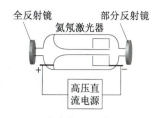

(a) 内腔式He-Ne激光器

14.10.5 激光器

激光器一般由三部分构成:激光工作物质(激活介质)、激励能源和谐振腔.下面我们简要介绍 He-Ne 激光器,其外壳用硬质玻璃制成,中间有一根毛细管作为放电管,管内先抽去空气,然后按 5∶1∼10∶1 的氦氖比例充气,其总压为 $2.66\times10^2\sim3.99\times10^2$ Pa.管内两端由平面反射镜组成光学谐振腔.激励是用气体放电方式进行的.在阳极和阴极间加上几千伏特的电压时,产生气体放电,从而激励工作物质(He-Ne)形成粒子数的反转和光振荡,输出单色性、方向性、相干性等极好的稳定激光束,如图 14-34(a)所示.

图 14-34(b)是红宝石激光器结构示意图,工作物质是含铬离子(Cr^{3+})的红宝石,用脉冲氙灯进行激励,谐振腔亦为二平面反射镜.

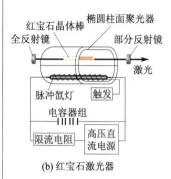

(b) 红宝石激光器

图 14-34 激光器

作为激光工作物质目前有固体、液体、气体三类,达数百种之多.表 14.6 列出了常用的几种激光器.

表 14.6 常用激光器

名称	工作物质	典型波长(nm)	性能
红宝石	掺 Cr^{3+} 红宝石	694.3	脉冲,大功率
YAG	掺 Nd^{3+} 钇铝石榴石	1064	连续,中小功率
钕玻璃	掺 Nd^{3+}	1059	脉冲,大功率
氦氖	He,Ne	632.8,1150,3390	连续,小功率
氩离子	Ar^+	488.0,514.5	连续,大功率
二氧化碳	CO_2	1060	脉冲,连续,大功率
氮分子	N_2	337.1	脉冲
氦镉	He,Cd	441.6,325.0	连续,中功率
氦锌	He,Zn	747.9,589.4	
氦硒	He,Se	522.8,497.6	
染料	染料液体	590∼640	连续可调,小功率
半导体	GaAs/GaAl 等	800∼900	可调谐,小功率

*§14.11 半 导 体

14.11.1 固体的能带

理想晶体中的原子是规则排列的,原子间有着不同程度的相互作用,从而形成能带.下面简略介绍能带的形成.

如图 14-35 所示,设有两个相距较远的孤立氢原子,由于原子中的电子被束缚在原子核的周围,因此孤立原子中的能态是以分立能级形式出现的.电子可分别处于不同的能级上,形成 1s,2s,2p,3s,…等电子壳层.

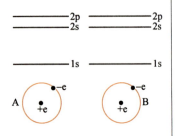

图 14-35 完全分离的两个氢原子能级

当两个原子靠得很近时,原子 A 上的电子除受到自身的原子核的作用外,还受到另一个靠得很近的原子 B 的作用;同样,原子 B 上的电子也要受到原子 A 和原子 B 自身的核的作用.原子间相互作用的结果,使得相邻原子上的电子轨道(量子态)发生一定程度的相互交叠.通过轨道的交叠,电子可以从一个原子转移到相邻的原子上去,因而原子组合成晶体后,电子的量子态将发生质的变化,它将不再是固定在个别原子上的运动,而是穿行于整个晶体的运动了.电子运动的这种质变称为"共有化",因为电子已不属于个别原子而成为整个晶体所共有.

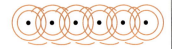

图 14-36 电子的共有化

电子在原子之间的转移不是任意的.电子只能在能量相同的量子态之间发生转移.图 14-36 是表明这种情况的简图,从中我们可以看到,第一层的电子只能转移到相邻原子的第一层,第二层的电子只能转移到相邻原子的第二层……所以,共有化的量子态与原子的能级之间存在着直接的对应关系.在同一个原子能级基础上产生的共有化运动也是多种多样的,因为电子在晶体中的共有化运动可以有各种速度.这就是说,从一个原子能级将演变出许许多多的共有化量子态,它们代表电子以各种不同的速度在晶体中运动,因此能量也是不相同的.在图 14-37 中画出了这种共有化量子态的能级图,并且表示出它们和原子能级之间的对应关系.由图看到,晶体中量子态的能级分成由低到高的许多组,分别和各原子能级相对应,每一组都包含大量的、能量很接近的能级.由于在能级图上这样一组密集的能级看上去像一条带子,所以被称为能带.能带之间不存在能级的区域,叫作"禁带".

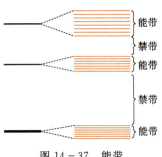

图 14-37 能带

在一般的原子中,内层电子的能级都是被电子填满的.当原子组成晶体后,与这些内层能级相对应的能带也是被电子所填满的,这种能带称为满带.由于满带中所有量子态均被电子占据,电子没有运动的余地,因而满带电子不参与导电.相反,如能带中各能级均没有电子填入,这种能带叫作空带.

在原子系统中,参与导电的只是能量最高的外层电子,称为价电子.在晶体中,价电子填充的能带,称为价带.价带可以是满带,也可以不是满带,空带和未被电子填满的价带统称为导带.显然,只有导带电的电子才能参与导电.

图 14-38 是晶体能带结构的示意图,其中 E_g 是禁带的宽度,即相邻两能带间的最小能量差.

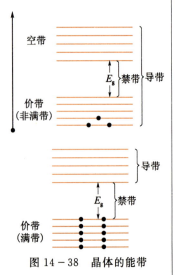

图 14-38 晶体的能带

14.11.2 导体、绝缘体及半导体的能带结构

碱金属（如锂、钠、钾等）及贵金属（如金、银等），每个原子有一个价电子，若晶体有 N 个原子，则共有 N 个价电子。晶体内有 N 个能级，能容纳自旋方向不同的 $2N$ 个电子，而一价金属的最上面的价带内只有 N 个电子，是不满带，具有较强的导电能力，所以所有碱金属和贵金属均是导体。对于二价金属，情况较为复杂。晶体中原子数为 N 时，共有 $2N$ 个价电子。好像价带刚好被填满，应该是不导电的绝缘体。但实际上许多二价金属却是导体。这是因为各方向的周期不一样，所以造成能带的重叠，如图 14-39 所示。这样，当下面一个能带未被电子填满时，上面一个能带已经开始有电子填入，使得两个能带都是不满的，因此两个能带中的电子都有导电能力，所以碱土金属是导体。Ⅴ族元素如铋、锑、砷等晶体，每个原胞内含有两个原子，所以原胞内含有偶数个电子，这些晶体也应该是绝缘体，但它们却有一定的导电性。原因在于这些晶体的能带有交叠，只是交叠部分较少，使能参与导电的电子浓度小于正常金属中的电子浓度，电阻率比正常金属大约 10^5 倍，因而被称为半金属。

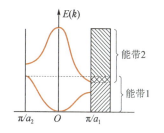

图 14-39 能带重叠示意图

如果晶体中的价电子刚好把一个能带填满（最上面的满带即价带），而它上面的能带是全空的，两个能带之间的禁带又较宽，则这类晶体就是不能导电的绝缘体。惰性气体原子的电子壳层是闭合的，电子数是偶数，所以总能将较低能带填满，而较高的能带完全空着。这些元素形成的晶体是绝缘体的典型例子。

有些晶体的价带与上面的空带之间隔着的禁带的宽度较窄，常温下即有一些电子可由价带激发到上面的空带中去。结果使得本无导电能力的两个能带都具有一定的导电能力。温度越高，被激发的电子数越多，晶体的导电能力越强，这就是半导体，如硅、锗、砷化镓等就是典型的半导体。

导体、绝缘体和半导体的能带结构如图 14-40 所示。

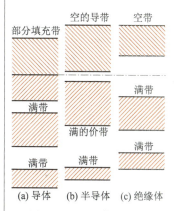

图 14-40 导体半导体和绝缘体的能带结构

14.11.3 本征半导体和杂质半导体

半导体有两类，一类叫本征半导体，另一类叫杂质半导体。

一、本征半导体

纯净的无杂质的半导体称为本征半导体。如图 14-41 所示，本征半导体的导电性，是由于满带中的价电子在热激发或光激发的作用下，由满带跃迁到导带中去而形成的。这时在导带中出现了电子，而原先充满价电子的满带，则出现了空状态，这种满带中的空状态，一般叫作空穴（hole），空穴则等同于一个带 $+e$ 的电荷。

本征半导体中产生空穴，还可以用图 14-42 所表示的锗（Ge）晶体点阵结构的平面示意图来说明。在图 14-42(a)中，一个锗原子靠其四个价电子，跟另外四个锗原子的各一个价电子，形成共价键而结合。当价电子由于激发而挣脱共价键的束缚时，在晶体中就留下一个带正电的空穴［见图 14-42(b)］。晶体中的空穴，可能来自邻近锗原子的电子所占有，从而出现新的空穴，这个空穴又会被其他邻近锗原子的电子所占有，再出现新的空穴，依次类推。由于电

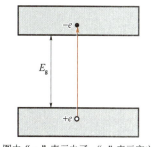

图中"·"表示电子，"。"表示空穴
图 14-41 半征半导体

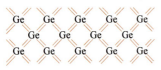

(a) 锗晶体中的正常键

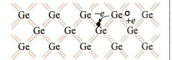

(b) 电子被激发，晶体中出现空穴
图中"·"表示电子，"。"表示空穴

图 14-42　锗晶体平面示意图

子逐步向空穴转移，相当于空穴在晶体中发生了移动。因此我们可以说，由于价电子从满带中被激发到导带，在晶体中就出现了电子和空穴这两种载流子。它们在数量上是相等的，而且电荷值也相等，但符号相反。空穴为正载流子，电子为负载流子，在电场作用下，它们移动的方向相反。我们把由导带中电子移动引起的导电性，叫做电子导电；由价带中空穴移动引起的导电性，叫做空穴导电。在本征半导体中，电子导电和空穴导电同时存在，它们统称为本征导电。

二、杂质半导体

在半导体中掺入微量的杂质，将显著地改变半导体的特性。例如，在锗中掺有百万分之一的砷后，其导电率将提高数万倍。杂质半导体又分为空穴型（简称 p 型）半导体和电子型（简称 n 型）半导体。下面对它们的导电机理分别作一些简要地说明。

如图 14-43(a)所示，将五价杂质原子砷(As)掺入到四价硅(Si)中，砷有五个价电子，其中四个价电子与相邻的硅原子形成共价键，第五个价电子所受束缚较小，它可环绕带正电的离子砷(As^+)运动。计算表明，这个电子在 As^+ 电场中的电离能 E_I 约为 0.05 eV，它比硅的禁带宽度(E_g = 1.09 eV)要小很多。这时，在半导体的价带和导带之间，产生一个离导带底 E_C 很近的附加能级 E_D[见图 14-43(b)]，这个能级也叫作施主能级，而砷这类五价杂质则称为施主杂质。因为施主能级很靠近导带，所以在施主能级上的电子，很容易受激发而跃迁到导带上去，参与导电。由于含有施主杂质半导体中的载流子为电子，故掺有施主杂质的半导体也叫作 n 型半导体。

下面来介绍 p 型半导体。图 14-44 所示，将三价杂质硼(B)掺入到四价半导体硅(Si)中，由于硼只有三个价电子，它和相邻的硅原子构成共价键时，缺少一个价电子，于是就存在一个带 +e 电荷的空穴。这个空穴在带 −e 电荷的硼离子的作用下，将环绕带负电的硼离子(B^-)运动。计算表明，空穴在 B^- 的电场中的电离能 E_I 约为 0.01 eV。这时，在半导体的价带顶 E_V 和导带之间，产生一个离价带很近的附加能级 E_A。这个能级的存在可为价带提供空穴，也可认为它接受来自价带的电子。故这个能级也叫作受主能级，而硼这类三价杂质则为受主杂质。因为受主能级很靠近价带，所以价带中的电子很容易因激发而跃迁到受主能级上去，并在价带中留下空穴，而空穴在电场的作用下要发生移动，参与导电。由于含有受主杂质半导体的载流子为空穴，故掺有受主杂质的半导体，也叫作 p 型半导体。

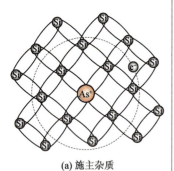

(a) 施主杂质

(b) 施主能级

图 14-43　n 型半导体

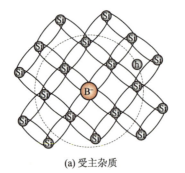

(a) 受主杂质

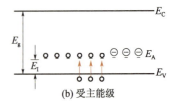

(b) 受主能级

图 14-44　p 型半导体

14.11.4　pn 结

使 p 型半导体和 n 型半导体相接触,在它们相接触的区域就形成了 pn 结。从实验中发现,pn 结两端没有加外电压时,半导体中没有电流;当 pn 结两端加上外电压时,就有电流通过,但电流的大小和方向跟外加电压有关。图 14-45 是从实验中得出的 pn 结伏安特性曲线。从曲线中可以看到,若 p 型接正级,n 型接负极,即电压 U 为正向电压时,电流为正值($I>0$),这个电流叫正向电流;而且随着正向电压的增加,正向电流亦随之指数上升;相反,若 p 型接负极,n 型接正极,即电压 U 为反向电压时,电流为负值($I<0$),这个电流叫反向电流,其绝对值较正向电流小得多,且随着反向电压的增加,反向电流很快达到饱和电流 I_s。利用 pn 结的这个特性,可制成电子线路中常用的检波和整流二极管。下面对 pn 结的导电特性作一些说明。

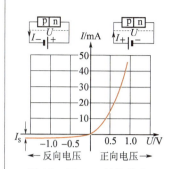

图 14-45　pn 结的伏安特性曲线

当 p 型与 n 型相接触时,有电子从 n 型扩散到 p 型中去,同时也有空穴从 p 型扩散到 n 型中去[见图 14-46(a)]。这样在 p 型和 n 型相接触的区域,就出现了偶电层[见图 14-46(b)]。由于这个偶电层的存在,在 p 型和 n 型相接触的区域内,也就存在由 n 指向 p 的电场,它要阻止空穴和电子的继续扩散,直至达到动平衡为止。这时,在 p 型与 n 型接触区域就存在如图[见图 14-46(c)]所示的电势变化情况。图中 U_0 为动平衡时,p、n 之间势垒的高度。因而无论是空穴或电子都需克服高度为 U_0 的势垒,才能通过偶电层进入到 n 或 p 中去。

当 p 接外电源正极,n 接外电源负极,即 p、n 间加正向电压 U 时,便使势垒高度降低,于是 n 型中的电子和 p 型中的空穴将较容易通过 pn 结,从而在电路中形成电流。这就是图 14-45 中,随正向电压增加,正向电流亦增加的道理。反之,当 p 接外电源负极,n 接外电源正极,即 p、n 间为反向电压 $-U$ 时,n 型中的电子和 p 型中的空穴更难通过 pn 结,因而在电路中只能形成很弱的电流,且很快就会达到饱和,这点亦可从图 14-45 中看出。

由于 pn 结是制作半导体器件,如二极管、三极管的基础,因而半导体 pn 结的种种应用已深入到人们生活的许多方面,也几乎遍及一切科技领域。随着集成电路集成度(即单位面积芯片上的元件数)的不断提高,电子产品的尺寸正变得越来越小。

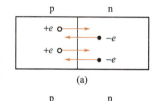

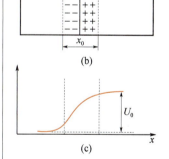

图中"○"表示空穴,"·"表示电子,x_0 为偶电层的宽度

图 14-46　pn 结

14.11.5　光生伏特效应

利用 pn 结还可制成光电池,其原理如下。

当光照射到 pn 结时,光子会产生电子-空穴对,于是在 pn 结处偶电层内强电场的作用下,电子将转移到 n 型中,而空穴则移到 p 型中,从而使 pn 结两边分别带上正、负电荷。这样,在光的照射下,pn 结就相当于一个电池(见图 14-47)。

这种由光的照射,使 pn 结产生电动势的现象,叫做光生伏特效应。利用太阳光照射 pn 结产生电能的装置,称为太阳能光电池。多晶硅太阳能光电池的光电转换效率只有 15% 左右,单晶硅为 20%,砷化镓(GaAs)晶体的太阳能光电池的光电转换效率目前已达 25% 以上。它保证了人造卫星、空间站、航天器等所需的电力供应,也是野外作业等缺乏能源情况下的一种方便而可靠的能源。随着科学技术的发展,光电池的光电转换效率还会进一步提高。

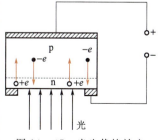

图 14-47　光生伏特效应

*§14.12 超　　导

自1911年荷兰物理学家昂纳斯(K. Onnes)首次发现示在4.2 K的低温时出现超导现象以来,对超导现象的研究就成为固体物理学的一个十分活跃的重要领域.这不仅是因为超导现象标志着物质进入了一种完全新的状态(这种状态称为超导态),而且超导体具有许许多多重要的应用,将对人类的生产和生活产生不可估量的影响.

14.12.1 超导的基本现象和性质

一、零电阻

超导体进入超导态,电阻会突然降到零.1911年,昂纳斯在液氦温区研究几种纯金属的电阻与温度的关系时发现,当温度下降到4.2 K附近时,水银的电阻突然降到零,如图14-48所示.出现超导电性的温度称为超导转变温度,或称**临界温度**,用 T_c 表示.电阻由正常值开始陡然下降到完全消失的温区(转变宽度)是很窄的,而且实验所用电流越小电阻变化曲线越陡.对于非常纯的样品,转变宽度可小至 10^{-5} K.对于不纯或不均匀样品,转变较缓慢.昂纳斯还发现,超导转变是可逆的,即当降低温度至 T_c 时,样品电阻突然降为零;当加热样品使温度达到 T_c 时,电阻又会突然恢复正常值,这个过程可以反复进行.

临界温度是超导电性中最基本的参量.当 $T<T_c$ 时,电阻为零.载流子能够毫无能量损失地在超导体中流动.

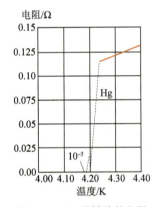

图14-48　汞样品的电阻与温度的关系

二、临界磁场与临界电流

在昂纳斯首次发现超导电性之后不久,人们就发现足够强的磁场可以破坏超导电性,即当 $T<T_c$ 时,若施加磁场强度达到某一值 $H_c(T)$,超导态就会变为正常态,恢复正常电阻值. $H<H_c(T)$ 为超导态, $H>H_c(T)$ 为正常态,转变同样具有可逆性.我们把 $H_c(T)$ 称为**临界磁场**,它是温度的函数.对于给定的超导材料,随 T 的下降 $H_c(T)$ 上升,对于多种超导材料, $H_c(T)-T$ 的关系可近似由下述经验公式给出

$$H_c(T) = H_c(0)\left[1-\left(\frac{T}{T_c}\right)^2\right] \qquad (14-117)$$

式中 $H_c(0)$ 为 $T=0$ K时的临界磁场强度,即临界磁场的最大值, $\mu_0 H_c(0)$ 的典型值约为 10^{-2} T.当 $T=T_c$ 时, $H_c=0$.临界磁场的磁场强度 $H_c(T)$ 与温度 T 之间的关系如图14-49所示.临界磁场不一定是外加磁场,超导体内的电流本身在超导体表面产生磁场,只要超过 $H_c(T)$,也会破坏超导电性.因而一定的超导体有一个临界电流 I_c 存在,当电流 $I>I_c$ 时,超导电性便被破坏, I_c 不仅与具体物质及温度有关,而且也和样品的形状、大小有关.临界磁场与临界电流的存在,给人们利用超导电性制造无损耗的大电流、强磁场螺线管的最初希望设置了障碍.直至超导电性被发现半个世纪之后,人们才发现一些所谓

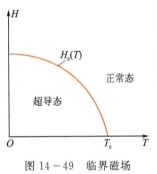

图14-49　临界磁场与温度关系

的第二类超导体有很高的临界磁场和临界电流,具有重大应用前景.

三、迈斯纳(Meissner)效应

1933年,迈斯纳等为了判断超导体的磁性是否完全由零电阻决定,测量了在磁场中冷却到转变温度以下的锡和铅样品外部的磁场分布.他们发现磁场分布发生变化,磁通量完全被排斥在样品之外,样品自发地变成了完全抗磁性.这个实验第一次证明了超导体与理想导体有所不同.这种特殊的磁性质是独立于零电阻特性之外的又一基本特征,这种将磁通从超导体中排出去的效应,称为迈斯纳效应.

超导体具有完全抗磁性,即在超导体内保持$B=0$.超导体内$B=0$并不意味着H和磁化强度M为零,而是

$$\boldsymbol{B} = \mu_0(\boldsymbol{H}+\boldsymbol{M}) = 0 \qquad (14-118)$$

即

$$\boldsymbol{M} = -\boldsymbol{H} \qquad (14-119)$$

在无退磁场的情况下,超导体内的H即为外加磁场H_0,(14-119)式意味着超导体内磁化强度恰好为外加磁场的负值,二者刚好抵消.这应是完全抗磁性的含义,对判断样品是否处于超导态有着关键作用.

值得注意的是,超导体不能理解为电阻为零的理想导体.理想导体内电阻率为零,维持电流不需要电场,故其内部$E=0$.由麦克斯韦方程$\frac{\partial \boldsymbol{B}}{\partial t} = \nabla \times \boldsymbol{E}$得$B$为常量.该常量可以是零,也可以不是零,与初始条件有关.因此理想导体内部B不一定为零.而超导体具有完全抗磁场,其内部磁感应强度必为零.所以,迈斯纳效应是独立于零电阻性质之外的另一超导特性.

14.12.2 两类超导体

临界温度T_c是发生正常态/超导态相变的温度.在温度$T<T_c$时,可用外磁场来破坏超导电性,使金属处于正常态.早期发现的这种超导体临界磁场$H_c(T)$太低[$\mu_0 T_c(0)$约为0.1 T以下],临界电流太小,以至于没有什么实际用途.幸运的是,人们后来又发现了另一类超导体,称为第二类超导体,因而将前者改称为第一类超导体.第一类超导体只有一个临界磁场,而第二类超导体存在两个临界磁场,下临界磁场H_{c_1}和上临界磁场H_{c_2},如图14-50所示.当外磁场小于H_{c_1}时,样品处于超导态;当外磁场介于H_{c_1}和H_{c_2}之间时,第二类超导体处于混合态,这时样品仍具有零电阻,但处于不完全的抗磁性,体内有磁感应线穿过.正常态与超导态共存,称为混合态或中间态;当外磁场高于H_{c_2}时,样品返回正常态.

第二类超导体的H_{c_1}和H_{c_2}均可大致用下述经验公式描述:

$$H_{c_i}(T) = H_{c_i}(0)\left[1-\left(\frac{T}{T_c}\right)^2\right], i=1,2 \qquad (14-120)$$

在远低于T_c的温区,第二类超导体的$\mu_0 H_{c_2}$,可高达几十个特斯拉,而$\mu_0 H_{c_1}$通常很低,二者之比一般可达100以上.所以把第一类超导体称为软超导体,而把第二类超导体称为硬超导体.临界磁场较高的第二类超导体在实用上显得更为重要.第二类超导体大部分为合金或化合物.

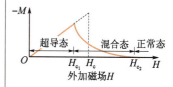

图14-50 第Ⅱ类超导体的磁化曲线

理想的第二类超导体虽具有高的上临界磁场H_{c_2},却不能承受较大的超导电流.如果第二类超导体内含有大量缺陷(非理想第二类超导体),这些缺陷

将阻碍磁场线的移动,称为对磁场线的钉扎作用,其结果是穿过超导体的磁感应线排列不再均匀,磁化时有滞后作用,而超导体则可承受大的超导电流.缺陷的钉扎作用越强,磁化的磁滞效应越大,则临界电流也越高.用来制造高强磁场的超导线圈都是用非理想第二类超导体制成的.例如经特殊处理的 NbTi 合金线临界电流可高达 2×10^5 A·cm^{-2},可用以产生 4 T 的强磁场.

14.12.3 超导现象的微观机理

一、BCS 理论

自超导现象发现后,人们就力图对其给出微观解释.美国伊利诺斯大学的物理学教授约翰·巴丁(J. Bardeen)就是其中之一.1955 年,巴丁与他的研究生罗伯特·施里弗(J. R. Schrieffer)以及另一位年轻的博士利昂·库柏(L. N. Cooper)组成了一个探索超导现象微观机理的研究小组,开始朝这一神秘的领域进发.巴丁原是半导体领域的专家,1956 年因发现晶体管效应而获得诺贝尔物理学奖;库柏对量子场论、量子统计以及数理方法非常熟悉;而施里弗则年轻敏捷、敢想敢闯.他们老、中、青三结合,为揭开超导之谜奠定了坚实的基础.

早在 1950 年,英国物理学家弗罗里希就曾预言:超导体的临界温度与同位素的质量之间存在一定的关系.他经过分析后认为,同位素之间的电子分布状态是相同的,而原子质量是不同的,那么,超导电性会不会与晶格原子的性质有关呢? 也许,超导的出现(即电阻的消失)是由于电子和晶格原子的相互作用才产生的吧!

仅过了一年,库柏就提出了"库柏对"的崭新概念."库柏对"是一种电子束缚对,它由两个电子组成,由于晶格的存在,这两个电子之间除了库仑斥力之外,还有一种由晶格引起的引力.正是这种附加的引力作用,才使这两个电子彼此挨近,组成电子对.就在库柏提出"库柏对"概念的下一年——1957 年,施里弗在阅读英国物理学家伦敦的一本书时,茅塞顿开,豁然开朗.伦敦这位超导理论的先驱,他是怎样论述的呢? 他在书中写道,"超导体是电子在宏观尺度的量子结构,是某种平均动量的凝聚."正是这句话使施里弗认识到,"库柏对"中的两个电子虽然相距非常微小,但相对于原子核来说却是异常大的.这样,大量的"库柏对"必然要相互联系,形成凝聚状态,正是微观尺度上的这种凝聚态,在宏观尺度上表现为奇妙的超导电性.

金属中由于电子带负电,要吸引带正电荷的晶格离子,使得邻近的离子向电子微微靠拢,局部正电荷相对集中,从而吸引其他电子.总效果是一个自由电子对另一个自由电子产生吸引力.室温下该吸引力小,不会引起任何效果.当温度很低时,热扰动几乎消失.该吸引力使得两个电子结合成对,称为"库柏对".库柏对由两个动量完全相反(自旋也相反)的电子组成.按照经典理论,两电子会沿相反方向分离,而按照量子理论,粒子用波函数描述,两列波沿相反方向传播,却能长时间交叠在一起.因而能连续相互作用.在有电流的超导体中,每个电子对有一总动量,该动量与电流反向,因而传送电流.电子对中一个电子受到晶格散射改变动量时,另一个电子也同时受到晶格散射发生相反的动量改变,结果是电子的总动量不变.所以晶格对电子对运动没有影响,因此表现为零电阻.

BCS理论是第一个成功解释超导现象的微观理论,也是唯一成功的理论.其它的如激子理论等,最终均因缺乏足够的实验支持而未能得到公认.由于揭开了超导电性的奥秘,三人共获1972年度诺贝尔物理学奖.这一理论也以他们姓氏的头一个字母命名,称为"BCS理论".

二、高温超导理论有待探索

在很长一段时间内,超导材料的临界温度都在相当低的温度范围内徘徊,但科学家一直千方百计地企图提高它的临界温度.他们从纯金属找到合金,从无机材料找到有机材料……总想有所收获,有所发展.在昂纳斯发现超导现象后的第75个年头,即1986年,从瑞士苏黎世的IBM实验室传来了激动人心的消息:当科学家在许许多多的导电材料面前束手无策,从而转向绝缘材料时,情况出现了转机,镧钡铜氧化物的临界温度可能会突破铌三锗(Nb_3Ge)一统天下的局面,达到30 K(约-243 ℃).经过许多科学家的不懈努力,到1987年初,捷报频频传来,一度使这个以"冷"著称的领域成了前所未有的"热点",成了科学界内外各方人士关注的"焦点",科学家把超导材料的临界温度一下子提高到了近100K(约-173 ℃),并且大有向室温(300 K)冲刺的势头.

然而,这对解释超导机制的BCS理论是一次严峻的挑战!因为根据BCS理论,超导最高临界温度不会超过40 K,而现在却早已远远地超过了这一极限.很显然,BCS理论解释不了新发现的超导现象,这就类似于20世纪初时,牛顿力学所遇到的尴尬局面,人们在努力寻找超导领域中的"爱因斯坦相对论".新的超导机理在何方?许多科学家为此做了种种探索.

日本物理学家田中昭二等人对超导陶瓷的结构进行了分析,提出了6个氧原子包围铜原子所组成的八面体分为两层,当电子在这"夹层"中穿过时,就出现了超导现象.

美国物理学家菲利普·安德森也提出了一个新的超导理论,他一反"库柏对"的常规,认为电子不是互相吸引而是互相排斥,正是这种排斥才使电子与电子挨近了,结合了.

中国复旦大学的陶瑞宝也提出了一个超导的激子渗流理论,这一理论认为,处于超导态下的电子具有特殊的能带结构,这些电子形成的电子波在晶体中互相叠加,当在晶体中通以电流时,电子就会绕过晶体中的点阵,沿电子波叠加的方向运动,不会产生阻力,由此便产生了超导现象.

当然,所有这些理论还远未成熟,他们能够解释某些现象,但又无法解释另外一些现象.超导现象真正的微观机理还是一个谜,人们期待着这个谜早日被解开.

14.12.4 超导的应用前景

利用超导体的零电阻和完全抗磁性等特性,超导技术在科学技术和生产中有着广阔的应用前景,同时也带来了许多新课题.下面我们简略介绍超导体的几个应用领域.

一、强磁场

由超导线圈做成的电磁体有很多用途.例如超导体能提高同步回施加速

器带电粒子的功率,减小电磁铁的体积.此外,现在许多国家都有试验性运行的超导发电机和电动机.超导发电机中的定子是用超导材料制成的,当定子处于超导态时,定子中电流很大,从而大大提高了发电机的输出功率,而且超导发电机的体积也有所减小,目前利用铋(Bi)线材绕制成的超导电磁体,在 4.2 K、20 K 和 77 K 时的磁感强度已分别达到 4 T、1 T 和 0.6 T.虽然,这些超导磁体的磁性很强,但由于其临界温度仍太低,投入实际使用仍需时日.

二、低损耗电能传输

目前所用的电能传输线多为铜、铝材料制成.由焦耳定律知,输电线上能量损耗为 I^2R,输电线路越长,能量损耗越多,通常长距离输电线路能量损失可达 20%～30%.而由超导材料制成的传输线,由于电阻率趋于零,故线路上的能量损耗可略去不计.因此,由超导材料制成的输电线可用于长距离的直流输电.目前已能制成 长约为 1 000 m、电流密度为 10 000 A·cm^{-2} 的铋系超导电缆,并已投入试运行,这方面的研究已进入实用化阶段.

三、磁悬浮列车

利用超导体的抗磁性,可以把列车悬浮在轨道上.其结构是在铁轨底部安装有超导线圈,车厢底部装有超导磁铁.当列车达到一定速率时,轨道中的感应电流使列车悬浮起来.目前日本、德国已有磁悬浮列车在试运行,车速已达 550 km·h^{-1},悬浮高度为 10 mm.我国上海于 2003 年 10 月建成并正式运行磁悬浮列车,行程为 31 km,时速可达 430 km·h^{-1}①.随着超导磁悬浮列车的研究成功,列车的速度会有更显著的提高.利用超导体的抗磁性,还可制成无摩擦轴承,这种轴承不仅可减少摩损,而且还可大大提高轴承的转速.

从迄今的发展情况来看,超导新材料的研究尚处于初始阶段,至于超导体的实际应用,还有许多技术难题需要解决,但其应用前景是十分诱人的.

本章提要

1. 黑体辐射

斯特藩-玻耳兹曼定律:黑体的辐射出射度与温度的关系为

$$M(T) = \sigma T^4$$

其中 $\sigma = 5.67 \times 10^{-8}$ W·m^{-2}·K^{-4}.

维恩位移定律:峰值波长随着温度的升高向短波方向移动.

$$T\lambda_m = b$$

其中 $b = 2.897 \times 10^{-3}$ m·K.

普朗克量子化假设:谐振子的能量不连续,只能取一些离散值,即

$$E = nh\nu \quad n = 1, 2, 3, \cdots$$

普朗克公式:黑体的单色辐出度

$$M_\lambda(T) = 2\pi h c^2 \lambda^{-5} \frac{1}{e^{hc/\lambda kT} - 1}$$

2. 光电效应

爱因斯坦光电效应方程:

$$h\nu = \frac{1}{2}mv_m^2 + W$$

红限频率 $\quad \nu_0 = W/h$

光子的能量 $\quad \varepsilon = h\nu$

光子的动量 $\quad p = \dfrac{\varepsilon}{c} = \dfrac{h}{\lambda}$

---

① 磁悬浮有常导和超导两种,上海磁悬浮列车为常导磁悬浮列车.

3. 康普顿效应

康普顿散射公式
$$\Delta\lambda = \lambda - \lambda_0 = \frac{2h}{m_0 c}\sin^2\frac{\varphi}{2}$$

电子的康普顿波长
$$\lambda_c = \frac{h}{m_0 c} = 2.43\times 10^{-12}\text{ m}$$

4. 玻尔氢原子理论

(1) 定态假设：氢原子系统只能处于一系列不连续的能量状态

(2) 频率假设 $h\nu = E_n - E_k$

(3) 轨道角动量量子化假设
$$L = n\frac{h}{2\pi} \quad n = 1, 2, \cdots$$

5. 德布罗意波

具有确定动量 p 和能量 E 的自由粒子，相当于频率为 ν 和波长为 λ 的波.
$$E = h\nu \quad p = h/\lambda$$

6. 波函数的统计意义

微观粒子的运动状态由波函数 ψ 描述，$|\psi|^2$ 表示某时刻在某位置处粒子的概率密度.

波函数满足归一化条件 $\iiint_V |\psi|^2 \mathrm{d}V = 1$

波函数的标准条件是单值、连续和有限.

7. 不确定关系

微观粒子同方向的坐标与动量不能同时具有确定值，满足不确定关系：
$$\Delta x \Delta p_x \geq \frac{\hbar}{2} \quad \Delta y \Delta p_y \geq \frac{\hbar}{2} \quad \Delta z \Delta p_z \geq \frac{\hbar}{2}$$

能量与时间也具有不确定关系：
$$\Delta E \Delta t \geq \frac{\hbar}{2}$$

8. 薛定谔方程

含时薛定谔方程
$$i\hbar\frac{\partial}{\partial t}\psi = -\frac{\hbar^2}{2m}\nabla^2\psi + U\psi$$

定态薛定谔方程
$$\left[-\frac{\hbar^2 \nabla^2}{2m} + U(x,y,z)\right]\Psi(x,y,z) = E\Psi(x,y,z)$$

9. 一维无限深方势阱

归一化波函数
$$\Psi_n(x) = \begin{cases} 0 & (x \leq 0, x \geq a) \\ \sqrt{\frac{2}{a}}\sin\frac{n\pi x}{a} & (0 \leq x \leq a) \end{cases}$$

能量 $E = \frac{\pi^2 \hbar^2}{2ma^2}n^2, n = 1, 2, 3, \cdots$

10. 一维势垒、隧道效应

微观粒子可以进入势能（有限的）大于粒子总能量的区域. 在势垒有限的情况下，粒子可以穿过势垒到达另一侧.

透射系数 $T \propto e^{-\frac{2a}{\hbar}\sqrt{2m(U_0 - E)}}$

11. 线性谐振子

谐振子的能量是量子化的.
$$E = \left(n + \frac{1}{2}\right)h\nu, n = 0, 1, 2, 3, \cdots$$

12. 力学量算符

量子力学中每一个力学量均可由一个算符来表示.

位置算符 $\hat{\boldsymbol{r}} = \boldsymbol{r}$

动量算符 $\hat{\boldsymbol{p}} = -i\hbar\nabla$

动能算符 $\hat{T} = -\frac{\hbar^2}{2m}\nabla^2$

角动量算符 $\hat{\boldsymbol{L}} = \hat{\boldsymbol{r}} \times (-i\hbar\nabla)$

总能量算符 $\hat{H} = -\frac{\hbar^2}{2m}\nabla^2 + U(\boldsymbol{r})$

13. 态叠加原理

当 $\Psi_1, \Psi_2, \cdots, \Psi_i, \cdots$ 是粒子的可能态时，则它们的线性叠加态
$$\Psi = \sum_i c_i \Psi_i$$

也是粒子的可能态，其中 $|c_i|^2$ 对应于粒子处于 Ψ_i 态的概率.

14. 平均值

由实验测得的力学量实际是力学量的统计平均值，对于任何力学量，其平均值可表示为
$$\bar{Q} = \int_{-\infty}^{+\infty}\psi^*\hat{Q}\psi \mathrm{d}V$$

其中 ψ 满足 $\int_{-\infty}^{+\infty}\psi^*\psi \mathrm{d}V = 1$.

15. 本征方程、本征态和本征值

算符 $\hat{Q}$ 的本征方程为
$$\hat{Q}\psi_n = \lambda_n \psi_n$$
ψ_n 为 $\hat{Q}$ 的本征态，λ_n 为 $\hat{Q}$ 的本征值.

16. 算符对易与不确定关系

算符可对易　两力学量可同时具有确定值.

算符不可对易　两力学量存在不确定关系.

17. 氢原子

氢原子中电子的状态由下面 3 个量子数决定：

主量子数　决定氢原子能级
$$E_n = -\frac{me^4}{8\varepsilon_0 h^2}\frac{1}{n^2}, n=1,2,3,4,\cdots$$

角量子数　决定角动量大小
$$L = \sqrt{l(l+1)}\hbar, l=0,1,2,\cdots,n-1$$

磁量子数　决定角动量空间取向
$$L_z = m_l \hbar, m_l = 0, \pm1, \pm2, \cdots, \pm l$$

18. 电子自旋

电子存在自旋运动，具有自旋角动量 S，取值是量子化的.
$$S = \sqrt{s(s+1)}\hbar$$
其中 s 称为自旋量子数，只能取 $\frac{1}{2}$.

自旋角动量空间取向是量子化的.
$$S_z = m_s \hbar$$
其中 m_s 称为自旋磁量子数，只有 $\pm\frac{1}{2}$ 两个取值.

19. 多电子原子系统中电子的分布

电子的状态用 n, l, m_l, m_s 四个量子数来确定. n 相同的电子组成一壳层，可容纳 $2n^2$ 个电子；l 相同的电子组成一次壳层，可容纳 $2(2l+1)$ 个电子.

基态原子中电子分布遵守两条原理：

① 泡利不相容原理：在一个原子系统内，不可能有两个或两个以上的电子处于相同的状态，即不可能有两个或两个以上的电子具有相同的四个量子数.

② 能量最小原理：原子系统处于正常态时，每个电子趋向占有最低的能级.

阅读材料（十四）　扫描隧穿显微镜

1982 年，IBM 瑞士苏黎世实验室的葛·宾尼希（G. Binnig）和海·罗雷尔（H. Rohrer）研制出世界上第一台扫描隧穿显微镜（scanning tunnelling microscope，简称 STM）. 扫描隧穿显微镜使人类第一次能够实时地观察单个原子在物质表面的排列状态和与表面电子行为有关的物理、化学性质，在表面科学、材料科学、生命科学等领域的研究中有着重大的意义和广泛的应用前景，被国际科学界公认为 20 世纪 80 年代世界十大科技成就之一. 为表彰扫描隧穿显微镜的发明者们对科学研究所做的杰出贡献，1986 年宾尼希和罗雷尔被授予诺贝尔物理学奖.

一、工作原理

扫描隧穿显微镜的工作原理是基于量子力学隧道效应.

对于经典物理学来说,当一个粒子的动能 E 低于前方势垒的高度 U_0 时,它不可能越过此势垒,即透射系数等于零,粒子将被弹回.而按照量子力学的计算,在一般情况下,其透射系数不等于零,也就是说,粒子可以穿过比它的能量更高的势垒(见图 14-21),这个现象称为**隧道效应**.它是由于粒子的波动性引起的,只有在一定的条件下,这种效应才会显著.经计算[见(14-46)式],透射系数

$$T \approx \frac{16E(U_0-E)}{U_0^2} \mathrm{e}^{-\frac{2a}{\hbar}\sqrt{2m(U_0-E)}} \qquad (Y14-1)$$

由上式可见,透射系数 T 与势垒宽度 a、能量差 (U_0-E) 以及粒子的质量 m 有着很敏感的依赖关系,随着 a 的增加,T 将指数衰减,因此在宏观实验中,很难观察到粒子隧穿势垒的现象.

扫描隧穿显微镜是将原子线度的极细探针和被研究物质的表面作为两个电极,对于电子来说,针尖与样品之间的间隙犹如势垒.当样品与针尖的距离非常接近时(通常小于 1 nm),在外加电场的作用下,电子会穿过两个电极之间的势垒流向另一电极.隧道电流 I 是针尖的电子波函数与样品的电子波函数重叠的量度,与针尖和样品之间距离 d 和平均功函数 W 有关.

$$I \propto U_b \exp(-AW^{\frac{1}{2}}d) \qquad (Y14-2)$$

式中 U_b 是加在针尖和样品之间的偏置电压,平均功函数 $W \approx \frac{1}{2}(W_1+W_2)$,$W_1$ 和 W_2 分别为针尖和样品的功函数,A 为常数,在真空条件下约等于 1.隧道探针一般采用直径小于 1 nm 的细金属丝,如钨丝、铂-铱丝等,被观测样品应具有一定的导电性才可以产生隧道电流.

由式(Y14-2)可知,隧道电流强度与针尖和样品之间的距离有着指数依赖关系,距离减小 0.1 nm,隧道电流即增加约一个数量级.因此,根据隧道电流的变化,我们可以得到样品表面微小的高低起伏变化的信息,如果同时对 x、y 方向进行扫描,就可以直接得到三维的样品表面形貌图(见图 Y14-1).

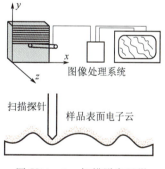

图 Y14-1 扫描隧穿显微镜工作原理

二、工作模式

STM 常用的工作模式主要有以下两种:

1. 恒流模式

如图 Y14-2(a)所示,利用压电陶瓷控制针尖在样品表面 x、y 方向的扫描,而 z 方向的反馈回路控制隧道电流的恒定,当样品表面凸起时,针尖就会向后退,以保持隧道电流的值不变,当样品表面凹进时,反馈系统将使得针尖向前移动,则探

针在垂直于样品方向上高低的变化就反映出了样品表面的起伏. 将针尖在样品表面扫描时运动的轨迹记录并显示出来, 就得到了样品表面态密度的分布或原子排列的图像. 这种工作模式可用于观察表面形貌起伏较大的样品, 且可通过加在 z 方向的驱动电压值推算表面起伏高度的数值. 恒流模式是一种常用的工作模式, 在这种工作模式中, 要注意正确选择反馈回路的时间常量和扫描频率.

2. 恒高模式

如图 Y14-2(b), 针尖的 x、y 方向仍起着扫描的作用, 而 z 方向则保持绝对高度不变, 由于针尖与样品表面的局域高度会随时发生变化, 因而隧道电流的大小也会随之明显变化, 通过记录扫描过程中隧道电流的变化亦可得到表面态密度的分布. 恒高模式的特点是扫描速度快, 能够减少噪音和热漂移对信号的影响, 实现表面形貌的实时显示, 但这种模式要求样品表面相当平坦, 样品表面的起伏一般不大于 1 nm, 否则探针容易与样品相撞损伤探针.

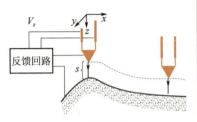

(a) 恒流模式

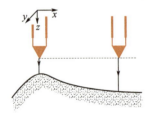

(b) 恒高模式

图 Y14-2 扫描隧穿显微镜的两种工作模式

扫描隧穿显微镜由具有减振动系统的扫描隧穿显微镜头部、电子学控制系统和计算机组成(见图 Y14-3). 头部的主要部件是用压电陶瓷做成的微位移扫描器, 在 x、y 方向扫描压力的作用下, 扫描器驱动探针在导电样品表面附近作 x、y 方向的扫描运动. 与此同时, 一台差动放大器检测探针与样品间的隧道电流, 并把它转换成电压反馈到扫描器, 作为探针 z 方向的部分驱动电压, 以控制探针作扫描运动时离样品表面的高度.

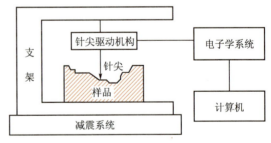

图 Y14-3 STM 的基本构成

扫描隧穿显微镜对扫描精度的要求是相当高的, 要控制针尖在样品表面如此高精度的扫描, 用普通机械的控制显然难以达到要求, 目前普遍使用压电陶瓷材料作为 x、y、z 扫描控制器件, 利用其电致伸缩效应, 可将 1 mV～100 V 的电压信号转换成十几分之一纳米到几微米的位移.

由于扫描隧穿显微镜工作时针尖与样品间距一般小于 1 nm, 同时由(Y14-2)式可见, 隧道电流与隧道间距呈指数关系, 因此任何微小的振动, 例如由说话的声音和人的走动所引起的振动,都会对仪器的稳定性产生影响.在扫描隧穿显微镜的恒流工作模式中,观察到的许多样品,特别是金属样品的表面起伏通常为 0.1 nm.因此,STM 仪器应具有良好的减震效果,一般由振动所引起的隧道间距变化必须小于 0.001 nm.

三、应用

扫描隧穿显微镜不仅是观察原子世界的工具,而且还可以用它进行微加工.当针尖与样品间电压大于 5 V 时,相应能量足以引起表面原子迁移、键断裂和一些化学反应;因而拖动原子在材料表面形成金属点、线排列,或在表面刻线和构图.

扫描隧穿显微镜加工的具体步骤是:将极为尖锐的探针不断逼近材料表面,当距离达到 1 nm 时,施加适当电压,这时探针尖端便吸入材料的一个原子.然后将探针移至预定位置,撤去电压,原子便从探针上脱落.如此反复进行,最后用原子"堆砌"出各种微型构件,因而迈出了人类用单个原子这样的"砖块"建造"大厦"——即各种材料的第一步.图 Y14-4 是镶嵌了 48 个 Fe 原子的 Cu 表面的扫描隧穿显微镜照片.48 个 Fe 原子形成"量子围栏",围栏中的电子形成驻波.

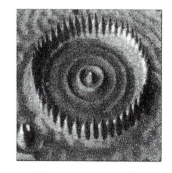

图 Y14-4 量子围栏

扫描隧穿显微镜由于能在原子尺度上进行探测,现已被广泛应用于研究金属、半导体表面的微观结构,观察超导材料的性质,以及探测碳氢化合物薄膜和核酸等有机物的表面特性.特别是,它可在大气压下或流体中工作(无需高度真空),同时对样品不需切片(无损检测),因此对生物体的研究极为有利.

与其他表面分析技术相比,扫描隧穿显微镜具有如下独特的优点:(1)具有原子级分辨率,扫描隧穿显微镜在平行和垂直于样品表面方向上的分辨率分别可达 0.1 nm 和 0.01 nm,即可以分辨出单个原子;(2)可实时得到实空间中样品表面的三维图像,可用于具有周期性或不具备周期性的表面结构的研究,这种可实时观察的性能可用于表面扩散等动态过程的研究;(3)可以观察单个原子层的局部表面结构,而不是体相或整个表面的平均性质,因而可直接观察到表面缺陷、表面重构、表面吸附体的形态和位置,以及由吸附体引起的表面重构等;(4)可在真空、大气、常温等不同环境下工作,样品甚至可浸在水和其他溶液中,不需要特别的制样技术并且探测过程对样品无损伤.这些特点特别适用于研究生物样品和在不同实验条件下对样品表面的评价,例如对于多相催化机理、超导机制、电化学反应过程中电极表面变化的监测等;(5)配合扫描隧穿谱(STS)可以得到有关表面电子结构的信息,例如表面不同层次的态密度、表面电子阱、电荷密度波、表面势垒的变化和能隙结构等;(6)利用扫描隧穿显微镜针尖,可实现对原子和分子的移动和操纵,这为纳米科技的全面发展奠定了基础.

扫描隧穿显微镜也存在由本身的工作方式所造成的局限性,扫描隧穿显微镜所观察的样品必须具有一定的导电性,因此它只能直接观察导体和半导体的表面结构,对于非导电材料,必须在其表面覆盖一层导电膜,但导电膜的粒度和均匀性等问题会限制图像对真实表面的分辨率.然而,有许多感兴趣的研究对象是不导电的,这就限制了扫描隧穿显微镜的应用.另外,扫描隧穿显微镜观察到的是对应于表面费米能级处的态密度.如果样品表面原子种类不同,或样品表面吸附有原子、分子时,即当样品表面存在非单一电子态时,扫描隧穿显微镜得到的并不是真实的表面形貌,而是表面形貌和表面电子性质的综合结果.

继扫描隧穿显微镜的成功之后,在扫描隧穿显微镜原理的基础上又发明了一系列扫描探针显微镜(SPM),包括原子力显微镜(AFM)、激光力显微镜(LFM)、静电力显微镜(EFM)、扫描热显微镜、磁力显微镜(MFM)、弹道电子发射显微镜(BEEM)、扫描隧穿电势仪(STP)、扫描离子电导显微镜(SICM)、扫描近场光学显微镜(SHOM)和光子扫描隧穿显微镜(PSTM)等.这些新型显微镜的发明为探索物质表面或界面的特性,如表面不同部位的磁场、静电场、热量散失、离子流量、表面摩擦力以及在扩大可测样品的范围方面提供了有力的工具.

思 考 题

14-1 黑体能够吸收照射在其表面的所有辐射,那么在阳光的照射下,黑体的温度是否会无限地升高?为什么?

14-2 人体也向外发出热辐射,为什么在黑暗中还是看不见人呢?试估计人体热辐射的各种波长中,哪个波长的单色辐出度最大?

14-3 有两个同样的物体,一个是黑色的,一个是白色的,且温度也相同,把它们放在高温的环境中,哪一个物体温度升高较快?如果把它们放在低温环境中,哪一个物体温度降得较快?

14-4 在光电效应的实验中,如果:(1)入射光强度增加1倍;(2)入射光频率增加1倍,按光子理论,对实验结果有何影响?

14-5 用一束红光照射某金属,不能产生光电效应,如果用透镜把光聚焦到金属上,并经历相当长时间,能否产生光电效应?

14-6 在彩色电视研制过程中,曾面临一个技术问题:用于红色部分的摄像管的设计技术要比绿、蓝部分困难,你能说明其原因吗?

14-7 用频率为 ν_1 和 ν_2 的两束光分别照到金属 A 和 B 上,如果从 A 逸出的电子的最大初动能比从 B 逸出的电子最大初动能大,问频率 ν_1 是否一定大于 ν_2?

14-8 用可见光能否观察到康普顿散射现象?

14-9 光电效应和康普顿效应都包含有电子与光子的相互作用,这两过程有什么不同?

14-10 康普顿效应中,在什么条件下才可以把散射物质中的电子近似看成静止的自由电子?

14-11 氢原子能量为负值的状态意义是什么?

14-12 当氢原子处于 $n=4$ 的激发态时,可发射几种波长的光?

14-13 波函数归一化是什么意思?

14-14 (1) 什么是不确定关系? (2) 为什么说不确定关系是微观粒子波粒二象性的数学表述?对宏观物体,不确定关系适用吗?为什么?

14-15 实物粒子的德布罗意波与电磁波、机械波有何不同,试说明之.

14-16 设想一粒子的波函数 $\Psi(x)$ 如图所示,粒子被限制在 $0<x<a$ 的范围内,试问粒子在何处的概率最大?

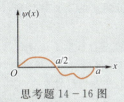

思考题 14-16 图

14-17 在一维无限深方势阱中,势阱的宽度对能级有什么影响?

14-18 什么是隧道效应?为什么说原子核的 α 衰变现象是隧道效应所致?

14-19 何谓含时波函数 $\psi(x,y,z,t)$ 与定态波函数 $\Psi(x,y,z)$?二者的物理意义有何不同?

14-20 分别列出含时薛定谔方程与定态薛定谔方程,二者的哈密顿算符相同吗?为什么?

14-21 何谓力学量算符的本征方程、本征函数和本征值?

14-22 经典波的叠加原理与量子叠加态有何异同?

14-23 关于谐振子,经典理论和量子理论有何异同?

14-24 在量子力学中粒子的能量可以等于它的动能加势能吗?它的能量算符可以等于它的动能算符加势能算符吗?

14-25 在量子力学中,各力学量之间的关系是如何表述的?试以动能和动量关系为例说明之.

14-26 坐标 x 和动量 p_x,它们的算符不可对易的物理内涵是什么?试问 $\hat{x}$ 和 $\hat{p}$ 二算符可对易吗?为什么?说明其物理意义.

14-27 力学量测量值是如何与波函数相联系的?

14-28 在量子力学和玻尔理论中,氢原子的角动量的大小都是量子化的,它们的结果是否相同?若不同,差别在哪里?

14-29 确定氢原子中电子的状态需要哪几个量子数?每个量子数的物理意义是什么?

习 题

14-1 不能用位置和动量来描述微观粒子的运动状态,是因为( ).

A. 微观粒子太小
B. 微观粒子具有波粒二象性
C. 微观粒子的位置不能确定
D. 微观粒子的动量不能确立

14-2 将波函数在空间各点的振幅同时增大 D 倍,则粒子在空间各点的概率分布将( ).

A. 不变　　　　　B. 增大 D^2 倍
C. 增大 D 倍　　D. 增大 $2D$ 倍

14-3 根据光子理论: $E=h\nu$, $P=\dfrac{h}{\lambda}$,则光的速度为( ).

A. $\dfrac{P}{E}$　B. $\dfrac{E}{P}$　C. EP　D. $\dfrac{E^2}{P^2}$

14-4 以光电子的初动能 $E=\dfrac{1}{2}mv^2$ 为纵坐标,入射光子的频率 ν 为横坐标,可测得 E、ν 的关系是一直线.该直线的斜率以及该直线与横轴的截距分别代表( ).

A. 红限频率和遏止电压
B. 普朗克常数与红限频率
C. 普朗克常数与遏止电压
D. 斜率无意义,截距代表红限频率

14-5 若算符 $\hat{a}$、$\hat{b}$ 满足对易式 $[\hat{a},\hat{b}]=1$,则 $[\hat{a}^2,\hat{b}]=($　).

A. $2\hat{b}$　B. 0　C. $2\hat{a}$　D. $2\hat{b}\hat{a}\hat{b}$

14-6 在康普顿效应中,波长为 λ_0 的入射光子"击中"一个电子后,逆着它的原入射方向反射回去,反射粒子的波长为 λ.若反冲电子的速率为 v,静质量和动质量分别为 m_0 和 m,则在此过程中,动量守恒的表达式为_____;能量守恒的表达式为_____.

14-7 温度为 T 的立方形空腔黑体,若将其边长增加一倍,而辐射温度降为 $\frac{T}{2}$,则其总辐射能变为原来的_____倍.

14-8 在氢原子中,随着主量子数 n 的增加,电子运动的速率将_____.

14-9 已知粒子在一维无限深势阱中运动,其定态波函数为 $\psi(x)=\sqrt{\frac{2}{a}}\sin\frac{3\pi}{a}x(0\leqslant x\leqslant a)$,那么粒子在 $x=\frac{a}{6}$ 处出现的概率密度为_____.

14-10 激光是通过_____来实现光放大,为了使受激辐射处于支配地位,必须使粒子在能级上的分布实现_____.

14-11 若将星球看成黑体,测量它的辐射峰值波长 λ_m,利用维恩位移定律便可估计其表面温度.如果测得北极星和天狼星的 λ_m 分别为 350 nm 和 290 nm,试估算它们的表面温度.

14-12 在加热黑体的过程中,其峰值波长由 690 nm 变化到 500 nm,求辐出度变为原来的多少倍?

14-13 假设太阳表面温度为 5800K,太阳半径为 6.96×10^8 m,如果认为太阳的辐射是稳定的,求太阳在 1 年内由于辐射,它的质量减少了多少?

14-14 单位时间内太阳照射到地球上每平方厘米面积的辐射能量为 0.14 J·cm^{-2}·s^{-1},假定太阳辐射的平均波长为 550 nm,问这相当于每秒钟发射到地球表面每平方厘米上多少个光子?

14-15 波长为 400 nm 的单色光,照射到逸出功为 2.0 eV 的金属材料上,单位面积上的功率为 3.0×10^{-9} W·m^{-2},求:

(1)单位时间内照射到该金属单位面积上的光子数;

(2)光电子初动能.

14-16 铝的逸出功为 4.2eV,今用波长为 200 nm 的紫外光照射到铝表面上,发射的光电子的最大初动能为多少?遏止电势差为多少?铝的红限波长是多大?

14-17 试求:(1)红光($\lambda=700$nm);(2)X 射线($\lambda=0.025$nm);(3)γ 射线($\lambda=1.24\times10^{-3}$nm)光子的能量、动量和质量.

14-18 康普顿散射光子的波长是在 $\theta=90°$ 处测得的,如果 $\frac{\Delta\lambda}{\lambda}=1\%$,入射光子的波长为多少?

14-19 已知 X 射线的光子能量为 0.60 MeV,在康普顿散射后波长改变了 20%,求反冲电子获得的能量.

14-20 在康普顿散射中,入射 X 射线的波长为 3×10^{-3}nm,反冲电子的速率为 $0.6c$,求散射光子的波长和散射方向.

14-21 以 $\lambda_{01}=400$ nm 的可见光和 $\lambda_{02}=0.04$ nm 的 X 光与自由电子碰撞,在 $\theta=90°$ 的方向上观察散射光.

(1)计算两种情况下,波长的相对改变量 $\frac{\Delta\lambda}{\lambda_0}$ 之比和电子获得的动能之比;

(2)欲获得明显的康普顿效应,应如何选择入射光?

14-22 在基态氢原子被外来单色光激发后发出的巴耳末系中,仅观察到三条谱线,试求:(1)外来光的波长;(2)这三条谱线的波长.

14-23 试计算氢原子光谱中赖曼系的长波极限波长和短波极限波长.

14-24 求氢原子中电子从 $n=3$ 的状态电离时需要的电离能.

14-25 在氢原子光谱的巴耳末系中,有一谱线的波长为 434 nm,试求:(1)与谱线相应的光子能量是多少?(2)该谱线是由 E_n 跃迁到 E_k 产生的,n 是多少?(3)若有大量氢原子处在 E_n 上,最多可发射几个线系,共几条谱线?请简单画图表示,并标明波长最短的是哪一条谱线?

14-26 已知一维运动粒子的波函数为

$$\Psi(x)=\begin{cases}Axe^{-\lambda x} & x\geqslant 0\\ 0 & x<0\end{cases}$$

求:(1)归一化常数 A;(2)概率分布函数;(3)粒子概率最大的位置.

14-27 将下列波函数归一化,并写出相应的概率分布函数.

(1)$\Psi(x,0)=N\frac{1}{x}\sin\frac{x}{a}e^{\frac{i}{\hbar}px}$

(2)$\Psi(r,t)=Ae^{-\frac{r}{a}-\frac{i}{\hbar}Et}$

14-28 求下列粒子的德布罗意波长:

(1)能量为 100eV 的自由电子;

(2)能量为 0.1eV 的自由电子;

(3)能量为 0.1eV,质量为 1g 的质点.

14-29 一束带电粒子经 206 V 电压加速后,测得其德布罗意波长为 2.0×10^{-3}nm,已知该粒子所带的电量与电子电量相等,求粒子的质量.

14-30 设一电子被电势差 U 加速后打在靶上,若电子的动能全部转变为一个光子的能量,求当这光子相应的光波波长为 500 nm(可见光)、0.1 nm(X 射线)和 0.0001 nm(γ 射线)时,加速电子的电势差各是多少?

14-31 写出实物粒子德布罗意波长和粒子动能 E_k 及静质量 m_0 之间的关系.并证明,当 $E_k \ll m_0 c^2$ 时,$\lambda \approx h/\sqrt{2m_0 E_k}$;当 $E_k \gg 2m_0 c^2$ 时,$\lambda \approx hc/E_k$.

14-32 已知玻尔半径为 a,当电子处于第 n 玻尔轨道运动时,求其相应的德布罗意波长.

14-33 设粒子在沿 x 轴运动时,速率的不确定量为 $\Delta v = 1$ cm·s^{-1},试估算下列情况下坐标的不确定量 Δx:(1)电子;(2)质量为 10^{-13} kg 的布朗粒子;(3)质量为 10^{-4} kg 的小弹丸.

14-34 证明:自由粒子的不确定关系可写成 $\Delta x \Delta \lambda \geqslant \lambda^2/4\pi$,$\lambda$ 为该粒子的德布罗意波长.

14-35 氦氖激光器所发出的红光波长为 $\lambda = 632.8$ nm,谱线宽度 $\Delta \lambda = 10^{-9}$ nm.试求该光子沿运动方向的位置不确定量(即波列长度).

14-36 若波长为 500 nm 的光的自然宽度 $\Delta \lambda$ 与波长 λ 之比为 10^{-7},求相应的原子激发态的存在时间.

14-37 一维无限深势阱中粒子的定态波函数为 $\Psi_n(x) = \sqrt{\dfrac{2}{a}} \sin \dfrac{n\pi x}{a}$,试求:(1)粒子处于基态时;(2)粒子处于 $n=2$ 的状态时,在 $x=0$ 到 $x=\dfrac{a}{3}$ 之间找到粒子的概率.

14-38 计算一维无限深势阱中,粒子处于第一激发态时概率最大值位置.

14-39 当粒子处在一维无限深势阱的第一激发态时,计算该粒子的动量平均值和动量平方的平均值.

14-40 一氧分子封闭在一盒内,按一维无限势深阱计算,设其势阱宽度为 10 cm.求:(1)基态能级;(2)若该分子处于 $T=300$ K 温度环境中,求其热运动能量 $\dfrac{3}{2}kT$ 对应的量子数 n;(3)从第 n 级激发态跃迁到 $n+1$ 级激发态所需能量.

14-41 H_2 分子中原子的振动相当于一个谐振子,其等效劲度系数为 $k = 1.13 \times 10^3$ N·m^{-1},质量为 $m = 1.67 \times 10^{-27}$ kg.求:(1)分子的能量本征值;(2)当此谐振子由某一激发态跃迁到相邻的下一激发态时,所发出光子的能量和波长(能量以 eV 为单位).

14-42 试求 $[\hat{p}_x, \hat{p}_y]$,$[\hat{L}_x, \hat{p}_x]$,各式中两物理量可否同时具有确定值?

14-43 试证下列角动量分量算符的对易关系:
$[\hat{L}_x, \hat{L}_y] = i\hbar \hat{L}_z$,$[\hat{L}_y, \hat{L}_z] = i\hbar \hat{L}_x$,$[\hat{L}_z, \hat{L}_x] = i\hbar \hat{L}_y$

14-44 试求 $[\hat{L}_x, \hat{x}]$,$[\hat{L}_y, \hat{x}]$,$[\hat{L}_z, \hat{x}]$.

14-45 设氢原子处于状态
$$\Psi(r, \theta, \varphi) = \dfrac{1}{2} R_{21}(r) Y_{10}(\theta, \varphi) - \dfrac{\sqrt{3}}{2} R_{21}(r) Y_{1-1}(\theta, \varphi)$$
求:(1)氢原子的能量;(2)角动量平方值及其平均值;(3)角动量分量 L_z 的可能值及其平均值.

14-46 当氢原子中电子处于 $n=3$,$l=2$,$m_l = -2$,$m_s = -\dfrac{1}{2}$ 的状态时,试求角动量的值 L、角动量分量 L_z 和自旋角动量的大小.

14-47 主量子数 $n=4$ 时,求:(1)氢原子的能量值;(2)电子可能具有的角动量值;(3)电子可能具有的角动量分量 L_z 值;(4)电子的可能状态数.

第 15 章
原子核物理和粒子物理简介

人类对物质结构的认识经历了几个阶段. 19 世纪前认为组成物质的最小单元是原子,进入 20 世纪后发现原子由原子核和核外电子组成,到 20 世纪 30 年代知道原子核由质子和中子构成,20 世纪 60 年代以后,证实质子、中子等强子仍可分,由夸克构成,但至今尚未发现自由夸克. 夸克是否也有内部结构？究竟组成物质的"基本粒子"是什么？这种探究可能是永无止境的.

原子核物理是研究原子核的结构、变化和反应以及核能利用等问题的科学. 放射性元素和核裂变现象的发现使核物理在军事、能源、医学等科学领域得到了广泛应用,具有重大的实用价值. 粒子是比原子核更深层次的物质结构. 粒子物理研究的空间尺度小于 10^{-16} m,是人类探索物质世界的一个重要前沿阵地.

第 15 章 原子核物理和粒子物理简介

§15.1 原子核的基本性质

15.1.1 原子核的组成

原子核由带单位正电荷的**质子**(proton)和不带电的**中子**(neutron)组成,质子和中子统称为**核子**(nucleon).在原子核物理中通常使用"原子质量单位",用 u 表示,它是 ^{12}C 原子质量的 1/12. 1 u = 1.660566×10^{-27} kg = 931.5 MeV/c^2. 质子的质量 m_p = 1.007276 u, 中子的质量为 m_n = 1.008 665 u. 不同的原子核内质子和中子的数目不同. 原子核中质子数即为该元素原子核的电荷数,亦即化学元素的原子序数,用 Z 表示,原子核的质量同原子的质量相差极小,若以"原子质量单位"计算原子的质量,结果都近似等于一整数,称为原子的**质量数**(mass number),用 A 表示. 质子数 Z 和中子数 N 与核的质量数 A 之间的关系为 $A = Z + N$.

电荷数 Z 和质量数 A 是表征原子核特征的两个重要物理量,常用 $^A_Z X$ 来标记某原子核,其中 X 代表与 Z 相应的化学元素符号. 例如质量数为 4 的氦核记为 $^4_2 He$, 质量数为 12 的碳核记为 $^{12}_6 C$.

原子核物理中,具有相同质子数 Z 和不同中子数的原子核称为**同位素**(isotope);各元素的同位素统称**核素**(nuclide);质量数 A 相同而质子数 Z 不同的原子核称为**同量异位素**. 例如,氢有三种同位素 $^1_1 H$、$^2_1 H$(或 $^2_1 D$)和 $^3_1 H$(或 $^3_1 T$),分别称为氢(氕)、氘、氚,铀有两种同位素 $^{235}_{92} U$ 和 $^{238}_{92} U$, 而 $^3_1 H$ 和 $^3_2 He$ 则为同量异位素.

15.1.2 原子核的大小

原子核的大小可以用实验来测定. 实验表明,核的体积总是正比于质量数 A. 如果将原子核看作球体,则其半径 R 的三次方与质量数 A 成正比,可写成

$$R = r_0 A^{1/3} \quad (15-1)$$

式中 r_0 为比例系数,实验测得 $r_0 = 1.2 \times 10^{-15}$ m. 这一结论意味着核物质基本上是均匀分布的. 在一切原子核中,核物质的密度是一个常数, $\rho_m = 2.29 \times 10^{17}$ kg·m^{-3}, 这一数值比水的密度大了百万亿倍. 原子核中质子带电,而原子核中电荷大多是旋转椭球形状分布,核物质分布与电荷分布有相似情况. 因此,严格来说,原子核大多是椭球体. 但长轴与短轴比不大于 5/4, 与球体偏离不大, 所以可把这些原子核近似看作球体,也有些原子核本身就是球对称的,如 $^{16}_8 O$. 图 15-1 画出了 $^{16}_8 O$ 和 $^{238}_{92} U$ 两种原子核的尺寸示意图.

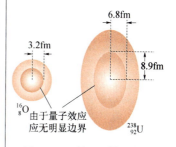

图 15-1 $^{16}_8 O$ 和 $^{238}_{92} U$ 核的尺寸示意图

例 15-1

计算原子核的核物质密度.

解 设原子核的质量、半径和密度分别为 m、R 和 ρ_m，则有

$$\rho_m = \frac{m}{\frac{4}{3}\pi R^3} = \frac{(1.66\times 10^{-27})A}{\frac{4}{3}\pi(1.2\times 10^{-15}A^{\frac{1}{3}})^3}$$

$$= 2.3\times 10^{17} \text{ kg}\cdot\text{m}^{-3}$$

这个密度数值是极其巨大的.

15.1.3 核力

原子核中质子之间存在较强的库仑斥力，中子不带电，因而中子与质子、中子与中子之间无库仑力作用，而核子之间的万有引力比电磁力还小 10^{39} 倍，显然不能将质子与质子、质子与中子束缚在一起形成原子核. 核的稳定性说明，核子之间一定存在一种极强的相互作用力，这种力称为**核力**(nuclear force)，核力具有以下重要性质：

①核力是一种强相互作用力. 在作用范围内比电磁力强得多，主要是吸引力.

②核力是短程力. 只有当核子间的距离小于 10^{-15} m 时才显现出来. 在大于原子核范围以外观察不到核力的存在.

③核力具有饱和性. 一个核子只能和它邻近的有限个数目的核子有核力作用，而不能与核内所有核子都有核力作用.

④核力与核子带电情况无关. 大量实验表明，无论中子和中子之间，还是质子和质子或者质子和中子之间，核力作用都大致相同.

1935 年，日本物理学家汤川秀树提出了核力的介子理论，认为核力是一种交换力，核子之间是通过交换媒介粒子 π^+、π^- 或 π^0 而产生相互作用的，并通过理论计算估计这种介子的质量约为电子质量的 200 多倍. 1947 年，在宇宙射线中发现了 π 介子，从而证实了 π 介子的存在. 应该指出的是，核力的介子理论虽然可以定性解释某些核现象，但对有些问题仍存在困难，尚待继续研究. 虽然如此，汤川的介子理论的历史作用仍不可忽视.

15.1.4 核的自旋与磁矩

同其他微观粒子一样，原子核也在不停地运动着，在原子核物理中一般只考虑它的自旋运动. 实验证明，质子、中子及原子核都具有自旋角动量. 和电子一样，它们的自旋角动量可表示为

$$L = \sqrt{I(I+1)}\hbar \tag{15-2}$$

式中 I 称为原子核的自旋量子数,质子和中子的自旋量子数为 $\frac{1}{2}$,原子核的自旋是内部各核子的自旋及各核子"轨道"运动(如何运动尚不清楚)的综合效应,其自旋量子数的取值可以是整数,也可以是半整数.质量数 A 为奇数的核自旋量子数为半整数,质量数 A 为偶数的核自旋量子数为整数.

同样,原子核自旋角动量在空间某方向的投影也是量子化的
$$L_z = m_I \hbar \tag{15-3}$$
其中 m_I 称为**核自旋磁量子数**,其取值为 $0, \pm 1, \cdots, \pm(I-1), \pm I$.

原子核有自旋角动量,则必然有磁矩,且磁矩也由量子数 I 决定
$$\mu_I = g_I \sqrt{I(I+1)} \mu_N \tag{15-4}$$
其中 $\mu_N = \dfrac{e\hbar}{2m_p} = 5.05 \times 10^{27}$ A·m^2 称为核磁子,g_I 称为原子核的 g 因子,其数值可由实验测得.

§15.2 原子核的结合能 裂变和聚变

15.2.1 原子核的结合能

由实验测得的原子核的质量总是小于组成它的核子的质量和,这一差值
$$\Delta m = Zm_p + (A-Z)m_n - m_X$$
称为原子核的**质量亏损**.其中 m_X 表示原子核 ${}_Z^A X$ 的质量.根据狭义相对论质能关系,系统的质量变化必然伴随相应的能量的变化,所以有
$$E_B = \Delta m c^2 = [Zm_p + (A-Z)m_n - m_X]c^2 \tag{15-5}$$
由此可知,核子在组成核的过程中有能量放出,这部分能量称为原子核的**结合能**(binding energy),用 E_B 表示.这一能量也是将原子核分解成自由核子时所需提供的能量.

在计算原子核的质量亏损和结合能时,通常采用以下两式:
$$\Delta m = ZM_H + (A-Z)m_n - M_X \tag{15-6}$$
$$E_B = (\Delta m)c^2 = [ZM_H + (A-Z)m_n - M_X]c^2 \tag{15-7}$$
式中 M_H 表示 ${}_1^1 H$ 原子的质量,M_X 表示 ${}_Z^A X$ 原子的质量.

原子核的结合能非常大,所以一般来说原子核是非常稳定的系统.原子核结合的松紧程度,通常用每个核子的平均结合能来表示,称之为**比结合能**,记为 ε.

$$\varepsilon = \frac{E_B}{A} = \frac{(\Delta m)c^2}{A} \quad (15-8)$$

比结合能越大,原子核就越稳定. 表 15.1 列出了一些原子核的结合能及比结合能的数值. 将比结合能 ε 对核子数 A 作图,可得到核的比结合能曲线,如图 15-2 所示.

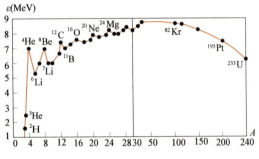

图 15-2 比结合能曲线

表 15.1 原子核的结合能及比结合能

核	结合能 E_B/MeV	核子的比结合能 ε/MeV	核	结合能 E_B/MeV	核子的比结合能 ε/MeV
$_1^2 D$	2.23	1.11	$_7^{14} N$	104.63	7.47
$_1^3 H$	8.47	2.83	$_7^{15} N$	115.47	7.70
$_2^3 He$	7.72	2.57	$_8^{16} O$	127.5	7.97
$_2^4 He$	28.3	7.07	$_9^{19} F$	147.75	7.78
$_3^6 Li$	31.98	5.33	$_{10}^{20} Ne$	160.60	8.03
$_3^7 Li$	39.23	5.60	$_{11}^{23} Na$	186.49	9.11
$_4^9 Be$	58.0	6.45	$_{12}^{24} Mg$	198.21	8.26
$_5^{10} B$	64.73	6.47	$_{26}^{56} Fe$	492.20	8.79
$_5^{11} B$	76.19	6.93	$_{29}^{63} Cu$	552	8.75
$_6^{12} C$	92.2	7.68	$_{50}^{120} Sn$	1020	8.50
$_6^{13} C$	93.09	7.47	$_{92}^{238} U$	1803	7.58

由图 15-2 和表 15.1 可以看出,比结合能有以下特点:

①核子数小于 30 的原子核中,比结合能随核子数呈周期性变化,核子数是 4 的整数倍的原子核的比结合能较大,核较为稳定. 总的来说,轻核的比结合能变化的趋势是随核子数增加而增加.

②核子数介于 30 到 120 之间的中等质量核的比结合能较大,近似于一常数,这些核最为稳定.

③核子数大于 120 的原子核的比结合能随核子数增加而减小,尤其是核子数大于 200 的核,结合较松散.

当比结合能小的核变成比结合能大的核时,就会放出能量. 由核的比结合能特点可知,利用原子核的结合能有两种方法:一是重核的裂变,二是轻核的聚变.

例 15-2

计算铀 $^{235}_{92}\text{U}$ 的结合能和比结合能.

解 已知 $M_H = 1.007825\text{u}$,
$m_n = 1.008665\text{u}$,
$M_{^{235}_{92}\text{U}} = 235.043915\text{u}$,
$1\text{u} = 931.4943 \text{ MeV}/c^2$
$E_B = [ZM_H + (A-Z)m_n - M_{^{235}_{92}\text{U}}]c^2$
$= (92 \times 1.007825 + 143 \times 1.008665 - 235.043915) \times 931.4943 \text{ MeV}$
$= 1783.886 \text{ MeV}$
$\varepsilon = \dfrac{E_B}{A} = \dfrac{1783.886}{235} \text{ MeV} = 7.591 \text{ MeV}$

*15.2.2 重核的裂变

原子核裂变(fission)是指一个重核自发地或吸收外界粒子后分裂成两个质量相差不多的碎片的核反应.

1936 年～1939 年间,哈恩(O. Hahn)、迈特纳(L. Meitner)和斯特拉斯曼(F. Strassmann)用慢中子(能量在 1 eV 以下)轰击铀核,发现 $^{235}_{92}\text{U}$ 分裂成两个质量相近的中等质量的核,同时释放出 1 至 3 个快中子.

$$^{235}_{92}\text{U} + ^{1}_{0}\text{n} \rightarrow ^{137}_{56}\text{Ba} + ^{97}_{36}\text{Kr} + 2^{1}_{0}\text{n}$$

重核裂变能放出很大的能量,由图 15-2 可知,重核分裂为两个中等质量的核时,比结合能 ε 将增加 1 MeV 左右,即每个粒子平均贡献约 1 MeV 的能量. 一般每个 $^{235}_{92}\text{U}$ 裂变平均可放出大约 200 MeV 的能量,假如有一克 $^{235}_{92}\text{U}$ 全部裂变,那么释放出来的能量可达 8×10^{10} J,相当于 2.5 吨煤的燃烧热.

裂变形成的核具有过多的中子,是不稳定的,通过一系列的 β 衰变,可以转变为正常的稳定核.铀核裂变过程中能放出 2 个或 2 个以上的中子,如果这些中子全部被别的铀核吸收,又会引起新裂变,裂变数目按指数增大.结果形成发散式链式反应,如图 15-3 所示.从而释放出大量的原子能,这就是原子弹爆炸的能量来源,如果控制反应条件,使每次裂变平均只有一个中子引起新的裂变,维持稳定的链式反应,这种利用裂变能的装置称为核反应堆.

图 15-3 链式反应

*15.2.3 轻核的聚变

两个轻原子核聚合成一个中等质量原子核的反应称为**聚变反应**(fusion),在聚变反应中由于比结合能增加,因而有大量的能量放出. 例如,由氘核 $^{2}_{1}\text{H}$ 生成氦核 $^{4}_{2}\text{He}$,其反应为

$$^{2}_{1}\text{H} + ^{2}_{1}\text{H} \rightarrow ^{3}_{2}\text{He} + ^{1}_{0}\text{n} + 3.27 \text{ MeV}$$
$$^{2}_{1}\text{H} + ^{2}_{1}\text{H} \rightarrow ^{3}_{1}\text{H} + ^{1}_{1}\text{p} + 4.04 \text{ MeV}$$
$$^{3}_{1}\text{H} + ^{2}_{1}\text{H} \rightarrow ^{4}_{2}\text{He} + ^{1}_{0}\text{n} + 17.58 \text{ MeV}$$
$$^{3}_{2}\text{He} + ^{2}_{1}\text{H} \rightarrow ^{4}_{2}\text{He} + ^{1}_{1}\text{p} + 18.34 \text{ MeV}$$

若温度足够高,上述反应都可发生,总的效果是

$$6^{2}_{1}\text{H} \rightarrow 2^{4}_{2}\text{He} + 2^{1}_{1}\text{p} + 2^{1}_{0}\text{n} + 43.24 \text{ MeV}$$

每个核子平均放出 3.60 MeV 的能量.1 g 氘聚变时放出的能量是 1 g 铀裂变

时放出能量的 4 倍,相当于 10 t 煤完全燃烧时放出的能量.地球表面海水中有七千分之一是由氘组成的重水.若其中所有氘发生聚变反应,可放出 10^{25} 千瓦时的能量,可供人类使用 100 亿年.而且聚变反应产物中只有中子有放射性,放射性污染比裂变反应要小得多,有"干净的核反应"之称.

由于原子核之间存在库仑排斥力作用,两核必须具有足够的动能来克服库仑势垒,而且势垒随着原子序数的增加而增大,所以只有低原子序数的核才能发生核聚变反应.

根据经典电磁场理论,两个原子序数为 Z_1 和 Z_2 的核的电势能为

$$E_p = \frac{(Z_1 e)(Z_2 e)}{4\pi\varepsilon(R_1 + R_2)}$$

其中 $R_1 + R_2$ 等于两核半径之和,约为 10^{-14} m,于是得到

$$E_p \sim 0.15 Z_1 Z_2 \text{ MeV}$$

此即势垒高度.如果发生聚变的核的动能小于 E_p,就不能发生聚变,然而由量子力学我们知道,在稍低于 E_p 的能量下,由于势垒贯穿,仍有聚变概率,与这一能量对应的温度约为 10^9 K.因此,大量的轻原子核聚变只有在极高温度下才能发生,这种通过加热而引起的聚变反应称为**热核反应**.

太阳和其他星球能量的来源,就主要依赖于轻核聚变,其主要过程有以下两个.

(1)质子—质子循环(又称克里齐菲尔德(C. L. Crichfield)循环)

循环周期约为 3×10^9 年,产生的能量约占太阳放出总能量的 96%,系列核反应为

$$^1_1p + ^1_1p \rightarrow ^2_1H + e^+ + \nu$$
$$^1_1p + ^2_1H \rightarrow ^3_2He + \gamma$$
$$^3_2He + ^3_2He \rightarrow ^4_2He + 2^1_1p$$

如图 15-4 所示.

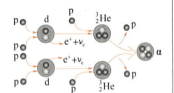

图 15-4 质子—质子循环

(2)碳—氮循环(又称贝蒂(H. A. Bethe)循环)

循环周期约为 6×10^6 年,产生的能量约占太阳放出总能量的 4%,其系列核反应为

$$^1_1p + ^{12}_6C \rightarrow ^{13}_7N$$
$$^{13}_7N \rightarrow ^{13}_6C + e^+ + \nu$$
$$^1_1p + ^{13}_6C \rightarrow ^{14}_7N + \gamma$$
$$^1_1p + ^{14}_7N \rightarrow ^{15}_8O + \gamma$$
$$^{15}_8O \rightarrow ^{15}_7N + e^+ + \nu$$
$$^1_1p + ^{15}_7N \rightarrow ^{12}_6C + ^4_2He + \gamma$$

如图 15-5 所示.

由上面两个循环的核反应式可以看出,不论是哪种循环反应,最终都是四个质子结合成一氦核,放出能量约为 26.7 MeV,反应式可写为

$$4^1_1p \rightarrow ^4_2He + 2e^+ + 2\nu_e + 26.7 \text{ MeV}$$

平均每个质子对能量的贡献约为 6.7 MeV.

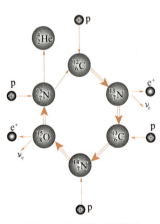

图 15-5 碳—氮循环

§15.3 原子核的放射性衰变

人类所发现的 2 000 多种同位素中绝大多数(约 1 600 多种)都是不稳定的.由一种核素自发地变为另一种核素,同时放出各种射

线的现象称为放射性衰变.天然放射性现象是 1896 年法国物理学家贝克勒尔(H. Bacguerel)首先发现的.

15.3.1 放射性衰变

放射性衰变(radioactive decay)主要是 α 衰变、β 衰变和 γ 衰变.

1. α 衰变

α 衰变是原子核自发放射出 α 粒子(即 $^4_2$He 核),一般可表示为

$$^A_Z X \rightarrow \, ^{A-4}_{Z-2} Y + \alpha \tag{15-9}$$

式中 $^A_Z X$ 是衰变前的原子核,称为**母核**,$^{A-4}_{Z-2} Y$ 是衰变后的剩余核,称为**子核**.观测表明,多数能发生 α 衰变的天然放射性核素的电荷数 Z 都大于 82. α 射线有很强的电离作用,电离能量的损失也很大,因而 α 粒子的贯穿本领很小,连一张薄纸也穿不过,在传播中的轨迹几乎是直线.

2. β 衰变

β 衰变是核电荷改变而核子数不变的核衰变.它分为三类:β⁻ 衰变、β⁺ 衰变和电子俘获.

β⁻ 衰变是原子核自发地放射出电子 e⁻ 和反中微子 $\bar{\nu}_e$,是核内的中子转变为质子(留在核内)同时放出一个电子和一个反中微子.即 β⁻ 衰变可表示为

$$^A_Z X \rightarrow \, ^A_{Z+1} Y + \, ^0_{-1}e + \bar{\nu}_e \tag{15-10}$$

β⁺ 衰变是原子核自发地放出正电子 e⁺ 和中微子 ν_e,一般表示为

$$^A_Z X \rightarrow \, ^A_{Z-1} Y + \, ^0_{+1}e + \nu_e \tag{15-11}$$

实际上 β⁺ 是原子核内质子转变为中子(留核内)同时放出一个正电子和一个中微子,即

$$^1_1 p \rightarrow \, ^1_0 n + \, ^0_{+1}e + \nu_e$$

电子俘获是与 β 衰变相反的过程,是原子核俘获了与之最接近的内层电子,使核内的一个质子转变为中子,同时放出一个中微子,一般表示为

$$^A_Z X + \, ^0_{-1}e \rightarrow \, ^A_{Z-1} Y + \nu_e \tag{15-12}$$

β 射线是一束能量较高的电子,它的电离作用较小,有较大的贯穿本领,但仍穿不透一张薄金属片.

3. γ 衰变

原子核从激发态跃迁到较低能态时发出 γ 射线的现象称为 γ 衰变.某些原子核发生 α、β 衰变后的子核通常处于激发态,它要向低激发态或基态跃迁,同时放出 γ 光子.

当原子核放出 γ 射线时,核的电荷数与质量数都不发生变化,

但能量改变了,这种过程被称为**同质异能跃迁**. γ 射线(波长在 0.2 nm 以下)和 X 射线($10^{-3} \sim 10$ nm)都是波长很短的电磁波. 它们的区别在于前者是原子核在不同能级之间跃迁时放出的,后者则是内层电子跃迁时放出的. 同 α 射线与 β 射线相比, γ 射线的贯穿本领大,可以穿透 1 cm 厚的铝板;电离作用小;在磁场中不偏转.

15.3.2 放射性衰变规律

大多数放射性实际上是原子核的转变,实验表明原子核的衰变服从一定的统计规律,这就是放射性衰变规律.

设在 $t \sim t + dt$ 时间间隔内发生衰变的原子核数为 dN, dN 与当时尚未衰变的原子核数目 N 成正比,也与时间 dt 成正比,即

$$-dN = \lambda N dt \tag{15-13}$$

负号表示原子核的数目在减少, λ 是比例系数,由其表达式 $\lambda = \dfrac{-dN/dt}{N}$ 可知,分子表示单位时间内发生衰变的原子核数目,分母表示当时的原子核总数,因此 λ 的物理意义为一个原子核在单位时间发生衰变的概率,称为**衰变常量**. 不同元素或同一种元素的不同同位素的 λ 都可能不同,即 λ 是该同位素的特征常数. 设 $t = 0$ 时原子核的数目为 N_0,则(15-13)式积分后可得到

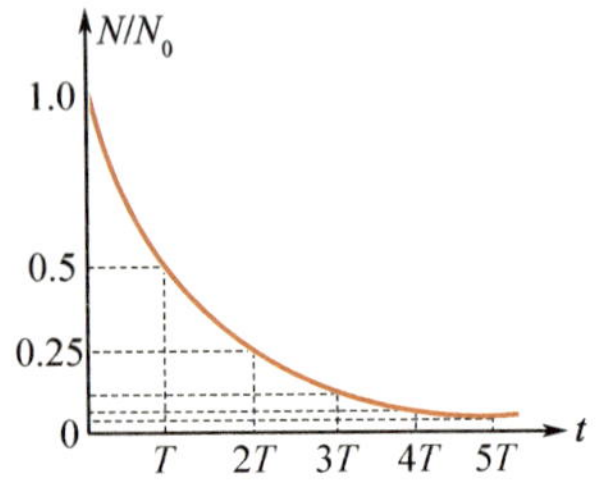

$$N = N_0 e^{-\lambda t} \tag{15-14}$$

这就是放射性衰变定律,如图 15-6 所示.

放射性同位素衰变的快慢可以用**半衰期**(half-life)来表述. 半衰期是放射性同位素衰变到原来数目的一半时所需要的时间,用 $T_{1/2}$ 表示. 当 $t = T_{1/2}$ 时, $N = \dfrac{N_0}{2}$, 于是由(15-14)式可得

$$\frac{N_0}{2} = N_0 e^{-\lambda T_{1/2}}$$

$$T_{1/2} = \frac{\ln 2}{\lambda} = \frac{0.693}{\lambda} \tag{15-15}$$

(15-15)式说明半衰期与外界因素(如温度、压强、电磁场等)无关,只决定于放射性同位素的特征常数 λ. 表 15.2 给出了几种放射性同位素的半衰期.

图 15-6 放射性指数衰变律

表 15.2 几种放射性同位素的半衰期

同位素	衰变	半衰期	同位素	衰变	半衰期
^{3}H	β	12.4 年	^{226}Ra	α	1622 年
^{14}C	β	5568 年	^{142}Ce	α	5×10^{15} 年
^{32}P	β	14.3 天	^{212}Po	α	3×10^{-7} 秒
^{42}K	β	12.4 小时	^{235}U	α	7.13×10^8 年
^{60}Co	β	5.27 年	^{238}U	α	4.51×10^9 年

此外,也可以用**平均寿命** τ 来表征衰变的快慢,它表示核在衰变前存在的时间的平均值. 设在 $\mathrm{d}t$ 时间内衰变了 $\mathrm{d}N$ 个核,其中每个核的寿命为 t,则

$$\tau = \frac{\int_0^{N_0} t(-\mathrm{d}N)}{N_0}$$

将(15-13)式代入,得

$$\tau = \frac{\int_0^\infty \lambda N t \, \mathrm{d}t}{N_0} = \frac{\int_0^\infty \lambda N_0 t \mathrm{e}^{-\lambda t} \mathrm{d}t}{N_0} = \frac{1}{\lambda} = \frac{T_{1/2}}{\ln 2} = 1.44 T_{1/2}$$

(15-16)

即平均寿命是半衰期的 1.44 倍,表明半衰期长的放射性同位素,它的原子核平均寿命也长.

因为任何放射性核素的衰变常数 λ 是确定的,与外界条件无关. 当某核素的 λ 值测得后,可以利用衰变前后的原子核数,根据 (15-14)式确定衰变发生的时间. 在地质考古上就是利用这种方法准确地测出岩石形成的年代,确定文物的年代等.

*15.3.3 放射性强度

放射性物质在单位时间内发生衰变的原子核数称为该物质的**放射性强度**(或放射性活度),用 A 来表示.

$$A = -\frac{\mathrm{d}N}{\mathrm{d}t} = \lambda N = \lambda N_0 \mathrm{e}^{-\lambda t} = A_0 \mathrm{e}^{-\lambda t} \quad (15-17)$$

它服从指数规律,决定了物质的放射性强弱.

放射性强度的单位是贝克勒尔(Bq),其物理意义是单位时间衰变 1 个核,即

$$1 \text{ 贝克勒尔(Bq)} = 1 \text{ 次核衰变} \cdot \text{秒}^{-1}$$

放射性强度的非国际单位为居里(Ci),因纪念居里夫妇而得名. 它与贝克勒尔的关系是

$$1 \text{ 居里(Ci)} = 3.7 \times 10^{10} \text{ 贝克勒尔(Bq)}$$

例 14-3

已知镭($^{226}_{88}\mathrm{Ra}$)的半衰期为 1622 年,求 5 mg 镭衰变成 2 mg 时所需的时间.

解 因为 $T_{1/2} = 1\,622 \text{ y} = 5.11 \times 10^{10}$ s 故镭的衰变常数

$$\lambda = \frac{0.693}{T_{1/2}} = 1.356 \times 10^{-11}$$

由(15-14)式得衰变成 2 mg 所需的时间为

$$t = \frac{1}{\lambda} \ln \frac{N_0}{N} = \frac{1}{1.356 \times 10^{-11}} \ln \frac{5}{2}$$

$$= 6.76 \times 10^{10} \text{ s} = 2\,143 \text{ y}$$

*§15.4 粒子物理简介

15.4.1 粒子的基本特征

自 1896 年发现电子以来,人们发现并已确认的粒子有 400 多种,还有 300 多种已发现但尚未被确定.

粒子的基本特征可以用以下几个物理量来描述:

(1) 质量

粒子物理中用静质量来表示粒子的质量,测定粒子的质量,是辨认粒子的一种基本方法. 常常直接用其静能 $m_0 c^2$ 来表示质量.

(2) 电量

粒子荷电是量子化的,都是电子电量 e 的整数倍.

(3) 自旋

自旋指粒子的自旋角动量,以常数 $\hbar$ 为单位,粒子的自旋通常是 $\hbar$ 的整数或半整数倍.

(4) 平均寿命

除光子、电子、质子和中微子以外,绝大多数粒子是不稳定的,都可以自发衰变,衰变特征用平均寿命表征. 通常将平均寿命大于 10^{-22} s 的粒子称为稳定粒子.

在粒子进行反应的过程中,能量、电荷、动量、角动量等仍然守恒,但此外还需要引入一些新的量及相应的守恒定律,来确定反应的正确与否. 例如重子数及重子数守恒定律,轻子数及轻子数守恒定律,同位旋及同位旋分量守恒定律,宇称守恒定律等等.

15.4.2 粒子的相互作用及其统一模型

粒子之间的相互作用有四种,即引力相互作用、电磁相互作用、强相互作用和弱相互作用. 引力相互作用比其他三种作用弱得多,在微观世界中可忽略不计.

电磁相互作用只存在于带电粒子或具有磁矩的粒子之间,是通过交换虚光子而实现的,强相互作用是核子结合成原子核的核力,是通过交换 π 介子而实现的. 原子核的 β 衰变中不涉及带电粒子,是通过弱相互作用进行的,作用的媒介粒子是弱玻色子. 表 15.3 列出了四种相互作用的比较.

表 15.3 四种相互作用比较

名 称	引力作用	弱相互作用	电磁相互作用	强相互作用
作用力程(m)	∞	$<10^{-16}$	∞	$10^{-15} \sim 10^{-16}$
举 例	天体之间	β 衰变	原子结合	核力
相对强度	10^{-39}	10^{-15}	1/137	1

续表

名　称	引力作用	弱相互作用	电磁相互作用	强相互作用
媒　介	引力子	中间玻色子	光子	介子和胶子
被作用粒子	一切物体	强子、轻子	强子，e、μ、γ	强子
特征时间(s)		$>10^{-10}$	$10^{-20} \sim 10^{-16}$	$<10^{-23}$

自然界中存在的相互作用都可以归结于上述四种相互作用，那么它们之间有没有联系呢？爱因斯坦在建立了广义相对论后便致力于研究电磁作用和引力的统一，最终没有成功．到 1968 年格拉肖、温伯格、萨拉姆三人在现代高能物理实验的基础上，把弱相互作用和电磁相互作用统一起来，即弱电统一理论．弱电统一理论已得到了实验的检验，证明它是正确的理论，但仍存在着不足，如没有给出电荷量子化的解释，不能说明到底存在多少夸克和多少轻子等．

大统一理论是把电磁相互作用、弱相互作用和强相互作用统一起来的理论，但这一理论至今未被实验验证，反而由实验得出的一些结论与这种大统一理论的预言相矛盾，使这一理论的前途并不乐观．

大统一理论以后，人们陆续建立了一些新的理论，试图将上述四种相互作用力完全统一起来，其中超弦理论最为瞩目，但遗憾的是至今还没有一项理论与实践结果完全符合．

15.4.3 粒子的分类

迄今为止，人类已发现了 700 多种粒子，其中有许多是反粒子．除光子、π^0 介子等的反粒子就是自身外，其余粒子都有相应的反粒子，一般在粒子符号上加"−"表示反粒子．粒子和反粒子具有相同的质量、寿命和自旋，但其他性质可能不同，例如质子、电子的反粒子带相反的电荷，反中子与中子磁矩方向相反等等．粒子可按不同方式分为若干类，见表 15.4．

表 15.4　粒子分类表

类别	粒子名称	符号	质量 MeV	自旋	平均寿命(s)	主要衰变方式
规范粒子	光子	γ	0	1	稳定	
	W 粒子	$W^{\pm}$	80800	1	$>0.95 \times 10^{-25}$	$W^- \to e^- + \bar{\nu}_e$
	Z^0 粒子	Z^0	92900	1	$>0.77 \times 10^{-25}$	$Z^0 \to e^+ + e^-$
	胶子	g	0	1	稳定	
轻子	电中微子	ν_e	0	1/2	稳定	
	μ 中微子	ν_μ	0	1/2	稳定	
	τ 中微子	ν_τ	0	1/2	稳定	
	电子	e^-	0.5110034	1/2	稳定	
	μ 子	μ^-	105.65932	1/2	2.19709×10^{-6}	$\mu^- \to e^- + \bar{\nu}_e + \nu_\mu$
	τ 子	τ^-	1776.9	1/2	3.4×10^{-13}	$\tau^- \to \mu^- + \bar{\nu}_\mu + \nu_\tau$

续表

类别		粒子名称	符号	质量 MeV	自旋	平均寿命(s)	主要衰变方式
强子	介子	π介子	π^0 $\pi^\pm$	134.9630 139.5673	0 0	0.83×10^{-16} 2.6030×10^{-18}	$\pi^0\to\gamma+\gamma$ $\pi^+\to\mu^++\nu_\mu$
		η介子	η	548.8	0	7.48×10^{-19}	$\eta\to\gamma+\gamma$
		K介子	K^0 $\bar{K}^0$ $K^\pm$	497.67 493.667	0 0	$\begin{cases}0.8923\times10^{-10}\\5.183\times10^{-8}\end{cases}$ 1.2371×10^{-8}	$K_s^0\to\pi^++\pi^-$ $K_L^0\to\pi^-+e^++\nu_e$ $K^+\to\mu^++\nu_\mu$
		D介子	D_0 $\bar{D}^0$ $D^\pm$	1864.7 1869.4	0 0	4.4×10^{-13} 9.2×10^{-13}	$D^0\to K^-+\pi^++\pi^0$ $D^+\to\bar{K}^0+\pi^++\pi^0$
		F介子	$F^\pm$	1971	0	1.9×10^{-13}	$F^+\to\eta+\pi^+$
		B介子	B^0 $\bar{B}^0$ $B^\pm$	5274.2 5270.8	0 0	14×10^{-13}	$B^0\to\bar{D}^0+\pi^++\pi^-$ $B^+\to\bar{D}^0+\pi^+$
	重子	质子	p	938.2796	1/2	稳定	
		中子	n	939.5731	1/2	898	$n\to p+e^-+\bar{\nu}_e$
		Λ^0超子	Λ^0	1115.60	1/2	2.632×10^{-10}	$\Lambda^0\to p+\pi^-$
		Σ超子	Σ^+ Σ^0 Σ^-	1189.36 1192.46 1197.34	1/2 1/2 1/2	0.800×10^{-10} 5.8×10^{-20} 1.482×10^{-10}	$\Sigma^+\to p+\pi^0$ $\Sigma^0\to\Lambda^0+\gamma$ $\Sigma^-\to n+\pi^-$
		Ξ超子	Ξ^0 Ξ^-	1314.9 1321.32	1/2 1/2	2.90×10^{-10} 1.641×10^{-10}	$\Xi^0\to\Lambda^0+\pi^0$ $\Xi^-\to\Lambda^0+\pi^-$
		Ω^-超子	Ω^-	1672.45	3/2	0.819×10^{-10}	$\Omega^-\to\Lambda^0+K^-$
		Λ_c^+重子	Λ_c^+	2282.0	1/2	2.3×10^{-13}	$\Lambda_c^+\to p+K^-+\pi^+$

(1) 按其自旋可分为两类

① 玻色子. 自旋为 $\hbar$ 的整数倍的粒子, 例如光子自旋为 $\hbar$.

② 费米子. 自旋为 $\hbar$ 的半整数倍的粒子, 例如电子、质子、中微子等.

(2) 按其参与相互作用的性质可以分为三类

① 规范粒子. 规范粒子是传递相互作用的粒子. 光子传递电磁相互作用, $W^\pm$ 和 Z^0 传递弱相互作用, 胶子传递强相互作用.

② 轻子. 轻子的自旋都是 $\frac{1}{2}\hbar$, 如电子、μ子等. 只参与弱相互作用, 带电的轻子也参与电磁作用.

③ 强子. 强子分为介子和重子两类, 绝大多数粒子都属于这一类. 它们可参与强相互作用, 也可参与弱相互作用. 两种作用同时存在时, 强相互作用是主要的.

(3) 按其质量可分为三类

① 轻子. 这些粒子的质量都很小, 如电子、中微子、μ子.

② 介子. 粒子的质量介于电子与质子之间. 如 π 介子, K 介子.

③重子. 重子可分为核子和超子. 核子如质子、中子,其质量是电子的 1 000 多倍,超子的质量超过质子,包括 Λ 超子、Σ 超子、Ξ 超子、Ω 超子.

15.4.4 夸克模型

到目前为止,没有任何实验结果显示轻子有内部结构,现阶段仍可以认为轻子是"基本粒子". 但是强子的情况却不同,加速器使人们不断发现强子可分,至今发现的强子有几百种之多.

1964 年,盖耳曼(M. Gell-Mann)和茨外格(G. Zweig)同时独立地提出"夸克"(quark)模型,认为强子是由若干个夸克组成的,夸克是强子的组元粒子,夸克的自旋为 1/2,电量值为 $2e/3$ 或 $e/3$. 目前已发现的夸克共有 6 种,物理学称之为具有 6 种不同的"味道". 表 15.5 列出这 6 种夸克的一些性质,每种夸克都有其相应的反夸克.

表 15.5 夸克的一些性质

夸克种类	上	下	奇异	粲	底	顶
符号	u	d	s	c	b	t
质量(GeV)	0.0056	0.01	0.2	1.35	5.0	174
电荷	$\frac{2}{3}e$	$-\frac{1}{3}e$	$-\frac{1}{3}e$	$\frac{2}{3}e$	$-\frac{1}{3}e$	$\frac{2}{3}e$
自旋	1/2	1/2	1/2	1/2	1/2	1/2
重子数	1/3	1/3	1/3	1/3	1/3	1/3
同位旋	1/2	1/2	0	0	0	0
同位旋分量 I_z	1/2	$-1/2$	0	0	0	0
奇异数	0	0	-1	0	0	0
粲数	0	0	0	1	0	0
底数	0	0	0	0	-1	0
顶数	0	0	0	0	0	1

夸克模型认为,所有重子都是由三个夸克组成的,所有介子都是由一个夸克和反夸克组成. 例如质子是由 uud 三个夸克组成,p=(uud)↑↑↓,其中小箭头代表夸克自旋之间的关系. 中子是由 udd 三个夸克组成,n=(udd)↑↑↓. π^+ 介子是由一个上夸克 u 和一个反下夸克 $\bar{d}$ 组成, $\pi^+=(u\bar{d})$↑↓, π^- 介子是由一个下夸克和一个反上夸克 $\bar{u}$ 组成, $\pi^-=(d\bar{u})$↓↑. 由强子的夸克结构式可以算出强子的电荷、自旋、重子数、同位旋等量子数. 质子的电荷量为 $\frac{2}{3}e+\frac{2}{3}e-\frac{1}{3}e=e$,自旋为 $\frac{1}{2}+\frac{1}{2}-\frac{1}{2}=\frac{1}{2}$;中子的电荷为 $\frac{2}{3}e-\frac{1}{3}e-\frac{1}{3}e=0$,自旋为 $\frac{1}{2}+\frac{1}{2}-\frac{1}{2}=\frac{1}{2}$; π^+ 介子的电荷为 $\frac{2}{3}e+\frac{1}{3}e=e$,自旋为 $\frac{1}{2}-\frac{1}{2}=0$. 表 15.6 给出了一些强子的夸克谱.

夸克的自旋都是 $\frac{1}{2}$,在组成强子时,应遵守泡利不相容原理,因此质子中的两个上夸克就不允许处于同一状态.为解决这一问题,引入了新的量子数,提出夸克除具有"味"以外,还具有颜色,分别用红、绿、蓝来描述,反夸克则具有相应颜色的补色.组成重子的三个夸克具有不同的颜色,不同颜色的夸克靠胶子结合在一起,由三个夸克组成的重子是白色的.组成介子的夸克和反夸克互为补色,这样所有强子对外都是白色,而非白色的单个夸克或夸克复合体是不能单独出现的,因而单个夸克实际上是观察不到的,这称之为"夸克囚禁".夸克有六种"味道",三种"颜色",又各有正反粒子,一共有 36 种.

表 15.6　一些强子的夸克谱

介　　子	重　　子
$\pi^+ = (u\bar{d})\uparrow\downarrow$	$p = (uud)\uparrow\uparrow\downarrow$
$\pi^0 = \frac{1}{\sqrt{2}}(u\bar{u} - d\bar{d})\uparrow\downarrow$	$n = (udd)\uparrow\uparrow\downarrow$
$\pi^- = (d\bar{u})\uparrow\downarrow$	$\Sigma^+ = (uus)\uparrow\uparrow\downarrow$
$K^+ = (u\bar{s})\uparrow\downarrow$	$\Sigma^0 = \frac{1}{\sqrt{2}}(uds + sdu)\uparrow\uparrow\downarrow$
$K^- = (s\bar{u})\uparrow\downarrow$	$\Sigma^- = (dds)\uparrow\uparrow\downarrow$
$K^0 = (d\bar{s})\uparrow\downarrow$	$\Xi^0 = (uss)\uparrow\uparrow\downarrow$
$\overline{K}^0 = (s\bar{d})\uparrow\downarrow$	$\Xi^- = (dss)\uparrow\uparrow\downarrow$
$\eta = \frac{1}{\sqrt{6}}(u\bar{u} + d\bar{d} - 2s\bar{s})\uparrow\downarrow$	$\Lambda^0 = \frac{1}{\sqrt{2}}(sdu - sud)\uparrow\uparrow\downarrow$

夸克理论的确立使人们对微观粒子的认识迈进了一大步,但至今尚未在实验室中观察到自由夸克,可认为夸克和轻子是组成物质世界的基本粒子.但它们是不是物质的终极本原,还有待于进一步探索.

本章提要

1. 原子核的质量数 A 与质子数 Z、中子数 N 的关系

$$A = Z + N$$

常用 $_Z^A X$ 标记原子核.

2. 原子核半径与质量数 A 的关系

$$R = r_0 A^{1/3} \quad r_0 = 1.2 \times 10^{-15} \text{ m}$$

3. 核力的重要性质

①核力是一种强相互作用,主要是吸引力.

②核力是短程力,作用范围小于 10^{-15} m.

③核力具有饱和性.

④核力与核子带电情况无关.

4. 核的自旋角动量

$$L = \sqrt{I(I+1)}\hbar, \quad I \text{ 为原子核的自旋量子数.}$$

核的磁矩

$$\mu_I = g_I \sqrt{I(I+1)} \mu_N, \quad g_I \text{ 为原子核的 g 因子}, \mu_N \text{ 为核磁子.}$$

5. 原子核的结合能

$$E_B = (\Delta m)c^2 = [ZM_H + (A-Z)m_n - M_X]c^2$$

6. 比结合能——每个核子的平均结合能

$$\varepsilon = \frac{E_B}{A} = \frac{(\Delta m)c^2}{A}$$

*7. 重核裂变

一个重核自发或吸收外界粒子后分裂成两个质量相差不多的碎片的核反应.

*8. 轻核聚变

两个轻原子核聚合成一个中等质量原子核的反应.

9. 放射性衰变

①α 衰变:原子核自发放射出 α 粒子的核

衰变.
$$_Z^A X \rightarrow _{Z-2}^{A-4} Y + \alpha$$

②β衰变:核电荷改变而核子数不变的核衰变.

β^- 衰变　　$_Z^A X \rightarrow _{Z+1}^A Y + _{-1}^0 e + \bar{\nu}_e$

β^+ 衰变　　$_Z^A X \rightarrow _{Z-1}^A Y + _{+1}^0 e + \nu_e$

电子俘获　　$_Z^A X + _{-1}^0 e \rightarrow _{Z-1}^A Y + \nu_e$

③γ衰变:原子核从激发态跃迁到较低能态时发出γ射线的现象.

10. 放射性衰变规律

放射性衰变定律 $N = N_0 e^{-\lambda t}$, λ为衰变常数

半衰期:放射性同位素衰变到原来数目一半所需要的时间.
$$T_{1/2} = \frac{0.693}{\lambda}$$

平均寿命:核在衰变前存在时间的平均值.
$$\tau = \frac{1}{\lambda} = 1.44 T_{1/2}$$

11. 放射性强度:放射性物质在单位时间内发生衰变的原子核数.
$$A = -\frac{dN}{dt} = \lambda N = A_0 e^{-\lambda t}$$

*__12. 粒子的基本特征__

①质量,用粒子的静能 $m_0 c^2$ 表示.

②电量,粒子带电量是电子电量的整数倍.

③自旋,以 $\hbar$ 为单位,是 $\hbar$ 的整数倍或半整数倍.

④平均寿命.

*__13. 粒子间的相互作用__

粒子间有四种相互作用:引力相互作用、电磁相互作用、强相互作用和弱相互作用,四作用的比较见表15.3.

*__14. 夸克模型__

所有的强子可分,其组成单位是夸克.夸克有六味、三色,具有相应反夸克,共36种.每一个重子由3个夸克组成,每一个介子由1个夸克和1个反夸克组成,夸克的一些特性见表15.5.

阅读材料(十五)　　磁共振成像技术

　　磁共振成像的简写 MRI 是取自英文 magnetic resonance imaging 的第一个字母组合. 磁共振成像的基本原理是利用了核磁共振现象.

　　核磁共振现象是由美国科学家珀塞尔(E. M. Purcell,1912～)和瑞士科学家布洛赫(E. Bloch,1905～1983)于1945年12月和1946年1月分别独立发现的,他们共享了1952年诺贝尔物理学奖. 我们知道原子核由中子、质子组成,它们也像原子中的电子一样处于分裂的能级上. 另外,实验指出,电子、质子和中子除了轨道运动外还类似于地球自转具有自旋运动. 然而微观粒子的自旋运动不是经典运动,也是量子化的,每个粒子的自旋角动量的大小是一定的,用自旋量子数 I 来描写. 例如,电子、质子和中子的自旋量子数都为 $I=1/2$, 由质子和中子构成的原子核也有自旋,例如,氘核 $I=1$, ^{31}P核 $I=1/2$, ^{12}C核和 ^{16}O核的自旋都为 0 等,由自旋量子数可得自旋角动量为

$$L_I = \sqrt{I(I+1)}\hbar \qquad (Y15-1)$$

$\hbar$ 是角动量单位. 这个自旋角动量也是矢量,在空间某特殊方向(z方向)上的投影值 $(L_I)_z$ 是量子化的,即分立的,不是连续的,共有 $2I+1$ 个值

$$(L_I)_z = m_I \hbar \qquad (Y15-2)$$

其中 m_I 可取值，$-I,-I+1,\cdots,I-1,I$，共有 $2I+1$ 个可能值，称为自旋角动量磁量子数。例如，质子的 $I=1/2$，相应 $L_I=\frac{\sqrt{3}}{2}\hbar$，$(L_I)_z=\pm(1/2)\hbar$，只有两个投影值，若 $I=1$，相应的 $L_I=\sqrt{2}\hbar$，$(L_I)_z=(1,0,-1)\hbar$ 有三个投影值。

除了自旋角动量外，实验和理论都已证实：电子、质子以及不带电的中子都有自旋磁矩，因此原子核也有自旋磁矩，其大小为

$$\mu_I = g\mu_N \sqrt{I(I+1)} \quad (Y15-3)$$

其中常数 g 因子由实验测得。如质子的 g 因子 $g_p=5.586$，中子的 $g_n=-3.826$，氘核的 $g_d=0.85748$。μ_N 是核磁子，$\mu_N=3.15245\times 10^{-8}$ eV/T。这个磁矩也是矢量，在 z 方向的投影 $(\mu_I)_z$ 的大小是也是量子化的

$$(\mu_I)_z = m_I g\mu_N \quad (Y15-4)$$

例如，氢原子核的核磁矩 $\mu_I=(\sqrt{3}/2)g_p\mu_N$。因自旋投影 $m_I=\pm 1/2$，所以磁矩在 z 方向的投影值也只有两个，$(\mu_I)_z=\pm(1/2)g_p\mu_N$（见图 Y15-1）。

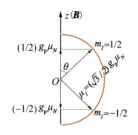

图 Y15-1 $I=1/2$ 的氢核的核磁矩在 z 方向上只有两个投影值

在外加的稳定磁场 **B** 中，由于磁矩 $\boldsymbol{\mu}_I$ 与 **B** 的相互作用，将使原有能级在磁场中分裂，使能级产生移动的附加能量为（取 **B** 方向为 z 方向）

$$E = -\boldsymbol{\mu}_I \cdot \boldsymbol{B} = -g\mu_N m_I B \quad (Y15-5)$$

因 m_I 有 $2I+1$ 个值，所以 E 有 $2I+1$ 个值，也就是一个核能级在磁场中将分裂为 $2I+1$ 个能级。由于相邻两个分裂能级间的 m_I 值相差1，所以它们的能量差为

$$\Delta E = g\mu_N B \quad (Y15-6)$$

因此，当在与外磁场 **B** 的垂直方向上再加一个交变磁场（又称射频场），其频率为 ν，调整 ν 值使之满足 $h\nu=g\mu_N B$ 时，将发生共振吸收，处于低能级的核将吸收射频磁场的能量而跃迁到相邻的高能级上去，使核处于激发态，这现象称为核磁共振。射频场的频率 ν 为

$$\nu = \frac{g\mu_N B}{h} \quad (Y15-7)$$

例如，在磁共振成像中我们感兴趣的氢核，因 $m_I=\pm 1/2$，在磁场中，由于氢核磁矩（即质子磁矩）与磁场相互作用的附加能量为

$$E = \pm\frac{1}{2}g_p\mu_N B \quad (Y15-8)$$

其中氢核磁矩方向与外磁场平行时，附加能量为负值，使其能量降低，氢核处于基态；磁矩与外磁场反平行时，氢核处于激发态，两能级之差为 $\Delta E=g_p\mu_N B$。已知 $g_p=5.586$，当 $B=1$ T 时，可得 $\Delta E=1.76\times 10^{-7}$ eV。由（Y15-7）式可知，射频场的频率 $\nu=42.6$ MHz 时，才可使氢核发生共振吸收跃迁到激发态（见

图 Y15-2 氢核共振吸收跃迁

图 Y15-2). 目前用于诊断的磁共振仪中的磁场一般小于 1 T,这样大小的磁场对人体没有伤害.

当去掉射频场后,则处于激发态的核可通过电磁辐射退激发到低能级. 这种电磁辐射也能在环绕待测物的线圈上感应出电压信号(见图 Y15-3),此信号即为核磁共振(nuclear magnetic resonance)信号,简称 NMR 信号. 由于人体各种组织中都含有大量的水和碳氢化合物,所以含大量的氢核,使氢核成为人体磁共振成像的首选核种. 用氢核所获得的 NMR 信号要比其他核种的 NMR 信号大 1000 倍以上. 例如,取氢核(^{1}H)信号强度为 1,则磷核(^{31}P)信号的相对强度为 10^{-3},而碳核(^{12}C)信号的相对强度为 10^{-4}.

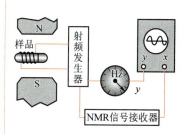

图 Y15-3 磁共振仪原理框图

由于人体中各种组织的含水比例不一样(见表 Y15.1),即氢核密度不一样,因此 NMR 信号强度有差异,利用这种差异作为特征量,可把各种组织区分开来.

表 Y15.1 人体一些组织的含水比例

组织名称	含水比例(%)	组织名称	含水比例(%)
皮肤	69	肾	81
肌肉	79	心	80
脑灰质	83	脾	79
脑白质	72	肺	81
肝	71	骨	13

处于激发态的氢核的退激,不仅可通过辐射跃迁,还可把能量传递给周围核或晶格而以非辐射跃迁形式回到低能态,这种过程称为核磁弛豫过程. 弛豫过程分两类:一类是自旋-晶格弛豫,激发能被转移到晶格的热运动,达到平衡的特征时间,即自旋-晶格弛豫时间为 T_1;另一类是自旋-自旋弛豫过程,一个核的能量转移至另一个核,这种弛豫时间为 T_2. 人体各种组织的 T_1 和 T_2 值也是不相同的. 表 Y15.2 和 Y15.3 分别列出了几种正常组织和病变组织在 0.5 T 磁场下的 T_1 和 T_2 值范围.

表 Y15.2 几种正常组织在 0.5 特情况下的 T_1 和 T_2 值范围

组织名称	T_1(ms)	T_2(ms)
脂肪	240±20	60±10
肌肉	400±40	50±20
肝	380±20	40±20
胰	398±20	60±40
肾	670±60	80±10
主动脉	860±510	90±50
骨髓(脊柱)	380±50	70±20
胆道	890±140	80±20
尿	2 200±610	570±230

表 Y15.3　几种病变组织在 0.5 特情况下的 T_1 和 T_2 值范围

组织名称	T_1(ms)	T_2(ms)
肝　癌	570±190	40±10
胰腺癌	840±130	40±10
肾上腺癌	570±160	110±40
肺癌	940±460	20±10
前列腺癌	610±60	140±90
膀胱癌	600±280	140±110
骨髓炎	770±20	220±40

由上讨论可见,正常组织与病变组织的 NMR 信号强度除了与这些组织的氢核数密度 ρ 有关外,还与两个弛豫时间 T_1 和 T_2 有关,实际测量中可得三种图像:第一种是密度图像,图像中 NMR 信号的明暗反差只决定于 ρ 的差异;第二种是 T_1 加权图像,NMR 信号由 ρ 和 T_1 共同决定;第三种是 T_2 加权图像,NMR 信号由 ρ 和 T_2 共同决定.到底取哪一种图像,决定于哪一种更能显示出正常组织和病变组织的差异.如正常肝组织与肝癌的 ρ 和 T_2 相差不多,但 T_1 相差很多,所以用 T_1 加权图像更能达到显示目的.图 Y15-4 是用磁共振成像方法测得的脑瘤图像(图中头颅中央白色小块是肿瘤),非常清晰.磁共振成像方法,对软组织的病变诊断,更显示其优点.

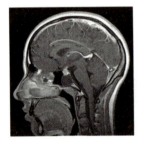

图 Y15-4　脑肿瘤的磁共振成像

利用磁共振成像也可获得三维立体信息,即可获任意断层面的图像,称磁共振 CT.这只要在三个方向上都加上有梯度的稳定场,以及利用一个宽频的射频场,此处不再详细介绍.

核磁共振分析技术不仅在医学方面,在物理、化学、生物、材料等方面更有其广泛应用.用此法进行材料成分和物质结构分析,具有精度高,对样品限制少(固体、液体、气体都可),以及对样品不破坏的优点.

思考题

15-1　在几种元素的同位素 $^{12}_{6}C$、$^{13}_{6}C$、$^{14}_{6}C$、$^{14}_{7}N$、$^{15}_{7}N$、$^{16}_{8}O$ 和 $^{17}_{8}O$ 中,哪些同位素的核包含有相同的(1)质子数,(2)中子数,(3)核子数?哪些同位素有相同的核外电子数?

15-2　为什么说核好像是 A 个小硬球挤在一起形成的?

15-3　为什么各种核的密度都大致相等?

15-4　完成下列核反应:
$^{6}_{3}Li+? \rightarrow ^{7}_{4}Be+n$
$^{10}_{5}B+? \rightarrow ^{7}_{3}Li+\alpha$
$^{35}_{17}Cl+? \rightarrow ^{32}_{16}S+\alpha$

15-5　为什么重核裂变或轻核聚变能够放出原子核能?

15-6　原子弹与核反应堆有什么本质的不同?

15-7　由放射性的 $^{232}_{90}Th$ 经过四次 α 衰变和两次 β 衰变,会形成什么核素?

15-8　核 $^{14}_{8}O$ 和 $^{19}_{8}O$ 均将通过 β 衰变而趋于稳定,你认为哪一个核将发生 $β^+$ 衰变,哪一个将发生 $β^-$ 衰变?

15-9　原子核发射出 γ 射线后,核的结构有没有变化?核的状态有没有变化?波长同是 0.1 nm 的 γ 射线与 X 射线有何不同?

15-10 写出放射性衰变定律的公式.衰变常数 λ 物理意义是什么？什么叫半衰期 $T_{1/2}$？$T_{1/2}$ 和 λ 有什么关系？什么叫平均寿命 τ？它和半衰期 $T_{1/2}$ 以及 λ 有什么关系？

15-11 粒子与其反粒子有哪些性质相同，哪些性质相反？

习 题

15-1 实验表明：原子核的半径近似地与质量数的立方根成正比，即 $R=r_0 A^{\frac{1}{3}}$（r_0 为常量），这一结论表明（ ）.
A. 所有原子核中，核物质密度是一个常量
B. 不同元素的原子核内，核子间隔不同
C. 质子和中子的质量相同、体积相等
D. 不同元素的原子核内，质子数和中子数的比例相等

15-2 关于核力，下列说法中错误的是（ ）.
A. 核力具有饱和性 B. 核力与电荷有关
C. 核力是短程力   D. 核力是强相互作用力

15-3 自然界中存在着四种相互作用，在四种相互作用力中，作用强度最强的是（ ）.
A. 万有引力   B. 电磁力
C. 强相互作用力   D. 弱相互作用力

15-4 根据衰变后放出射线的不同，原子核的放射性衰变可分为_____种；它们分别是_____衰变.

15-5 原子核衰变的快慢，可用衰变常量 λ，或半衰期以及平均寿命来表征. λ 的物理意义为_____；$T_{\frac{1}{2}}$ 和 λ 的关系为 $T_{\frac{1}{2}}=$ _____；τ 和 λ 的关系为 $\tau=$ _____.

15-6 "夸克"模型认为：夸克是强子的组元粒子. 夸克有_____种"味道"；_____种颜色；又有_____粒子；一共有_____种.

15-7 ^{16}N，^{16}O 和 ^{16}F 原子的质量分别是 16.006 099u，15.994 915u 和 16.011 465u. 试计算这些原子的核结合能.

15-8 已知 $^{232}_{90}$Th 的原子质量为 232.038 21u，计算其原子核的比结合能.

15-9 $^{208}_{82}$Pb 核的比结合能近似为 8 MeV/核子.
(1) 铅的这一同位素的总结合能是多少？
(2) 总结合能相当于多少个核子的静质量？
(3) 总结合能相当于多少个电子的静质量？

15-10 在温度比太阳高的恒星内氢的燃烧据信是通过碳循环进行的，其分过程如下：
$$^1H + ^{12}C \rightarrow ^{13}N + \gamma$$
$$^{13}N \rightarrow ^{13}C + e^+ + \nu_e$$
$$^1H + ^{13}C \rightarrow ^{14}N + \gamma$$
$$^1H + ^{14}N \rightarrow ^{15}O + \gamma$$
$$^{15}O \rightarrow ^{15}N + e^+ + \nu_e$$
$$^1H + ^{15}N \rightarrow ^{12}C + ^4He$$

(1) 说明此循环并不消耗碳，其总效果和质子-质子循环一样.
(2) 计算此循环中每一反应或衰变所释放的能量.
(3) 释放的总能量是多少？
给定一些原子的质量为
^{1}H: 1.007 825 u ^{13}N: 13.005 738 u
^{14}N: 14.003 074 u ^{15}N: 15.000 109 u
^{4}He: 4.002 603 u
^{13}C: 13.003 355 u ^{15}O: 15.003 065 u

15-11 测得地壳中铀元素 $^{235}_{92}$U 只占 0.72%，其余为 $^{238}_{92}$U，已知 $^{238}_{92}$U 的半衰期为 4.468×10^9 年，$^{235}_{92}$U 的半衰期为 7.038×10^8 年，设地球形成时地壳中的 $^{238}_{92}$U 和 $^{235}_{92}$U 是同样多的，试估计地球的年龄.

15-12 已知 ^{238}U 核 α 衰变的半衰期为 4.50×10^9 年，问：
(1) 它的衰变常数是多少？
(2) 要获得 1 Ci 的放射性强度，需要 ^{238}U 多少千克？
(3) 1 克 ^{238}U 每秒将放出多少 α 粒子？

15-13 经过 100 天后，铊的放射性强度减少到 $\dfrac{1}{1.07}$，试确定铊的半衰期.

15-14 由电荷数、自旋数验证 $n=(udd)$，$\Sigma^-=(uus)$，$K^+=(u\bar{s})$

习题答案

第8章

8-1 C

8-2 D

8-3 C

8-4 $\pm\frac{\sqrt{2}}{2}$ A；0

8-5 3.1×10^{-2}

8-6 30

8-7 6.34 s

8-8 (1) $x=0.1\cos(7t+\pi)$ m；
(2) $x=0.1\cos(5.7t+\pi)$ m

8-9 $x=4\times 10^{-2}\cos\left(\frac{2}{3}\pi t-\frac{\pi}{3}\right)$ m

8-10 略，$T=2\pi\sqrt{\dfrac{4\pi\varepsilon_0 mR^3}{qQ}}$

8-11 (1) 略；(2) $x=0.0456\cos(10t+0.65\pi)$ m；
(3) 72.4 N

8-12 (1) $x=0.24\cos\left(\dfrac{\pi}{2}t+\dfrac{\pi}{3}\right)$ m； (2) $\dfrac{2}{3}$ s；
(3) 0.3 N

8-13 $x=5.0\times 10^{-2}\cos\left(40t-\dfrac{\pi}{2}\right)$ m

8-14 1.4 s，0.035 m.

8-15 (1) 1.26 s； (2) -0.60 m，0；
(3) 2.6 m·s^{-1}，-7.5 m·s^{-2}；-1.5 N
(4) ± 0.42 m

8-16 (1) 1.74 N，8.1 N； (2) 0.062 m； (3) 0.0155 m

8-17 (1) $2\pi\sqrt{\dfrac{m+m'}{k}}$，$\sqrt{\dfrac{m}{m+m'}}A$
(2) $-\dfrac{m'}{m+m'}\left(\dfrac{1}{2}kA^2\right)$
(3) $2\pi\sqrt{\dfrac{m+m'}{k}}$，$A$；不变，$\pm\sqrt{\dfrac{k}{m+m'}}A$

8-18 (1) 6 s，$\dfrac{\pi}{3}$ rad·s^{-1}，0.1 m；
(2) -0.05 m，-0.091 m·s^{-1}；0.055 m·s^{-2}
(3) 6.8×10^{-3} J，2.1×10^{-2} J，2.74×10^{-2} J；
(4) $x=0.1\cos\left(\dfrac{\pi}{3}t+\dfrac{2}{3}\pi\right)$ m；

8-19 (1) $x_P=5.0\times 10^{-2}\cos\left(\pi t+\dfrac{\pi}{3}\right)$ m
$x_Q=2.0\times 10^{-2}\cos\left(\pi t-\dfrac{\pi}{3}\right)$ m
(2) -2.5×10^{-2} m，-1.0×10^{-2} m；
1.36×10^{-1} m·s^{-1}，-5.44×10^{-2} m·s^{-1}
2.465×10^{-1} m·s^{-2}，9.86×10^{-2} m·s^{-2}
(3) P 超前 Q $\dfrac{2\pi}{3}$.

8-20 $x=5.0\times 10^{-2}\cos\left(\dfrac{\pi}{2}t+\dfrac{\pi}{3}\right)$；
(2) 7.70×10^{-6} J

8-21 (1) -6.00×10^{-2} m
(2) 1.48×10^{-3} N，指向平衡位置；
(3) $\dfrac{2}{3}$ s；
(4) 3.26×10^{-1} m·s^{-1}，2.96×10^{-1} m·s^{-2}
(5) 5.32×10^{-4} J，1.77×10^{-4} J，7.09×10^{-4} J

8-22 $\dfrac{2}{3}\pi$，图略.

8-23 $x=5\sqrt{2}\times 10^{-2}\cos\left(20\pi t+\dfrac{5}{4}\pi\right)$ m

8-24 (1) 0.089 2 m，68°12′；
(2) $\varphi=\pm 2k\pi+\dfrac{3}{5}\pi$ 时 x_1+x_3 的振幅最大
$\varphi=\pm(2k+1)\pi+\dfrac{\pi}{5}$ 时 x_3+x_2 的振幅最小；
(3) 略

8-25 0.10 m；$\dfrac{\pi}{2}$.

习题答案

第9章

9-1　B

9-2　D

9-3　A

9-4　D

9-5　π

9-6　531

9-7　$0, 0, \varepsilon_0 c E_0 \cos\omega\left(t-\dfrac{x}{c}\right)$

9-8　3.75

9-9　$y=0.02\cos\left[\omega\left(t-\dfrac{x-L}{u}\right)-\dfrac{2}{3}\pi\right]$ m

9-10　(1) 0.8 m, 0.5 m, 125 Hz, 8×10^{-3} s;

(2) $y=0.5\cos\left[250\pi\left(t-\dfrac{x}{100}\right)\right]$ m

(3) $y=0.5\cos\left[250\pi\left(t-\dfrac{1}{250}\right)\right]$ m

9-11　(1) $y_0=0.04\cos\left(\dfrac{2}{5}\pi t+\dfrac{\pi}{2}\right)$ m

(2) $y=0.04\cos\left[\dfrac{2}{5}\pi\left(t-\dfrac{x}{0.08}\right)+\dfrac{\pi}{2}\right]$ m

(3) $y_P=0.04\cos\left[\dfrac{2}{5}\pi t+\dfrac{1}{2}\pi\right]$ m

(4) a 向下, b 向上.

9-12　$\dfrac{\pi}{2}, 0; y=0.2\cos\left[180\pi\left(t-\dfrac{x}{36}\right)+\dfrac{\pi}{2}\right]$

9-13　$y=A\cos\omega\left(t-\dfrac{x}{u}+\dfrac{L}{u}\right)$

$y=A\cos\omega\left(t+\dfrac{x}{u}-\dfrac{L}{u}\right)$

$y=A\cos\omega\left(t+\dfrac{x}{u}+\dfrac{L}{u}\right)$

9-14　(1) $\lambda=1$ m, $\nu=2$ Hz, $u=2$ m·s^{-1};

(2) $x=(k-8.4)$ m　$x=-0.4$ m

(3) 4.0 s

9-15　(1) $y=3\cos\left[4\pi\left(t+\dfrac{x}{20}\right)-\pi\right]$ m

$y=3\cos\left(4\pi t-\dfrac{4}{5}\pi\right)$ m

(2) $y=3\cos\left[4\pi\left(t-\dfrac{x}{20}\right)\right]$ m

$y_B=3\cos\left(4\pi t-\dfrac{14}{5}\pi\right)$ m

9-16　(1) 3×10^{-5} J·m^{-3}, 6×10^{-5} J·m^{-3};

(2) 4.62×10^{-7} J

9-17　(1) 2.7×10^{-3} J·s^{-1};

(2) 9×10^{-2} J·s^{-1}·m^{-2};

(3) 2.65×10^{-4} J·m^{-3}

9-18　S_1 左侧: 0; S_2 右侧: $4I_0$

9-19　(1) $y=0.12\cos\pi x\cdot\cos 4\pi t$ m;

(2) 波节位置: $x=\dfrac{1}{2}(2k+1)$ m　($k=0,\pm1,\pm2,\cdots$)

波腹位置: $x=k$ m　($k=0,\pm1,\pm2,\cdots$)

(3) 0.12 m, 0.097 m

9-20　(1) $y_\text{入}=A\cos\left[10\pi\left(t-\dfrac{x}{40}\right)+\dfrac{\pi}{2}\right]$

$y_\text{反}=A\cos\left[10\pi\left(t+\dfrac{x}{40}\right)+\dfrac{\pi}{2}\right]$

(2) $2A\cos\dfrac{\pi}{4}x\cos\left(10\pi t+\dfrac{\pi}{2}\right)$

(3) $x=4k$　($k=0,1,2,3$)

$x=2(2k+1)$　($k=0,1,2,3$)

9-21　(1) 0;　(2) 4×10^{-3} m;　(3) $2\sqrt{2}\times10^{-3}$ m

9-22　$3\pi, 0$

9-23　666 Hz, 542 Hz

9-24　9.4 m·s^{-1}

9-25　(1) 971.4 Hz;　(2) 1030.3 Hz;　(3) 58.9 Hz

9-26　(1) 3 m, 10^8 Hz;　(2) 沿 x 轴正方向

(3) $B_x=0, B_y=0, B_z=2\times10^{-9}\cos\left[2\pi\times10^8\left(t-\dfrac{x}{c}\right)\right]$ T

9-27　(1) 1.6×10^{-5} W·m^{-2};

(2) 0.11 V·m^{-1}, 2.92×10^{-4} A·m^{-1}

9-28　(1) $\dfrac{\varepsilon_0 UR}{2b^2}\cdot\dfrac{dU}{dt}$; 边缘指向中心

9-29　6.0×10^8 N, 3.5×10^{22} N, 6×10^{13}

第10章

10-1　B

10-2　A

10-3　B

10-4　D

10-5　$\dfrac{a\Delta x}{f}$

10-6　51.5

10-7　1.8×10^4

10-8　$\dfrac{1}{2}I_1+I_2; \dfrac{1}{2}I_1$

10-9　(1) 600 nm;　(2) 3.0 mm

10-10　3.16×10^{-6} m

10−11 3.3 mm, 660 nm
10−12 0.72 mm
10−13 4.5×10^{-5} m
10−14 (1) $2r\sin\varepsilon$; (2) $\Delta x = \dfrac{(L+r\cos\varepsilon)}{2r\sin\varepsilon}\lambda$
10−15 282 nm
10−16 正面:673.9 nm,404.3 nm,紫红色;背面 505.4 nm,绿色
10−17 103 nm
10−18 $(199.3k+99.6)$ nm, $k=0,1,2,\cdots,$ 99.6 nm
10−19 8″
10−20 4.0×10^{-6} m
10−21 (1) 4.0×10^{-4} rad; (2) 3.4×10^{-7} m; (3) 0.85 mm; (4) 140 条
10−22 (1) 5; (2) 0, 250 nm, 500 nm, 750 nm, 1000 nm
10−23 545.9 nm
10−24 1.22
10−25 629 nm
10−26 5.93×10^{-5} m
10−27 5.0 mm, 5.0×10^{-3} rad, 3.76×10^{-3} rad
10−28 (1) 600 nm; (2) 3; (3) 7
10−29 3 mm, 5.7 mm, 2.7 mm, 2 cm, 3.8 cm, 1.8 cm
10−30 3
10−31 (1) 6 cm; (2) 0.35 m
10−32 (1) 6×10^{-3} mm; (2) 1.5×10^{-3} mm (3) $k=0,\pm1,\pm2,\pm3,\pm5,\pm6,\pm7,\pm9$
10−33 3 级,1 级光谱
10−34 (1) 2.4×10^{-2} m; (2) 9 条
10−35 6.0×10^{-3} mm
10−36 1.5 mm, 0.15 mm
10−37 9.84 km
10−38 0.139 m
10−39 0.13 nm, 0.097 nm
10−40 2.25
10−41 (1) 54°44′; (2) 35°16′
10−42 1/3, 2/3
10−43 48°27′, 41°34′
10−44 58°, 1.6
10−45 1.73

第 11 章

11−1 C
11−2 B
11−3 B
11−4 2 000; 500
11−5 3∶2
11−6 0.71
11−7 8.20×10^{-3} m³; (2) 3.33×10^{-2} kg
11−8 1.16×10^{7} K
11−9 $\dfrac{8T_1}{3+5T_1/T_2}$
11−10 (1) $f(v)=\begin{cases}\dfrac{a}{v_0}v & (0\leqslant v\leqslant v_0)\\ a & (v_0\leqslant v\leqslant 2v_0)\\ 0 & (v>2v_0)\end{cases}$;
       (2) $a=\dfrac{2}{3v_0}$; (3) $\dfrac{N}{4}$; (4) $v_0\sim2v_0$;
       (5) $\dfrac{11}{9}v_0$; (6) $\dfrac{7}{9}v_0$
11−11 9.6 天
11−12 (1) 2.42×10^{25} m⁻³; (2) 5.3×10^{-26} kg; (3) 1.3 kg·m⁻³; (4) 3.46×10^{-9} m; (5) 4.47×10^{2} m·s⁻¹; (6) 4.83×10^{2} m·s⁻¹; (7) 1.04×10^{-20} J
11−13 1.06×10^{5} cm⁻³, 2.1×10^{-2} cm
11−14 1.96×10^{3} m
11−15 (1) 6.21×10^{-21} J; (2) 1.03×10^{-2} m·s⁻¹
11−16 3.74×10^{3} J, 2.49×10^{3} J, 6.23×10^{3} J
11−17 (1) 1∶1; (2) 1∶4
11−18 3.2×10^{17} m⁻³, 7.8 m
11−19 (1) 5.42×10^{8} s⁻¹; (2) 0.71 s⁻¹
11−20 (1) $\sqrt{2}$∶1; (2) 2∶1
11−21 (1) 7.1×10^{3} m·s⁻¹; (2) 2.0×10^{-10} m; (3) 4.7×10^{11} s⁻¹
11−22 (1) $\dfrac{4d^2N_0p}{M}\sqrt{\dfrac{3\pi m}{E}}$; (2) $\sqrt{\dfrac{2E}{3m}}$; (3) $\dfrac{ME}{2N_0m}$

第 12 章

12−1 D
12−2 D
12−3 C
12−4 A

12-5 n

12-6 5

12-7 $\dfrac{2}{i+2}$; $\dfrac{i}{i+2}$

12-8 $R\ln 2$

12-9 (1)266 J; (2)−308 J; (3)210 J, 56 J

12-10 (1)623 J, 623 J, 0;
(2)1 039 J, 623 J, 416 J

12-11 (1)3 279 J, 2 033 J, 1 246 J;
(2)2 933 J, 1 687 J, 1 246 J

12-12 (1)1.0×10^{-4} m^3, 3.73×10^{-4} m^3;
(2)300 K, 1118 K;(3)-4.67×10^3 J,
-6.9×10^3 J

12-13 (略)

12-14 $RT_0/2$

12-15 (1)1.84×10^7 J; (2)1.66×10^6 J

12-16 (2)$T_1(V_1/V_2)^{\gamma-1}$;
(4)$1-\dfrac{C_{V,m}[1-(V_1/V_2)^{\gamma-1}]}{R\ln(V_2/V_1)}$

12-17 5.76 J·K^{-1}

12-18 $C_m \ln \dfrac{(T_1+T_2)^2}{4T_1 T_2}$

12-19 (1)614 J·K^{-1}; (2)−572 J·K^{-1};
(3)42 J·K^{-1}, $\Delta S>0$

12-20 8.25 kcal·K^{-1}·h^{-1}

12-21 (1)25 块; (2)166.3 J·K^{-1}

第 13 章

13-1 B

13-2 C

13-3 B

13-4 D

13-5 0; 3×10^{-7}

13-6 $0.994c$

13-7 $\dfrac{p^2c^2-E_k^2}{2E_k}$

13-8 >

13-9 95 m; -3.5×10^{-7} s

13-10 (1)8.94×10^{-2} s;(2)B

13-11 $\dfrac{4}{5}c$

13-12 $0.866c$

13-13 (1)$0.816c$;(2)$\dfrac{\sqrt{2}}{2}$ m

13-14 (1)$a\left(1+\dfrac{\sqrt{7}}{2}\right)\approx 2.32a$;
(2)$\dfrac{a}{2}(1+\sqrt{13})\approx 2.3a$

13-15 1.341×10^9 m

13-16 (1)1.25×10^{-6} s;(2)145 m

13-17 $0.817c$

13-18 $0.946c$;向东

13-19 $\dfrac{F}{m_0}t$; $\dfrac{F/m_0 t}{\sqrt{1+(Ft/m_0 c)^2}}$; $\dfrac{F}{m_0}t, c$

13-20 (1)1.67 kg; (2)1.5×10^{17} J, 9×10^{16} J;
(3)$\dfrac{25m}{9l_0}$, $\dfrac{m}{l_0}$

13-21 0.85 MeV, 3.64×10^{-22} kg·m·s^{-1},
0.34 MeV

13-22 (1)5.10 MeV; (2)10 倍;
(3)$5\times 10^{-3}c=1.5\times 10^6$ m·s^{-1}

13-23 $0.417 m_0 c^2$

13-24 $0.58 m_0 c$; $2.92 m_0 c^2$, $2.86 m_0$, $0.06 m_0 c^2$

13-25 2.2 MeV, 0.12％

13-26 5.6×10^9 kg·s^{-1}, 2.8×10^{-21}

13-27 略

第 14 章

14-1 B

14-2 A

14-3 B

14-4 B

14-5 C

14-6 $\dfrac{h}{\lambda_0}=mv-\dfrac{h}{\lambda}$; $\dfrac{hc}{\lambda_0}+m_0 c^2=\dfrac{hc}{\lambda}+mc^2$

14-7 $\dfrac{1}{4}$

14-8 减小

14-9 $2/a$

14-10 受激辐射;粒子数反转

14-11 8.28×10^3 K 9.99×10^3 K

14-12 3.63

14-13 1.35×10^{17} kg

14-14 3.87×10^{17} 个

14-15 (1)6×10^9 s^{-1}·m^{-2} (2)1.1 eV

14-16 2.0 eV   2.0 V   296 nm

14-17 (1)2.84×10^{-19} J 9.46×10^{-27} kg·m·s^{-1}
3.16×10^{-36} kg

(2) $7.96×10^{-15}$ J

　　$2.65×10^{-23}$ kg·m·s^{-1}

　　$8.84×10^{-32}$ kg

(3) $1.6×10^{-13}$ J

　　$5.35×10^{-22}$ kg·m·s^{-1}

　　$1.78×10^{-30}$ kg

14-18　0.243 nm

14-19　0.1 MeV

14-20　$4.3×10^{-12}$ m　62°16′

14-21　(1) 10^{-4}, 10^{-8}　(2) 略

14-22　(1) 95.2 nm

　　(2) 434.0 nm　486.1 nm　656.3 nm

14-23　121.6 nm　91.2 nm

14-24　1.51 eV

14-25　(1) 2.86 eV　(2) 5　(3) 4　10　图略

14-26　(1) $A=2\lambda^{\frac{3}{2}}$　(2) $4\lambda^3 x^2 e^{-2\lambda x}(x\geqslant 0)$

　　(3) $\frac{1}{\lambda}$

14-27　(1) $\sqrt{\frac{a}{\pi}}\frac{1}{x}\sin\frac{x}{a}e^{\frac{i}{\hbar}px}$　$\frac{a}{\pi x^2}\sin^2\frac{x}{a}$

　　(2) $\sqrt{\frac{1}{\pi a^3}}e^{-\frac{r}{a}-\frac{i}{\hbar}Et}$　$\frac{1}{\pi a^3}e^{-\frac{2r}{a}}$

14-28　(1) $1.23×10^{-10}$ m　(2) $3.89×10^{-9}$ m

　　(3) $1.17×10^{-22}$ m

14-29　$1.67×10^{-27}$ kg

14-30　2.49 V　$1.24×10^4$ V　$1.24×10^7$ V

14-31　$\lambda=\dfrac{hc}{\sqrt{E_k^2+2E_k m_0 c^2}}$　证明略

14-32　$2\pi na$

14-33　$5.8×10^{-3}$ m　$5.3×10^{-20}$ m

　　$5.3×10^{-29}$ m

14-34　略

14-35　32 km

14-36　$1.33×10^{-9}$ s

14-37　0.19　0.40

14-38　$\dfrac{a}{4}$　$\dfrac{3}{4}a$

14-39　0, $\dfrac{4\pi^2\hbar^2}{a^2}$

14-40　(1) $1.0×10^{-40}$ J;　(2) $7.9×10^9$;

　　(3) $1.6×10^{-30}$ J

14-41　$\left(n+\dfrac{1}{2}\right)×0.54$ eV;

　　(2) 0.54 eV, $2.30×10^3$ nm

14-42　0,0,均可同时确定

14-43　略

14-44　0, $-i\hbar z, i\hbar y$

14-45　(1) -3.4 eV;　(2) $2\hbar^2, 2\hbar^2$;

　　(3) 0, $-\hbar, -\dfrac{3}{4}\hbar$

14-46　$\sqrt{6}\hbar$　$-2\hbar$　$\dfrac{\sqrt{3}}{2}\hbar$

14-47　(1) -0.85 eV;　(2) 0, $\sqrt{2}\hbar, \sqrt{6}\hbar, 2\sqrt{3}\hbar$

　　(3) 0, $\hbar, -\hbar, 2\hbar, -2\hbar, 3\hbar, -3\hbar$;　(4) 32

第 15 章

15-1　A

15-2　B

15-3　C

15-4　3; α、β、γ

15-5　原子核单位时间内衰变的概率; $\dfrac{\ln 2}{\lambda}$; $\dfrac{1}{\lambda}$

15-6　6;3;正,反;36

15-7　118.0 MeV　127.6 MeV　111.4 MeV

15-8　7.614 MeV

15-9　(1) 1 664 MeV

　　(2) 约 1.8 个核子

　　(3) 约 $3.26×10^3$ 个电子

15-10　(1) 略

　　(2) 1.944 MeV　2.220 MeV　7.551 MeV

　　　　7.30 MeV　2.754 MeV　4.966 MeV

　　(3) 26.74 MeV

15-11　$5.94×10^9$ 年

15-12　(1) $4.88×10^{-18}$ s^{-1}

　　(2) $3×10^3$ kg

　　(3) $1.23×10^4$ 个·s^{-1}

15-13　2.81 年

15-14　略